物理地学の基礎

演習問題と解説

著者：田中 秀文

はじめに

　本書の目的は大学基礎レベルでの物理系地学分野の基礎事項をまとめ，物理学的な考え方を重視した演習問題を解くことで，読者が専門レベルへ進むための基礎学力を獲得しグローバルな視点からの地球や惑星の理解を深めることです．地球惑星科学の扱う対象は大変広く，分野としては宇宙や太陽系の構成と進化，大気や海洋の運動，地震や火山などの固体地球，地層や化石と地球の歴史，地球環境の変動，などが挙げられます．本書の内容はその一部である固体地球物理学分野となりますが，天文，気象，地球の歴史などとの境界領域も多少扱います．しかし，専門レベルでどの分野に進むにしろ物理学と数学の基本的知識は必要で，本書はそれらの習得にも役立つと期待されます．本書で使用する物理学と数学は大学基礎から専門の入門レベルまでとし，専門レベルの内容となる事項は付録に載せるようにしました．また，本文で引用した原著論文などの参考文献は詳細なリストを巻末にまとめました．

　本文は主要分野の 7 つの章からなります．各章では，各分野の主要テーマごとに節を設けて基礎事項を解説し，幾つかの問題を解いていきます．問題の解答は同じ節内で詳細に解説し，本文の最後に簡潔にまとめるという形式は避けました．特に，数式の変形はなるべく途中を省略せず，紙面を眺めているだけでも式変形が追えることを目指しました．言うまでもなく，最初から解答を見ては学力は付きませんが，読者の目的によっては問題解説を本文のように通読してもよいと思います．

　本書の原稿は Linux 上で動く LaTeX を用いて電子組版しました．また，図については，その多くを [Wessel *et al.* 2019] の GMT (Generic Mapping Tools) を用いて作成しました．これらのシステムやユーティリティは全て無償で提供されており，開発の関係者に感謝致します．

　最後に，編集・印刷・製本，電子出版への対応，さらには全国規模の広報活動を引き受けてくださった株式会社近代科学社の石井沙知編集長，他の皆様にお礼申し上げます．特に，近代科学社 Digital では LaTeX の原稿を受付可能だけでなく，優れたクラスファイルを提供していただきました．

2025 年 2 月

田中 秀文

目次

はじめに 3

第1章　惑星としての地球

1.1　ケプラーの法則 12

  1.1.1　惑星の運動に関する3つの法則 12

  1.1.2　ボーデの法則 12

  問題 1.1 13

  問題 1.1 解説 14

  補足: 円錐曲線について 17

1.2　運動方程式と万有引力 18

  1.2.1　運動の法則 18

  1.2.2　等速円運動による加速度 18

  問題 1.2 19

  問題 1.2 解説 20

1.3　エネルギー保存則と運動量保存則 22

  1.3.1　エネルギー保存の法則 22

  1.3.2　運動量保存の法則 23

  1.3.3　回転運動と角運動量 24

  1.3.4　角運動量保存の法則 25

  1.3.5　自転の角運動量と慣性モーメント 26

  問題 1.3 27

  問題 1.3 解説 31

1.4　太陽放射と地球表面温度 39

  1.4.1　黒体放射の理論 39

  1.4.2　太陽放射エネルギーと地球の表面温度 40

  1.4.3　地球の温室効果ガス 40

  1.4.4　ヘルムホルツによる太陽の年齢 41

  補足: 気候変動について 41

  問題 1.4 44

  問題 1.4 解説 47

第2章　放射性元素と数値年代

2.1　放射性元素と放射壊変 52

  2.1.1　放射性元素 52

  2.1.2　放射壊変の時間変化 52

  問題 2.1 53

  問題 2.1 解説 53

  補足: 関数の平均と確率密度について 55

2.2　主な数値年代測定法 57

  2.2.1　C-14 法（放射性炭素法） 57

2.2.2	K–Ar 法	57
2.2.3	Rb–Sr 法	58
問題 2.2		59
問題 2.2 解説		60

第3章　測地と重力

3.1	地球の形と大きさ	64
3.1.1	球としての地球	64
3.1.2	回転楕円体としての地球	64
問題 3.1		65
問題 3.1 解説		68
3.2	万有引力と重力	72
3.2.1	万有引力の法則と重力加速度	72
3.2.2	重力の測定	73
3.2.3	重力異常と重力探査	74
3.2.4	潮の干満と潮汐力	75
問題 3.2		76
問題 3.2 解説		78
3.3	アイソスタシー	82
3.3.1	アイソスタシーとアルキメデスの原理	82
3.3.2	アイソスタシーの証拠	83
3.3.3	マントルの流動性	84
3.3.4	マントル対流	85
問題 3.3		86
問題 3.3 解説		88
3.4	自転とコリオリ力	89
3.4.1	フーコーの振り子	89
3.4.2	角速度ベクトル	90
3.4.3	回転座標系での見かけの力	91
3.4.4	地衡風と傾度風	93
問題 3.4		95
問題 3.4 解説		96
補足: コリオリ力の局地座標系での表現		97
3.5	重力ポテンシャルとジオイド	99
3.5.1	ベクトル場とポテンシャル	99
3.5.2	重力ポテンシャル	100
3.5.3	ジオイド	101
3.5.4	重力補正と重力異常	102
3.5.5	フリーエア異常・ブーゲー異常と地下構造	103
問題 3.5		104
問題 3.5 解説		107
補足: 力が働かない球殻内部		109

補足：ポテンシャルが一定の球殻内部 110

第4章　地震と断層

4.1	地震のマグニチュード	112
	4.1.1　マグニチュードとエネルギー	112
	4.1.2　マグニチュードと発生頻度	112
	4.1.3　モーメントマグニチュード	113
	問題 4.1	115
	問題 4.1 解説	116
4.2	地震波の伝播	119
	4.2.1　弾性体の波動	119
	4.2.2　地震波の反射と屈折	121
	4.2.3　走時曲線	122
	4.2.4　ヘッドウェーブ	123
	4.2.5　多層の地下の地震波伝播	124
	4.2.6　多層の球内部での地震波伝播	126
	問題 4.2	128
	問題 4.2 解説	130
	補足: 3 層地球モデルのシャドーゾーンについて	135
4.3	地震発生のメカニズム	136
	4.3.1　断層の分類	136
	4.3.2　P 波初動分布	137
	4.3.3　震源球	138
	4.3.4　発震機構の決定	139
	問題 4.3	140
	問題 4.3 解説	142
4.4	弾性体の力学と断層運動	145
	4.4.1　応力と歪み	145
	4.4.2　3 次元弾性体	146
	4.4.3　主応力軸と主応力	146
	4.4.4　断層帯の地殻歪み	147
	4.4.5　地殻内の応力	148
	4.4.6　小天体内部の圧力	149
	問題 4.4	150
	問題 4.4 解説	152

第5章　地球の熱と温度

5.1	地温勾配と地殻熱流量	158
	5.1.1　地殻熱流量と熱伝導の法則	158
	5.1.2　熱境界層としての地殻とマントル上層部	158
	問題 5.1	159
	問題 5.1 解説	162

5.2	大陸の地殻熱流量モデル	164
5.2.1	1次元定常熱伝導方程式	164
5.2.2	大陸地殻の1次元熱流量モデル	165
5.2.3	球の熱伝導モデル	167
問題 5.2		168
問題 5.2 解説		170
5.3	周期変動する地表温度の伝播	175
5.3.1	1次元非定常熱伝導方程式	175
5.3.2	熱拡散の距離と時間の特徴的スケール	176
5.3.3	一定周期で時間変動する地表温度の伝播	176
問題 5.3		178
問題 5.3 解説		179
5.4	海洋リソスフェアの半無限体冷却モデル	180
5.4.1	海洋リソスフェアの熱流量	180
5.4.2	半無限体冷却モデル	181
5.4.3	海洋リソスフェアの厚さの時間変化	181
5.4.4	海洋リソスフェアの熱流量の時間変化	182
5.4.5	ケルビンによる地球の年齢	182
問題 5.4		183
補足: 体積膨張率について		184
問題 5.4 解説		186
5.5	マントルの断熱温度勾配	188
5.5.1	熱対流	188
5.5.2	断熱温度勾配	189
5.5.3	断熱過程	189
5.5.4	マントルの断熱温度勾配	190
5.5.5	ポテンシャル温度	191
問題 5.5		191
問題 5.5 解説		191

第6章　　地磁気と古地磁気

6.1	現在の地磁気分布	194
6.1.1	地磁気3成分	194
6.1.2	磁気図	194
6.1.3	磁気双極子による近似	195
6.1.4	磁極と地磁気極	195
6.1.5	地磁気永年変化	197
6.1.6	惑星間空間での地磁気	197
問題 6.1		198
問題 6.1 解説		200
補足: $M = 4\pi a^3 F_0/\mu_0$ の単位について		200
6.2	地磁気ポテンシャル	203

	6.2.1	磁気双極子のポテンシャル	203
	6.2.2	地磁気の球関数表示	204
	6.2.3	球関数のパターン	204
	問題 6.2		206
	問題 6.2 解説		207
6.3	地下電気伝導度		209
	6.3.1	地下を構成する物質の電気抵抗	209
	6.3.2	地磁気地電流法	210
	問題 6.3		211
	問題 6.3 解説		212
	補足：$\frac{\mu T}{2\pi}\left|\frac{E}{B}\right|^2$ の単位について		213
6.4	古地磁気学の原理		214
	6.4.1	地磁気逆転の発見	214
	6.4.2	仮想的地磁気極	215
	6.4.3	地心軸双極子仮説	216
	6.4.4	フィッシャー統計	217
	6.4.5	マツヤマ–ブリュンヌ地磁気逆転	218
	問題 6.4		219
	問題 6.4 解説		221
6.5	古地磁気と大陸移動説		225
	6.5.1	極移動曲線 (APWP)	225
	6.5.2	大陸の分裂と APWP	227
	問題 6.5		229
	問題 6.5 解説		231
6.6	海上地磁気縞状異常と海洋底拡大		234
	6.6.1	海洋底が記録した古地磁気極性	234
	6.6.2	磁気双極子による地磁気異常	235
	6.6.3	地磁気極性タイムスケール	237
	問題 6.6		237
	問題 6.6 解説		238

第7章　プレートテクトニクスの幾何学

7.1	物理的観測による証拠		242
	7.1.1	大陸と海洋底の地形	242
	7.1.2	地震の分布	242
	7.1.3	火山の分布	243
	7.1.4	海上地磁気縞状異常による等年代線	244
	7.1.5	主要なプレートの分布	246
7.2	プレートテクトニクスの幾何学：平面		247
	7.2.1	プレートの境界と相対速度	247
	7.2.2	トランスフォーム断層	247

	7.2.3	3重会合点	248
	7.2.4	速度空間表示	249
	7.2.5	速度空間作図例	250
		問題 7.2	251
		問題 7.2 解説	254
7.3		プレートテクトニクスの幾何学：球面	257
	7.3.1	プレートの移動とオイラー回転	257
	7.3.2	オイラー回転の回転行列	258
	7.3.3	有限回転の非可換性	259
	7.3.4	ベクトルとしての無限小回転	260
	7.3.5	角速度ベクトル	261
	7.3.6	プレート運動と無限小回転	262
	7.3.7	オイラー極によるメルカトール図法	263
		問題 7.3	264
		問題 7.3 解説	268

付録A　第1章の補足

A.1	主な単位，接頭語，物理定数，観測データ	276
A.2	2次元回転行列の導出	278
A.3	天体スケールの力学的エネルギー保存則	279
A.4	エネルギー保存則による惑星の公転軌道の導出	280
A.5	地質時代の年代区分図	285

付録B　第3–5章の補足

B.1	2次元回転座標系でのニュートンの運動方程式	288
B.2	重力ポテンシャルから求める地球の扁平率	289
B.3	2次元座標系での主応力と主応力軸の導出	292
	弾性定数の関係式について	295
B.4	半無限体表面の突然の加熱・冷却による熱伝導	296
	$\exp(-x^2)$ の 0 から ∞ の定積分について	298
	誤差関数と相補誤差関数のグラフと数値表	299

付録C　第6章の補足

C.1	磁気の国際単位系 (SI)	302
C.2	ベクトル解析の公式	303
C.3	微分演算子の勾配 (grad)，発散 (div)，回転 (rot) と物理的解釈	305
	スカラー場の勾配 (grad)	305
	発散 (div) とガウスの発散定理	306
	回転 (rot) とストークスの定理	307
C.4	静磁場のポテンシャルとラプラス方程式	309
	地磁気の球関数表示	311

目次

C.5	マクスウェルの方程式と地下の電磁場	312
	マクスウェルの方程式	312
	真空中の電磁場	312
	地下の電磁場	313
C.6	球面三角法の主な公式	316

付録D　第7章の補足

D.1	線形変換に基づく回転行列の導出	318
	2次元の回転行列	318
	3次元の回転行列	319
	ロドリゲスの回転公式と回転行列	320
D.2	回転行列に対応するオイラー極と回転角	321
D.3	地心直交座標 (x-y-z) と局地座標 (n-e-d) の変換行列	323

付録E　用紙類と地図投影法補足

E.1	両対数グラフ用紙（問題 1.1.1）	328
E.2	片対数グラフ用紙（問題 1.1.2）	329
E.3	両対数グラフ用紙（問題 1.3.4）	330
E.4	球面上の図形の投影	330
	ランベルト等面積投影	330
	ステレオ投影	331
	投影図の比較	332
	ランベルト等面積投影図（極中心とシュミットネット，Mサイズ）	333
	ランベルト等面積投影図（極中心，Lサイズ）	334
	シュミットネット（Lサイズ）	335
E.5	数値表とグラフ用紙（問題 6.1.1）	336
E.6	国際標準地球磁場 2020 年 (IGRF 2020)（問題 6.1.2）	337
E.7	古地理図の用紙（問題 6.5.1：インド大陸の古緯度と古地理図）	338
E.8	オイラー極中心の世界地図と APWP（問題 6.5.3）	339

参考文献	341
索引	346

第1章

惑星としての地球

第1章では地球を含む惑星の公転について，軌道半径や公転周期の規則性を両対数と片対数のグラフで確認し，このような惑星の運動が運動方程式などの力学で説明されることを学びます．さらにエネルギーや角運動量などの概念を応用して，惑星や地球に関する物理現象を演習問題を通して考察します．最後に，黒体放射の理論を応用して太陽放射による地球や惑星の表面温度を推定し，さらに地球の気候変動について補足します．

第1章　惑星としての地球

1.1　ケプラーの法則

1.1.1　惑星の運動に関する 3 つの法則

惑星の公転運動には規則性があり，17 世紀初頭に次のケプラーの法則が発見されました．

I. 公転軌道は太陽を 1 つの焦点とする楕円である（楕円軌道の法則）．

II. 太陽と惑星を結ぶ直線が一定時間に描く面積は一定である（面積速度一定の法則）．

III. 公転周期の 2 乗は平均軌道半径の 3 乗に比例する（調和の法則）．

第 1 法則の I はニュートンの運動方程式と万有引力の法則から導かれ，導出は多少難解です（付録 A.4）．ここでは図形としての楕円を問題 1.1.3 で考察します．

第 2 法則の II は 1.3 節で扱う運動量保存則を惑星の公転運動に適用することで導かれます．

第 3 法則の III は運動方程式を惑星の太陽の回りの等速円運動に適用することで導かれます（1.2 節）．ここでは第 3 法則をグラフを用いて確認します．表 1.1 は惑星の公転周期 T (yr) と平均軌道半径 a (au[1]) の 2 乗と 3 乗を計算した結果です．T^2/a^3 は有効数字 3 桁程度で一致しています．また，T^2 と a^3 の関係を図 1.1 に示し問題 1.1.1 で参照します．

表 1.1　惑星の公転周期 T (yr) と平均軌道半径 a (au) の関係（[国立天文台 2023] に基づき算出）

惑星	T	a	T^2	a^3	T^2/a^3
水星	0.2409	0.3871	0.05803	0.05801	1.0005
金星	0.6152	0.7233	0.3785	0.3784	1.0002
地球	1	1	1	1	1
火星	1.8809	1.5237	3.5378	3.5375	1.0001
木星	11.862	5.2026	140.71	140.82	0.9992
土星	29.457	9.5549	867.71	872.33	0.9947
天王星	84.021	19.218	7059.5	7097.8	0.9946
海王星	164.77	30.110	27149	27298	0.9945

1.1.2　ボーデの法則

18 世紀に提唱されたボーデの法則（チチウス–ボーデの法則）は，惑星の平均軌道半径が次の単純な数列で表現できるとしました．

$$a_n = 0.4 + 0.3 \times 2^n.$$

但し，n は水星を $-\infty$ とし，金星の 0 から 1 ずつ増やします．あくまで経験則ですが，歴史的には火星 ($n{=}2$) と木星 ($n{=}4$) の間に $n{=}3$ の空席があったところ，丁度その場所に小惑星ケレスが発見された経緯があります．実際，火星と木星の軌道は大きく離れていて，その間に存在する小惑星帯は，何らかの原因で（木星の重力など）惑星への成長が止まったと考えられています．

1　au は天文単位 (astronomical unit) で，太陽と地球の平均距離の約 1 億 5000 万 km（付録 A.1）．

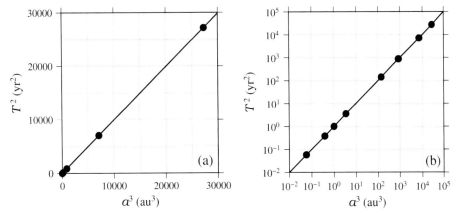

図 1.1 ケプラーの第 3 法則の (a) 線形グラフと (b) 両対数グラフ．

問題 1.1

問題 1.1.1

ケプラーの第 3 法則は，公転周期 T の 2 乗と公転軌道半径 a の 3 乗のグラフが傾き 1 の直線になることで確認できますが，極端な値の大小のために，図 1.1(a) の普通の線形グラフは適当でなく，図 1.1(b) の両対数グラフを使う必要があります．さらに，両対数グラフを使用すれば，T と a を直接プロットするだけで（2 乗や 3 乗をせずに），ケプラーの第 3 法則を確認できます．表 1.1 に示した 8 つの惑星のデータを付録 E.1 のグラフ用紙にプロットし，得られた直線の傾きから T^2/a^3 が一定であることを示しなさい．

問題 1.1.2

ボーデの法則とは異なりますが，惑星の軌道半径 a_n が a_0 と p を定数として次の等比数列，

$$a_n = a_0\, p^n$$

に従うとします．そして，小惑星ケレスの軌道半径を数列に含める場合と除外する場合でどちらが尤もらしいかを見ることにします．即ち，ケレスを含む場合は，火星は $n=4$，ケレスは $n=5$，木星は $n=6$ などとし，除外する場合では火星は $n=4$，木星は $n=5$ などとします．各惑星の軌道半径は表 1.1 を用い，ケレスは 2.768 au として，片対数グラフの横軸と縦軸にそれぞれ n と a_n を取って付録 E.2 のグラフ用紙にプロットし，2 つの場合を比較しなさい．

問題 1.1.3

楕円の作図法の 1 つを図 1.2(a) に示します．2 つの焦点 F_1 と F_2 からの距離の和が一定になるように点 P を動かすと，その軌跡が楕円となります．

(1) 図 1.2(a) のように座標軸と各点の座標を取り，2 焦点間の距離を $2f$，a を定数として，

$$s + t = 2a$$

の条件で作図した楕円の方程式は次式で表されることを示しなさい．

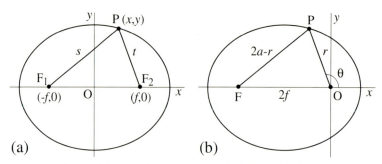

図 1.2 (a) 楕円の作図法の 1 つ，(b) 楕円の極座標表示．

$$\frac{x^2}{a^2} + \frac{y^2}{b^2} = 1 \quad \left(b = \sqrt{a^2 - f^2}\right).$$

(2) 上の方程式の a と b はそれぞれ楕円の長半径と短半径になります．点 P と焦点との距離（s または t）の平均は長半径 a に等しいことを導きなさい．即ち，太陽と惑星の平均距離は楕円軌道の長半径に等しくなります．

(3) 同じ楕円について，図 1.2(b) のように座標の原点を焦点に移し，極座標の r と θ で表します．三角形 OPF に余弦定理を適用して，次の楕円の方程式を導きなさい．

$$r = \frac{a(1-e^2)}{1+e\cos\theta}. \tag{1.1}$$

ここに，e は離心率とよばれ，

$$e = \frac{\sqrt{a^2-b^2}}{a} \quad (0 < e < 1) \tag{1.2}$$

で定義されます（$e = 0$ は円を表します）．また，短半径 b は次式で与えられます．

$$b = a\sqrt{1-e^2}. \tag{1.3}$$

問題 1.1 解説

問題 1.1.1 解説

T^2 が a^3 に比例するならば，k を比例定数として，

$$T^2 = ka^3.$$

両辺の対数を取り 2 で割ると，

$$\log_{10} T = \frac{1}{2}\log_{10} k + \frac{3}{2}\log_{10} a.$$

よって，両対数グラフに $\log_{10} a$ を横軸に $\log_{10} T$ を縦軸に取ってデータをプロットすれば，傾きが $3/2$ の直線になるはずで，結果は図 1.3 のようになります．グラフの傾きの確認は，(i) 直線の一定範囲の縦と横の幅の比を取る，(ii) 直線の傾き角を分度器で測る，(iii) 全データが直線をなすので，水星と海王星の 2 データから計算する，が考えられます．

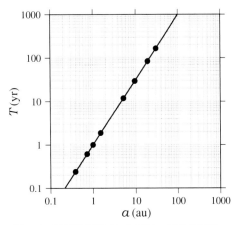

図 1.3 両対数グラフとケプラーの第 3 法則.

問題 1.1.2 解説

等比数列 $a_n = a_0 \, p^n$ の両辺の対数を取ると次式を得ます.

$$\log_{10} a_n = \log_{10} a_0 + n \log_{10} p.$$

従って, n を横軸, $\log_{10} a_n$ を縦軸に取り, データを片対数グラフにプロットすれば直線に並ぶはずで, 結果を図 1.4 に示します. ケレスを除外した (a) よりはケレスを含めた (b) の方がデータの直線性は良いように見えます. しかし, (a) では意図的に 2 本の直線で近似しているので, より正確な判断は (a) も 1 本の直線で近似して (b) と比較する必要があります.

(b) のグラフから近似した等比数列は $a_n = 0.204 \times 1.73^n$ となりますが, ボーデの数列 $a_n = 0.4 + 0.3 \times 2^n$ の方が a_n の予測値は実測値に近いです. どちらにしろ, これらの数式には物理的背景は考えられないので, 詳細な議論は不要と思われます.

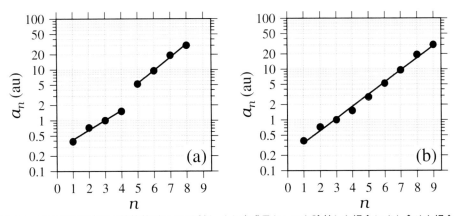

図 1.4 惑星の軌道半径の等比数列による近似. (a) 小惑星ケレスを除外した場合と (b) 含めた場合. (a) では 2 本の直線で近似.

第 1 章　惑星としての地球

問題 1.1.3 解説

(1) 図 1.2(a) で，条件の $s + t = 2a$ より，

$$\sqrt{(x+f)^2 + y^2} + \sqrt{(x-f)^2 + y^2} = 2a.$$

計算を簡単にするために，左辺の第 2 項を右辺に移行してから 2 乗し，整理します．

$$(x+f)^2 + y^2 = 4a^2 + (x-f)^2 + y^2 - 4a\sqrt{(x-f)^2 + y^2},$$

$$a\sqrt{(x-f)^2 + y^2} = a^2 - fx.$$

さらに 2 乗して整理すると，

$$(a^2 - f^2)x^2 + a^2 y^2 = a^2(a^2 - f^2),$$

$$\frac{x^2}{a^2} + \frac{y^2}{a^2 - f^2} = 1,$$

$$\frac{x^2}{a^2} + \frac{y^2}{b^2} = 1 \quad (b^2 = a^2 - f^2).$$

(2) $s + t$ は一定の $2a$ ですので，その平均 $\overline{s+t}$ も一定値の $2a$ です．一方，s と t は全く反対称に変化しますので，その平均値は等しく，$\overline{s+t}$ の $1/2$ となります．よって，

$$\bar{s} = \bar{t} = \frac{\overline{s+t}}{2} = a.$$

別解：

　　s を x の式で表すことを考えます．

$$s = \sqrt{(x+f)^2 + y^2} = (1/a)\sqrt{a^2(x+f)^2 + a^2 y^2}.$$

この式の $a^2 y^2$ に問い (1) の途中の式，

$$a^2 y^2 = a^2(a^2 - f^2) - (a^2 - f^2)x^2$$

を代入して変形すると，

$$s = (1/a)\sqrt{a^2(x^2 + 2fx + f^2) + a^2(a^2 - f^2) - (a^2 - f^2)x^2}$$

$$= (1/a)\sqrt{f^2 x^2 + 2fa^2 x + a^4} = (1/a)\sqrt{(fx + a^2)^2} = \frac{f}{a}x + a$$

となり，s は x の 1 次式です．1 次式の平均はその最小値と最大値の平均ですので，

$$\bar{s} = \frac{(a-f) + (a+f)}{2} = a.$$

(3) 図 1.2(b) で，三角形 OPF に余弦定理を適用して式を変形します．

$$(2a - r)^2 = r^2 + (2f)^2 - 2r(2f)\cos(\pi - \theta),$$

$$a^2 - ar = f^2 + fr\cos\theta,$$

$$r = \frac{a^2 - f^2}{a + f\cos\theta} = \frac{a\left(1 - (\frac{f}{a})^2\right)}{1 + \frac{f}{a}\cos\theta}.$$

ここで，離心率を $e = \frac{f}{a} = \frac{\sqrt{a^2-b^2}}{a}$ と定義すると $(0 < e < 1)$，次の式 (1.1) となります．
$$r = \frac{a(1-e^2)}{1+e\cos\theta}.$$

補足：円錐曲線について

極座標系で楕円を表す式 (1.1) は円錐曲線の1つです．円錐曲線は図 1.5(a)(b) のように，原点（焦点）との距離とある直線との距離の比が一定の曲線で，次の比が離心率となります．
$$\frac{\text{OP}}{\text{PH}} = e.$$
O と直線との距離を d として，
$$r\cos\theta + \frac{r}{e} = d$$
より円錐曲線の極座標による方程式は
$$r = \frac{ed}{1+e\cos\theta}$$
となります．離心率が $e<1$, $e=1$, $e>1$ のそれぞれが楕円，放物線，双曲線に相当し，図 1.5(c) に $d=1$ の場合の例を示します．双曲線は同じ離心率に対して2つ描かれます．

この式では定義できませんが，$e=0$ は円を表します．式 (1.1) と比較すると，
$$a(1-e^2) = ed$$
の関係があり，$e\to 0$ で $d\to\infty$ となりますが $ed\to a$ となって，半径 a の円となります．

極座標系で表したニュートンの運動方程式を解くことで，天体の太陽の回りの運動を導くことができます．天体の力学的エネルギーの大小で，天体が楕円軌道で公転を続けるか，放物線や双曲線の軌道となり太陽から永久に離れていくかが決まります．運動方程式を極座標系で解く方法は大変難解ですので，ここでは扱いません．しかし，運動エネルギーの保存則から軌道を導く方法はやや平易ですので，付録 A.4 で解説しています．

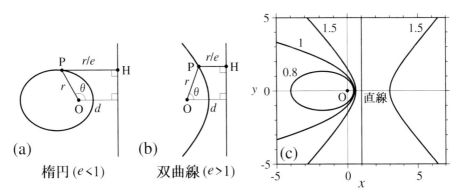

図 1.5 離心率 e と円錐曲線：(a) 楕円，(b) 双曲線，(c) 円錐曲線の例（数字は離心率）．

1.2 運動方程式と万有引力

1.2.1 運動の法則

重い荷車を一定の力で押し続けると徐々に速度が上がり，荷車に加速度が生じたことが分かります．また，重い荷物ほど速度の上昇率は小さく，加速度が質量に逆比例することを体験できます．これが物体の加速度は力に比例し，質量に逆比例するというニュートンによる運動の第2法則で，第1法則（慣性の法則）と第3法則（作用反作用の法則）とともに運動の3法則となっています．ここでは惑星の運動を考えるための基本となる第2法則と万有引力の法則をまとめます．

ニュートンの運動方程式： 質量 m の物体に力 $\boldsymbol{F}$ が作用するとき，物体の加速度 $\boldsymbol{a}$ は物体に作用する力 $\boldsymbol{F}$ に比例し，物体の質量 m に反比例します．

$$\boldsymbol{F} = m\boldsymbol{a}. \tag{1.4}$$

万有引力の法則： 2つの物体に働く力 F の大きさは，物体の質量（m_1 と m_2）の積に比例し，物体間の距離 r の2乗に反比例します．

$$F = G\frac{m_1 m_2}{r^2}. \tag{1.5}$$

ここに，G は万有引力定数で $6.674 \times 10^{-11}\,\mathrm{m^3\,kg^{-1}\,s^{-2}}$ です（付録 A.1）．

1.2.2 等速円運動による加速度

惑星の公転軌道は楕円ですが，ここでは円として公転運動を考えます．以下に導くように，円運動している物体には中心に向かって加速度が働いています．

角速度 ω とは角度 θ が単位時間に増える割合で，$\omega = d\theta/dt$ で表されます．図 1.6(a) のように半径 r の円運動では単位時間に角度は ω 増加し，そのときの円弧の長さは速度 v ですので，

$$v = r\omega \tag{1.6}$$

となります．また，微小時間 dt の間に速度ベクトル $\boldsymbol{v}$ の向きが ωdt だけ変わるので，図 1.6(b)(c) から $dv = v\omega dt$ となります．よって，物体に働く加速度 $\boldsymbol{a}$ の大きさは $a = dv/dt = v\omega$ ですので，これに式 (1.6) を代入すると a は次式で表されます．

$$a = r\omega^2 = \frac{v^2}{r}. \tag{1.7}$$

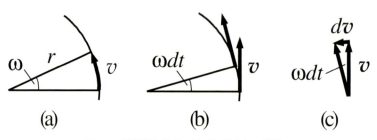

図 1.6 角速度と速度，及び加速度との関係．

dv の向きは v に垂直のため，加速度は円の中心に向かい，これを向心加速度，この加速度による力を向心力といいます．

問題 1.2

問題 1.2.1

(1) 地球上の物体は質量の大小によらず同じ加速度 g（重力加速度）を地球から受けることを，ニュートンの運動方程式と万有引力の法則を用いて説明しなさい．但し，物体に働く引力は，地球の中心に位置する，地球と同じ重さの質点による引力と同等とします（地球が一様な球の場合に成立します）．

(2) 地球の質量を 5.974×10^{24} kg，半径を 6371 km として重力加速度の値を計算しなさい．

問題 1.2.2

以下，惑星や衛星は質点と見なし，等速円運動をしているとします．

(1) 月は地球の回りを恒星月の周期 27.32 日，軌道半径 38.44 万 km で公転しています．地球の質量を求めなさい．

(2) 地球は太陽の回りを恒星年の周期 365.26 日，軌道半径 1 億 4960 万 km (1 au) で公転しています．太陽の質量を求めなさい．

(3) 一般に，質量 m の惑星が質量 M の太陽の回りを半径 r で等速円運動しているとして，公転周期 T の 2 乗が軌道半径 r の 3 乗に比例するという，ケプラーの第 3 法則を導きなさい．

問題 1.2.3

2 つの恒星がそれらの系の重心の回りを互いに軌道運動している天体を連星といいます．実際は楕円軌道ですが，ここでは図 1.7 のように円軌道を考えます．この連星系では，質量 m_1 の主星と質量 m_2 の伴星が，それぞれ半径 a_1 と a_2 の円軌道を O に対して反対方向の位置を保ちつつ，同じ角速度 ω で等速円運動しているとします．

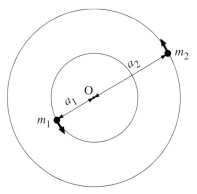

図 1.7 円軌道を仮定した連星系．

(1) 両星間の距離を $a = a_1 + a_2$, 円運動の周期を T とします．それぞれの星について，遠心力と万有引力を等置して，連星系について次式が成立することを示しなさい．この式は一般化されたケプラーの第3法則とよばれています．
$$\frac{a^3}{T^2} = \frac{G}{4\pi^2}(m_1 + m_2).$$
(2) おおいぬ座の恒星シリウスは連星で，周期は約50年，両星間の平均距離は約20 au です．軌道は楕円ですが，円軌道を仮定して両星の質量の和を求めなさい．
(3) 連星シリウスについて，観測された主星と伴星の平均軌道半径の比は $1 : 2.03$ です．では，a_1 と a_2 の比を $a_1/a_2 = 1/2$ と仮定して主星と伴星のそれぞれの質量を求めなさい．

問題 1.2 解説

問題 1.2.1 解説

(1) 質量 m の地上の物体に働く力 F は，図 1.8 のように地球の半径 R 離れた，地球と同じ質量 M の質点による引力と見なせるので，万有引力の法則より，
$$F = G\frac{Mm}{R^2}.$$
一方，運動方程式より物体は力 F により加速度を得，これを重力加速度 g と記すと，
$$F = mg.$$
両式を等しいとおくと，m は消去され，
$$g = \frac{GM}{R^2}$$
となり，重力加速度は物体の質量には依存しないことが分かります．

(2) 計算結果は，$g = 9.823 \text{ m/s}^2$.

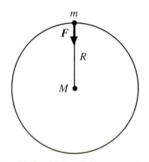

図 1.8 地球と地上の物体の間に働く力．

　なお，実際の地球は球に近い楕円体で，密度も一様ではなく，自転による遠心力の影響が緯度にかなり依存するので，重力加速度 g の値は場所により異なります（3.2節）．そこで，度量衡で質量の計量を規定するために，国際的に標準重力加速度が 9.80665 m/s^2 と定められています．上で得られた値は，この標準重力加速度に有効数字2桁で一致しています．

問題 1.2.2 解説

(1) 図 1.9 のように，質量 M の地球と質量 m の月の間に働く万有引力 F が，角速度 ω で等速円運動する月に働く向心力と等しいので，次式が成立します．

$$F = G\frac{Mm}{r^2} = mr\omega^2.$$

M について解き，角速度 ω と周期 T の関係 $\omega = 2\pi/T$ を代入すると次式となります．

$$M = \frac{r^3\omega^2}{G} = \frac{4\pi^2 r^3}{GT^2}.$$

値を代入して計算すると，正確な地球質量と有効数字 2 桁で合う結果を得ます．

$$M = 6.030 \times 10^{24} \text{ kg}.$$

(2) 太陽 地球も同様にして，$M = 1.989 \times 10^{30}$ kg（かなり正確な太陽質量です）．

(3) 惑星一般についても問 (1) で導いた式は成立するので，

$$\frac{1}{r^3\omega^2} = \frac{1}{GM},$$
$$\frac{T^2}{r^3} = \frac{4\pi^2}{GM}.$$

この式の右辺は万有引力定数と太陽の質量だけで決まる一定値です．

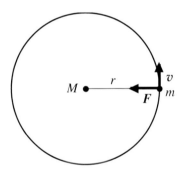

図 1.9 万有引力と円運動の向心力．

問題 1.2.3 解説

(1) 図 1.7 で，主星については，重心 O の回りの半径 a_1 の円運動による向心力と，距離が $a = a_1 + a_2$ 離れた伴星との間に働く万有引力を等しいとおき，

$$m_1 a_1 \omega^2 = G\frac{m_1 m_2}{a^2}.$$

この式から m_1 を消去して整理すると，

$$a_1 a^2 \omega^2 = Gm_2.$$

伴星についても同様にして，

$$a_2 a^2 \omega^2 = G m_1.$$

これらの式を足し合わせて，

$$(a_1 + a_2) a^2 \omega^2 = G(m_2 + m_1).$$

これに，$a = a_1 + a_2$ と $\omega = 2\pi/T$ を代入して整理すると，次の一般化されたケプラーの第3法則となります．

$$\frac{a^3}{T^2} = \frac{G}{4\pi^2}(m_1 + m_2).$$

(2) 計算結果は，$m_1 + m_2 = 6.36 \times 10^{30}$ kg.

(3) 図 1.7 の O は重心ですので，

$$\frac{m_1}{m_2} = \frac{a_2}{a_1} = 2$$

の関係を利用して，

$$m_1 = 4.24 \times 10^{30} \text{ kg}, \quad m_2 = 2.12 \times 10^{30} \text{ kg}.$$

なお，この問題で使用したシリウス連星系に関するデータは近似値で，ハッブル宇宙望遠鏡と地上の観測による研究 [Bond *et al.* 2017] によると，公転周期は 50.13 年で両星間の平均距離は 19.8 au です．また，主星（シリウス A）の楕円軌道の長半径は 2.48 秒角，伴星（シリウス B）の主星に対する相対的楕円軌道の長半径は 7.50 秒角で，平均軌道半径の比は 1/2.03 となります．シリウス A と B の質量はそれぞれ太陽質量の 2.063 ± 0.023 倍と 1.018 ± 0.011 倍と結論されています．これより質量の和を計算すると 6.13×10^{30} kg となります．問 (2) の質量の計算結果はこれにかなり近い値です．

1.3 エネルギー保存則と運動量保存則

1.3.1 エネルギー保存の法則

物体を地表からある高さまで持ち上げて離すと物体は落下しますが，この様子を位置のエネルギーが運動エネルギーに変わると解釈します．物理学では，物体に力 F を加えてその力の方向に s 動いたとき，力は Fs の仕事をしたと表現します．エネルギーとは仕事をすることのできる能力です．図 1.10 で，質量 m の物体を地表 $(x = 0)$ から重力 $-mg$ に抗して高さ x まで持ち上げるときの仕事は mgx で，これが物体の位置エネルギー U です．

$$U = mgx. \tag{1.8}$$

位置エネルギーは物体の落下とともに減少し，その分が運動エネルギー E へと変化します．運動エネルギーは速度 v を用いて次式で表されます．

$$E = \frac{1}{2}mv^2. \tag{1.9}$$

運動エネルギーが式 (1.9) の表現になることは以下のようにして導かれます．ニュートンの運

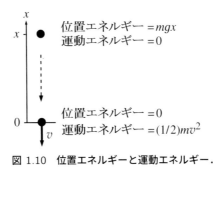

図 1.10 位置エネルギーと運動エネルギー.

動方程式は,
$$m\frac{d^2x}{dt^2} = -mg.$$

両辺に dx/dt を掛けて変形し,さらに t_0 から t まで積分します.

$$m\frac{dx}{dt}\frac{d^2x}{dt^2} = -mg\frac{dx}{dt},$$
$$\frac{1}{2}m\frac{d}{dt}\left[\left(\frac{dx}{dt}\right)^2\right] = -mg\frac{dx}{dt},$$
$$\frac{1}{2}m\left[\left(\frac{dx}{dt}\right)^2\right]_{t_0}^{t} = -mg\int_{t_0}^{t}\frac{dx}{dt}dt.$$

時間 $t_0 \to t$ で,物体の位置は $x_0 \to x$,速度は $v_0 \to v$ とすると,

$$\frac{1}{2}mv^2 - \frac{1}{2}mv_0^2 = -mg(x - x_0)$$

となり,式 (1.9) による運動エネルギーの増加が式 (1.8) による位置エネルギーの減少に等しいことを表します(図 1.10 では,$x_0 = x$, $v_0 = 0$ から $x = 0$, $v = v$).さらに次式のように変形すると,運動エネルギー E と位置エネルギー U の和が一定であることが分かります.

$$\frac{1}{2}mv^2 + mgx = \frac{1}{2}mv_0^2 + mgx_0. \tag{1.10}$$

これを力学的エネルギー保存の法則といいます.

なお,問題 1.3.2 で扱う重力加速度が一定と見なせない天体スケールでの物体の落下も,異なる式表現で力学的エネルギー保存則は成立します(付録 A.3 の式 (A.3)).

1.3.2 運動量保存の法則

質量 m の物体が速度 v で運動しているときの運動の勢いを表すベクトル量を,

$$\boldsymbol{p} = m\boldsymbol{v}, \tag{1.11}$$

で表し,運動量とよびます.質量 m_1, m_2 の 2 つの物体が互いに力を及ぼすが,外からの力(外力)が働かないときは,以下に示すように運動量の合計は一定です.いま,物体 1 が物体 2 から受ける力を $\boldsymbol{F}_{1\Leftarrow 2}$ などと表すとき,ニュートンの運動方程式より次の関係が成立します.

$$m_1 \frac{d\boldsymbol{v}_1}{dt} = \boldsymbol{F}_{1\Leftarrow 2}, \quad m_2 \frac{d\boldsymbol{v}_2}{dt} = \boldsymbol{F}_{2\Leftarrow 1}.$$

両辺の和を取り，作用反作用の法則から，$\boldsymbol{F}_{1\Leftarrow 2}+\boldsymbol{F}_{2\Leftarrow 1}=0$ですので，$m_1 d\boldsymbol{v}_1/dt+m_2 d\boldsymbol{v}_2/dt = 0$ となり，積分すると次のように運動量の和は一定となります（C は積分定数）．

$$m_1 \boldsymbol{v}_1 + m_2 \boldsymbol{v}_2 = C. \tag{1.12}$$

この運動量保存則は多数の物体からなる系でも成立します．

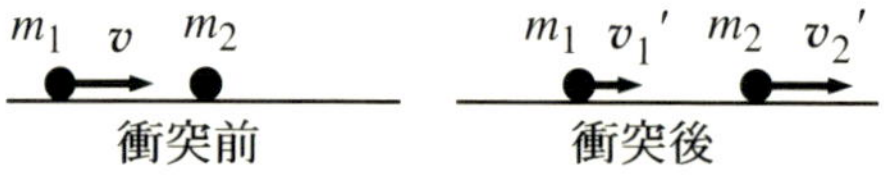

図 1.11　静止している物体 2 への物体 1 の衝突．

　運動量保存則の応用例として，図 1.11 のように質量 m_1 の物体 1 が速度 v で，静止している質量 m_2 の物体 2 に衝突する現象を考えます．運動は一直線上に限り，力学的エネルギーが保存される弾性衝突を仮定します．物体 1 と 2 の衝突後の速度を v_1', v_2' とすると，運動量保存の法則とエネルギー保存の法則は以下の 2 式で与えられます．

$$m_1 v = m_1 v_1' + m_2 v_2', \quad \frac{1}{2} m_1 v^2 = \frac{1}{2} m_1 v_1'^2 + \frac{1}{2} m_2 v_2'^2.$$

これらの 2 式を次のように変形し，

$$m_1(v - v_1') = m_2 v_2', \quad m_1(v^2 - v_1'^2) = m_2 v_2'^2,$$

v_1' と v_2' について解くと，衝突後の 2 物体の速度は次のようになります．

$$v_1' = \frac{m_1 - m_2}{m_1 + m_2} v, \quad v_2' = \frac{2m_1}{m_1 + m_2} v.$$

これより，$m_1 = m_2$ の場合は衝突後に物体 1 は静止し，物体 2 は物体 1 と同じ速度で動き出します．また，$m_1 < m_2$ の場合は物体 1 は衝突で跳ね返されます．

　一般には衝突で力学的エネルギーは保存されずに熱エネルギーなどに変わります（非弾性衝突）．衝突後に 2 つの物体が合体する場合には，その速度を v' とすると，運動量保存則から，

$$m_1 v = (m_1 + m_2) v'.$$

よって，$v' = \frac{m_1}{m_1 + m_2} v$ となります．この場合，力学的エネルギー E は減少し，

$$\Delta E = \frac{1}{2} m_1 v^2 - \frac{1}{2}(m_1 + m_2) \left(\frac{m_1}{m_1 + m_2} v \right)^2 = \frac{1}{2} \frac{m_1 m_2}{m_1 + m_2} v^2$$

が熱エネルギーなどに変換されます．$m_1 = m_2$ の場合は $\Delta E = \frac{1}{4} m_1 v^2$ となります．

1.3.3　回転運動と角運動量

　物体を中心 O の回りに回転させる能力を力のモーメント（トルク）といいます．図 1.12(a)

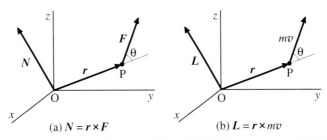

図 1.12 (a) 力のモーメント（トルク）N と (b) 運動量のモーメント（角運動量）L.

で，点 P に働く力 F のモーメント $N = rF\sin\theta$ は次の r と F のベクトル積で表します．

$$\boldsymbol{N} = \boldsymbol{r} \times \boldsymbol{F}. \tag{1.13}$$

一方，物体が中心 O の回りに回転する勢いを表す量は運動量 mv のモーメントで，これを角運動量 L といいます．図 1.12(b) から $L = rmv\sin\theta$ で，次のベクトル積で表します．

$$\boldsymbol{L} = \boldsymbol{r} \times m\boldsymbol{v}. \tag{1.14}$$

ここで，$\boldsymbol{N}$ と $\boldsymbol{L}$ の関係を見てみます．簡単のために $\boldsymbol{r}, \boldsymbol{F}, \boldsymbol{v}$ は x-y 平面上にあるとすると，$\boldsymbol{N}$ も $\boldsymbol{L}$ も z 成分のみとなり，ベクトル積の公式から（付録 C.2），

$$N = xF_y - yF_x, \quad L = xmv_y - ymv_x.$$

L を時間 t で微分すると，次のように変形されます．

$$\frac{dL}{dt} = \frac{dx}{dt}mv_y + xm\frac{dv_y}{dt} - \frac{dy}{dt}mv_x - ym\frac{dv_x}{dt}.$$

ここで，速度 $v_x = dx/dt$，加速度 $a_x = dv_x/dt$，運動方程式 $ma_x = F_x$ などを用いると，

$$\frac{dL}{dt} = xma_y - yma_x = xF_y - yF_x = N$$

となり，任意の方向の $\boldsymbol{r}, \boldsymbol{F}, \boldsymbol{v}$ についても同様の計算から，次の $\boldsymbol{L}$ と $\boldsymbol{N}$ の関係式を得ます．

$$\frac{d\boldsymbol{L}}{dt} = \boldsymbol{N}. \tag{1.15}$$

この式は，角運動量の時間増加率は回転させる力のモーメントに比例することを示します．

1.3.4 角運動量保存の法則

角運動量の例として，惑星の等速円運動による公転を考えます．惑星は質点と見なし，質量を m，速度ベクトルを $\boldsymbol{v}$，軌道中心からの距離ベクトルを $\boldsymbol{r}$ とすると，公転の角運動量ベクトル $\boldsymbol{L}$ は図 1.13(a) のように公転軌道面に垂直となります．その大きさは角速度を ω とすると，

$$L = |\boldsymbol{r} \times m\boldsymbol{v}| = rmv = rmr\omega = mr^2\omega \tag{1.16}$$

となり，角運動量は，質量，角速度，及び軌道半径の 2 乗に比例します．

この惑星の公転による角運動量 L は一定値となりますが，それは等速円運動では r も ω も一

定ですので明らかです．しかし，半径 r や角速度 ω が刻々と変化する楕円軌道の場合も L は一定値となります．その理由は，惑星が太陽から受ける引力 $\boldsymbol{F}$ は $\boldsymbol{r}$ と同一直線上で反対向きですので，式 (1.13) のベクトル積から $\boldsymbol{N}$ はゼロとなり，式 (1.15) から $\boldsymbol{L}$ の時間微分はゼロ，即ち角運動量は一定となります．これを角運動量保存の法則といい，万有引力のように力の作用線が原点を通る場合（中心力）に成立します．

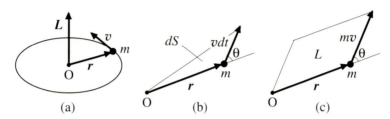

図 1.13 惑星の公転運動：(a) 角運動量ベクトル $\boldsymbol{L}$，(b) 面積速度 dS/dt，(c) 角運動量の大きさ L．

角運動量保存則を用いると，ケプラーの面積速度一定の法則を導くことができます．微小時間 dt に惑星が描く面積は，図 1.13(b) の三角形の面積 $dS = (1/2)rvdt\sin\theta$ で近似でき，質量 m の惑星の角運動量 $L = rmv\sin\theta$ は図 1.13(c) の平行四辺形の面積となります．よって，

$$\frac{dS}{dt} = \frac{rv\sin\theta}{2} = \frac{L}{2m}$$

となり，惑星に働く引力は中心力のため，右辺の L は一定で面積速度 dS/dt は一定です．

1.3.5 自転の角運動量と慣性モーメント

密度が一様な球が角速度 ω で自転するときの角運動量を導きます．図 1.14(a) のように球を多くの微小部分に分け，i 番目の質量を m_i，回転軸からの垂直距離を l_i として，微小部分の角運動量 $m_i l_i^2 \omega$ を足し合わせると球の自転による角運動量は $L = \sum_i m_i l_i^2 \omega$ となります．ここで，この式に含まれる次の量を慣性モーメント I として定義します．

$$I = \sum_i m_i l_i^2. \tag{1.17}$$

角運動量 L は慣性モーメント I と角速度 ω により次式で表されます．

$$L = I\omega. \tag{1.18}$$

また，球の自転による運動エネルギー E は各微小部分の運動エネルギーの合計として求まります．i 番目の微小部分の運動エネルギー $(1/2)m_i v_i^2 = (1/2)m_i l_i^2 \omega^2$ を合計して $(1/2)\sum_i m_i l_i^2 \omega^2$ となりますが，慣性モーメント I を用いると次式で表されます．

$$E = \frac{1}{2}I\omega^2. \tag{1.19}$$

式 (1.18) と (1.19) は一般の剛体でも成立します．これらの式は質点の運動量 $p = mv$ と運動エネルギー $E = \frac{1}{2}mv^2$ で，m と v を I と ω で置き換えた形になっています．

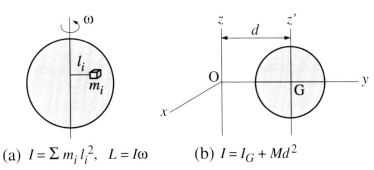

(a) $I = \sum m_i l_i^2$, $L = I\omega$　　(b) $I = I_G + Md^2$

図 1.14 　(a) 球の慣性モーメント I と自転の角運動量 L, (b) 慣性モーメントに関する平行軸の定理.

　自転の運動でも，外力が働かない系では角運動量保存則が成立します．フィギュアスケートのスピンが良い例で，選手が広げていた腕を縮めて慣性モーメント I を小さくすると，式 (1.18) の角運動量 L が一定のため，角速度 ω が増加することになります．

　球の中心を通る軸の回りの慣性モーメントを球の質量 M と半径 R で表す式は，問題 1.3.3(2) で導きます．一般に剛体のある軸の回りの慣性モーメントは，その軸の取り方で異なります．いま，図 1.14(b) のように質量 M の剛体の重心 G を通る軸 z' の回りの慣性モーメントを I_G とすると，z' 軸に並行で距離 d 離れた軸 z の回りの慣性モーメント I は次式で与えられます．

$$I = I_G + Md^2. \tag{1.20}$$

これを慣性モーメントについての平行軸の定理といい，問題 1.3.3(1) で導きます．

問題 1.3

問題 1.3.1

　原始太陽系では微小天体の非弾性衝突により運動エネルギーが熱エネルギーに変換していきました．いま，図 1.15 のように速度 v，質量 m の物体が質量 $4m$ の静止した物体に衝突し，合体して質量 $5m$ となり，速度 v' で運動を続けたとします．但し，運動は一直線上に限るとします．

図 1.15 　微小天体の非弾性衝突.

(1) 運動エネルギーの減少 ΔE を m と v で表しなさい．
(2) ΔE は全て熱エネルギーに変換されたとし，合体した物体の温度上昇 ΔT を求める式を導きなさい．両物体の比熱は同じ c で，衝突前の温度も同じで，融解熱は考慮しないとします．
(3) $m = 1\,\mathrm{kg}$, $v = 5\,\mathrm{km/s}$, $c = 1000\,\mathrm{J\,kg^{-1}K^{-1}}$ とすると，ΔE は何 J で，ΔT は何 K か？

問題 1.3.2

原始惑星の表面では，微小天体の落下により重力エネルギーが熱エネルギーとして解放されました．いま，質量 M，半径 R の球に，質量 m の物体が遠方から落下する場合のエネルギーについて，図 1.16 のように r 軸を取って考えます．

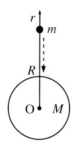

図 1.16 質量 M，半径 R の球への質量 m の物体の落下．

(1) 球表面 ($r = R$) に位置する物体を，球の引力に抗して，無限遠 ($r = \infty$) まで運ぶために要する重力エネルギー E_G の式を導きなさい．
(2) 無限遠で静止していた物体が落下して，球表面に衝突するときの速度 v の式を導きなさい．
(3) 半径 2000 km，密度 5000 kg/m^3 の原始惑星に質量 1 kg の物体が落下する場合の E_G と v を求めなさい（万有引力定数は付録 A.1 を参照）．
(4) 重力エネルギーが熱エネルギーに変換され物体を加熱したとします．物体の比熱を $c = 1000 \text{ J kg}^{-1}\text{K}^{-1}$ として物体の温度上昇を求めなさい（物体の融解熱は考慮しない）．

問題 1.3.3

(1) 慣性モーメントについての平行軸の定理，式 (1.20) を導きなさい．
(2) 図 1.17 は 4 種類の回転対称な物体で，(a) 線密度 τ の円環，(b) 面密度 σ の円盤，(c) 面密度 σ の球殻，(d) 密度 ρ の球です．いずれも質量 M，半径 R とします．円環と円盤については x, y, z 各軸の回りについて，球殻と球については z 軸の回りについて，慣性モーメントを M と R で表す式を導きなさい．

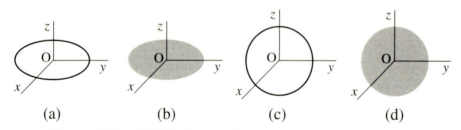

図 1.17 質量 M，半径 R の回転対称な物体：(a) 線密度 τ の円環，(b) 面密度 σ の円盤，(c) 面密度 σ の球殻，(d) 密度 ρ の球．

問題 1.3.4

　多くの惑星に存在する磁場は，電気伝導性の流体核でのダイナモ作用により発生すると考えられています．ダイナモ作用の原因の1つは自転によるコリオリ力（3.4節）ですので，磁場強度と自転の角運動量との相関が予想されます．これは磁気的ボーデの法則とよばれています．

(1) 金星は質量も大きさも地球に近い惑星ですが，金星の磁場は地球の1万分の1以下です．この違いの原因は金星の遅い自転速度かもしれません．地球と金星を球として，次のデータからそれぞれの自転の角運動量を計算し，金星の角運動量の地球との比を求めなさい．

惑星	半径 (km)	質量 (kg)	自転周期 (d)
地球	6371	5.974×10^{24}	0.9973
金星	6052	4.869×10^{24}	243.0

(2) 惑星の磁場は中心に存在すると仮定した棒磁石の磁場に近く，この棒磁石を仮想的磁気双極子，その強度を仮想的磁気双極子モーメント (VDM, virtual dipole moment) といいます．惑星の磁場強度はこの VDM で表します．地球の値で規格化した太陽を含む各惑星の自転の角運動量 L と VDM を表1.2に示します．この表に問 (1) で得た金星の L を追加し，両対数グラフに角運動量（横軸）と VDM（縦軸）をプロットしなさい（グラフ用紙は付録 E.3）．

表 1.2　太陽と惑星の自転の角運動量 (L) と VDM（磁場強度）．データは地球の値との比．（VDM は [Ness 1994, Tsuneta *et al.* 2008] による）

天体	太陽	水星	金星	地球	火星	木星	土星	天王星	海王星
L	1.6×10^{8}	1.4×10^{-4}		1	2.9×10^{-2}	9.6×10^{4}	1.9×10^{4}	3.2×10^{2}	3.8×10^{2}
VDM	6.6×10^{6}	6.1×10^{-4}	5.6×10^{-5}	1	3.0×10^{-4}	2.0×10^{4}	5.9×10^{2}	48	27

問題 1.3.5

　月は太陽系形成初期に地球に火星サイズの天体が衝突して形成されたとする巨大衝突説が有力です．当時は地球と月の距離は大変近く，地球の自転周期も短かったと考えられます．そこで当時の地球の自転周期を角運動量保存則から見積もってみます．地球–月系は連星系と同様に共通重心の回りの運動です（問題 1.2.3）．しかし，ここでは簡略化して図 1.18 のように系の重心は地球中心とし，地球の自転の角運動量と月の公転の角運動量の和が保存されるとします．地球の慣性モーメントと自転の角速度を I と ω，月の質量，公転の角速度，軌道半径を m, ω_L, r とします．地球–月系の角運動量の保存則は，式 (1.18) と (1.16) から次式で表されます．

$$I\omega + mr^2\omega_L = \text{const.}$$

また，月の公転角速度 ω_L と軌道半径 r は次のケプラーの第3法則が成立します（問題 1.2.2(3)）．

$$r^3\omega_L^2 = \text{const.}$$

(1) 月形成時の地球と月の角速度，月の軌道半径を ω', ω_L', r' とすると次式が成立します．

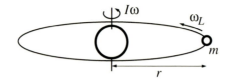

図 1.18 地球–月系における角運動量の保存.

$$I\omega + mr^2\omega_L = I\omega' + mr'^2\omega'_L,$$
$$r^3\omega_L^2 = r'^3\omega'^2_L.$$

この 2 式から ω'_L を消去して，次の ω' を求める式を導きなさい．

$$\omega' = \omega + \frac{mr^2\omega_L}{I}\left(1 - \left(\frac{r'}{r}\right)^{\frac{1}{2}}\right).$$

(2) r' が 2 万 km だったとして，問 (1) の式から次の定数を用い，月形成時の地球の自転周期と月の公転周期を求めなさい．

$$I = (2/5)(5.97 \times 10^{24})(6.37 \times 10^6)^2 = 9.69 \times 10^{37}\ \text{m}^2\ \text{kg}\ (一様球),$$
$$m = 7.35 \times 10^{22}\ \text{kg}, \quad r = 3.84 \times 10^8\ \text{m}\ (38.4\ \text{万 km}),$$
$$\omega = 2\pi \div (0.997 \times 24 \times 3600) = 7.29 \times 10^{-5}\ \text{s}^{-1}\ (自転周期\ 0.997\ 日),$$
$$\omega_L = 2\pi \div (27.3 \times 24 \times 3600) = 2.66 \times 10^{-6}\ \text{s}^{-1}\ (公転周期\ 27.3\ 日).$$

(3) 月は自転周期と公転周期が等しいですが，これは地球による潮汐摩擦で月の自転のエネルギーが散逸し自転速度が減少し，同じ面を常に地球に向ける力学的安定状態に達したためです（潮汐ロックや同期自転といいます）．地球も月による潮汐作用で自転速度が減少しており，最後は常に同じ面を月に向けるようになるはずです．等しくなった地球自転と月公転の角速度を ω'，そのときの月軌道半径を r' とすると，次式が成立します．

$$I\omega + mr^2\omega_L = I\omega' + mr'^2\omega',$$
$$r^3\omega_L^2 = r'^3\omega'^2.$$

この 2 式から ω' を消去して次の r'/r についての方程式を導きなさい．

$$\left(\frac{r'}{r}\right)^{\frac{1}{2}} = 1 + \frac{I\omega}{mr^2\omega_L} - \frac{I}{mr^2}\left(\frac{r'}{r}\right)^{-\frac{3}{2}}.$$

(4) この方程式は初等的には解けませんので，逐次近似法を適用します．まず，(i) r'/r に適当な初期値を仮定して右辺を計算します．その値が左辺に等しいので，2 乗して新たな r'/r とします．(ii) その r'/r を再び右辺に代入し，次の段階の r'/r を求めます．この作業を繰り返し，値が収束するまで続けます．では，問 (2) の定数を使用して逐次近似法を適用し，力学的安定状態に達した時点の月軌道半径と地球自転周期（月公転周期）を求めなさい．

問題 1.3.6

半径 R，質量 M の一様な球の慣性モーメントは $I = (2/5)MR^2$ ですので，I と MR^2 の比は

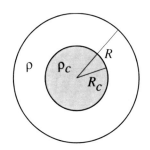

図 1.19　天体の2層構造モデル．

0.4 です（問題 1.3.3(2d)）．質量が中心付近に集中している場合は，式 (1.17) から分かるように慣性モーメントは小さくなり，I と MR^2 の比は 0.4 より小さくなります．そのため I/MR^2 は天体の質量の集中度の目安になります．いま，図 1.19 のようなマントルとコアからなる2層構造の天体を考えます．マントルとコアの密度をそれぞれ ρ, ρ_c，天体とコアの半径をそれぞれ R, R_c とします．天体の質量と慣性モーメントはコアがないときの質量を

$$M_0 = \frac{4}{3}\pi\rho R^3$$

として次式で表されます．

$$M = M_0\left[1 + \left(\frac{\rho_c}{\rho} - 1\right)\left(\frac{R_c}{R}\right)^3\right], \quad I = \frac{2}{5}M_0 R^2\left[1 + \left(\frac{\rho_c}{\rho} - 1\right)\left(\frac{R_c}{R}\right)^5\right].$$

(1) 上の式を導き，天体の I/MR^2 が次式で表されることを示しなさい．

$$\frac{I}{MR^2} = \frac{2}{5} \cdot \frac{1 + \left(\frac{\rho_c}{\rho} - 1\right)\left(\frac{R_c}{R}\right)^5}{1 + \left(\frac{\rho_c}{\rho} - 1\right)\left(\frac{R_c}{R}\right)^3}.$$

(2) 次の表は地球，火星，月の I/MR^2 です [Yoder 1995]．各惑星について，$R_c/R = 1/2$ を仮定して，それぞれの ρ_c/ρ を求めなさい．

惑星	地球	火星	月
I/MR^2	0.331	0.366	0.394

問題 1.3 解説

問題 1.3.1 解説

(1) 運動量保存則，$mv = 5mv'$ から $v' = v/5$．質量は5倍，速度は5分の1になるので，

$$\Delta E = \frac{1}{2}mv^2 - \frac{1}{2}(5m)\left(\frac{v}{5}\right)^2 = \frac{2}{5}mv^2.$$

(2) 比熱とは単位質量当たりの熱容量で，単位質量の物質を単位温度上げるのに必要な熱エネルギーですので，

$$5mc\Delta T = \Delta E,$$

$$\Delta T = \frac{\frac{2}{5}mv^2}{5mc} = \frac{2v^2}{25c}.$$

(3) 問 (1) で得た ΔE の式に値を代入して，

$$\Delta E = \frac{2 \times 1 \times (5 \times 10^3)^2}{5} = 1 \times 10^7 \ \mathrm{kg\,m^2\,s^{-2}} \ \mathrm{(J)}.$$

問 (2) の $\Delta T = \Delta E / 5mc$ の式から，

$$\Delta T = \frac{1 \times 10^7}{5 \times 1 \times 1000} = 2000 \ \mathrm{K}.$$

問題 1.3.2 解説

(1) 万有引力に抗する力 GMm/r^2 を $r = R$ から $r = \infty$ まで積分して[2]，

$$E_G = \int_R^\infty \frac{GMm}{r^2} dr = \left[-\frac{GMm}{r} \right]_R^\infty = GMm \left(-\frac{1}{\infty} + \frac{1}{R} \right) = \frac{GMm}{R}.$$

(2) 重力エネルギーを運動エネルギーと等しいとおいて，

$$\frac{1}{2}mv^2 = \frac{GMm}{R},$$
$$v = \sqrt{\frac{2GM}{R}}.$$

(3) M を計算すると，

$$M = \frac{4\pi \times (2000 \times 10^3)^3 \times 5000}{3} = 1.6755 \times 10^{23} \ \mathrm{kg}.$$

これより問 (1) の E_G を計算すると，

$$E_G = 5.591 \times 10^6 \ \mathrm{J}.$$

v は問 (2) の式から次のように秒速約 3 km となります．

$$v = 3.34 \times 10^3 \ \mathrm{m/s}.$$

(4) 温度の上昇 ΔT は，求めたエネルギー E_G を物体の熱容量（質量 × 比熱）で割って，

$$\Delta T = \frac{5.591 \times 10^6 \ \mathrm{J}}{(1 \ \mathrm{kg}) \times (1000 \ \mathrm{J\,kg^{-1}\,K^{-1}})} = 5590 \ \mathrm{K}.$$

この問題のような天体スケールでは地上付近と異なり引力が距離に依存しますが，エネルギー保存則は成立します．但し，地上付近の場合の式 (1.10) とは式の形が異なります（付録 A.3）．

問題 1.3.3 解説

(1) 図 1.14(b) で剛体の重心を通る z' 軸の回りの慣性モーメント I_G は，剛体の微小部分の質量を m_i，x 軸と y 軸の座標を (x_i, y_i) とすると次式で表されます．

---

[2] 付録 A.3, 式 (A.4) の位置エネルギー U で表現すると，$E_G = U(\infty) - U(R) = -\frac{GMm}{\infty} - \left(-\frac{GMm}{R} \right) = \frac{GMm}{R}.$

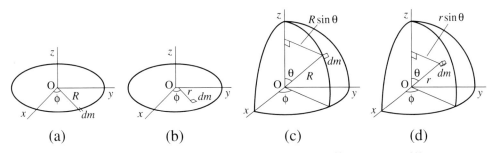

図 1.20 (a) 円環，(b) 円盤，(c) 球殻，(d) 球における慣性モーメントの計算.

$$I_G = \sum_i m_i \left(x_i^2 + (y_i - d)^2\right) = \sum_i m_i(x_i^2 + y_i^2) - 2d\sum_i m_i y_i + d^2 \sum_i m_i.$$

この式の第1項は z 軸の回りの慣性モーメント I，第3項は $\sum_i m_i = M$ より Md^2 です．また，重心の y 座標が d ですので，

$$d = \frac{\sum_i m_i y_i}{\sum_i m_i} = \frac{\sum_i m_i y_i}{M}$$

より第2項は $-2Md^2$ で，上の式は $I_G = I - Md^2$ となり次の平行軸の定理を得ます．

$$I = I_G + Md^2.$$

(2) (a) z 軸の回りの慣性モーメント I_z は，図 1.20(a) の微小質量 dm の慣性モーメント $dm \times R^2$ を円環に沿って積分します．微小質量は $dm = \tau \times Rd\phi$ ですので，

$$I_z = \int R^2 dm = \int_0^{2\pi} R^2 \tau R d\phi = \tau R^3 \int_0^{2\pi} d\phi = (2\pi R \tau) R^2 = MR^2.$$

x 軸の回りの慣性モーメント I_x は，dm の座標を (x, y) として $dm \times y^2$ を円環に沿って積分します．

$$\begin{aligned}I_x &= \int y^2 dm = \int_0^{2\pi} (R\sin\phi)^2 \tau R d\phi = \tau R^3 \int_0^{2\pi} \frac{1 - \cos 2\phi}{2} d\phi \\ &= \tau R^3 \left[\frac{\phi}{2} - \frac{\sin 2\phi}{4}\right]_0^{2\pi} = \pi \tau R^3 = \frac{1}{2}(2\pi R\tau)R^2 = \frac{1}{2}MR^2.\end{aligned}$$

I_y についても $\int x^2 dm$ を同様に積分して，

$$I_y = \frac{1}{2}MR^2.$$

(a) の別解：

円環に沿った dm の積分は M ですので，

$$I_z = \int R^2 dm = R^2 \int dm = MR^2.$$

I_x と I_y については，両者の和を取り，対称性から $I_x = I_y$ ですので，

$$I_x + I_y = \int y^2 dm + \int x^2 dm,$$

$$2I_x = 2I_y = \int (x^2 + y^2)dm = \int R^2 dm = MR^2,$$

$$I_x = I_y = \frac{1}{2}MR^2.$$

(b) I_z は微小質量 dm の慣性モーメント $dm \times r^2$ を円盤全面で積分します．微小質量は $dm = \sigma \times dr \times rd\phi$ ですので，

$$I_z = \int r^2 dm = \sigma \int_0^R \int_0^{2\pi} r^3 dr d\phi = 2\pi\sigma \int_0^R r^3 dr = 2\pi\sigma \frac{R^4}{4} = \frac{1}{2}(\pi R^2 \sigma)R^2$$
$$= \frac{1}{2}MR^2.$$

I_x は $dm \times y^2$ を積分します．

$$I_x = \int y^2 dm = \sigma \int_0^R \int_0^{2\pi} r^3 \sin^2\phi dr d\phi = \sigma \int_0^R r^3 dr \int_0^{2\pi} \frac{1 - \cos 2\phi}{2} d\phi$$
$$= \sigma \frac{R^4}{4} \left[\frac{\phi}{2} - \frac{\sin 2\phi}{4} \right]_0^{2\pi} = \frac{1}{4}\pi\sigma R^4 = \frac{1}{4}(\pi R^2 \sigma)R^2 = \frac{1}{4}MR^2.$$

I_y も $dm \times x^2$ を同様に積分して，

$$I_y = \frac{1}{4}MR^2.$$

(b) の別解：

(a) で導いた円環の慣性モーメントの式を利用します．半径 r で幅 dr の円環の質量 $\sigma \times 2\pi r \times dr$ に r^2 を掛けて，この円環の z 軸の回りの慣性モーメント dI_z は，

$$dI_z = (2\pi\sigma r dr)r^2 = 2\pi\sigma r^3 dr.$$

これを積分して，

$$I_z = 2\pi\sigma \int_0^R r^3 dr = \frac{1}{2}\pi\sigma R^4 = \frac{1}{2}MR^2.$$

同様にして，

$$dI_x = dI_y = \frac{1}{2}(2\pi\sigma r dr)r^2 = \pi\sigma r^3 dr.$$

積分して，

$$I_x = I_y = \pi\sigma \int_0^R r^3 dr = \frac{1}{4}\pi\sigma R^4 = \frac{1}{4}\left(\pi R^2 \sigma\right)R^2 = \frac{1}{4}MR^2.$$

(c) 球殻の慣性モーメントは対称性から軸の向きは任意ですが，ここでは図 1.20(c) のように座標軸を取ります（簡単のために図は球殻の 8 分の 1 を示します）．微小質量 dm の z 軸の回りの慣性モーメント $dm \times (R\sin\theta)^2$ を球殻全面で積分します．微小質量は $dm = \sigma \times Rd\theta \times R\sin\theta d\phi$ ですので，

$$I = \int (R\sin\theta)^2 dm = \sigma R^4 \int_0^\pi \int_0^{2\pi} \sin^2\theta \sin\theta d\theta d\phi$$
$$= 2\pi\sigma R^4 \int_0^\pi (1 - \cos^2\theta)\sin\theta d\theta - 2\pi\sigma R^4 \int_{-1}^1 (1 - t^2)dt$$

$$= 2\pi\sigma R^4 \left[t - \frac{t^3}{3} \right]_{-1}^{1} = \frac{8}{3}\pi\sigma R^4 = \frac{2}{3}(4\pi R^2\sigma)R^2 = \frac{2}{3}MR^2.$$

上の積分では，$t = \cos\theta \ (dt = -\sin\theta d\theta)$ の変数変換を利用しました．

(c) の別解：

微小質量 dm の座標を (x, y, z) とすると，

$$I_x = \int (y^2 + z^2)dm, \quad I_y = \int (z^2 + x^2)dm, \quad I_z = \int (x^2 + y^2)dm.$$

これらを辺々加えると，

$$I_x + I_y + I_z = 2\int (x^2 + y^2 + z^2)dm.$$

$I_x = I_y = I_z = I$ とおき，$x^2 + y^2 + z^2 = R^2$ ですので，

$$3I = 2R^2 \int dm = 2R^2 M,$$

$$I = \frac{2}{3}MR^2.$$

(d) 球では微小質量 dm の z 軸の回りの慣性モーメント $dm \times (r\sin\theta)^2$ を球全体で積分します．微小質量は $dm = \rho \times dr \times rd\theta \times r\sin\theta d\phi$ ですので，

$$I = \int (r\sin\theta)^2 dm = 2\pi\rho \int_0^R \int_0^\pi r^4 \sin^2\theta \sin\theta dr d\theta$$

$$= 2\pi\rho\frac{R^5}{5} \int_0^\pi (1 - \cos^2\theta)\sin\theta d\theta = 2\pi\rho\frac{R^5}{5} \int_{-1}^{1} (1 - t^2)dt$$

$$= 2\pi\rho\frac{R^5}{5} \left[t - \frac{t^3}{3} \right]_{-1}^{1} = 2\pi\rho\frac{R^5}{5}\frac{4}{3} = \frac{2}{5}\left(\frac{4}{3}\pi R^3\rho \right)R^2 = \frac{2}{5}MR^2.$$

(d) の別解 1：

(c) の別解と同様に $I_x + I_y + I_z = 3I$ として $r^2 dm$ を積分します．

$$3I = 2\int (x^2 + y^2 + z^2)dm,$$

$$I = \frac{2}{3}\int r^2 dm = \frac{4}{3}\pi \int_0^R \int_0^\pi r^2 \rho r^2 \sin\theta dr d\theta = \frac{4}{3}\pi\rho \int_0^R r^4 dr \int_0^\pi \sin\theta d\theta$$

$$= \frac{4}{3}\pi\rho\frac{R^5}{5} \left[-\cos\theta \right]_0^\pi = \frac{4}{3}\pi\rho\frac{R^5}{5}2 = \frac{2}{5}\left(\frac{4}{3}\pi R^3\rho \right)R^2 = \frac{2}{5}MR^2.$$

(d) の別解 2：

(c) で導いた球殻の慣性モーメントの式を利用します．半径 r で厚さ dr の球殻の質量は $\rho \times 4\pi r^2 \times dr$ ですので，この球殻の慣性モーメントを dI で表せば，

$$dI = \frac{2}{3}(4\pi\rho r^2 dr)r^2 = \frac{8}{3}\pi\rho r^4 dr.$$

これを積分して，

$$I = \frac{8}{3}\pi\rho \int_0^R r^4 dr = \frac{8}{3}\pi\rho\frac{R^5}{5} = \frac{2}{5}\left(\frac{4}{3}\pi R^3\rho \right)R^2 = \frac{2}{5}MR^2.$$

問題 1.3.4 解説

(1) 地球（添字 E）と金星（添字 V）についての計算結果は次の通りです．

$$I_E = 9.699 \times 10^{37} \text{ kg m}^2, \quad \omega_E = 7.293 \times 10^{-5} \text{ s}^{-1}, \quad L_E = 7.073 \times 10^{33} \text{ kg m}^2 \text{s}^{-1},$$

$$I_V = 7.133 \times 10^{37} \text{ kg m}^2, \quad \omega_V = 2.993 \times 10^{-7} \text{ s}^{-1}, \quad L_V = 2.135 \times 10^{31} \text{ kg m}^2 \text{s}^{-1},$$

$$\frac{L_V}{L_E} = 3.019 \times 10^{-3} \approx 0.0030.$$

(2) 結果を示した図 1.21 で，破線は金星と火星を除いてフィットした直線です．中心に金属の核があり，その回りの岩石層からなる惑星を地球型惑星とよびますが，そのうちダイナモ起源の固有磁場を持つ惑星は地球と水星だけです．火星は惑星形成後の早い時期にダイナモ作用が停止したと考えられています．金星については，やはり遅い自転速度が原因のように思えますが，専門家の間では色々と議論があります．水星も自転速度は遅く（自転周期 59 日）角運動量も最小ですが，70 年代の惑星探査機マリナー 10 の観測で弱いながらも固有磁場が発見され，ダイナモ作用の働く流体核が存在する可能性が示されました [Ness *et al.* 1975]．2008 年以降の水星探査機メッセンジャーによる観測では，水星の磁場は中心から大きく北にずれた磁気双極子によることが分かり（[Anderson *et al.* 2011] など），その後も地球との比較研究が続いてます（[Takahashi *et al.* 2019] など）．

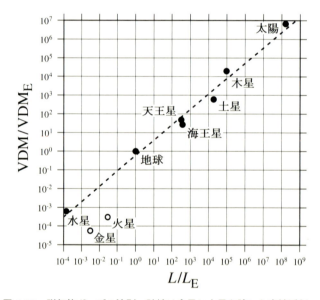

図 1.21 磁気的ボーデの法則．破線は金星と火星を除いた直線近似．

問題 1.3.5 解説

(1) 角運動量保存則とケプラーの第 3 法則から，

$$I\omega + mr^2\omega_L = I\omega' + mr'^2\omega'_L, \tag{1.21}$$

$$r^3 \omega_L^2 = r'^3 \omega_L'^2. \tag{1.22}$$

式 (1.22) より,

$$\omega_L' = \left(\frac{r}{r'}\right)^{\frac{3}{2}} \omega_L. \tag{1.23}$$

これを式 (1.21) に代入し, ω' を表す式として変形します.

$$\omega' = \omega + \frac{mr^2\omega_L}{I} - \frac{mr'^2\omega_L}{I}\left(\frac{r}{r'}\right)^{\frac{3}{2}} = \omega + \frac{mr^2\omega_L}{I}\left(1 - \left(\frac{r'}{r}\right)^2 \left(\frac{r}{r'}\right)^{\frac{3}{2}}\right)$$

$$= \omega + \frac{mr^2\omega_L}{I}\left(1 - \left(\frac{r'}{r}\right)^{\frac{1}{2}}\right). \tag{1.24}$$

(2) r' を 2 万 km として問 (1) の ω' と式 (1.23) の ω_L' を計算すると,

$$\omega' = 3.03 \times 10^{-4} \text{ s}^{-1}, \quad \omega_L' = 2.24 \times 10^{-4} \text{ s}^{-1}.$$

よって, 月生成初期の地球の自転周期は, $2\pi/3.03 \times 10^{-4} = 2.074 \times 10^4 \text{ s} \approx 5.8 \text{ h}.$
月の公転周期は, $2\pi/2.24 \times 10^{-4} = 2.805 \times 10^4 \text{ s} \approx 7.8 \text{ h}.$

(3) 式 (1.21) と式 (1.22) で $\omega_L' = \omega'$ として,

$$I\omega + mr^2\omega_L = I\omega' + mr'^2\omega', \tag{1.25}$$

$$r^3\omega_L^2 = r'^3\omega'^2. \tag{1.26}$$

式 (1.26) より ω' を次の r'/r を含む式

$$\omega' = \left(\frac{r'}{r}\right)^{-\frac{3}{2}} \omega_L \tag{1.27}$$

と表し, 式 (1.25) から ω' を消去します.

$$I\omega + mr^2\omega_L = I\left(\frac{r'}{r}\right)^{-\frac{3}{2}}\omega_L + mr'^2\left(\frac{r'}{r}\right)^{-\frac{3}{2}}\omega_L$$

$$= I\left(\frac{r'}{r}\right)^{-\frac{3}{2}}\omega_L + mr^2\left(\frac{r'}{r}\right)^{\frac{1}{2}}\omega_L.$$

両辺を $mr^2\omega_L$ で割り, $(r'/r)^{1/2}$ を表す次式となります.

$$\left(\frac{r'}{r}\right)^{\frac{1}{2}} = 1 + \frac{I\omega}{mr^2\omega_L} - \frac{I}{mr^2}\left(\frac{r'}{r}\right)^{-\frac{3}{2}}. \tag{1.28}$$

(4) 定数などを代入し有効数字 5 桁で表すと, 式 (1.28) は次のようになります.

$$\left(\frac{r'}{r}\right)^{\frac{1}{2}} = 1.2450 - 8.9408 \times 10^{-3}\left(\frac{r'}{r}\right)^{-\frac{3}{2}}. \tag{1.29}$$

逐次近似法による繰り返し計算の結果を, 3 通りの初期値について表に示します.

第1章　惑星としての地球

回数	r'/r		
初期値	1.0	0.0	2.0
1	1.5728	1.5500	1.5058
2	1.5397	1.5385	1.5380
3	1.5384	1.5384	1.5384
4	1.5384	1.5384	1.5384

よって，月公転軌道の半径は現在の約 1.5 倍となり，皆既日食は見られなくなります．

$$r' = 3.84 \times 10^8 \times 1.5384 = 5.91 \times 10^8 \text{ m} \approx 59 \text{ 万 km}.$$

等しくなった地球の自転と月の公転の角速度は式 (1.27) より，

$$\omega' = \omega'_L = 1.5384^{-3/2} \times 2.66 \times 10^{-6} = 1.394 \times 10^{-6} \text{ s}^{-1}.$$

周期は，$2\pi/\omega' = 4.507 \times 10^6 \text{ s} \approx 52 \text{ d}.$

問題 1.3.6 解説

(1) 球の体積と慣性モーメントの公式より，

$$M = \frac{4}{3}\pi\rho R^3 + \frac{4}{3}\pi(\rho_c - \rho)R_c^3 = \frac{4}{3}\pi\rho R^3\left[1 + \left(\frac{\rho_c}{\rho} - 1\right)\left(\frac{R_c}{R}\right)^3\right]$$

$$= M_0\left[1 + \left(\frac{\rho_c}{\rho} - 1\right)\left(\frac{R_c}{R}\right)^3\right].$$

$$I = \frac{2}{5}\left(\frac{4}{3}\pi\rho R^3\right)R^2 + \frac{2}{5}\left(\frac{4}{3}\pi(\rho_c - \rho)R_c^3\right)R_c^2$$

$$= \frac{2}{5}\left(\frac{4}{3}\pi\rho R^3\right)R^2 \times \left[1 + \left(\frac{\rho_c}{\rho} - 1\right)\left(\frac{R_c}{R}\right)^5\right]$$

$$= \frac{2}{5}M_0 R^2\left[1 + \left(\frac{\rho_c}{\rho} - 1\right)\left(\frac{R_c}{R}\right)^5\right].$$

よって，

$$\frac{I}{MR^2} = \frac{2}{5} \cdot \frac{1 + \left(\frac{\rho_c}{\rho} - 1\right)\left(\frac{R_c}{R}\right)^5}{1 + \left(\frac{\rho_c}{\rho} - 1\right)\left(\frac{R_c}{R}\right)^3}.$$

(2) この I/MR^2 の式で R_c/R に 1/2 を代入し ρ_c/ρ について解くと，

$$\frac{\rho_c}{\rho} = \frac{31 - 70(I/MR^2)}{10(I/MR^2) - 1}.$$

計算結果は次表の通りです．

惑星	地球	火星	月
I/MR^2	0.331	0.366	0.394
ρ_c/ρ	3.39	2.02	1.16

得られた核とマントルの密度比は $R_c/R = 0.5$ を仮定した結果ですが,地球には金属鉄を主成分とする核があること,火星の核は地球より小さめであること,月は一様構造に近いが小さな金属核が存在するらしいこと,などの観測結果と符合します.

1.4 太陽放射と地球表面温度

1.4.1 黒体放射の理論

全ての電磁波を吸収する理論上の物体を黒体といいます.黒体はその温度に応じて光や赤外線などの電磁波によるエネルギーを,プランクの法則に従って放射します.その際,黒体の温度 T (単位は K)と最も強度が強くなる電磁波のピークの波長 λ_m (単位は μm)には次の関係が成立し,ウィーンの変位則とよばれます.

$$\lambda_m T = 2900. \tag{1.30}$$

図 1.22 は,プランクの法則により放射されるエネルギーを,電磁波の波長の関数として異なる温度で表したグラフです.温度が高くなるほど急激に放射エネルギーが大きくなり,そのピークが短波長へシフトすることが分かります.

一方,図 1.22 の温度 T のグラフを全ての波長について積分すると,温度 T での黒体表面から単位面積当たり毎秒放射されるエネルギー E (単位は W/m^2)となり,次のシュテファン–ボルツマンの法則とよばれます.式中,σ はシュテファン–ボルツマン定数です.

$$E = \sigma T^4 \quad (\sigma = 5.67 \times 10^{-8} \text{ W m}^{-2} \text{ K}^{-4}). \tag{1.31}$$

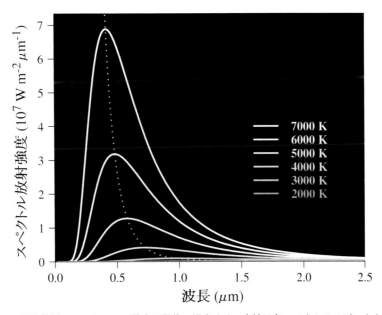

図 1.22 黒体放射のスペクトル.数字は黒体の温度 (K),点線は各スペクトルのピークを示す.

全ての物体は近似的に黒体放射の理論に従ってエネルギーを放射します．太陽のような恒星では，エネルギーは主に光として放射され，表面温度の高い恒星ほどピークスペクトルの波長が短く，青白い光を放ちます．なお，太陽は 6000 K の黒体に近く，エネルギーのピークは約 0.5 μm で，青–緑です．しかし，太陽光は全ての波長を含んだ連続光ですので，橙–黄がかった白色を呈します．また，地球も赤外線領域の電磁波によりエネルギーを宇宙へ放射しています．

1.4.2　太陽放射エネルギーと地球の表面温度

地球軌道上での 1 m^2 当たりの太陽放射エネルギーを太陽定数 S といい，観測値は 1361 W/m^2 です [国立天文台 2023]．これを地球表面全体で平均すると 4 分の 1 になり，地球表面 1 m^2 当たりの入射エネルギーは 340 W/m^2 となります．しかし，入射エネルギーの一定割合は地表で反射され宇宙空間へ戻り，この割合をアルベド（反射能）といいます．結局，地球表面 1 m^2 当たりの平均の入射エネルギー I はアルベドを α として次式で表されます．

$$I = \frac{1}{4}S(1-\alpha). \tag{1.32}$$

地球のアルベドは約 0.3 で，これより地球表面の平均の入射エネルギーは 238 W/m^2 です．

地球表面温度を一定に保つには，太陽放射による入射エネルギーと同量のエネルギーが宇宙空間に放射される必要があります．大気のような温室効果ガスがない場合は，図 1.23(a) のように地球表面からの放射エネルギーが入射エネルギーと同じ 238 W/m^2 となり，シュテファン–ボルツマンの法則から地球の表面温度は -18 °C となります（図の数字の単位は W/m^2）．

実際の地球の平均表面温度が 15 °C に保たれているのは大気の温室効果のためです．地球表面温度 15 °C は，地球表面からの放射エネルギー 390 W/m^2 に相当します．図 1.23(b) のように，温室効果ガスはこの地球放射の大部分と太陽放射の一部を一旦吸収しますが，吸収したエネルギーをあらゆる方向に再射出するので，地表面を暖めることになります．結局，温室効果により地表で 492 W/m^2 のエネルギーが出入りすることになりますが，大気の上面では温室効果ガスがない場合と同じ 238 W/m^2 のエネルギー収支であることには注意が必要です．

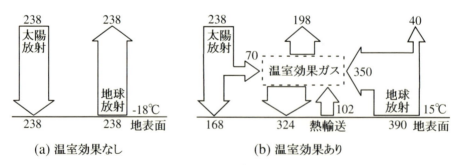

図 1.23　地球表面のエネルギー収支（数字は W/m^2）．(a) 温室効果がない場合と (b) ある場合．

1.4.3　地球の温室効果ガス

大気の 99% を占める窒素と酸素にはほとんど温室効果はありません．主要な温室効果ガスは，

温室効果の大きい順に，水蒸気 (60%)，二酸化炭素 (26%)，オゾン (8%)，その他 (6%) です [Kiehl & Trenberth 1997]．ここで重要な事実は，水蒸気の温室効果が格段に大きいことです．しかし，この事実から二酸化炭素の排出は地球温暖化にはあまり寄与しないと結論するのは誤りです．理由は，水蒸気は凝結や降水によりその含有量が地表の温度で決まり，大気中に長期に留まることはないからです [Schmidt 2005]．二酸化炭素などの温室効果ガスは温室効果全体の 25% を主導的に担い，残りの 75% はそのフィードバックとしての水蒸気と雲の温室効果によるとの研究もあります [Lacis *et al.* 2010]．そのため逆に二酸化炭素が極端に減ると水蒸気による温室効果も同時に減少し，地球は氷河時代に戻ることになります．植物の光合成速度は二酸化炭素含有量にほぼ比例するので [彦坂・寺島 2013]，二酸化炭素の過度な減少は生命の危機となります．

1.4.4　ヘルムホルツによる太陽の年齢

太陽放射のエネルギー源は太陽中心部での水素の核融合反応で，太陽は誕生後 46 億年間輝き続けています．しかし，放射性元素や核分裂などが発見されていなかった 19 世紀中頃は，考え得る最大のエネルギー源は原始太陽形成時の重力エネルギーでした．ヘルムホルツはこの重力収縮によるエネルギーを計算し地球で受ける単位時間当たりの太陽放射エネルギーで除して，太陽の年齢を 2000 万年としました．続いてケルビンも同じ方法で太陽の年齢を推定し，内部の密度分布の違いで 2000–6000 万年としました．この数千万年という値はケルビンの熱伝導理論による地球の年齢とよく合い（問題 5.4.3），ケルビンは信頼度の高い結果と考えたようです．

これらの太陽の年齢の見積もりは現代では意味がありません．しかし，ガスやチリが集積することで解放される重力エネルギーは星の誕生に必要なエネルギー源として重要です．また，密度が極めて大きな中性子星やブラックホールの回りには高温の降着円盤が形成されますが，そのエネルギー源は重力エネルギーといわれています．

補足：気候変動について

本節で扱った黒体放射理論による地球表面のエネルギー収支は定常状態に対する基本原理です．太陽放射と地球放射のエネルギーバランスがくずれると，地球の表面温度は変化し，新たな定常状態に移行します．しかし，実際の移行過程は大変複雑で，それは気候システムには種々のフィードバックがあるためです．

正のフィードバックの例は短期（10–100 日程度）に働く水蒸気の温室効果です．気温の増大で大気の水蒸気濃度が増えると温室効果も増大し気温はさらに上昇します．気温が減少する場合は逆の現象により気温はますます減少します．長期（1000–10 万年程度）の例は氷雪の面積です．寒冷化で氷雪が増えると地球のアルベドが増大し，太陽放射の入力が減少して気温は下がりさらに氷雪が増えます．温暖化では逆のプロセスでますます温暖化が進みます．しかし，気候システムには気候の暴走を抑止する負のフィードバックもあります．

負のフィードバックとしては地球放射そのものがあります．地表温度が増大すると地球放射が増大することで地表を冷やし，地表温度を元に戻すように働きます．植生は短期（1–100 年程度）の負のフィードバックです．気温が上昇すると植物の光合成が盛んになり，二酸化炭素 (CO_2) が消費され温室効果が低下して気温も低下します．岩石の風化は長期（数十万–数百万年

程度）の例です．多くの岩石に含まれるケイ酸塩鉱物（$MgSiO_3$ など）は雨水に溶けた CO_2 と反応して炭酸塩（$MgCO_3$ など）となり CO_2 が消費されます．気温が高いほど風化作用は促進されて CO_2 が減少し，結果として気温も減少します．

一方，雲はその高さや水滴の大きさの違いなどによりフィードバックとしては正にも負にも働き，その正確な見積もりは難しいそうです．

以上のように，気候システムは大変複雑で CO_2 だけが気温を決めるわけではありません．そのため，現在 410ppm[3] に達した CO_2 濃度が近未来の気温に及ぼす影響については専門家の間で多くの議論があります（[赤祖父 2008, 丸山ほか 2020, 渡辺 2022] など）．その際に参考になる観測事象は地質時代の気候変動です．過去の気候変動は地質学分野のテーマですので本書ではその詳細は扱いませんが，以下に地質時代の気温と CO_2 の観測例について簡単に紹介します．

過去の気温の寒暖を示す証拠を気温のプロキシといい，樹木年輪の幅やサンゴ殻の元素組成など多数あります．連続で定量的なプロキシの 1 つは酸素の同位体比です．酸素同位体 ^{18}O を含む水分子は，通常の酸素 ^{16}O を含む水分子より重く蒸発しにくい性質があります．そこで酸素同位体比 $^{18}O/^{16}O$ を $\delta^{18}O$ と表し，その大小で過去の気温を推定します．その原理は，氷河期には海洋から蒸発した水蒸気が極域へ移動して氷河を形成するため，海水の同位体比は大きく，氷河の同位体比は小さくなることです（[酒井 2016, 14 章] など）．

$\delta^{18}O$ は広く地質時代の化石などに応用され，以下のような過去の気温の変動が明らかにされています（[増田 1996] など）．古生代[4]は概して気温は現代よりも高かったのですが，3 億年前頃にはゴンドワナ氷河時代とよばれる寒冷期もありました．中生代は全般的に温暖で，特に 1 億年前頃の白亜紀は温暖期で気温が現在よりも 10–15 ℃ 程度高く，海水準も約 200–300 m 高かったと考えられています．6600 万年前からの新生代に入ると寒冷化が進み，258 万年前からの第四紀は氷期と間氷期が繰り返し，現在は氷河時代の間氷期です．

地質時代の CO_2 濃度についても，植物プランクトンの炭素同位体比や植物の気孔密度など種々のプロキシを用いて推定されています．過去 4.5 億年間の CO_2 濃度は前述の中生代の温暖期には 500–2500ppm と高く，約 3 億年前のゴンドワナ氷河時代には 100–500ppm と低くなり，気温との高い相関が見られます [IPCC 2021, Fig.2.3]．

第四紀の後半以降は，気温と CO_2 の高い相関が南極やグリーンランドの氷床コアで顕著に見られます．氷床には過去の大気が気泡として含まれ，気泡のガスクロマトグラフィにより CO_2 濃度が直接測定されます．南極では複数の地点で氷床コアの研究が実施され，それらの測定結果を統合して過去約 80 万年間の気温と CO_2 濃度の変動曲線が得られています．

その一例として，図 1.24 に南極ドームふじ氷床コアから得られた過去 35 万年間の測定結果を示します．これは [Kawamura *et al.* 2007] により公開された温度 ΔT（過去 1 万年の平均値からの差）と CO_2 濃度のデータを，それらの変動幅が同程度になるように縦軸を調整した図です（横軸の kyr BP は 1000 年前．BP は Before Present）．温度と CO_2 の変動曲線がほぼ重なり，CO_2 の気候変動に対する大きな関与を示します．しかし，図をよく観察すると間氷期から氷期への移行期（約 34, 24, 13 万年前）では CO_2 の減少は温度の減少よりも最大で数千年遅れてい

---

3 ppm (parts per million) は 100 万分率です（100ppm $= 0.01\%$）．

4 地質時代名と年代は付録 A.5 にあります．

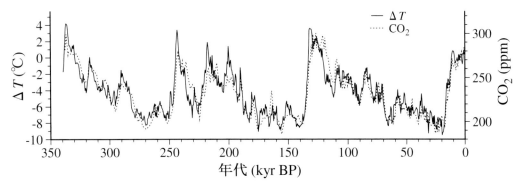

図 1.24 南極ドームふじでの過去 35 万年間の気温と CO_2 濃度 [Kawamura et al. 2007]．年代の kyr BP は 1000 年前 (BP は Before Present)．

ます．これは CO_2 濃度の変化が海洋を含む炭素循環の過程で気温に遅れるためと思われます．また，氷期から間氷期への移行期（約 25, 14, 2 万年前）でも，CO_2 の増加は温度の増加から 500–1000 年程度遅れているようです．これらの現象は気候変動を主導する原因は CO_2 ではないことを示します．実際，この論文では種々の元素測定や理論計算も実施し，ミランコビッチサイクルが氷期–間氷期の繰り返しの原因と結論しています．

ミランコビッチサイクルとは地球軌道要素の変動による北半球高緯度の夏の太陽放射の増減が気候変動に影響するという理論です（[増田・阿部 1996] など）．ミランコビッチ理論では地球軌道の 3 要素の変動が地表の年平均太陽放射に影響すると考えます．それらの軌道要素は，(i) 公転軌道の離心率（現在 0.0167），(ii) 自転軸の傾角（現在 23.4°），(iii) 自転軸の歳差運動です．それらが及ぼす太陽放射の変動周期は，軌道離心率が約 10 万年と 40 万年，自転軸傾角が 4.1 万年，自転軸歳差運動が 1.9 万年と 2.3 万年です[5]．実際，図 1.24 の鋸歯状の変動は約 10 万年周期が目立ちますが，[Kawamura et al. 2007] の周波数解析では振幅の大きい順に 11.1, 4.1, 2.3 万年で，ミランコビッチサイクルと一致します．

問題 1.4.5 の簡単なモデルで考察しますが，軌道離心率の変動により地球が受ける太陽放射への影響は大変小さいです．高度なミランコビッチ理論からも，離心率起源の 10 万年周期の変動の振幅は 4 万年や 2 万年周期の 1/10 以下です．しかし，図 1.24 も含めて過去 100 万年間の $\delta^{18}O$ による気温の変動は 10 万年周期が卓越しています．この理論と観測の齟齬は [Abe–Ouchi et al. 2013] のモデルで説明されます．この論文では大気と氷床のフィードバックに加えて氷床融解後のアイソスタシー（3.3 節）による地表の隆起の遅れなども組み入れた包括的な物理モデルを構築し，10 万年周期や鋸歯状の変動を特徴とする過去 40 万年間の気候変動を正しく再現しています．また，CO_2 は気候変動を増幅するが主導はしないと結論しています．

---

[5] 歳差運動の周期は約 2.6 万年ですが，春分点や近日点が移動するために 1.9 万年と 2.3 万年の 2 つの周期が現れます．

問題 1.4

問題 1.4.1

ヘルムホルツの方法により，密度一定の条件で太陽の年齢を見積もります．重力収縮のエネルギーとは物質が無限遠から落下して集積するときの重力エネルギーです．図 1.25 のように，半径 r まで成長した質量 M_r の原始太陽に無限遠から質量 dm の物質が集積するとき，重力エネルギー E_G の増分 dE_G は G を万有引力定数として，問題 1.3.2(1) の式から次式で表されます．

$$dE_G = \frac{GM_r dm}{r}.$$

ここに，M_r と dm は物質の密度を ρ として次のように表されます．

$$M_r = \frac{4}{3}\pi r^3 \rho, \quad dm = 4\pi r^2 \rho dr.$$

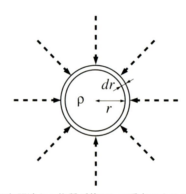

図 1.25 原始太陽に無限遠から物質が落下して重力エネルギーを得る重力収縮．

(1) 重力収縮が終了後の太陽の半径と質量を R と M とするとき，dE_G を r で 0 から R まで積分して E_G を与える次式を導きなさい．

$$E_G = \frac{3}{5}\frac{GM^2}{R}.$$

(2) 万有引力定数を 6.674×10^{-11} m³ kg⁻¹ s⁻²，太陽半径を 6.96×10^5 km，太陽の密度を 1410 kg/m³ として重力エネルギーを計算し，太陽定数を 1360 W/m²，地球軌道半径を 1.50×10^8 km として太陽の年齢を求めなさい．

問題 1.4.2

ウィーンの変位則とシュテファン–ボルツマンの法則を用いて，太陽の表面温度や放射エネルギーに関する以下の問いに答えなさい．

(1) 太陽スペクトルのピークは波長 $\lambda_m = 0.5$ μm にあります．太陽の表面温度 T は何 K か？
(2) 天文学では天体の全表面から毎秒放射されるエネルギーをその天体の光度といい，単位は

ワット (W) です[6]．では，太陽光度 L を太陽定数 S と地球の軌道半径 a を用いて表しなさい．また，S を 1360 W/m^2，a を 1.5×10^8 km として L を求めなさい．
(3) 太陽光度 L と表面温度 T から太陽の半径 R を求める式を導き，値を計算しなさい．

問題 1.4.3

前問では，太陽スペクトルのピークの波長や太陽定数の観測値から，太陽の表面温度や半径を求めました．この問題では逆に，太陽の表面温度や半径が知れているとして，太陽定数や地球の表面温度について考察します．

(1) 太陽表面温度を T，太陽半径を R，地球軌道半径を a とし，シュテファン–ボルツマンの法則を用いて太陽定数 S を表す式を導きなさい．
(2) 太陽表面温度を 5800 K，太陽半径を 6.96×10^5 km，地球軌道半径を 1.50×10^8 km として S を計算しなさい．
(3) 地球の表面全体で平均して受ける毎秒 1 m^2 当たりの太陽放射エネルギー I は，式 (1.32)，
$$I = \frac{1}{4}S(1-\alpha)$$
で表せることを説明しなさい．また，その値を前問で得た S を用いて計算しなさい．但し，地球のアルベド α は 0.3 とします．
(4) 大気の温室効果を考慮しない場合，地球の表面温度は何 °C か？
(5) 実際の表面温度が 15 °C の場合，地球表面の 1 m^2 当たり毎秒放射されるエネルギーは何 W/m^2 か？この場合の地球のエネルギー収支を，次の 3 つの条件に基づいて計算し，図 1.26 に記入しなさい：(i) 太陽放射エネルギーは全て地表に吸収される，(ii) 地球放射エネルギーの一定部分は温室効果ガスに吸収される，(iii) 温室効果ガスは地表と宇宙へ等しいエネルギーを放射する．

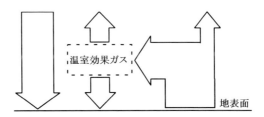

図 1.26 単純化した温室効果による地球表面のエネルギー収支（解答記入用）．

問題 1.4.4

金星は厚い雲のためにアルベド α が 0.78 と大きく，月につぐ明るい天体です．また，地表で 90 気圧にも達する二酸化炭素 97% の大気による温室効果で，地表の温度は太陽に近い水星よりも高い状態です．この問題では，金星における太陽放射のエネルギー収支について考えます．

---

[6] 星の光度は一般的に光源の明るさを表す光度とは異なります．後者は 1 立体角（ステラジアン，sr）当たりの光のエネルギーを，黄緑色を最も明るく感じる人間の感覚に合うよう換算した量で単位はカンデラ (cd) です．

第1章　惑星としての地球

(1) 金星軌道上で $1\,\mathrm{m}^2$ に毎秒受ける太陽放射エネルギー（金星での太陽定数）S を計算しなさい．但し，太陽表面温度を 5800 K，太陽半径を 6.96×10^5 km，金星軌道半径を 1.08×10^8 km とします．

(2) 仮に金星には雲がなく，アルベドが月や水星と同レベルの 0.05 で，温室効果もないとするとき，金星表面の温度 T は何 °C か？

(3) 実際には，金星のアルベドは 0.78 です．温室効果がない場合の金星表面の温度は何 °C か？

(4) 実際の金星表面の温度は 460 °C です．いま，金星表面におけるエネルギーのつり合いが，温室効果によるエネルギーの増幅率 f を導入して次式で表されるとします．

$$\frac{1}{4}fS(1-\alpha) = \sigma T^4.$$

温室効果による増幅率 f を計算しなさい．

問題 1.4.5

ミランコビッチサイクルのうち公転軌道の離心率 e の影響を考えます．太陽を焦点とする長半径 a の楕円軌道を式 (1.1)，

$$r = \frac{a(1-e^2)}{1+e\cos\theta}$$

で表します．地球表面の $1\,\mathrm{m}^2$ 当たりの入射エネルギー I は変動の割合だけを考えるとして，式 (1.32) の 1/4 とアルベドを省略します．また，入射エネルギーは r^2 に反比例するので，地球と太陽の距離が r のときの I は，

$$I = S\left(\frac{r_0}{r}\right)^2$$

と表せます．但し，S と r_0 は太陽定数と 1 au の距離です．地球が受ける太陽放射の年平均値 $\bar{I}$ は I を時間 t で 0 から周期 T まで積分し，次の式で得られます．

$$\bar{I} = \frac{1}{T}\int_0^T I\,dt = \frac{Sr_0^2}{T}\int_0^T \frac{1}{r^2}dt. \tag{1.33}$$

一方，ケプラーの法則より次式の地球の描く面積速度は一定です（1.3 節，及び付録 A.4 を参照）．

$$\frac{1}{2}r^2\frac{d\theta}{dt} = \text{const.}$$

これを楕円の面積 πab を周期 T で除した式と等置すると，次の関係式が得られます．

$$dt = \frac{T}{2\pi a^2\sqrt{1-e^2}}r^2 d\theta. \tag{1.34}$$

(1) 式 (1.34) を示し，式 (1.33) の積分を θ に変数変換して次の $\bar{I}$ を与える式を導きなさい．

$$\bar{I} = S\left(\frac{r_0}{a}\right)^2\frac{1}{\sqrt{1-e^2}}.$$

(2) 離心率 e は 0 と 0.06 の間で変動します（現在 0.0167）．長半径 a は一定とし，e が 0 と 0.06 の場合では太陽放射の年平均値は何 % 異なるか？

問題 1.4 解説

問題 1.4.1 解説

(1) 重力エネルギー E_G の積分は問題 1.3.2(1) で導いた式を使用して，

$$E_G = \int \frac{GM_r}{r}dm = \int_0^R G\frac{4\pi r^3 \rho}{3}\frac{1}{r}4\pi r^2 \rho dr = \int_0^R \frac{16\pi^2 G\rho^2}{3}r^4 dr$$

$$= \frac{16\pi^2 G\rho^2}{15}R^5 = \left(\frac{4}{3}\pi R^3 \rho\right)^2 \frac{9}{15}\frac{G}{R} = \frac{3}{5}\frac{GM^2}{R}.$$

(2) 太陽質量と重力エネルギーは次のようになります．

$$M = \frac{4\pi}{3}(6.96 \times 10^8)^3 \times 1410 = 1.991 \times 10^{30} \text{ kg},$$

$$E_G = \frac{3}{5} \times 6.67 \times 10^{-11} \times (1.991 \times 10^{30})^2 \div 6.96 \times 10^8 = 2.279 \times 10^{41} \text{ J}.$$

一方，太陽の全表面から毎秒放射されるエネルギー（太陽光度）L は太陽定数に地球軌道を半径とする球の面積を掛けて，

$$L = 1360 \times 4\pi \times (1.50 \times 10^{11})^2 = 3.845 \times 10^{26} \text{ W (J/s)}$$

ですので，太陽の年齢は

$$E_G/L = 2.279 \times 10^{41} \div 3.845 \times 10^{26} = 5.927 \times 10^{14} \text{ s} = 1.879 \times 10^7 \text{ yr}.$$

太陽の年齢はヘルムホルツによる値とほぼ同じ，約 19 Myr（1900 万年）となりました[7].

問題 1.4.2 解説

(1) 式 (1.30) のウィーンの変位則より

$$T = \frac{2900}{0.5} = 5800 \text{ K}.$$

(2) 太陽定数を地球軌道半径の球の全表面について合計し，

$$L = 4\pi a^2 S.$$

値を計算すると，

$$L = 4 \times \pi \times (1.5 \times 10^{11})^2 \times 1360 = 3.845 \times 10^{26} \text{ W}$$

となり，約 3.8×10^{26} W です．

(3) L は式 (1.31) を太陽の表面積について合計すると，$L = 4\pi R^2 \sigma T^4$ ですので，

$$R = \frac{1}{T^2}\sqrt{\frac{L}{4\pi\sigma}}.$$

7　太陽の密度として，平均密度 1.41 g/cc ではなく中心部ほど密度が大きくなるモデルでは，重力エネルギーは約 3 倍となり，ケルビンによる数千万年の年齢となります．

第1章 惑星としての地球

値を計算すると,

$$R = \frac{1}{5800^2} \sqrt{\frac{3.845 \times 10^{26}}{4 \times \pi \times 5.67 \times 10^{-8}}} = 6.91 \times 10^8 \text{ m}$$

となり,約 69 万 km です（公式には 69 万 6000 km）. なお,R の式は問 (2) の L を代入して次式で表すこともできます.

$$R = \frac{a}{T^2} \sqrt{\frac{S}{\sigma}}.$$

問題 1.4.3 解説

(1) 太陽の放射する全エネルギーを地球軌道半径の球の表面積で割り,

$$S = \frac{(\sigma T^4) \times (4\pi R^2)}{4\pi a^2} = \sigma T^4 \left(\frac{R}{a}\right)^2.$$

(2) 値を計算します.

$$S = 5.67 \times 10^{-8} \times 5800^4 \times \left(\frac{6.96 \times 10^5}{1.50 \times 10^8}\right)^2 = 1381.4 \text{ W/m}^2.$$

有効数字 3 桁と考え,1380 W/m^2（観測値は 1361 W/m^2）.

(3) 地球の半径を R_E とし,地球の断面積 πR_E^2 で受けた入射エネルギーを地球の表面積 $4\pi R_E^2$ で平均すると,4 分の 1 に減少します.

$$\frac{\pi R_E^2 S}{4\pi R_E^2} = \frac{1}{4} S.$$

さらに地球のアルベド α で宇宙空間に戻される分を差し引き,式 (1.32) となります.

$$\frac{1}{4} S (1 - \alpha).$$

問 (2) の値を用いて計算すると,

$$1380 \times 0.7 \div 4 = 241.5 \approx 242 \text{ W/m}^2.$$

(4) $\sigma T^4 = 242$ を T について解いて,

$$T = \sqrt[4]{\frac{242}{5.67 \times 10^{-8}}} = 255.6 \text{ K}.$$

摂氏では -17.4. よって,約 -17 °C です.

(5) $E = \sigma T^4$ に $T = 15$ °C $= 288$ K を代入して,

$$E = 390.08 \text{ W/m}^2.$$

エネルギー収支は,入射エネルギー 242 W/m^2 と放射エネルギー 390 W/m^2 を固定し,地表面や大気上面でエネルギー収支が差し引きゼロとなるように定め,図 1.27 のようになります. なお,温室効果ガスによるエネルギー放射は宇宙空間より地表面に多く入力されるので,実際のエネルギー収支はこの図とは異なります（図 1.23(b) が公式の収支に近い）.

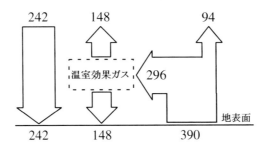

図 1.27 単純化した温室効果による地球表面のエネルギー収支の計算結果.

問題 1.4.4 解説

(1) 地球での値の約 2 倍となります.

$$S = 5.67 \times 10^{-8} \times 5800^4 \times \left(\frac{6.96 \times 10^5}{1.08 \times 10^8}\right)^2 = 2664.8 \approx 2665 \text{ W/m}^2.$$

(2) 単位面積当たりの平均のエネルギー E は,

$$E = 2665 \times (1 - 0.05) \div 4 = 632.9 \text{ W/m}^2$$

となり,地表面の温度 T は,

$$T = \sqrt[4]{\frac{632.9}{5.67 \times 10^{-8}}} = 325.0 \text{ K}.$$

よって,$325 - 273 = 52$ °C.

このように,太陽に近い金星では地表面が地球の場合より高温になります.このため,惑星形成後の間もない頃,金星では水蒸気が宇宙空間へ散逸し,二酸化炭素の大気が残ったと考えられています.それに対して,地球では海が形成され,二酸化炭素は海に吸収され,さらに石灰岩として固定されました.

(3) 同様に計算して,

$$E = 2665 \times (1 - 0.78) \div 4 = 146.6 \text{ W/m}^2, \quad T = \sqrt[4]{\frac{146.6}{5.67 \times 10^{-8}}} = 225.4 \text{ K}.$$

よって,$225 - 273 = -48$ °C.

(4) 問題の式を変形して,

$$f = \frac{\sigma T^4}{S(1-\alpha)/4}.$$

これに $T = 460$ °C $= 733$ K と問 (3) で求めた $S(1-\alpha)/4 = 146.6$ W/m^2 を代入して,

$$f = \frac{5.67 \times 10^{-8} \times 733^4}{146.6} = 111.65.$$

増幅率はおよそ 112 倍となります.

以上のように,金星は高いアルベドのために太陽放射はその 22% である約 147 W/m^2 しか入射しません.これは金星よりも太陽から遠い地球での太陽放射 ($\sim$238 W/m^2) より小さいエネルギー量です.しかし,厚い CO_2 の大気の強力な温室効果のために,その 100 倍以上のおよそ 16000 W/m^2 の赤外線放射が金星表面に入力していることになります.

第 1 章　惑星としての地球

問題 1.4.5 解説

(1) 一定値の面積速度を表す式を，楕円の面積を周期で割った値に等しいとします.

$$\frac{1}{2}r^2\frac{d\theta}{dt} = \frac{\pi ab}{T}.$$

これを式 (1.3) の $b = a\sqrt{1-e^2}$ の関係を利用し変形すると，式 (1.34) となります.

$$dt = \frac{T}{2\pi a^2\sqrt{1-e^2}}r^2 d\theta.$$

この関係より，式 (1.33) を θ で積分します.

$$\bar{I} = \frac{Sr_0^2}{T}\int_0^T \frac{1}{r^2}dt = \frac{Sr_0^2}{T}\int_0^{2\pi} \frac{T}{2\pi a^2\sqrt{1-e^2}}\frac{1}{r^2}r^2 d\theta$$

$$= \frac{S}{2\pi\sqrt{1-e^2}}\left(\frac{r_0}{a}\right)^2\int_0^{2\pi} d\theta = S\left(\frac{r_0}{a}\right)^2\frac{1}{\sqrt{1-e^2}}.$$

(2) $1/\sqrt{1-e^2}$ は $e = 0$ では 1, $e = 0.06$ では 1.0018 となります. よって，最も扁平な楕円軌道の場合でも，地球に入射する年平均太陽放射は約 0.2% 増加するだけです.

第2章

放射性元素と数値年代

　放射性元素が放射線を放出して別の元素が生成される現象を放射壊変といいます．この章では時間とともに放射性元素（親元素）が減少し，生成された元素（子元素）が増加する過程が指数関数で表せることを学びます．さらに，放射壊変を利用して年代を測定する数値年代測定の原理と，代表的な年代測定法について学びます．なお，放射壊変では熱エネルギーが発生するため，固体地球の熱的現象として重要ですが，これについては第5章で学びます．

第 2 章　放射性元素と数値年代

2.1　放射性元素と放射壊変

2.1.1　放射性元素

　元素の種類は原子核を構成する陽子の数（原子番号）で決まります．原子番号が同じで中性子の数が異なる原子が同位体です．同位体のうち放射線を放出して別の原子に変化する原子が放射性同位体で，原子核の組成などを考慮して放射性核種ともいいます．しかし，本書では一般的に放射性元素とよびます．放射性元素（親元素）が壊変（崩壊）して別な元素（子元素）が生成される過程を放射壊変（放射性崩壊）といいます．放射壊変では時間とともに親元素が減少し子元素が増大しますが，この現象を利用して測定する年代を数値年代（絶対年代，放射年代）といいます．

　放射壊変で親元素の数が最初の半分になる時間が半減期で，放射性元素を年代測定に利用するときに適用可能な年代範囲は大方は半減期で決まります．数値年代の測定に使用される主な放射性元素について，半減期と次項で扱う壊変定数を表 2.1 に示します．

表 2.1　数値年代の測定に使用される主な放射性元素（[兼岡 1998, 表 6.2, 表 2.3] より）

親元素	子元素	壊変定数 (yr^{-1})	半減期 (yr)	備考
$^{40}\mathrm{K}$		5.543×10^{-10}	1.25×10^{9}	$^{40}\mathrm{K}$ 全体の壊変
	$^{40}\mathrm{Ca}$	4.962×10^{-10}	1.40×10^{9}	$^{40}\mathrm{Ca}$ への壊変
	$^{40}\mathrm{Ar}$	0.581×10^{-10}	1.19×10^{10}	$^{40}\mathrm{Ar}$ への壊変
$^{87}\mathrm{Rb}$	$^{87}\mathrm{Sr}$	1.42×10^{-11}	4.88×10^{10}	
$^{238}\mathrm{U}$	$^{206}\mathrm{Pb}$	1.55×10^{-10}	4.47×10^{9}	
$^{235}\mathrm{U}$	$^{207}\mathrm{Pb}$	9.85×10^{-10}	7.04×10^{8}	
$^{232}\mathrm{Th}$	$^{208}\mathrm{Pb}$	4.95×10^{-11}	1.40×10^{10}	
$^{14}\mathrm{C}$	$^{14}\mathrm{N}$	1.21×10^{-4}	5730	

2.1.2　放射壊変の時間変化

　ある時刻における親元素の数を P とし，単位時間に壊変する元素の割合（壊変定数，崩壊定数）を λ とすると，dt 時間内に壊変する親元素の数 dP は，その時刻における親元素の数 P と時間 dt に比例するので，

$$dP = -\lambda P dt$$

で与えられます．これを微分方程式，

$$\frac{1}{P}dP = -\lambda dt$$

のように表し，C を積分定数として両辺を積分すると，

$$\log_e P = -\lambda t + C$$

52

となりますが，新たな定数 $K = e^C$ を用いて変形すると，

$$P = Ke^{-\lambda t}$$

となります．ここで，$t = 0$ における P を P_0 とすると，$P_0 = K$ ですので，一般に親元素の壊変は次の指数関数で表されます．

$$P = P_0 e^{-\lambda t}. \tag{2.1}$$

また，親元素の数が最初の半分になる時間が半減期 $T_{1/2}$ で，次式で与えられます．

$$T_{1/2} = \frac{\log_e 2}{\lambda}. \tag{2.2}$$

一方，子元素は親元素が減るのと全く同じ割合で増えることを利用して，時刻 t における子元素の数 D は，$t = 0$ における子元素の数を D_0 として，次式となることが分かります．

$$D = D_0 + P(e^{\lambda t} - 1). \tag{2.3}$$

問題 2.1

問題 2.1.1

放射性元素による年代測定において，P_0 と P をそれぞれ最初と現在の親元素の数，D_0 と D をそれぞれ最初と現在の子元素の数，壊変定数を λ とします．

(1) 半減期 $T_{1/2}$ が式 (2.2) となることを導きなさい．

(2) 時刻 t における子元素の数 D を表す式 (2.3) を導きなさい．

(3) P_0 が分かっているとして，P の測定値から年代 T を求める式を導きなさい．

(4) D_0 が分かっているとして，P と D の測定値から年代 T を求める式を導きなさい．

(5) 親元素 P の壊変は半減期 $T_{1/2}$ を用いて次の形でも表せることを説明しなさい．

$$\frac{P}{P_0} = \left(\frac{1}{2}\right)^{\frac{t}{T_{1/2}}}. \tag{2.4}$$

(6) 親元素 P の量が初期値 P_0 の 12.5% に減っている試料の年代を半減期 $T_{1/2}$ で表しなさい．

問題 2.1.2

放射性壊変において，放射性元素の平均寿命は壊変定数の逆数 $1/\lambda$ となることを導きなさい．

問題 2.1 解説

問題 2.1.1 解説

(1) 式 (2.1) において $t = T_{1/2}$，$P = P_0/2$ とおき，

$$1/2 = e^{-\lambda T_{1/2}},$$
$$e^{\lambda T_{1/2}} = 2,$$
$$T_{1/2} = \frac{\log_e 2}{\lambda}.$$

(2) 式 (2.1) は $P_0 = Pe^{\lambda t}$ と表せるので，

$$D = D_0 + (P_0 - P) = D_0 + P(e^{\lambda t} - 1).$$

(3) 式 (2.1) において $t = T$ とおき，T について解くと，

$$T = \frac{1}{\lambda} \log_e \frac{P_0}{P}.$$

(4) 式 (2.3) において $t = T$ とおき，T について解くと，

$$T = \frac{1}{\lambda} \log_e \left(\frac{D - D_0}{P} + 1 \right).$$

(5) 式 (2.2) を使用して式 (2.1) を変形すると，式 (2.4) が得られます．

$$\frac{P}{P_0} = e^{-\lambda t} = e^{-\frac{\log_e 2}{T_{1/2}} t} = \left(e^{-\log_e 2} \right)^{\frac{t}{T_{1/2}}} = \left(e^{\log_e \frac{1}{2}} \right)^{\frac{t}{T_{1/2}}} = \left(\frac{1}{2} \right)^{\frac{t}{T_{1/2}}}.$$

なお，親元素は時刻 t が半減期 $T_{1/2}$ 経過するごとに半減するので，半減期の丁度 n 倍の時刻では，

$$\frac{P}{P_0} = \left(\frac{1}{2} \right)^n \quad (n \text{ は整数})$$

となりますが，t が $T_{1/2}$ の $n - 1$ 倍と n 倍の間の任意の時刻についても式 (2.4) が成立するかは自明ではありません．結局，本質的な事実は放射壊変が指数関数に従うことです．式 (2.4) は，次のように指数関数の底を対数を用いて変更することで得られます．

$$e^x = 2^{\frac{x}{\log_e 2}}.$$

(6) 問 (3) の式で λ を $T_{1/2}$ で表して計算します．

$$T = \frac{1}{\lambda} \log_e \frac{P_0}{P} = \frac{T_{1/2}}{\log_e 2} \log_e \frac{1}{0.125} = 3 T_{1/2}.$$

別解：

12.5% は $1/8$，即ち $1/2$ の 3 乗ですので，年代は半減期の丁度 3 倍です．

問題 2.1.2 解説

解 1：

放射性元素の数 N は，初期値を N_0 とすると，時間 t とともに次式に従って減少します．

$$N = N_0 e^{-\lambda t}.$$

時刻 t において，微小時間 dt の間に壊変する放射性元素の数 dn は次式で与えられます．

$$dn = -\frac{dN}{dt}dt = N_0\lambda e^{-\lambda t}dt.$$

これは，時刻 t の時点で寿命が t の元素数が dn 個であったことを意味します．よって，$t \times dn$ を全時間について積分し，同様に dn を積分した総数で割れば平均寿命 $\overline{T}$ となります．

$$\overline{T} = \frac{\int_{t=0}^{\infty} t\,dn}{\int_{t=0}^{\infty} dn} = \frac{N_0 \int_0^{\infty} t\lambda e^{-\lambda t}dt}{N_0 \int_0^{\infty} \lambda e^{-\lambda t}dt} = \frac{\left[-te^{-\lambda t}\right]_0^{\infty} + \int_0^{\infty} e^{-\lambda t}dt}{\int_0^{\infty} \lambda e^{-\lambda t}dt} = \frac{\frac{1}{\lambda}\left[-e^{-\lambda t}\right]_0^{\infty}}{\left[-e^{-\lambda t}\right]_0^{\infty}} = \frac{1}{\lambda}.$$

以上の計算途中で部分積分を実行し，$x \to \infty$ で $xe^{-x} \to 0$ を使用しました（証明は省略します）．なお，分母の dn の積分は明らかに N_0 ですので省略できます．また，$t = \overline{T}$ で，

$$N = N_0 e^{-\lambda \overline{T}} = \frac{N_0}{e}$$

となり，放射性元素の平均寿命とは元素の数が $1/e$ に減少する時間であることが分かります．放射性元素の特性を表すのに半減期ではなく，平均寿命を使用する学問分野もあります．

解2：

$(N_0 - N)/N_0$ は時間 t の間に壊変する放射性元素の割合を表します．この量は，1つの放射性元素が壊変する確率という観点から見ると，時間 t の間に壊変する確率 P（正確には累積確率）を表します．そこで，元素の寿命 T を確率変数と考えれば，次式は T が t 以下である累積確率を表す累積分布関数となります．

$$F(t) = P\{T \le t\} = \frac{N_0 - N}{N_0} = 1 - e^{-\lambda t}.$$

一方，時刻 t において放射性元素が壊変する確率を表す確率密度関数 $f(t)$ は，$F(t)$ を微分して得られますので，次式となります．

$$f(t) = dF(t)/dt = \lambda e^{-\lambda t}.$$

よって，放射性元素の平均寿命は次のようにして求められます．

$$\overline{T} = \int_0^{\infty} tf(t)dt = \int_0^{\infty} t\lambda e^{-\lambda t}dt = \left[-te^{-\lambda t}\right]_0^{\infty} + \int_0^{\infty} e^{-\lambda t}dt = \frac{1}{\lambda}\left[-e^{-\lambda t}\right]_0^{\infty} = \frac{1}{\lambda}.$$

補足：関数の平均と確率密度について

上で t の平均を求めた方法についての平易な説明は以下の通りです．次の試験の成績表から平均点を求める方法を考えます．i は表の列番号，x_i は得点，n_i は成績が x_i だった生徒の人数，f_i は n_i を生徒の総数 25 で割って規格化した値，F_i は f_i を $i=1$ から i まで合計した値です．

i	1	2	3	4	5
x_i	50	60	70	80	90
n_i	3	5	8	7	2
f_i	3/25	5/25	8/25	7/25	2/25
F_i	3/25	8/25	16/25	23/25	25/25

一般には得点の平均は次のように求めます．

$$\frac{50 \times 3 + 60 \times 5 + 70 \times 8 + 80 \times 7 + 90 \times 2}{3 + 5 + 8 + 7 + 2} = \frac{1750}{25} = 70.$$

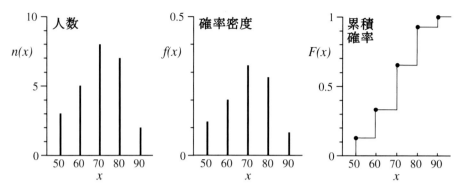

図 2.1 試験成績 x の標本数 $n(x)$，確率密度関数 $f(x)$，累積分布関数 $F(x)$.

式で表すと次式となります.

$$\overline{x} = \frac{\sum_{i=1}^{5} x_i n_i}{\sum_{i=1}^{5} n_i}. \tag{2.5}$$

一方，平均は次のようにしても得られます.

$$50 \times \frac{3}{25} + 60 \times \frac{5}{25} + 70 \times \frac{8}{25} + 80 \times \frac{7}{25} + 90 \times \frac{2}{25} = 6 + 12 + 22.4 + 22.4 + 7.2 = 70.$$

式で表すと次式となります.

$$\overline{x} = \sum_{i=1}^{5} x_i f_i. \tag{2.6}$$

ここで，得点を確率変数 X と考えると，$X = x$ となる確率を表す確率密度関数 $f(x)$ と $X \leq x$ となる累積確率を表す累積分布関数 $F(x)$ のグラフは図 2.1 のようになります.

上記の問題の解は x_i を連続変数に拡大した場合と考えればよく，解 1 は式 (2.5) を，解 2 は式 (2.6) を積分の形に拡大して利用したものです. 特に確率密度関数を使用すれば関数の平均も求めることができます. 例えば，定義域が $[a, b]$ である x の関数 $g(x)$ の平均は，

$$\overline{g(x)} = \int_a^b g(x) f(x) dx \tag{2.7}$$

で求められます. 但し，$f(x)$ は x の確率密度関数で，

$$\int_a^b f(x) dx = 1 \tag{2.8}$$

を満たす必要があります.

なお，確率の概念を導入せずに関数 $g(x)$ の $[a, b]$ での平均を求める際は単に，

$$\overline{g(x)} = \frac{1}{b-a} \int_a^b g(x) dx$$

とすればよいのですが，これは式 (2.7) と (2.8) で $f(x)$ が一定値の，

$$f(x) = \frac{1}{b-a}, \quad \text{(const.)}$$

の場合と考えることもできます.

2.2　主な数値年代測定法

2.2.1　C-14 法（放射性炭素法）

　自然に存在する炭素元素は ^{12}C が 99%，^{13}C が 1% ですが，放射性元素の ^{14}C が極微量ですが一定の割合で CO_2 として存在します．地球には常に宇宙線が降り注いでいますが，宇宙線が大気分子と衝突すると中性子 n が生成されます．その中性子が大気中の安定な窒素原子 ^{14}N に衝突すると原子核の陽子 p と置き換わり，窒素原子は放射性の炭素原子 ^{14}C となります．さらに ^{14}C は二酸化炭素となり大気を循環します．この生成された ^{14}C は，一定の確率で中性子 1 つが陽子になり，電子線のベータ線 β を放出して壊変し，半減期 5730 年で元の ^{14}N に戻ります．これらの反応は次式で表されます.

$$^{14}N + n \rightarrow ^{14}C + p \quad \Rightarrow \quad ^{14}C \rightarrow ^{14}N + \beta.$$

大気中の ^{14}C は放射壊変で減少する割合と宇宙線により生成される割合がバランスされ，常に一定であると仮定します．生物に含まれる ^{14}C の存在比は呼吸活動により大気中と同じです．しかし，生物が死んだ時点で体内の ^{14}C は外界との接触が断たれ，これを閉鎖系になったといいます．すると，^{14}C は時間の経過とともに減少するので，動植物の遺骸に含まれる ^{14}C の量を測定すれば，死後の時間を求めることができます．即ち，C-14 法は親元素の減少量で年代を測定します．半減期が短いので，この方法は過去数万年程度の年代範囲に適用されます．但し，1950 年以降の ^{14}C 存在度が原水爆実験のために増加したので，AD 1950 年の値を初期値とします．年代は 3000 BP などと，AD 1950 から 3000 年前 (Before Present) として表します．また，実際の測定では地磁気強度や太陽活動の変動の影響で ^{14}C の存在度は変動するので，それらの効果の補正が必要となります.

2.2.2　K–Ar 法

　自然に存在するカリウム元素は ^{39}K が 93%，^{41}K が 7% ですが，放射性元素の ^{40}K が約 0.01% 存在します．^{40}K は半減期が約 12.5 億年で，89% がベータ線 β を放出して ^{40}Ca へ，11% が電子 e を捕獲して ^{40}Ar へと壊変します.

$$^{40}K \rightarrow ^{40}Ca + \beta, \qquad ^{40}K + e \rightarrow ^{40}Ar.$$

前者の $^{40}K \rightarrow ^{40}Ca$ の系列は年代測定には使用されません．それは自然の ^{40}Ca が多量に存在するため，放射壊変により生じた分を正確に測定できないからです．後者の $^{40}K \rightarrow ^{40}Ar$ の系列は，数万年前から数億年前の広い年代範囲で主に火成岩に適用されます．火成岩は固化した時点以降は外界と元素のやりとりがない閉鎖系ですので，一般に放射年代測定は火成岩に適用されます．特にこの K–Ar 法では，火成岩形成時のマグマ中では気体の ^{40}Ar の量はゼロですので，式 (2.3) の D_0 はゼロとなり，時刻 t における ^{40}Ar の量は式 (2.3) に係数 λ_e/λ を掛けた次式となります（括弧は元素の量を表します）.

$$(^{40}\text{Ar}) = \frac{\lambda_e}{\lambda}(^{40}\text{K})(e^{\lambda t} - 1).$$

ここに，λ_e は $^{40}\text{K} \rightarrow {}^{40}\text{Ar}$ の壊変定数で，λ は ^{40}K 全体としての壊変定数です．結局，K–Ar 法は，現在における親元素と子元素の量を用いて年代を測定します．

2.2.3 Rb–Sr 法

　その他の放射年代測定法のうち，ここでは Rb–Sr 法を取り上げてアイソクロンという考え方を学びます．^{87}Rb は 488 億年の半減期で放射壊変し，^{87}Sr を生成します．半減期が長いので，1000 万年前より古い年代に適用されます．時刻 t において式 (2.3) は，

$$(^{87}\text{Sr}) = (^{87}\text{Sr})_0 + (^{87}\text{Rb})(e^{\lambda t} - 1)$$

となりますが，通常は安定同位体 ^{86}Sr の量で割って次の形の式を利用します．

$$\left(\frac{^{87}\text{Sr}}{^{86}\text{Sr}}\right) = \left(\frac{^{87}\text{Sr}}{^{86}\text{Sr}}\right)_0 + \left(\frac{^{87}\text{Rb}}{^{86}\text{Sr}}\right)(e^{\lambda t} - 1). \tag{2.9}$$

　現在における $^{87}\text{Rb}/^{86}\text{Sr}$ や $^{87}\text{Sr}/^{86}\text{Sr}$ の量を測定しても，火山岩が生成された当時の $(^{87}\text{Sr}/^{86}\text{Sr})_0$ が分からないと式 (2.9) は利用できません．しかし，初期値 $(^{87}\text{Sr}/^{86}\text{Sr})_0$ が知られていなくても年代を測定できる方法があります．それは，同じ岩体の場所の異なる試料について測定し，横軸に $^{87}\text{Rb}/^{86}\text{Sr}$ を，縦軸に $^{87}\text{Sr}/^{86}\text{Sr}$ を取ってプロットすると，式 (2.9) が傾きが $(e^{\lambda t} - 1)$ で y 切片が $(^{87}\text{Sr}/^{86}\text{Sr})_0$ の直線になることを利用する方法です．

　その原理を図 2.2(a) に示します．A, B, C は同じ岩体の異なる場所の岩石試料で，それらの $^{87}\text{Rb}/^{86}\text{Sr}$ と $^{87}\text{Sr}/^{86}\text{Sr}$ をデータ点として示しています．異なる元素の量比である $^{87}\text{Rb}/^{86}\text{Sr}$ は一般に岩石試料が異なると違った値を取りますが，同じ元素である同位体の量比 $^{87}\text{Sr}/^{86}\text{Sr}$ はどの試料も同じ値となります．よって，岩体生成時の t_0 ではデータ点は水平な直線上となります．時間の経過とともに $^{87}\text{Rb}/^{86}\text{Sr}$ の減少と同じ割合で $^{87}\text{Sr}/^{86}\text{Sr}$ が増加するので，データ点の並ぶ直線は時間の経過 t_1, t_2 とともに傾きが増大します．この直線をアイソクロン（等年代線）といい，その傾きから年代を，y 切片から初期値 $(^{87}\text{Sr}/^{86}\text{Sr})_0$ を決定できます．

　年代測定には，岩石が生成後は閉鎖系であることが必要です．しかし，岩石が変成作用で 2 次的加熱を受けた場合には，岩石の数十 cm 程度の範囲では閉鎖系と見なせますが，その内部の鉱

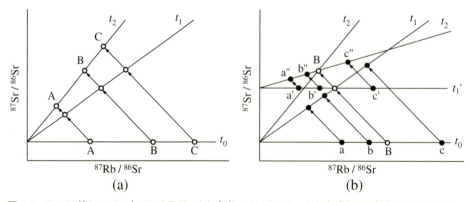

図 2.2 Rb–Sr 法とアイソクロンの原理．(a) 全岩アイソクロン，(b) 変成作用と鉱物アイソクロン．

物レベルの範囲では元素の再配分が生じることがあります．その場合，岩石試料のアイソクロン（全岩アイソクロン）は岩石生成年代を，鉱物試料のアイソクロン（鉱物アイソクロン）は変成年代を示すことになります．その原理を図 2.2(b) に示します．B は図 2.2(a) の B と同じ岩石試料，a, b, c は B に含まれる鉱物を示します．これらの 4 データ点は t_0 から t_1 までは同じ直線上にあります．しかし，t_1 で岩体が加熱されると元素が再配分され，$^{87}\mathrm{Sr}/^{86}\mathrm{Sr}$ は均一化されます．そのため，t_1' で示した水平な直線上に a'–c' と B が並びます．その後の t_2 では傾きの異なる 2 本の直線が得られることになります．

問題 2.2

問題 2.2.1

$^{40}\mathrm{K}$ の放射壊変には次の 2 系列があります．

$$^{40}\mathrm{K} \rightarrow {}^{40}\mathrm{Ca} + \beta \quad （壊変定数 \ \lambda_\beta）, \qquad {}^{40}\mathrm{K} + \mathrm{e} \rightarrow {}^{40}\mathrm{Ar} \quad （壊変定数 \ \lambda_\mathrm{e}）.$$

時刻 t における各元素の量を $(^{40}\mathrm{K})$ などと表すとき，微小時間 dt において，親元素や子元素の増減は次式で表されます．

$$-d(^{40}\mathrm{K}) = d(^{40}\mathrm{Ca}) + d(^{40}\mathrm{Ar}), \quad d(^{40}\mathrm{Ca}) = \lambda_\beta (^{40}\mathrm{K}) dt, \quad d(^{40}\mathrm{Ar}) = \lambda_\mathrm{e} (^{40}\mathrm{K}) dt.$$

これらの式を用い，$(^{40}\mathrm{Ar})$ の初期値がゼロであることを考慮して，$(^{40}\mathrm{K})$ と $(^{40}\mathrm{Ar})$ の測定値から年代 T を求める次式を導きなさい．但し，$\lambda = \lambda_\beta + \lambda_\mathrm{e}$ とします．

$$T = \frac{1}{\lambda} \log_e \left(1 + \frac{\lambda}{\lambda_\mathrm{e}} \frac{(^{40}\mathrm{Ar})}{(^{40}\mathrm{K})} \right).$$

問題 2.2.2

SNC 隕石とよばれる火星起源の隕石を Rb-Sr 法で測定した結果の一部を次表に示します（[兼岡 1998, 図 7.3] より）．

$^{87}\mathrm{Rb}/^{86}\mathrm{Sr}$	$^{87}\mathrm{Sr}/^{86}\mathrm{Sr}$
0.657	0.7136
0.492	0.7107
0.227	0.7066
0.148	0.7050

データをプロットし，アイソクロンを描きなさい．また，λt は小さいので直線の傾きが次式で近似できることを利用して年代を求めなさい．壊変定数は $\lambda = 1.42 \times 10^{-11}$ 1/yr とします．

$$e^{\lambda t} - 1 \approx \lambda t.$$

問題 2.2.3

次表は Rb–Sr 法による変成を受けた花崗岩の測定結果の一部です（[兼岡 1998, 図 3.13] よ

第 2 章　放射性元素と数値年代

り）．全岩アイソクロンと鉱物アイソクロンから岩石の生成年代と変成年代を求めなさい．直線の傾きの近似と壊変定数は前問と同じとします．

試料	$^{87}\mathrm{Rb}/^{86}\mathrm{Sr}$	$^{87}\mathrm{Sr}/^{86}\mathrm{Sr}$
全岩 1	1.14	0.7083
全岩 2	2.75	0.7121
鉱物 1	0.31	0.7072
鉱物 2	2.47	0.7101

問題 2.2 解説

問題 2.2.1 解説

問題の 3 つの式を書き直すと，

$$-\frac{d(^{40}\mathrm{K})}{dt} = \frac{d(^{40}\mathrm{Ca})}{dt} + \frac{d(^{40}\mathrm{Ar})}{dt}, \tag{2.10}$$

$$\frac{d(^{40}\mathrm{Ca})}{dt} = \lambda_\beta (^{40}\mathrm{K}), \tag{2.11}$$

$$\frac{d(^{40}\mathrm{Ar})}{dt} = \lambda_\mathrm{e} (^{40}\mathrm{K}). \tag{2.12}$$

式 (2.11) と式 (2.12) の和を取ります．

$$\frac{d(^{40}\mathrm{Ca})}{dt} + \frac{d(^{40}\mathrm{Ar})}{dt} = (\lambda_\beta + \lambda_\mathrm{e})(^{40}\mathrm{K}).$$

式 (2.10) を代入すると，

$$\frac{d(^{40}\mathrm{K})}{dt} = -(\lambda_\beta + \lambda_\mathrm{e})(^{40}\mathrm{K}).$$

よって，$\lambda_\beta + \lambda_\mathrm{e}$ を λ とおくと，$(^{40}\mathrm{K})$ の減少は $(^{40}\mathrm{K})_0$ を初期値として次式で表されます．

$$(^{40}\mathrm{K}) = (^{40}\mathrm{K})_0 e^{-\lambda t}. \tag{2.13}$$

式 (2.13) を式 (2.12) に代入すると，

$$\frac{d(^{40}\mathrm{Ar})}{dt} = \lambda_\mathrm{e}(^{40}\mathrm{K})_0 e^{-\lambda t}.$$

これを積分すると，C を積分定数として次式となります．

$$(^{40}\mathrm{Ar}) = -\frac{\lambda_\mathrm{e}}{\lambda}(^{40}\mathrm{K})_0 e^{-\lambda t} + C.$$

$t = 0$ で $(^{40}\mathrm{Ar}) = 0$ ですので，

$$C = \frac{\lambda_\mathrm{e}}{\lambda}(^{40}\mathrm{K})_0.$$

これを代入して，

60

$$({}^{40}\mathrm{Ar}) = \frac{\lambda_\mathrm{e}}{\lambda}({}^{40}\mathrm{K})_0(1-e^{-\lambda t}),$$

ここで，式 (2.13) より $({}^{40}\mathrm{K})_0 = ({}^{40}\mathrm{K})e^{\lambda t}$ と表し代入してまとめると，

$$({}^{40}\mathrm{Ar}) = \frac{\lambda_\mathrm{e}}{\lambda}({}^{40}\mathrm{K})(e^{\lambda t}-1),$$

$$\frac{({}^{40}\mathrm{Ar})}{({}^{40}\mathrm{K})} = \frac{\lambda_\mathrm{e}}{\lambda}(e^{\lambda t}-1).$$

最後に，$t = T$ とおいて T について解くと K–Ar 法による年代を与える式を得ます．

$$T = \frac{1}{\lambda}\log_e\left(1 + \frac{\lambda}{\lambda_\mathrm{e}}\frac{({}^{40}\mathrm{Ar})}{({}^{40}\mathrm{K})}\right).$$

問題 2.2.2 解説

一般に，$|x| \ll 1$ のとき e^x の $x = 0$ の回りのテイラー–マクローリン展開は，

$$e^x = 1 + x + \frac{1}{2}x^2 + \frac{1}{6}x^3 + \cdots \approx 1 + x$$

と近似できます．よって，Rb–Sr 法のアイソクロンの式は次のようになります．

$$\left(\frac{{}^{87}\mathrm{Sr}}{{}^{86}\mathrm{Sr}}\right) = \left(\frac{{}^{87}\mathrm{Sr}}{{}^{86}\mathrm{Sr}}\right)_0 + \lambda t\left(\frac{{}^{87}\mathrm{Rb}}{{}^{86}\mathrm{Sr}}\right).$$

データ 4 点をプロットすると図 2.3 のようになります．

最小二乗法で決定したアイソクロンは横軸と縦軸をそれぞれ x と y とすると，

$$y = 0.7027 + 0.01656x$$

となりますので，アイソクロンの傾きから年代 T は，

$$T = 0.01656 \div 1.42 \times 10^{-11} = 1.166 \times 10^9 \text{ yr.}$$

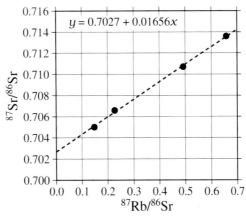

図 2.3 火星の隕石の Rb–Sr 法でのアイソクロン．

有効数字 3 桁と考えて，1170 Ma[1]となります．なお，出典元の [兼岡 1998, 図 7.3] では，10 以上の全岩試料と鉱物試料の測定結果から 1216 ± 10 Ma と結論しています．

このように，約 12 億年前という年代は，多くの隕石が太陽系が形成された約 45 億年前を示すので，その起源については議論があったようです．火星から飛来した隕石であることは，この隕石の化学組成が火星大気のそれと一致したことで確認されました．

問題 2.2.3 解説

全岩と鉱物の測定結果をそれぞれ R_1, R_2 と M_1, M_2 で図 2.4 にプロットしました．出典元の [兼岡 1998, 図 3.13] では測定点は多数あり，アイソクロンは最小二乗法で決定しますが，ここでは 2 点を結ぶ次の直線となります．

全岩： $y = 0.7056 + 0.002360x,$ 鉱物： $y = 0.7068 + 0.001343x.$

それぞれの傾きから，

全岩： $0.002360 \div 1.42 \times 10^{-11} = 1.66 \times 10^8$ yr,

鉱物： $0.001343 \div 1.42 \times 10^{-11} = 9.46 \times 10^7$ yr.

生成年代が 166 Ma，変成年代が 95 Ma となりました．なお，出典元の正確な結果はそれぞれ 165 ± 13 Ma と 95.5 ± 4.0 Ma です．

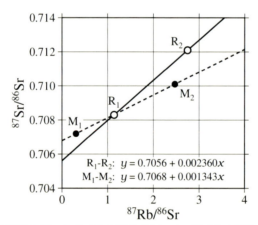

図 2.4 変成を受けた花崗岩の Rb–Sr 法での全岩アイソクロン（白丸）と鉱物アイソクロン（黒丸）.

1　Ma は 100 万年前（ラテン語 mega-annum に由来）.

第3章

測地と重力

　　地球が球であることは人工衛星からの画像で容易に確認できますが，これを普通の生活で実感することは難しいでしょう．しかし，2000年以上も前に地球を球と考えた哲学者がいました．この章では実際の地球を表す回転楕円体とその扁平率，万有引力と遠心力の合力である重力，自転により生ずるコリオリ力，固体のマントルの流動性とアイソスタシー，重力ポテンシャルとジオイド，などの測地学の基礎を学びます．

3.1 地球の形と大きさ

3.1.1 球としての地球

地球が球であることは，異なる緯度での星空の見え方や太陽の動きの違いなどを観察して初めて推測できます．しかし，2000 年以上も前にギリシャのエラトステネスは，地球の全周を測定しています．夏至の日にシェネの町（現アスワン）の深井戸に太陽が真上から照らすのに対して，北方のアレクサンドリアでは太陽が天頂から 7.2° 傾いていることから計算しました．図 3.1 で，A（アレクサンドリア）と B（シェネ）の距離を l とし，A での傾き角を θ とすれば，地球の全周 L は次式で求まります．

$$L = l \times \frac{360}{\theta}.$$

エラトステネスはおよそ 46000 km の値を得たといわれており，現代の測地学による子午線全周の値 40008 km より 15％ 大きいだけです．

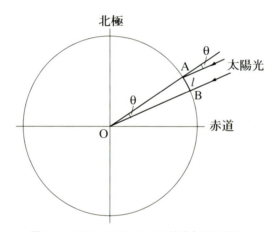

図 3.1 エラトステネスによる地球全周の測定．

3.1.2 回転楕円体としての地球

実際の地球の形については 17 世紀から 18 世紀にかけて，ニュートンによる赤道の回りに膨らんだ扁平な楕円体を主張する人たちとカッシーニ父子のように極方向に伸びた扁長な楕円体を主張する一派の間で論争になりました．結局，高緯度（スカンジナビア半島北部）と低緯度（当時の南米ペルー）における緯度 1 度の距離が測定され，前者の方がおよそ 1 km だけ長かったため地球は扁平な楕円体であることが結論されました．

一般に曲線上の点において，その回りの曲線の微小部分を円弧と見なしたときの円を曲率円（接触円）といい，円の半径を曲率半径，その逆数を曲率といいます．楕円の極と赤道に接する曲率円を図 3.2 に示します．北極と赤道の曲率円の中心をそれぞれ C_P と C_E，曲率半径を ρ_P と ρ_E，中心角 5° の円弧を l_P と l_E で示しています．$\rho_P > \rho_E$ のため $l_P > l_E$ となっていることが図から読み取れます．

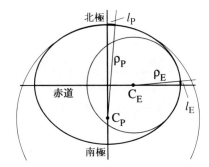

図 3.2 楕円の極と赤道の曲率中心と曲率半径.

現在では重力測量，人工衛星軌道解析，GPS 測位などを用いて地球の形が決定されています．地球の形は楕円を短軸の回りに回転させた回転楕円体に近く，実際の地球に最も近いものを地球楕円体といいます．回転楕円体の扁平率 f は，赤道半径 a と極半径 b を用いて，

$$f = \frac{a-b}{a}$$

で定義され，測地基準系 1980（付録 A.1）によると地球楕円体では約 1/298 です（$a = 6378.137$ km, $b = 6356.752$ km）．これは，赤道の直径が 30 cm の地球儀を考えると，自転軸方向の直径が 1 mm 短いだけとなり，ほとんど球に近いことが分かります．しかし，測地学では地球楕円体は地球表面の複雑な起伏を正確に記述するための基準として極めて重要です．

ニュートンが地球の形として扁平な楕円体を主張したのは，自転の遠心力によって赤道が膨らむと考えたからです．現在でも，回転楕円体に近い地球の形は偶然ではなく遠心力による影響の結果と考えられています．実際，地球楕円体は仮に液体の地球が自転しているとした場合の形にほぼ等しいです [深尾 1985, 図 2-1]．これは地球が自転による遠心力で膨らんだことを示唆し，地質学的時間スケールでは固体の地球も流体として振る舞うためと考えられています．

問題 3.1

問題 3.1.1

地球を球とし，ある高さから見渡すことのできる範囲について地球表面に沿った距離 l は，地球の半径を a，目の高さを h として，次の近似式で表されることを示しなさい．

$$l = a\sqrt{\frac{2h}{a+h}}.$$

但し，次の小さい x についての $\cos x$ の近似式を使用します．

$$\cos x \approx 1 - \frac{1}{2}x^2. \quad (|x| \ll 1)$$

また，地球半径を 6400 km とすると，目の高さが 1 m, 10 m, 100 m, 1000 m の場合について l はそれぞれ何 km になるか？

問題 3.1.2

曲線 $y=f(x)$ 上の任意の点 P に接する中心が C の曲率円を求める手順を図 3.3 に示します [小松・早川 1968, 6 章]. 点 P とその近傍の点 P' の座標をそれぞれ, $P(x,y)$ と $P'(x+\Delta x, y+\Delta y)$ とし, P と P' の接線が x 軸となす角をそれぞれ θ と $\theta + \Delta\theta$ とします. $\angle PCP' = \Delta\theta$ ですので, 円弧 $\widehat{PP'}$ を線分 $\overline{PP'}$ で近似することで, 円弧の半径 ρ は

$$\rho = \frac{\widehat{PP'}}{\Delta\theta} \approx \frac{\overline{PP'}}{\Delta\theta}$$

と表せ,

$$\theta = \tan^{-1} f'(x), \quad \theta + \Delta\theta = \tan^{-1} f'(x+\Delta x)$$

ですので,

$$\begin{aligned}\rho &\approx \frac{\sqrt{(\Delta x)^2 + (f(x+\Delta x) - f(x))^2}}{\tan^{-1} f'(x+\Delta x) - \tan^{-1} f'(x)} = \lim_{\Delta x \to 0} \frac{\sqrt{1 + \left(\frac{f(x+\Delta x) - f(x)}{\Delta x}\right)^2}}{\frac{\tan^{-1} f'(x+\Delta x) - \tan^{-1} f'(x)}{\Delta x}} \\ &= \frac{\sqrt{1 + f'(x)^2}}{\frac{d}{dx}\tan^{-1} f'(x)}.\end{aligned} \tag{3.1}$$

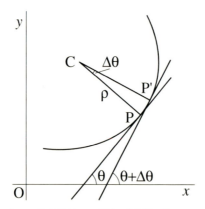

図 3.3 曲線 $f(x)$ の P 点での曲率半径 ρ の導出 ([小松・早川 1968, 図 11] を基に作図).

(1) 式 (3.1) の分母は $f''(x)/(1+f'(x)^2)$ に等しいことを示し, 次の ρ を導きなさい.

$$\rho = \frac{(1+f'(x)^2)^{\frac{3}{2}}}{|f''(x)|}.$$

なお, 符号付きの曲率半径も使用されますが, ここでは絶対値を取り正とします.

(2) 長径 a, 短径 b の楕円上の点 (x,y) の曲率半径を与える式,

$$\rho = \frac{(a^4 + (b^2 - a^2)x^2)^{\frac{3}{2}}}{a^4 b}$$

を導き, 極と赤道の曲率半径はそれぞれ a^2/b と b^2/a となることを示しなさい.

問題 3.1.3

地球楕円体上で緯度を表す角度には 2 通りあり，図 3.4 のように点 P と地球中心を結ぶ線が赤道面となす角度 ϕ を地心緯度，点 P での垂直線が赤道面となす角度 φ を測地緯度（地理緯度）といいます．地図などで使用される緯度は後者の測地緯度です．また，楕円の形状を表すパラメータとして，扁平率 f の他に次の離心率 e も使用されます（式 (1.2)）．

$$e = \frac{\sqrt{a^2-b^2}}{a} \quad (a \geq b).$$

楕円は $0 < e < 1$ で，$e = 0$ は円です（1.1 節，補足）．

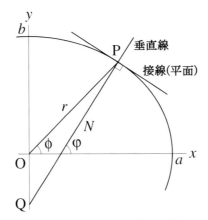

図 3.4 地心緯度 ϕ と測地（地理）緯度 φ．

(1) 点 P と地球中心との距離 r は，地心緯度 ϕ を用いて次式で表されることを導きなさい．

$$r = \frac{b}{\sqrt{1-e^2\cos^2\phi}}.$$

(2) 地心緯度 ϕ と測地緯度 φ との間の次の関係式を導きなさい．

$$\tan\phi = \frac{b^2}{a^2}\tan\varphi.$$

(3) 点 P での垂直線と自転軸との交点を Q とするとき，PQ の距離 N は測地緯度 φ を用いて次式で表されることを導きなさい．

$$N = \frac{a}{\sqrt{1-e^2\sin^2\varphi}}.$$

問題 3.1.4

楕円の曲率円について，問題 3.1.2 では曲率半径を x-y 座標系で求めました．この問題では測地緯度で表した曲率半径を導きます [力武 1994, 1 章]．

楕円上の緯度 φ の点 P における曲率半径 ρ は，図 3.5 から $\rho\Delta\varphi = \Delta s$ の関係を満たします．但し，s は曲線上の距離で φ の増加する方向を正に取ります．これを微分で表すと，

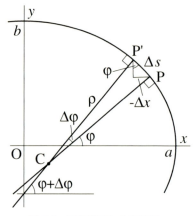

図 3.5 測地緯度と曲率半径．

$$\rho = \frac{ds}{d\varphi}.$$

一方，$-\Delta x = \Delta s \sin\varphi$ の関係があるので，

$$-dx = ds \sin\varphi.$$

これより，

$$\rho = \frac{ds}{d\varphi} = \frac{ds}{dx}\frac{dx}{d\varphi} = -\frac{1}{\sin\varphi}\frac{dx}{d\varphi}. \tag{3.2}$$

よって，x を φ で表し φ で微分すれば式 (3.2) から ρ が求まります．x は問題 3.1.3(3) の N に $\cos\varphi$ を掛ければ求まりますが，ここでは楕円の式から直接導いてみます．

(1) 次式で表される点 $\mathrm{P}(x, y)$ での垂直線の傾きを導き，さらに x を φ で表しなさい．

$$\tan\varphi = -\frac{1}{\frac{dy}{dx}} = \frac{a^2}{b^2}\frac{y}{x}.$$

(2) $dx/d\varphi$ を実行し，e を離心率として次の曲率半径を与える式を導きなさい．

$$\rho = \frac{a(1-e^2)}{(1-e^2\sin^2\varphi)^{\frac{3}{2}}}.$$

また，極と赤道の曲率半径がそれぞれ a^2/b と b^2/a となることを確かめなさい．

問題 3.1 解説

問題 3.1.1 解説

図 3.6 で，円弧の距離 l は角度 θ を用いると $l = a\theta$ ですが，θ は次式から求まります．

$$\cos\theta = \frac{a}{a+h}.$$

この式の左辺を $|\theta| \ll 1$ として近似し変形すると，次のように $l = a\theta$ の近似式が得られます．

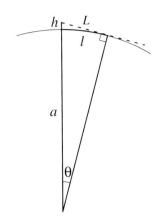

図 3.6 地球の断面図に示した高さ h と見渡せる距離 l.

$$1 - \frac{1}{2}\theta^2 \approx 1 - \frac{h}{a+h},$$
$$\theta \approx \sqrt{\frac{2h}{a+h}},$$
$$l = a\theta = a\sqrt{\frac{2h}{a+h}}.$$

因みに，近似しない真の距離 l_0 と直線距離 L は次のようになります．

$$l_0 = a\cos^{-1}\left(\frac{a}{a+h}\right), \quad L = \sqrt{h(h+2a)}.$$

計算結果を有効数字 5 桁で次表にまとめます．

h (m)	l_0 (km)	l (km)	L (km)
1	3.5777	3.5777	3.5777
10	11.314	11.314	11.314
100	35.777	35.777	35.777
1000	113.13	113.13	113.14

全ての場合で近似値は真値と一致し，直線距離も高さ 1 km で初めて円弧距離との差が現れます．このことは，普通の生活上の感覚に対しては地球が巨大であるためと思われます．

問題 3.1.2 解説

(1) $\tan^{-1} f'(x)$ を z とおき微分し変形します．

$$z = \tan^{-1} f'(x),$$
$$\tan z = f'(x),$$
$$\frac{1}{\cos^2 z}\frac{dz}{dx} = f''(x),$$
$$\frac{dz}{dx} = \cos^2 z\, f''(x).$$

dz/dx が $\frac{d}{dx}\tan^{-1} f'(x)$ であり，

第 3 章　測地と重力

$\cos^2 z = 1/(1 + \tan^2 z)$ を使用して,

$$\frac{d}{dx}\tan^{-1} f'(x) = \frac{f''(x)}{1 + \tan^2 z} = \frac{f''(x)}{1 + f'(x)^2}.$$

これを式 (3.1) に代入して,

$$\rho = \frac{(1 + f'(x)^2)^{\frac{3}{2}}}{|f''(x)|}.$$

(2) 楕円の式を $y = f(x)$ として微分します.

$$f(x) = b\left(1 - \frac{x^2}{a^2}\right)^{\frac{1}{2}},$$

$$f'(x) = -\frac{bx}{a^2}\left(1 - \frac{x^2}{a^2}\right)^{-\frac{1}{2}},$$

$$f''(x) = -\frac{b}{a^2}\left(1 - \frac{x^2}{a^2}\right)^{-\frac{1}{2}} - \frac{bx^2}{a^4}\left(1 - \frac{x^2}{a^2}\right)^{-\frac{3}{2}} = -\frac{b}{a^2}\left(1 - \frac{x^2}{a^2}\right)^{-\frac{3}{2}}.$$

よって, $f''(x)$ は絶対値を取って,

$$\rho = \frac{\left(1 + \frac{b^2 x^2}{a^4}\left(1 - \frac{x^2}{a^2}\right)^{-1}\right)^{\frac{3}{2}}}{\frac{b}{a^2}\left(1 - \frac{x^2}{a^2}\right)^{-\frac{3}{2}}} = \frac{\left(1 - \frac{x^2}{a^2} + \frac{b^2 x^2}{a^4}\right)^{\frac{3}{2}}}{\frac{b}{a^2}} = \frac{\left(a^4 + (b^2 - a^2)x^2\right)^{\frac{3}{2}}}{a^4 b}.$$

これより, 極では $x = 0$ として $\rho = a^2/b$, 赤道では $x = a$ として $\rho = b^2/a$ となります.

問題 3.1.3 解説

(1) $x = r\cos\phi$ と $y = r\sin\phi$ を楕円の方程式,

$$\frac{x^2}{a^2} + \frac{y^2}{b^2} = 1 \tag{3.3}$$

に代入します.

$$r^2 = \frac{a^2 b^2}{b^2 \cos^2\phi + a^2 \sin^2\phi} = \frac{a^2 b^2}{a^2 - (a^2 - b^2)\cos^2\phi} = \frac{b^2}{1 - \left(1 - \frac{b^2}{a^2}\right)\cos^2\phi}.$$

これに $e^2 = 1 - b^2/a^2$ を代入して,

$$r = \frac{b}{\sqrt{1 - e^2 \cos^2\phi}}.$$

(2) 楕円の式 (3.3) を x で微分して, $2b^2 x + 2a^2 y(dy/dx) = 0$ より,

$$\frac{dy}{dx} = -\frac{b^2}{a^2}\frac{x}{y} = -\frac{b^2}{a^2}\frac{1}{\tan\phi}.$$

PQ の傾き $\tan\varphi$ と点 P での接線の傾き dy/dx は直交するので,

$$\tan\varphi\frac{dy}{dx} = -\frac{b^2}{a^2}\frac{\tan\varphi}{\tan\phi} = -1.$$

よって,

70

$$\tan \phi = \frac{b^2}{a^2} \tan \varphi. \tag{3.4}$$

(3) 図 3.4 から，$r \cos \phi = N \cos \varphi$．この関係式を 2 乗して，

$$N^2 = r^2 \frac{\cos^2 \phi}{\cos^2 \varphi} = \frac{b^2}{1 - \left(1 - \frac{b^2}{a^2}\right) \cos^2 \phi} \times \frac{\cos^2 \phi}{\cos^2 \varphi} = \frac{b^2}{\frac{1}{\cos^2 \phi} - 1 + \frac{b^2}{a^2}} \times \frac{1}{\cos^2 \varphi}$$

$$= \frac{b^2}{\tan^2 \phi + \frac{b^2}{a^2}} \times \frac{1}{\cos^2 \varphi}.$$

これに式 (3.4) を 2 乗した，$\tan^2 \phi = (b^4/a^4) \tan^2 \varphi$ を代入して，

$$N^2 = \frac{a^2}{\frac{b^2}{a^2} \tan^2 \varphi + 1} \times \frac{1}{\cos^2 \varphi} = \frac{a^2}{\frac{b^2}{a^2} \sin^2 \varphi + \cos^2 \varphi} = \frac{a^2}{1 - \left(1 - \frac{b^2}{a^2}\right) \sin^2 \varphi}.$$

よって，

$$N = \frac{a}{\sqrt{1 - e^2 \sin^2 \varphi}}.$$

問題 3.1.4 解説

(1) 前問と一部重複しますが，楕円の式を次のように表します．

$$y = b \left(1 - \frac{x^2}{a^2}\right)^{\frac{1}{2}}. \tag{3.5}$$

P(x, y) での接線の傾きは，

$$\frac{dy}{dx} = -\frac{bx}{a^2} \left(1 - \frac{x^2}{a^2}\right)^{-\frac{1}{2}} = -\frac{b^2}{a^2} \frac{x}{y}$$

ですので，点 P での垂直線の傾きは，

$$\tan \varphi = -\frac{1}{\frac{dy}{dx}} = \frac{a^2}{b^2} \frac{y}{x}$$

となります．これを変形して，

$$y = \frac{b^2}{a^2} x \tan \varphi.$$

これを式 (3.5) に代入し変形します．

$$\frac{b^2}{a^2} x \tan \varphi = b \left(1 - \frac{x^2}{a^2}\right)^{\frac{1}{2}},$$

$$\frac{x^2}{a^2} + \frac{b^2}{a^4} x^2 \tan^2 \varphi = 1,$$

$$x^2 \left(1 + \frac{b^2}{a^2} \tan^2 \varphi\right) = a^2.$$

$b^2/a^2 = 1 - e^2$ の関係を代入して，

$$x^2 \left(\cos^2 \varphi + (1 - e^2) \sin^2 \varphi\right) = a^2 \cos^2 \varphi.$$

よって x は次式となります.

$$x = \frac{a \cos \varphi}{\sqrt{1 - e^2 \sin^2 \varphi}}.$$

(2) $dx/d\varphi$ を以下のように実行します.

$$x = a \cos \varphi (1 - e^2 \sin^2 \varphi)^{-\frac{1}{2}},$$

$$\frac{dx}{d\varphi} = -a \sin \varphi (1 - e^2 \sin^2 \varphi)^{-\frac{1}{2}} + ae^2 \sin \varphi \cos^2 \varphi (1 - e^2 \sin^2 \varphi)^{-\frac{3}{2}}$$

$$= (1 - e^2 \sin^2 \varphi)^{-\frac{3}{2}} \left(-a \sin \varphi (1 - e^2 \sin^2 \varphi) + ae^2 \sin \varphi \cos^2 \varphi \right)$$

$$= -a \sin \varphi (1 - e^2)(1 - e^2 \sin^2 \varphi)^{-\frac{3}{2}}.$$

この $dx/d\varphi$ を式 (3.2) に代入して

$$\rho = \frac{a(1 - e^2)}{(1 - e^2 \sin^2 \varphi)^{\frac{3}{2}}}.$$

$1 - e^2 = b^2/a^2$ ですので曲率半径は極では $\varphi = 90°$ として

$$\rho_{\varphi = \pi/2} = \frac{a}{(1 - e^2)^{\frac{1}{2}}} = \frac{a^2}{b}.$$

赤道では $\varphi = 0°$ として次のようになります.

$$\rho_{\varphi = 0} = a(1 - e^2) = \frac{b^2}{a}.$$

3.2　万有引力と重力

3.2.1　万有引力の法則と重力加速度

地球上の物体に働く地球の引力による重力加速度 g は問題 1.2.1 で導いた通り,万有引力定数 G,地球の質量 M,地球の半径 R を用いて次式で与えられ,約 9.8 m/s^2 の値を取ります.

$$g = \frac{GM}{R^2}.$$

測地学では重力を加速度として扱うことが多く,本書でも重力加速度を単に重力と表現します(単位質量に働く力の値は加速度のそれと同じです).また,測地学では重力(加速度)の単位は CGS 単位系でガリレオ・ガリレイにちなんだガル (Gal = cm/s^2) を使うことが多く,地球の重力は 980 Gal となります.しかし本書では,原則として SI 系の m/s^2 を使います.

実際に地球上の物体が受ける重力は,地球の自転による遠心力がベクトルとして加わった力です.半径 r,角速度 ω で等速円運動を行う単位質量の物体が受ける遠心力は $\omega^2 r$ ですので,緯度 ϕ における遠心力は自転軸と垂直で外向きに次式で表されます.

$$\omega^2 R \cos \phi.$$

実際の重力は図 3.7 のように引力と遠心力のベクトル和で,余弦定理を使用して,

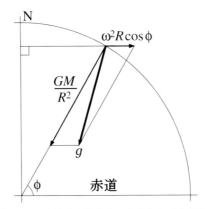

図 3.7 万有引力と遠心力の合力としての重力．

$$g = \sqrt{\left(\frac{GM}{R^2}\right)^2 + (\omega^2 R \cos\phi)^2 - \frac{2GM\omega^2 \cos^2\phi}{R}}$$

となります．特に，赤道と極での値 g_e と g_p はそれぞれ次のようになります．

$$g_e = \frac{GM}{R^2} - \omega^2 R, \quad g_p = \frac{GM}{R^2}.$$

3.2.2 重力の測定

現代では重力測定の主な方法は，真空中を落下する物体の落下距離と時間による絶対測定と，錘を吊るした石英のバネの伸びによる相対測定です．しかし，歴史的には振り子の長さと周期による方法が広く行われ，重力の緯度による違いなどが測定されました．現代でも学生実験で行われる，ボルダの振り子による重力測定の原理は以下の通りです．

図3.8は質量 m の錘を長さ ℓ の細い針金で吊るした振子（単振り子）です．振れの角度 θ は反時計方向を正，円弧に沿った加速度を a とすると，錘の運動方程式は次式となります．

$$F = ma = -mg\sin\theta.$$

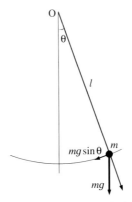

図 3.8 単振り子による重力測定．

加速度 a は円弧に沿った錘の速度 $v = \ell(d\theta/dt)$ を t で微分して次のようになります.
$$a = \frac{dv}{dt} = \ell \frac{d^2\theta}{dt^2}.$$
また，小さな θ に対する近似式 $\sin\theta \approx \theta$ を使うと運動方程式は，
$$\frac{d^2\theta}{dt^2} = -\frac{g}{\ell}\theta$$
となります．これは単振動の方程式で，解は A と α を定数として，
$$\theta = A\cos\left(\sqrt{\frac{g}{\ell}}t - \alpha\right)$$
となり，振動の周期 T は，
$$T = 2\pi\sqrt{\frac{\ell}{g}}$$
となります．よって，振り子の長さ ℓ と周期 T を測定すれば次式から重力が求まります．
$$g = 4\pi^2 \frac{\ell}{T^2}. \tag{3.6}$$

一方，太い棒と錘が一体となった剛体振り子（物理振り子）では慣性モーメントを考慮する必要があります．錘の大きさを無視した上記の単振り子の解法も厳密には正しくありません．しかし，針金の重さが無視できる場合は式 (3.6) は良い近似となります（問題 3.2.1）．

3.2.3　重力異常と重力探査

密度が周囲と異なる物体が地下に埋まっていると，地表の重力が標準値より異なる値を示す現象を重力異常といいます．重力異常を利用して地下の鉱床を探査する方法が重力探査です．密度の周囲との差が $\Delta\rho$ の地下鉱床による地表面での重力異常 Δg は，重力理論によると図 3.9 のように，密度 $\Delta\rho$ の質量異常 Δm（過多または過少）による引力と同等です．

例として，深さ d，半径 R，密度差 $\Delta\rho$ の球形の鉱床による重力異常を見積もります．球の引力は球中心の同質量の質点による引力と等しいので，直上の地表面の重力異常 Δg は，
$$\Delta g = \frac{G\Delta m}{d^2} = \frac{G(\frac{4}{3}\pi R^3)\Delta\rho}{d^2} = \frac{4\pi GR^3\Delta\rho}{3d^2}$$
となります．鉱床と周囲の岩石の密度をそれぞれ 8000 kg/m^3 と 3000 kg/m^3，d と R をそれぞれ 300 m と 200 m として計算すると，

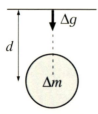

図 3.9　質量異常 Δm による重力異常 Δg.

$$\Delta g = 1.24 \times 10^{-4} \text{ m/s}^2$$

となります．これは標準的な重力 9.8 m/s^2 の約 8 万分の 1 となり，非常に小さい値です．しかし，0.12 mm/s^2 の加速度は 12 mGal（ミリガル）ですが，可搬型のラコスト重力計などでは，1–10 μGal（マイクロガル）程度まで測定可能で，十分に検出可能な重力異常です．

3.2.4 潮の干満と潮汐力

潮の満ち引きを潮汐といい，その原因が潮汐力（起潮力）で，主に月の引力で発生します．潮汐力は，月の引力が地球の月に近い側が遠い側より大きいために生じます．しかし海水面の上昇は近い側も遠い側も同じです．それは地球も地球–月系の共通重心の回りを公転しており，その遠心力と月の引力の合力が月に近い側では月に向かい，遠い側では反対に向くからです．

潮汐理論は難解ですが，以下は図 3.10 による潮汐力の平易な導出です．地球–月系の公転運動は連星系（問題 1.2.3）と同じですが，共通重心 O は地球内部にあります．地球と月の質量を M と m，軌道半径を a_1 と a_2，公転の角速度を ω，地球の半径を R とします．ここで $a_1 + a_2 = a$ とおき，地球について万有引力 GMm/a^2 と遠心力 $M\omega^2 a_1$ を等置すると，

$$\frac{Gm}{a^2} = \omega^2 a_1$$

となります．地球の自転周期は公転周期の約 1/30 と短いので，公転運動の遠心力を考えるときは自転を無視して考えます（同期自転を扱う問題 3.2.6 と比較）．そのため，a_1 は地球のどの地点でも同じと考えてよいです．よって，赤道部分の単位質量について，月による引力から遠心力を差し引いた力 F_T は，月側と反対側のそれぞれで以下の通りです．

$$F_T = \frac{Gm}{(a \mp R)^2} - \omega^2 a_1 = \frac{Gm}{a^2}\left(1 \mp \frac{R}{a}\right)^{-2} - \frac{Gm}{a^2} \approx \frac{Gm}{a^2}\left(1 \pm \frac{2R}{a} - 1\right)$$
$$= \pm \frac{2GmR}{a^3}. \tag{3.7}$$

これより潮汐力は地球と月の距離の 3 乗に反比例することが分かります．なお，潮汐力 F_T は単位質量当たりの力ですので加速度です．

月による潮汐力は式 (3.7) を付録 A.1 の数値で計算すると，$F_T = 1.10 \times 10^{-6} \text{ m s}^{-2}$ となり

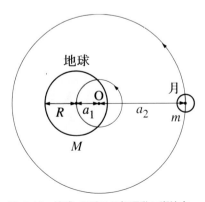

図 3.10 地球–月系の公転運動と潮汐力．

第 3 章　測地と重力

ます. 太陽による潮汐力も, 大きく公転しているのは地球ですが, 式 (3.7) が適用でき (m は太陽質量), $F_T = 5.05 \times 10^{-7}\,\mathrm{m\,s^{-2}}$ となり, 月の約半分です. また, 月や太陽の潮汐力の大きさは地球自身の重力 (自己重力) の約 10^7 分の 1 (1000 万分の 1) でしかないことも分かります.

潮汐は固体の地球にも発生し地球の形は変形を繰り返しますが, この現象を地球潮汐といいます. 地球潮汐による地表の上下は数 cm から数十 cm にもなり [大久保 2004, Q&A40], その観測から弾性体としての地球の構造についての情報が得られます. この固体部分の潮汐は惑星–衛星系でも見られます. 木星の衛星イオは地球を除く太陽系の天体で唯一つ火山活動が観測されていますが, それは木星による強力な潮汐力により内部が加熱された結果です[1].

問題 3.2

問題 3.2.1

剛体振り子の固定軸の回りの振動を考えます. 振り子の質量と慣性モーメントを m と I, 振り子に働くトルクを N, 振り子の振れ角, 角速度, 角運動量を θ, ω, L とすると, 1.3 節の式 (1.15) $dL/dt = N$ と式 (1.18) $L = I\omega = I(d\theta/dt)$ より次の振動の方程式が成立します.

$$I\frac{d^2\theta}{dt^2} = N. \tag{3.8}$$

(1) 3.2.2 項の単振り子では錘を質点としましたが, ここでは剛体の球として式 (3.8) を適用します. 錘は質量 m, 半径 r の球で針金の重さは無視し, 球の中心と固定軸との距離を ℓ とします. では, 錘の固定軸の回りの慣性モーメント I を式 (1.20) の平行軸の定理で表し, $\sin\theta \approx \theta$ として次の重力加速度の式を導きなさい.

$$g = 4\pi^2 \frac{\ell}{T^2}\left(1 + \frac{2}{5}\left(\frac{r}{\ell}\right)^2\right).$$

(2) 球の直径が 4 cm, ℓ が 1 m のとき, 式 (3.6) から求めた重力加速度は問 (1) の式による値と比較して何 % の誤差を含むか?

問題 3.2.2

地球を半径 R, 質量 M の一様な球とし, 重力加速度と高さに関する問いに答えなさい. 但し, 自転による遠心力は考慮しないとします.

(1) 高さ h における重力加速度 g と地表における重力加速度 g_0 との差は次の近似式で表されることを導きなさい.

$$g - g_0 \approx -\frac{2g_0 h}{R}.$$

但し, $h \ll R$ として次の近似式を用いなさい.

$$(1 + x)^{-2} \approx 1 - 2x \quad (|x| \ll 1).$$

1　詳しくは, 他の 2 衛星エウロパとガニメデの引力が加わり生じた軌道共鳴という軌道運動のために特に潮汐力が強くなったためだそうです [Peale *et al.* 1979, Yoder 1979].

(2) 地表で測定した体重が 50 kg の人が高さ 320 m のビルで体重を測定すると何 g 減少した表示となるか，地球半径を 6400 km として計算しなさい．但し，体重計は天秤ではないとし，またビルの質量による引力は無視します．

問題 3.2.3

地球を半径 R，質量 M の一様な球として以下の問いに答えなさい．

(1) 引力による加速度 GM/R^2 と赤道上での遠心力による加速度 $\omega^2 R$ を計算しなさい．定数は付録 A.1 を参照し，結果は m/s^2 の単位で小数点以下 3 桁までとします．

(2) 北極で測定した体重が 50 kg の人が，同じ体重計で赤道で測定すると何 g 小さい値を示すか？体重計は天秤でないとします．

(3) 地球表面で物体が東に向けて運動すると，地球の自転による円運動の速度に物体の速度が加わり，物体に働く遠心力が増加します．その結果，物体に働く重力加速度は減少します．物体が西向きに運動する場合はこの逆となり，これをエトベス効果といいます（これは 3.4 節で扱うコリオリ力の鉛直成分です）．では，赤道上で東向きに速度 v で運動する物体に働く遠心力による加速度は次式で表され，静止状態から $2v\omega$ 増えることを示しなさい．

$$\frac{(\omega R + v)^2}{R} \approx \omega^2 R + 2v\omega.$$

但し，$v \ll \omega R$ とし次の近似式を使用します．

$$(1+x)^2 \approx 1 + 2x \quad (|x| \ll 1).$$

(4) 体重が 50 kg の人が赤道上を東に 1 m/s の速度で運動すると体重の見かけの減少は何 g か？

問題 3.2.4

図 3.11 のような深さ d に位置する半径 R の球状の鉱床を考えます．鉱床の周囲との密度差を $\Delta\rho$ とし，球の直上を原点 O として水平と深さ方向にそれぞれ x 軸と z 軸を取ります．

(1) 地表の点 P における重力異常の z 成分 Δg_z を表す次式を導きなさい．

$$\Delta g_z = \frac{4\pi G R^3 \Delta\rho}{3} \frac{d}{(x^2+d^2)^{\frac{3}{2}}}.$$

(2) Δg_z が原点 O における値の 8 分の 1 に減少する点の原点からの距離を求めなさい．

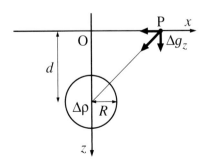

図 3.11 地下の密度差 $\Delta\rho$ の球による重力異常．

問題 3.2.5

天体の自転速度が何らかの理由で増大し，赤道での遠心力が天体自身の万有引力 (自己重力) と等しくなると天体は破壊されます．

(1) 密度 ρ の天体について，この限界の自転の角速度 ω は万有引力定数 G を用いて次式となることを導きなさい．

$$\omega = \sqrt{\frac{4\pi}{3}G\rho}.$$

(2) 地球の密度を 5500 kg/m^3 として，破壊の限界の自転周期を求めなさい．

問題 3.2.6

図 3.12 の惑星–衛星系で，質量 M の惑星による質量 m の衛星に働く潮汐力 F_T を，式 (3.7) の導出と同様の方法で導きます．条件として，(i) 衛星の公転軌道の中心は惑星の中心とする，(ii) 衛星は同期自転（問題 1.3.5(3)）している，を仮定します．

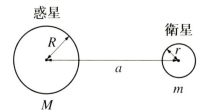

図 3.12 衛星に働く惑星の潮汐力．

(1) 惑星と衛星の半径をそれぞれ R と r，衛星の公転軌道半径を a として，衛星の赤道部分の惑星側と反対側における潮汐力を表す次式を導きなさい．

$$F_T = \pm \frac{3GMr}{a^3}.$$

(2) 衛星の公転軌道半径が減少して惑星に近づき過ぎると，惑星による潮汐力が衛星の自己重力より大きくなり衛星は破壊されます．この限界の軌道半径をロッシュ限界（ロッシュ半径）といいます．惑星と衛星の密度をそれぞれ ρ_M と ρ_m とすると，ロッシュ限界 a_R は次式で表されることを導きなさい．

$$a_R = \left(\frac{3\rho_M}{\rho_m}\right)^{\frac{1}{3}} R \approx 1.44 \left(\frac{\rho_M}{\rho_m}\right)^{\frac{1}{3}} R.$$

問題 3.2 解説

問題 3.2.1 解説

(1) 式 (3.8) に $N = -mg\ell \sin\theta$ を代入して，

$$I\frac{d^2\theta}{dt^2} = -mg\ell\sin\theta \approx -mg\ell\theta,$$

$$\frac{d^2\theta}{dt^2} = -\frac{mg\ell}{I}\theta.$$

よって，A を振幅，α を位相として，

$$\theta = A\cos\left(\sqrt{\frac{mg\ell}{I}}t - \alpha\right).$$

よって，

$$T = 2\pi\sqrt{\frac{I}{mg\ell}}.$$

これより，

$$g = 4\pi^2\frac{I}{T^2 m\ell}.$$

球の支点の回りの慣性モーメント I は問題 1.3.3(d) の結果と平行軸の定理より，

$$I = \frac{2}{5}mr^2 + m\ell^2 = m\ell^2\left(1 + \frac{2}{5}\left(\frac{r}{\ell}\right)^2\right).$$

これを上の g に代入して，

$$g = 4\pi^2\frac{\ell}{T^2}\left(1 + \frac{2}{5}\left(\frac{r}{\ell}\right)^2\right).$$

(2) 問 (1) の g と式 (3.6) との差 $\frac{2}{5}\left(\frac{r}{\ell}\right)^2$ を $r = 2$ cm，$\ell = 100$ cm として計算すると，

$$\frac{2}{5}\left(\frac{r}{\ell}\right)^2 = 1.6\times10^{-4} \approx 0.02\%$$

となり，式 (3.6) は学生実験としては十分に正確といえるでしょう．

問題 3.2.2 解説

(1) 地表での重力加速度 g_0 は次の通りです．

$$g_0 = \frac{GM}{R^2}.$$

高さ h での重力加速度は R を $R + h$ で置き換え，g_0 との差は，

$$g - g_0 = \frac{GM}{(R+h)^2} - \frac{GM}{R^2} = \frac{GM}{R^2}\frac{1}{\left(1 + \frac{h}{R}\right)^2} - \frac{GM}{R^2} = g_0\left(1 + \frac{h}{R}\right)^{-2} - g_0$$

$$\approx g_0\left(1 - \frac{2h}{R} - 1\right) = -\frac{2g_0 h}{R}.$$

(2) 問 (1) の式を次のように表します．

$$\frac{g}{g_0} - 1 = -\frac{2h}{R}.$$

これに $h = 0.32$ km，$R = 6400$ km を代入すると重力加速度の減少は，

79

$$\frac{g}{g_0} - 1 = -0.0001$$

となり，0.01% 小さくなります．よって，次のように体重計は 5 g 小さい値を示します．

$$50000 \times 0.0001 = 5.$$

問題 3.2.3 解説

(1) 付録 A.1 より，$G = 6.674 \times 10^{-11}$ m^3/kg s^2，$M = 5.972 \times 10^{24}$ kg，$R = 6.371 \times 10^6$ m，$\omega = 7.292 \times 10^{-5}$ s^{-1} を用いると，

$$\frac{GM}{R^2} = 9.820 \text{ m/s}^2, \quad \omega^2 R = 0.034 \text{ m/s}^2.$$

(2) $\omega^2 R$ と GM/R^2 の比を体重に掛けて，$50 \times (0.034 \div 9.820) \times 1000 = 173$ g．この値は，高い測定精度が必要な場合にはかなり大きいです．市販の体重計は，使用される国の緯度を考慮し調整されていて，緯度の差が大きい国に向けては，地域設定の機能もあるようです．

(3) 自転による地表の回転速度を赤道で V とすると，$V = \omega R$ ですので，赤道上の自転による遠心力による加速度は，

$$\omega^2 R = \frac{V^2}{R}$$

となります．東向きに v で運動する物体の受ける遠心力による加速度は，この式の V を $V + v$ で置き換えて，さらに $v/\omega R \ll 1$ として近似すると，

$$\frac{(V + v)^2}{R} = \frac{(\omega R + v)^2}{R} = \omega^2 R \left(1 + \frac{v}{\omega R}\right)^2 \approx \omega^2 R \left(1 + \frac{2v}{\omega R}\right) = \omega^2 R + 2v\omega.$$

よって，遠心力による加速度は静止状態に比べて $2v\omega$ 増加します．

(4) $2v\omega$ と問 (1) で求めた引力による加速度との比は次のようになり，

$$\frac{2v\omega}{GM/R^2} = \frac{2 \times 1 \times (7.292 \times 10^{-5})}{9.820} = 1.485 \times 10^{-5}.$$

この値を体重に掛けて，$50000 \times 1.485 \times 10^{-5} = 0.743$ g．この 0.7 g の減少は小さいですが，航行中の船上での重力測定では，必ずエトベス効果の補正が必要になります．

問題 3.2.4 解説

(1) 密度差 $\Delta\rho$ の球の質量異常 Δm による P 点での重力異常 Δg の大きさは図 3.11 より，

$$|\Delta\boldsymbol{g}| = \frac{G\Delta m}{x^2 + d^2}.$$

$\Delta\boldsymbol{g}$ の z 成分 Δg_z はこの式に $d/\sqrt{x^2 + d^2}$ を掛け，$\Delta m = \frac{4}{3}\pi R^3 \Delta\rho$ を代入して，

$$\Delta g_z = \frac{4\pi G R^3 \Delta\rho}{3} \frac{d}{(x^2 + d^2)^{\frac{3}{2}}}. \tag{3.9}$$

(2) 式 (3.9) を原点 O での $\Delta\boldsymbol{g}$ の z 成分 $\Delta g_{z,x=0}$ で割ると，

$$\frac{\Delta g_z}{\Delta g_{z,x=0}} = \frac{d^3}{(x^2 + d^2)^{\frac{3}{2}}}.$$

これが $1/8 = (1/2)^3$ に等しくなる x を求めると，

$$\left(\frac{d}{\sqrt{x^2+d^2}}\right)^3 = \left(\frac{1}{2}\right)^3,$$

$$\frac{d}{\sqrt{x^2+d^2}} = \frac{1}{2},$$

$$x = \sqrt{3}d.$$

図 3.13 に式 (3.9) の Δg_z を示します．図の (a) は球の深さによる Δg_z の大きさの違いを表しています．但し，各曲線は深さ 1 の $\Delta g_{z,x=0}$ で規格化してあります．(b) では各深さの曲線をそれぞれの $\Delta g_{z,x=0}$ で規格化し，球が深くなるほど重力異常の領域が広がり，異常の検出が困難になる様子を示しています．

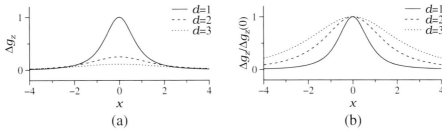

図 3.13 深さの異なる球による重力異常．(a) 深さ $d=2$ と $d=3$ の曲線は深さ $d=1$ の $x=0$ の値で規格化，(b) 各曲線はそれぞれの $x=0$ の値で規格化．

問題 3.2.5 解説

(1) 天体の半径を R とし，赤道での自己重力と遠心力を等置して ω について解きます．

$$\frac{G\frac{4}{3}\pi R^3 \rho}{R^2} = \omega^2 R,$$

$$\omega = \sqrt{\frac{4\pi}{3}G\rho}.$$

(2) $\rho = 5500 \text{ kg/m}^3$ を代入して計算すると，$\omega = 1.240 \times 10^{-3} \text{ s}^{-1}$．自転周期 $T = 2\pi/\omega$ は，$T = 5.067 \times 10^3 \text{ s} = 1.41 \text{ h}$．地球が破壊される限界の自転周期は約 1.4 時間です．

問題 3.2.6 解説

(1) 衛星の公転円運動から次式が成立します．

$$\frac{GM}{a^2} = \omega^2 a.$$

同期自転している衛星では，赤道部の惑星側と反対側の公転軌道半径はそれぞれ $a-r$ と $a+r$ です．従って，潮汐力 F_T は引力から遠心力を引いて，惑星側と反対側で，

$$F_T = \frac{GM}{(a \mp r)^2} - \omega^2(a \mp r) = \frac{GM}{a^2}\left(1 \mp \frac{r}{a}\right)^{-2} - \omega^2 a\left(1 \mp \frac{r}{a}\right)$$

$$\approx \frac{GM}{a^2}\left(1 \pm \frac{2r}{a} - 1 \pm \frac{r}{a}\right) = \pm\frac{3GMr}{a^3}.$$

(2) 赤道部の潮汐力と自己重力を等置して，

$$\frac{3GMr}{a_R^3} = \frac{Gm}{r^2}.$$

これよりロッシュ限界は次式となります．

$$a_R = \left(\frac{3M}{m}\right)^{\frac{1}{3}} r.$$

この式に $M = \frac{4}{3}\pi R^3 \rho_M$ と $m = \frac{4}{3}\pi r^3 \rho_m$ を代入して，

$$a_R = \left(\frac{3\rho_M}{\rho_m}\right)^{\frac{1}{3}} R \approx 1.44 \left(\frac{\rho_M}{\rho_m}\right)^{\frac{1}{3}} R.$$

これより，惑星と衛星で密度が同じ場合は，衛星が惑星の半径の約 1.44 倍まで近づくと衛星は破壊されます．固体の変形も考慮する高度な潮汐理論からはロッシュ限界は惑星の半径の 1.44–2.46 倍となるそうです．実際，木星や土星の輪はこの範囲にあるそうです．

3.3 アイソスタシー

3.3.1 アイソスタシーとアルキメデスの原理

　山岳地域での重力調査から，高い山の地下には深い根があることが分かってきました．これは比較的軽い山体がより重いマントルに深くまで位置することで，重力的につり合うためと考えられます．このようなつり合いの状態をアイソスタシー（地殻の均衡）とよびます．一般にある程度大きな地質構造ではアイソスタシーが成り立っています．

　アイソスタシーは水に木片が浮かぶ原理と同じです．図 3.14 で，木片と水の密度を ρ と ρ_w，木片の全高と水面下の高さを h と b とします．木片の底より下の適当な水平面では圧力がどこでも同じで，この面を補償面とよびます．ここで，補償面を木片の底の深さに取れば，

$$\rho h = \rho_w b$$

が成り立ちます．これより水面より上の木片の高さは次式で与えられます．

$$h - b = h - \frac{\rho}{\rho_w} h = h\left(1 - \frac{\rho}{\rho_w}\right).$$

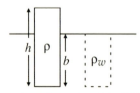

図 3.14　アイソスタシーとアルキメデスの原理．

これを大陸地殻とマントルに適用すると，地殻の厚さと密度を 30 km と 2700 kg/m^3，マントルの密度を 3300 kg/m^3 として，地殻上面はマントル表面から 5.5 km 上の状態でマントルに浮くことになります．しかし実際の地球では，厚さ 30–50 km の軽い大陸地殻と，厚さ 7 km 程度の薄くてより重い海洋地殻が（厚さ約 4 km の海洋を載せて），さらに重いマントルの全表面を覆っており，マントル表面が見えるわけではありません．なお，マントルの密度は深さとともに増大しますが，本節の計算問題では地殻付近の値の 3300 kg/m^3 を使用します．

3.3.2 アイソスタシーの証拠

最終氷期が終わると高緯度地域では氷床が短時間で消失し，その重さで沈んでいた地殻のゆっくりした隆起が始まりました．その際，隆起の進行とともに海岸線の痕跡が縞状に残ります．過去の海岸線に見られる化石の C-14 年代から，地殻の隆起の時間変化が分かります．代表的な例であるスカンジナビア半島では現在も最大年間 1 cm で隆起が続いています．図 3.15 は [Passe & Daniels 2015] に基づくスカンジナビア半島の過去 1 万年間の隆起の分布です．氷期に最も沈んでいた場所は約 280 m 隆起したことが分かります．なお，負の隆起（沈降）を示す地域は氷期には氷床のなかった周辺地域と考えられます．それは，氷床の周辺の地殻は氷床の重さで力学的に上方に曲げられていたため，氷床消失後は下方に戻るためです．

南極大陸の陸地の平均高度が異常に低いこともアイソスタシーの証拠です．全球地形データベース ETOPO1 [Amante & Eakins 2009] による南極大陸の高度分布と 2 測線に沿った断面を図 3.16 に示します．図の (a) は陸地を覆う氷床についての地図と断面図で，(b) は氷床の下位に位置する陸地についての図です．(a) からは南極大陸の海抜がかなり高く，多くの地域で高度 2–3 km であることが分かります．一方，(b) の氷床を取り除いた陸地部分の地図と断面図からは南極大陸の陸地が多くの領域で海面下となっていることが分かります．陸地の全球での平均高度は 840 m といわれているので [数研出版編集部 2018, I 編-I]，南極大陸は氷床の重さで沈みアイソスタシーが成立していると考えられます．

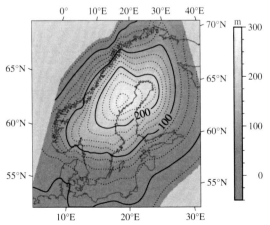

図 3.15　スカンディナビアの 1 万年前からの隆起 [Passe & Daniels 2015]．

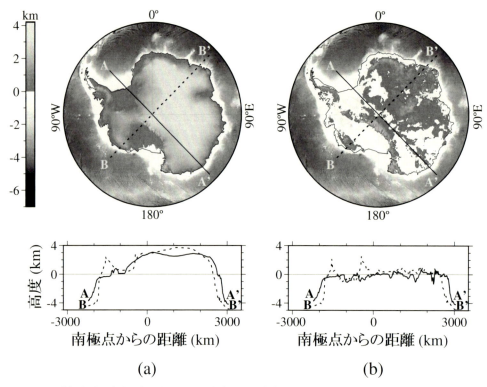

図 3.16 南極大陸の高度分布と断面を (a) 氷床と (b) 氷床に覆われる陸地について示す (ETOPO1).

3.3.3 マントルの流動性

アイソスタシーは固体の岩石であるマントルが流体の性質を示す例で，前述の現代でも続くスカンジナビア半島の隆起からマントルの粘性率が推定されます．粘性率の詳細は省略しますが，物質の粘度を表す定数で，一般に記号 μ で表します．単位は Pa s で[2]，値が大きいほど流れにくいことを示します．スカンジナビア半島が 1 万年間に約 280 m 隆起した記録から，マントルの粘性率は $\mu = 10^{21}$ Pa s と推定されています [Fowler 2005, Chap.5]．

参考のために 4 種類の物質について粘性率 μ を後述する熱拡散率 κ とともに表 3.1 に示します．この表で物質の違いによる粘性率 μ の違いは経験上得られる感覚とよく合っていますが，

表 3.1 物質の 15°C での粘性率 μ と熱拡散率 κ ([Turcotte & Schubert 2002, Table 6-1] より抜粋)

物質	μ (Pa s)	κ (m^2/s)
空気	1.78×10^{-5}	2.02×10^{-5}
水	1.14×10^{-3}	1.40×10^{-7}
オリーブ油	0.099	9.2×10^{-8}
グリセリン	2.33	9.8×10^{-8}

---

[2] Pa（パスカル）は圧力の単位で N/m^2 です（付録 A.1）．

マントルの 10^{21} Pa s という大きな値からマントルが流動するかどうかの判断は困難です.

3.3.4 マントル対流

マントルが流動することは，流体力学におけるレイリー数 Ra を見積もることで示されます．いま，レイリー数の定性的な理解のために，図 3.17 のような横方向に無限に広がった厚さ b の流体層を下から加熱する場合を考えます．上面と下面をそれぞれ温度 T_0 と T_1 に保つとします ($T_0 < T_1$)．下面と上面の温度差 $T_1 - T_0$ が小さいうちは対流は起こらずに熱伝導のみで熱が下面から上面に伝わりますが，温度差がある限界を超えると対流が発生し，より効率的に熱が運ばれると考えられます．また，対流が発生するかどうかは温度差だけではなく，流体層の厚さや流体の物理的性質にも依存すると考えられます．

無次元のパラメータであるレイリー数は次式で定義され，対流の発生のしやすさを示します．

$$Ra = \frac{\rho_0 g \alpha_v (T_1 - T_0) b^3}{\mu \kappa}. \tag{3.10}$$

ここに，ρ_0 は温度 T_0 での密度，g は重力加速度です．α_v は体積膨張率で，1 K の温度上昇で体積 v が膨張する割合を表し，$\alpha_v = \frac{1}{v}\left(\frac{dv}{dT}\right)$ で与えられます．また，κ は熱拡散率とよばれ，値が大きいほど熱が拡散しやすく，熱伝導率 k を密度 ρ と比熱 c で割ったもので，$\kappa = k/\rho c$ で与えられます．式 (3.10) に含まれる各変数を観察すると，分子では値が大きいほど，分母では値が小さいほど，対流が発生しやすくなることが直感的に理解できます．理論と実験の研究結果から，一般にはレイリー数 Ra が 10^3 のオーダーを超えると対流が発生すると判断してよいことが分かります [河野 1986, 6 章].

例として厚さ 10 cm のオリーブ油の層を，下面と上面の温度差を 1°C に保つ場合のレイリー数を計算してみます．$\rho_0 = 1000$ kg/m^3, $g = 10$ m/s^2, $\alpha_v = 0.001$ K^{-1}, $T_1 - T_0 = 1$ K, $b = 0.1$ m, $\mu = 0.1$ Pa s, $\kappa = 1\times 10^{-7}$ m^2/s を代入すると，$Ra = 1\times 10^6$ となり，このような僅かな温度差でも対流が発生することが分かります．一方，岩石の粘性は普通の感覚では考えられませんが，仮にマントルの値と同じ $\mu = 10^{21}$ Pa s とし，他のパラメータとして $\rho_0 = 3000$ kg/m^3, $\alpha_v = 3\times 10^{-5}$ K^{-1}, $\kappa = 10^{-6}$ m^2/s を使用すると，$Ra = 0.9\times 10^{-18}$ となり，対流が発生するはずがないことが示されます．

しかし，これを地球規模で考えるとそうでもないことが分かります．粘性率 μ が大きくても式 (3.10) で $T_1 - T_0$ や b^3 が大きいので，マントルのレイリー数 Ra は 10^5–10^7 に達し，対流が発生するべき値となります（問題 3.3.4）．

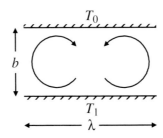

図 3.17 下面を加熱した流体の 2 次元対流モデル．

問題 3.3

問題 3.3.1

図 3.18 は氷期に氷床の重さで沈んでいた大陸地殻が氷床消失後に Δ 隆起した様子です．氷床の厚さと密度を h_g と ρ_g，大陸地殻については h_c と ρ_c，マントルの密度を ρ_m とします．ρ_g, ρ_c, ρ_m を $\mathrm{kg/m^3}$ の単位で，900, 2700, 3300 として次の問いに答えなさい．

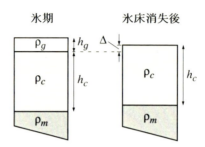

図 3.18　氷床消失後のアイソスタシーによる地殻の隆起．

(1) 現在も上昇が続くスカンジナビア半島は厳密にはアイソスタシーは達成されていませんが，ここではアイソスタシーの均衡にあるとします．氷床の消失後に地殻が 300 m 隆起したとして，氷期におけるスカンジナビア半島の氷床の厚さを求めなさい．
(2) 南極大陸の氷床の厚さを 2500 m として，氷床が消失しアイソスタシーが成立したときの大陸の隆起量を求めなさい．但し，氷床の消失による海面の上昇は考慮しないとします．

問題 3.3.2

白亜紀は海水準が現代より 200–300 m 高く，増大した海洋の重さで海洋地殻は沈降し，図 3.19 のように，実際の海洋の深さは海水準が上昇した高さよりもさらに深くなっていました．

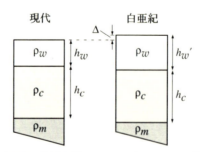

図 3.19　白亜紀の海面上昇とアイソスタシーによる海底の沈降．

アイソスタシーは常に成立していたとして，白亜紀の海洋の深さ h'_w と現代の海洋の深さ h_w の差を表す次式を導きなさい．但し，現代と白亜紀の海水準の差を Δ，地殻の厚さを現代も白亜紀も同じ h_c，海水，地殻，マントルの密度をそれぞれ ρ_w, ρ_c, ρ_m とします．

$$h'_w - h_w = \frac{\rho_m}{\rho_m - \rho_w}\Delta.$$

次に，海水準の差 Δ を 200 m とし，海水の密度 ρ_w とマントルの密度 ρ_m をそれぞれ 1000 kg/m^3 と 3300 kg/m^3 とすると，$h'_w - h_w$ は何 m か？

問題 3.3.3

アイソスタシーが常に成立する中で，図 3.20(a) のように厚さ t の地殻が水平方向に圧縮を受けると山脈が形成され，高さ h の地点の直下には厚さ d の根が形成されます．一方，伸長を受けると図の (b) のように薄くなった地殻の上に堆積物が堆積し堆積盆が形成されます．堆積盆の深さ h の地点の直下は厚さ d のマントルが流入します．

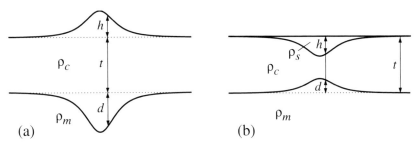

図 3.20　アイソスタシー成立下の，(a) 地殻の圧縮による山脈形成と (b) 地殻の伸長による堆積盆地の形成．

(1) 図の (a) で，山脈の高さ h の直下に形成される根の厚さ d が次式で表されることを示しなさい．但し，地殻とマントルの密度をそれぞれ ρ_c と ρ_m とします．また，$\rho_c = 2800$ kg/m^3，$\rho_m = 3300$ kg/m^3 として，高さ 5 km 地点直下の根の厚さを求めなさい．

$$d = \frac{\rho_c}{\rho_m - \rho_c}h.$$

(2) 図の (b) で，堆積盆の深さ h の直下に流入するマントルの厚さ d が次式で表されることを示しなさい．但し，堆積物の密度を ρ_s とします．また，$\rho_s = 2500$ kg/m^3 として，堆積盆の深さ 5 km の直下に流入したマントルの厚さを求めなさい．

$$d = \frac{\rho_c - \rho_s}{\rho_m - \rho_c}h.$$

問題 3.3.4

(1) 式 (3.10) で表されるレイリー数 Ra が無次元であることを確かめなさい．
(2) 上部マントルのレイリー数を，$\rho_0 = 4000$ kg/m^3，$g = 10$ m/s^2，$\alpha_v = 3\times10^{-5}$ K^{-1}，$T_1 - T_0 = 1500$ K，$b = 700$ km，$\mu = 10^{21}$ Pa s，$\kappa = 10^{-6}$ m^2/s として計算しなさい．さらに，$b = 2900$ km，$T_1 - T_0 = 3000$ K としてマントル全体での値も求めなさい．

問題 3.3 解説

問題 3.3.1 解説

補償面を氷期の沈んだ地殻の底面に取ると，補償面での圧力の均衡から，

$$\rho_g h_g + \rho_c h_c = \rho_c h_c + \rho_m \Delta$$

となり，次の 2 式を得ます．

$$h_g = \frac{\rho_m}{\rho_g} \Delta, \quad \Delta = \frac{\rho_g}{\rho_m} h_g.$$

(1) 1 番目の式より，

$$h_g = \frac{3300}{900} \times 300 = 1100 \text{ m}.$$

(2) 2 番目の式より，

$$\Delta = \frac{900}{3300} \times 2500 = 681.8 \text{ m}.$$

約 680 m 隆起すると，南極大陸も特に異常ではない平均高度になります．

問題 3.3.2 解説

補償面を白亜紀の沈んだ地殻の底面に取り，現代の地殻の底の補償面からの高さを x とすると，次の高さについての明らかな関係が成立します．

$$\Delta + h_w + h_c + x = h'_w + h_c.$$

これより，

$$x = h'_w - h_w - \Delta.$$

補償面での圧力を等しいとおいて，

$$\rho_w h_w + \rho_c h_c + \rho_m x = \rho_w h'_w + \rho_c h_c.$$

これに上の x を代入して変形します．

$$\rho_w h_w + \rho_m (h'_w - h_w - \Delta) = \rho_w h'_w,$$
$$\rho_m (h'_w - h_w) - \rho_m \Delta = \rho_w (h'_w - h_w),$$
$$(\rho_m - \rho_w)(h'_w - h_w) = \rho_m \Delta.$$

よって，

$$h'_w - h_w = \frac{\rho_m}{\rho_m - \rho_w} \Delta.$$

この式に，$\Delta = 200$ m, $\rho_w = 1000$ kg/m^3, $\rho_m = 3300$ kg/m^3 を代入して，

$$h'_w - h_w = \frac{3300}{3300 - 1000} \times 200 = 287 \text{ m}.$$

問題 3.3.3 解説

(1) 補償面を高さ h の直下の根の底に取り，補償面での圧力一定の式を変形します．

$$\rho_c(h + t + d) = \rho_c t + \rho_m d,$$
$$\rho_c h = \rho_m d - \rho_c d,$$
$$d = \frac{\rho_c}{\rho_m - \rho_c} h.$$

計算結果は，$d = 28\mathrm{km}$ で，根は高さに比較してかなり深くなります．

(2) 補償面を伸長前の地殻の底に取り，補償面での圧力一定の式を変形します．

$$\rho_s h + \rho_c(t - h - d) + \rho_m d = \rho_c t,$$
$$(\rho_m - \rho_c)d = (\rho_c - \rho_s)h,$$
$$d = \frac{\rho_c - \rho_s}{\rho_m - \rho_c} h.$$

計算結果は，$d = 3\mathrm{km}$ です．

問題 3.3.4 解説

(1) 式 (3.10) の各パラメータの単位を以下に分数で表示します（正規表現は，例えば $\mathrm{kg/m^3}$ または $\mathrm{kg\ m^{-3}}$）．

$$\rho_0 : \frac{\mathrm{kg}}{\mathrm{m^3}}, \quad g : \frac{\mathrm{m}}{\mathrm{s^2}}, \quad \alpha_v : \frac{1}{\mathrm{K}}, \quad T_1 - T_0 : \mathrm{K}, \quad b^3 : \mathrm{m^3},$$
$$\mu : \mathrm{Pa\,s} = \frac{\mathrm{N}}{\mathrm{m^2}} \cdot \mathrm{s} = \frac{\mathrm{kg\,m}}{\mathrm{s^2}} \cdot \frac{\mathrm{s}}{\mathrm{m^2}} = \frac{\mathrm{kg}}{\mathrm{m\,s}},$$
$$\kappa = \frac{k}{\rho c} : \frac{\mathrm{W}}{\mathrm{m\,K}} \cdot \frac{\mathrm{m^3}}{\mathrm{kg}} \cdot \frac{\mathrm{kg\,K}}{\mathrm{J}} = \frac{\mathrm{J}}{\mathrm{s}} \cdot \frac{1}{\mathrm{m\,K}} \cdot \frac{\mathrm{m^3}}{\mathrm{kg}} \cdot \frac{\mathrm{kg\,K}}{\mathrm{J}} = \frac{\mathrm{m^2}}{\mathrm{s}}.$$

これらを使用して式 (3.10) の単位は無次元であることが確認できます．

$$Ra : \frac{\mathrm{kg}}{\mathrm{m^3}} \cdot \frac{\mathrm{m}}{\mathrm{s^2}} \cdot \frac{1}{\mathrm{K}} \cdot \mathrm{K} \cdot \mathrm{m^3} \cdot \frac{\mathrm{m\,s}}{\mathrm{kg}} \cdot \frac{\mathrm{s}}{\mathrm{m^2}} = 1.$$

(2) 上部マントルについては，$Ra = 6.2 \times 10^5$，マントル全体では $Ra = 8.8 \times 10^7$ となり，マントルは対流していると考えられます．

3.4　自転とコリオリ力

3.4.1　フーコーの振り子

　地球の自転の証拠として，振り子の振動面が地面に対して回転することが 19 世紀にフーコーにより示されました．振子の振動面が回転する原理は，地面が自転軸の回りに回転する北極や南極では容易に理解できますが，極以外の地点では自明ではありません．一般的な説明は図 3.21(a) のように，ある緯度線で地球に接する円錐を考え，その円錐を (b) のように平面に展開すると，扇型の弧に対する中心角がその緯度の地面が 1 日で回転した角度になることです [大金 1994]．よって，緯度 ϕ の地面の角速度 ω' は地球の自転の角速度 ω に弧の長さと円の全周

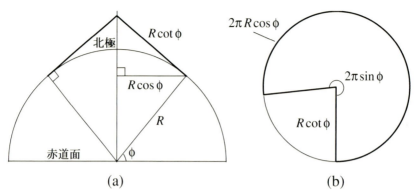

図 3.21　(a) 緯度 ϕ に接する円錐と (b) 展開した扇型 ([大金 1994, 図 3-3] を基に作図).

との比を掛けて次式で表され，振動面の回転速度は緯度が低いほど遅く，赤道ではゼロです．

$$\omega' = \omega \times \frac{2\pi R \cos\phi}{2\pi R \cot\phi} = \omega \sin\phi.$$

3.4.2　角速度ベクトル

物理学では回転の角速度をベクトルとして定義します．角速度ベクトル ω は大きさが ω で，向きが右ねじの回転で進む方向に取ったベクトルです．1 つの角速度ベクトルを成分に分解したり，幾つかの角速度ベクトルを合成することもでき，回転運動の記述に便利です．ここでは，地面の鉛直線の回りの回転を角速度ベクトルを使用して考えます．

図 3.22 のように，地球の自転の角速度ベクトル ω を緯度 ϕ の地点 P の方向の成分 ω_1 とそれに直角な成分 ω_2 に分解します．すると，地点 P での水平面（地面）の回転の角速度ベクトルは ω_1 ですので，その大きさは次式で表され，円錐による方法と同じ結果が得られました．

$$\omega_1 = \omega \sin\phi.$$

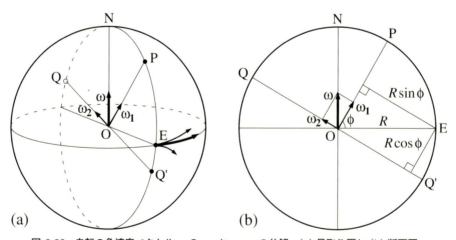

図 3.22　自転の角速度ベクトル ω の ω_1 と ω_2 への分解．(a) 見取り図と (b) 断面図．

このように角速度ベクトルは分解や合成が可能であることは，無限小回転ベクトルの概念から導かれます（7.3 節）．ここでは，直感的説明として赤道上の地点 E の動く方向と速度について図に基づいて考えます [原島 1969, 3 章]．図 3.22(a) で，ベクトル ω から地球半径 R の距離にある点 E の運動方向は太い矢印で示した赤道に沿う東向きで，速度は次式となります．

$$\omega R.$$

一方，角速度ベクトルを ω_1 と ω_2 に分けた場合は，図の 2 つの細い矢印線で示した運動が重なります．点 E の ω_1 による運動は P を中心とし E に接する小円で示され反時計回りです．点 E の ω_2 による運動は Q を中心とする小円で示され時計回りです．それらの速度の向きは赤道との接線ですのでいずれも赤道に沿って東向きです．図 3.22(b) から，点 E から ω_1 と ω_2 へ下ろした垂線の距離はそれぞれ，$R\sin\phi$ と $R\cos\phi$ ですので，合成した速度は東向きに，

$$\omega_1 R\sin\phi + \omega_2 R\cos\phi = \omega R\sin^2\phi + \omega R\cos^2\phi = \omega R$$

となり，自転の角速度ベクトル ω による回転速度と同じ結果となります．

北極点 N の速度がゼロであることも同様に示されます．点 N の ω_1 による P の回りの回転速度は，図 3.22(b) で紙面上向きを正として，

$$\omega_1 R\cos\phi = \omega R\sin\phi\cos\phi$$

と表され，ω_2 による Q の回りの回転速度は紙面に下向きで，

$$-\omega_2 R\sin\phi = -\omega R\cos\phi\sin\phi$$

ですので，両者を加えるとゼロとなります．

3.4.3　回転座標系での見かけの力

静止座標系で，位置ベクトル r に位置する質量 m の質点に力 F が作用すると質点は次のニュートンの運動方程式に従って加速度を得ます．

$$m\frac{d^2}{dt^2}r = F. \tag{3.11}$$

この現象を一定の角速度 ω で回転する回転座標系で見ると，見かけの力が加わった運動方程式となります．その導出を [木村 1983, 2 章] を基にして，以下にまとめます（2 次元座標系の回転行列に基づく導出は付録 B.1 を参照）．

図 3.23 のように，静止座標系 x-y-z の x-y 平面上の点 P(r) にある質点が微小時間 Δt の間に微小距離 Δr 離れた点 Q($r + \Delta r$) へ移動したとします．これを原点 O の回りに角速度 ω で回転する回転座標系 x'-y' からはどう見えるかを考えます．いま，点 P が Δt の間に O の回りに角度 $\omega\Delta t$ 回転した点を P$'$ とします．すると，質点は回転座標系では P$'$ から Q へ移動したように見えるはずです．この微小の距離を $\langle\Delta r\rangle$ で表します．ここに，$\langle\ \rangle$ は回転座標系で定義される量を表します．距離 PP$'$ は $\omega\Delta t\, r$ ですが，角速度ベクトル $\omega = (0, 0, \omega)$ を用いると，ベクトル積 $\omega \times r\Delta t$ で表せますので，次の関係式が得られます．

$$\Delta r = \langle\Delta r\rangle + \omega \times r\Delta t.$$

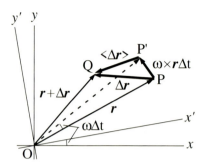

図 3.23　静止系と回転系での微小時間の位置ベクトルの変化 ([木村 1983, 図 2.1] を基に作図).

さらに，$\Delta t \to 0$ として微分で表すと次式となります．

$$\frac{d}{dt}\boldsymbol{r} = \left\langle \frac{d}{dt} \right\rangle \boldsymbol{r} + \boldsymbol{\omega} \times \boldsymbol{r}. \tag{3.12}$$

実は，式 (3.12) に含まれる次の関係式は静止系と回転系との間の時間微分の変換を表す演算子であり，任意のベクトルに適用できることが示されています．

$$\frac{d}{dt} = \left\langle \frac{d}{dt} \right\rangle + \boldsymbol{\omega} \times . \tag{3.13}$$

そこで，この演算子を式 (3.12) の $\frac{d}{dt}\boldsymbol{r}$ 自身に適用して，

$$\frac{d}{dt}\frac{d}{dt}\boldsymbol{r} = \left\langle \frac{d}{dt} \right\rangle \frac{d}{dt}\boldsymbol{r} + \boldsymbol{\omega} \times \frac{d}{dt}\boldsymbol{r} = \left\langle \frac{d}{dt} \right\rangle \left(\left\langle \frac{d}{dt} \right\rangle \boldsymbol{r} + \boldsymbol{\omega} \times \boldsymbol{r} \right) + \boldsymbol{\omega} \times \left(\left\langle \frac{d}{dt} \right\rangle \boldsymbol{r} + \boldsymbol{\omega} \times \boldsymbol{r} \right)$$
$$= \left\langle \frac{d^2}{dt^2} \right\rangle \boldsymbol{r} + 2\boldsymbol{\omega} \times \left\langle \frac{d}{dt} \right\rangle \boldsymbol{r} + \boldsymbol{\omega} \times (\boldsymbol{\omega} \times \boldsymbol{r}).$$

この式の両辺に質点の質量 m を掛けて式 (3.11) を代入すると，

$$\boldsymbol{F} = m\left\langle \frac{d^2}{dt^2} \right\rangle \boldsymbol{r} + 2m\boldsymbol{\omega} \times \left\langle \frac{d}{dt} \right\rangle \boldsymbol{r} + m\boldsymbol{\omega} \times (\boldsymbol{\omega} \times \boldsymbol{r})$$

となり，回転座標系における加速度の項を左辺に移行して整理すると次式となります．

$$m\left\langle \frac{d^2}{dt^2} \right\rangle \boldsymbol{r} = \boldsymbol{F} - 2m\boldsymbol{\omega} \times \left\langle \frac{d}{dt} \right\rangle \boldsymbol{r} - m\boldsymbol{\omega} \times (\boldsymbol{\omega} \times \boldsymbol{r}).$$

そこで，今後は回転座標系だけで考えることにすれば，記号 $\langle \rangle$ は取り去り，速度 v と加速度 a の表記を使用して，回転座標系における次の運動方程式を得ます．

$$m\boldsymbol{a} = \boldsymbol{F} - 2m\boldsymbol{\omega} \times \boldsymbol{v} - m\boldsymbol{\omega} \times (\boldsymbol{\omega} \times \boldsymbol{r}). \tag{3.14}$$

この式の導出には 2 次元の平面を仮定したのですが，地球の自転のような 3 次元の場合にも成立することが示されています．式 (3.14) の右辺の第 2 項と第 3 項はそれぞれコリオリ力（転向力）と遠心力です．これらの見かけの力は慣性力とよばれますが，回転座標系上の観測者には実際に働く力です．第 3 項の遠心力が回転中心からの距離に依存するのに対して，第 2 項のコリオリ力は速度に依存します．そのため，コリオリ力は同じ速度ベクトルであれば回転中心からの距離にかかわらず同じ力として働きます．

ここで注意すべき点としては，地球上で運動する物体に働くコリオリ力は通常は水平方向に働く力と鉛直方向に働く力からなることです．コリオリ力の水平成分はフーコーの振り子の原因ですが，鉛直成分は3.2節の問題3.2.3で考察したエトベス効果の原因です．

3.4.4 地衡風と傾度風

コリオリ力の鉛直成分は重力に比べて大変小さいため，気象学や海洋学では水平成分だけに着目します．そのため，一般にコリオリ力は北半球では運動方向に直角右向きに，南半球では直角左向きに働くと表現されます．ここでは，気象学の入門として空気塊に働く気圧傾度力とコリオリ力について，簡単なモデルで考察します [播磨屋ほか 1993, III 章]．

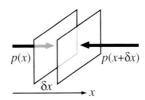

図 3.24 空気塊に働く気圧と気圧傾度力．

空気の流れは空気の塊に力が働くことで発生しますが，その力は気圧の差による気圧傾度力です．図 3.24 は微小距離 δx 離れた単位面積の面で囲まれた空気塊に働く圧力 $p(x)$ と $p(x+\delta x)$ を示します．空気塊に働く力は次式で近似されます．

$$p(x+\delta x) - p(x) = \frac{dp}{dx}\delta x.$$

これを空気塊の体積に空気の密度を掛けた量 $\rho \times \delta x$ で割ると単位質量当たりの力となります．この力は dp/dx が正で x の負の向きに働くので負記号を付けた次式が気圧傾度力です．

$$-\frac{1}{\rho}\frac{dp}{dx}. \tag{3.15}$$

また，式 (3.15) の気圧傾度力は単位質量当たりの力ですので加速度の単位です．

北半球中緯度では，静止していた空気塊に気圧傾度力が働くと空気塊は加速度を得て高圧側から低圧側に向けて動き出します．すると，コリオリ力が進行方向右側に働き空気塊の動きは次第に右方向に曲げられます．上空で地面からの摩擦力が無視できる場合は，図 3.25 のようにある速度で気圧傾度力とコリオリ力がつり合う定常状態になり，等圧線に平行な風となります．これを地衡風といいます．

ここで，自転の角速度ベクトル ω の緯度 ϕ での鉛直成分 $\omega \sin\phi$（図 3.22 の ω_1）を用いて次のコリオリ因子とよばれるパラメータ f を定義します．

$$f = 2\omega \sin\phi. \tag{3.16}$$

これを用いると，速度 v の単位質量の空気塊に働くコリオリ力は fv ですので，空気塊に働く力のつり合いは次式となります．

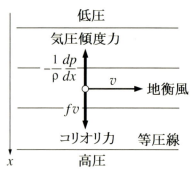

図 3.25 北半球における地衡風の発生.

$$-\frac{1}{\rho}\frac{dp}{dx} + fv = 0.$$

これより地衡風の速度 v は次式で表されます.

$$v = \frac{1}{\rho f}\frac{dp}{dx}. \tag{3.17}$$

次に北半球中緯度の軸対称な低気圧と高気圧で,摩擦力が無視できる場合の空気の運動について考えます.どちらの場合も図 3.26 のように,定常状態では等圧線に沿った円運動となり,この風を傾度風といいます.

図 3.26(a) の低気圧では,中心から距離 r の地点でコリオリ力 fv と遠心力 $\frac{v^2}{r}$ の和が気圧傾度力 $-\frac{1}{\rho}\frac{dp}{dr}$ とつり合うことになります.よって,つり合いの式は次のようになります.

$$-\frac{1}{\rho}\frac{dp}{dr} + fv + \frac{v^2}{r} = 0. \tag{3.18}$$

図 3.26(b) の高気圧では,気圧傾度力 $-\frac{1}{\rho}\frac{dp}{dr}$ と遠心力 $\frac{v^2}{r}$ の和がコリオリ力 fv とつり合います.高気圧では気圧傾度は負 $(\frac{dp}{dr} < 0)$ ですので気圧傾度力 $-\frac{1}{\rho}\frac{dp}{dr}$ は正で図で右向きです.コリオリ力は図で左向きですので負 $(fv < 0)$ です.そこで,v の符号を反時計回りと時計回りをそれぞれ正と負と決めれば方程式 (3.18) は高気圧の傾度風についても成立することになります.

そこで,方程式 (3.18) を v について解くと,

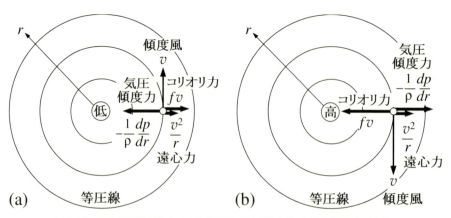

図 3.26 北半球の軸対称な (a) 低気圧と (b) 高気圧における傾度風の発生.

$$v = \frac{1}{2}\left(-rf \pm \sqrt{(rf)^2 + \frac{4r}{\rho}\frac{dp}{dr}}\right) \tag{3.19}$$

となりますが，実数解の条件から次式が成立する必要があります．

$$rf^2 \geq -\frac{4}{\rho}\frac{dp}{dr}. \tag{3.20}$$

低気圧では気圧傾度は正 $\left(\frac{dp}{dr} > 0\right)$ ですので，式 (3.20) は右辺が負のため常に成立します．しかし高気圧では右辺が正となり，$\left|\frac{dp}{dr}\right|$ の大きさに r に応じた一定の制限があります．そのため，低気圧では台風のような等圧線の密な大きな気圧傾度が実現しますが，高気圧では一般に等圧線は粗で気圧傾度は小さくなります．

問題 3.4

問題 3.4.1

北半球で働くコリオリ力についての次の問いに答えなさい．

(1) 東向きに時速 100 km で走る車内にいる重さ 50 kg の人に働くコリオリ力の大きさと方向を求めなさい．

(2) 問 (1) で緯度を 30°N とするとき，コリオリ力の水平成分の大きさと方向を求めなさい．

問題 3.4.2

以下，大気の密度を $\rho = 1.2$ kg/m^3，地球の自転角速度を $\omega = 7.3 \times 10^{-5}$ s^{-1} として，北緯 30° における地衡風と傾度風に関する問いに答えなさい．

(1) 地衡風の風速が $v = 10$ m/s のとき，気圧傾度は 100 km 当たり何 hPa[3]か？

(2) 低気圧の中心より半径が $r = 500$ km の地点で $v = 10$ m/s の傾度風を生じる気圧傾度は 100 km 当たり何 hPa か？

(3) 高気圧の場合は，前の問 (2) と同条件で気圧傾度はいくらになるか？

(4) 台風の中心から半径が $r = 100$ km で気圧傾度が 100 km 当たり 20 hPa のとき，風速はいくらか？

(5) 竜巻の中心から半径が $r = 100$ m で風速が $v = 20$ m/s のとき，遠心力とコリオリ力の大きさを比較しなさい．

(6) 高気圧の中心から半径が $r = 500$ km で生じ得る最大の気圧傾度と風速はいくらか？

問題 3.4.3

亜熱帯の高圧帯から赤道に向けて海面近くを吹く貿易風のモデルを考えます．海面からの摩擦力が気圧傾度力の 1/2 になった時点で，気圧傾度力，摩擦力，コリオリ力の 3 つの力がつり合い，安定状態に達したと仮定します．図 3.27 の白丸で示した空気塊に働く力のつり合いを風の向きとともに図示しなさい．

3 　 1 hPa = 10^2 Pa，付録 A.1 参照．

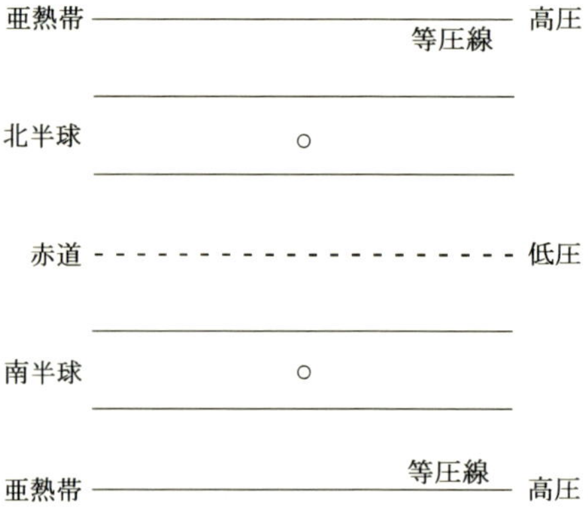

図 3.27 熱帯–亜熱帯での貿易風の発生モデル（解答記入用）.

問題 3.4.4

北半球中緯度の地上付近で摩擦力がある場合，軸対称な低気圧や高気圧の回りの風はどの向きに吹くことになるか図で説明しなさい．但し，摩擦力が気圧傾度力の 1/2 になった時点で力のつり合いに達したとします．

問題 3.4 解説

問題 3.4.1 解説

(1) 質量 m の物体が東向きに走っている様子を，北極側から見た場合を図 3.28(a) に，子午面による断面を (b) に示します．図で，$\odot$ と $\otimes$ はそれぞれベクトルの先端と後端を表します．ベクトル積 $\omega \times v$ は ω から v へ向かって右ねじを回した方向です．よって，負記号の付くコリオリ力 $-2m\omega \times v$ はその反対向きで図のようになります．その大きさは，

$$2m\omega v = 2 \times 50 \times \frac{2 \times 3.14}{24 \times 3600} \times \frac{1 \times 10^5}{3600} = 0.202 \text{ N}$$

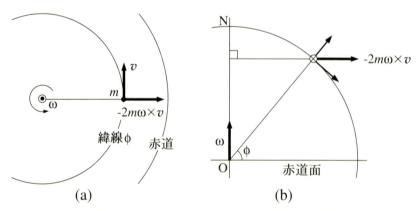

図 3.28 北半球で東に運動する質点に働くコリオリ力．(a) 北極側からの見取り図，(b) 子午面による断面図．

となり，1 kgf = 9.81 N として 20.6 gf です．向きは，緯度を ϕ として，子午面内で鉛直真上から角度 ϕ 南に傾いた方向となります．

(2) コリオリ力の水平成分は図から南向きでその大きさは，

$$2m\omega v \sin\phi = 0.202 \times \sin 30° = 0.101 \text{ N}.$$

これは 10.3 gf と小さな値ですが，コリオリ力はフーコーの振り子はもちろん，北半球の台風が左巻きになるなど，大気や海洋の現象に大きな影響を与えます．

補足：コリオリ力の局地座標系での表現

北半球中緯度でのコリオリ力が局地座標系でどう表現されるかを考えます．図 3.22 のように，自転の角速度ベクトル ω は考えている地点の鉛直線方向の成分 ω_1 と子午面内で ω_1 と直交する成分 ω_2 に分解することができ，それぞれの大きさは緯度 ϕ の地点で次式となります．

$$\omega_1 = \omega \sin\phi, \quad \omega_2 = \omega \cos\phi.$$

図 3.29 は，東向きに速度 v で運動する質点に働く，これらの角速度ベクトルで生じるコリオリ力の様子の局地座標系での見取り図です．この座標系では ω_1 は天頂を向いており，ω_2 は水平で北を向いています．そのため，図の東に運動する質点に働く ω_1 と ω_2 によるコリオリ力はそれぞれ南向きと天頂を向いた方向であることが分かります．

水平面内で任意の方向の速度ベクトル v については，v は ω_1 に常に直交します．そのため ω_1 によるコリオリ力は一定の大きさ $2m\omega v \sin\phi$ で，常に v に直角右向きであることが分かります．一方，ω_2 によるコリオリ力は v に東向き成分がある場合は上向き，南北成分だけの場合はゼロ，西向き成分がある場合は下向きであることも分かります．

以上のことから，ω_1 による水平方向のコリオリ力がフーコーの振り子の原因で，ω_2 による鉛直方向のコリオリ力が 3.2 節の問題 3.2.3 で扱ったエトベス効果の原因であることが分かります．測地学では，航行中の船舶などでの重力測定でこのエトベス効果の補正は重要です．しかし，コリオリ力の鉛直成分は重力に比べて大変小さいため，気象学や海洋学の分野では通常は鉛直成分は考慮せず水平成分だけに着目します．そのため，一般にコリオリ力は北半球では運動方向に直角右向きに，南半球では直角左向きに働くと表現されます．

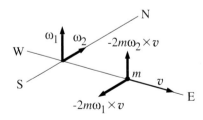

図 3.29　局地座標系での東に運動する質点に働くコリオリ力の水平成分と鉛直成分．

問題 3.4.2 解説

以下 $f = 2\omega \sin\phi = 7.3 \times 10^{-5}$ s^{-1} を使用．

(1) 式 (3.17) より，$\frac{dp}{dx} = 8.76 \times 10^{-4}$ Pa m^{-1} で，100 km 当たり 0.88 hPa です．

(2) 式 (3.18) より，$\frac{dp}{dr} = 1.12 \times 10^{-3}$ Pa m^{-1} で，100 km 当たり 1.1 hPa です．

(3) 式 (3.18) で $v = -10$ m/s として，$\frac{dp}{dr} = -6.36 \times 10^{-4}$ Pa m^{-1} です．一般的な表現では負記号は省略し，気圧傾度は 100 km 当たり 0.64 hPa となります．よって，高気圧では同じ風速が低気圧より小さい気圧傾度で生じます．

(4) 式 (3.19) より v は 37.34 m/s と -44.64 m/s の 2 つの解を得ますが，正の値を取り風速は 37.3 m/s です．負の解は時計回りの風の台風で，気圧傾度力とコリオリ力の和が遠心力とつり合う状態で原理的には可能です．しかし，気圧傾度がほぼゼロの状態からゆっくり増加して低気圧や台風が発生する過程で時計回りの傾度風は実現しないそうです．

(5) 遠心力 $\frac{v^2}{r}$ とコリオリ力 fv はそれぞれ次のような値となります．

$$\frac{v^2}{r} = 4 \text{ m/s}^2, \quad fv = 0.0015 \text{ m/s}^2.$$

コリオリ力は遠心力に対して無視できるほど小さい力です．そのため，竜巻の風が反時計回りか時計回りかは偶然によると考えられます．しかし，実際は時計回りも報告されているものの反時計回りが多いそうです．それは，竜巻は低気圧から発生するためのようです．

(6) 式 (3.20) の条件から $\left|\frac{dp}{dr}\right|$ の最大値は，

$$\left|\frac{dp}{dr}\right| = \frac{\rho r f^2}{4} = 7.99 \times 10^{-4} \text{ Pa/m}.$$

100 km 当たり 0.80 hPa で，その際の風速の最大値は式 (3.19) から，

$$|v| = \left|-\frac{rf}{2}\right| = 18.25 \text{ m/s}.$$

問題 3.4.3 解説

コリオリ力が働く方向は北半球では速度ベクトルに直角右向き，南半球では直角左向きであること，及び $\sin 30°$ が $1/2$ であることに留意して作図すると図 3.30 のようになります．貿易風の風向きは北半球側では東西方向から南へ 30°，南半球側では北へ 30° となります．

なお，北と南の亜熱帯から赤道の低圧帯に収束した空気塊は赤道で暖められ，積乱雲となって上昇し，上空を通って再び南北の亜熱帯へ戻ります．これをハドレー循環とよびます．

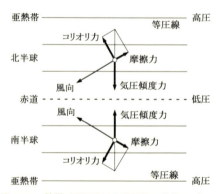

図 3.30　熱帯–亜熱帯での貿易風の発生モデル．

問題 3.4.4 解説

前問と同様に $\sin 30° = 1/2$ に留意して作図すると図 3.31 となります．注意する点としては遠心力の中心は低気圧や高気圧の中心からずれることです．そして，空気塊の力のつり合いは一瞬の状態を表しているだけです．空気塊は次の瞬間には低気圧では中心に向かって収束し，高気圧では外側に向けて広がっていきます．従って，低気圧の中心では上昇流が，高気圧の中心では下降流が発生します．それらの運動を解明するには高度な理論と計算機が必要と思われます．

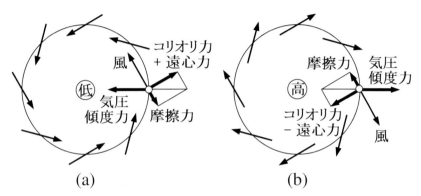

図 3.31　地上付近で摩擦力がある場合の (a) 低気圧と (b) 高気圧の風の向き．

3.5 重力ポテンシャルとジオイド

3.5.1 ベクトル場とポテンシャル

一般に，位置の関数で表される物理量を場といいます．特に，ベクトル f が位置の関数で表されるときは f をベクトル場といい，万有引力，電場，磁場などが考えられます．また，ベクトル場 f が位置の関数であるスカラー場 V の空間微分，

$$f = -\nabla V \tag{3.21}$$

で表されるとき，V を f のポテンシャルといいます．∇（ナブラ）は次の微分演算子です．

$$\nabla = \left(\frac{\partial}{\partial x}, \frac{\partial}{\partial y}, \frac{\partial}{\partial z}\right). \tag{3.22}$$

ポテンシャル V の値が一定となるような面を等ポテンシャル面といいます．ベクトル場 f は等ポテンシャル面に常に垂直となります．これは一般にスカラー場 ψ に ∇ を作用させて得られるベクトル $\nabla\psi$ は，ψ の最大勾配の方向を表すからです．そのため微分演算子 ∇ は勾配 (gradient) ともよばれ，$\nabla\psi$ は $\mathrm{grad}\,\psi$ とも記述します（付録 C.3）．

また，ベクトル場 f を位置 r_0 から r_1 まである経路に沿って積分するとき，積分結果は次のように r_0 と r_1 だけで決まり，経路に依存しないことが分かります．

$$\int_{r_0}^{r_1} f \cdot dr = \int_{r_0}^{r_1} -\nabla V \cdot dr = -\int_{r_0}^{r_1} \left(\frac{\partial V}{\partial x}dx + \frac{\partial V}{\partial y}dy + \frac{\partial V}{\partial z}dz\right) = -\int_{r_0}^{r_1} dV$$

$$= -V(\boldsymbol{r}_1) + V(\boldsymbol{r}_0). \tag{3.23}$$

式 (3.23) の左辺は f を力とすれば力がした仕事ですので，式 (3.23) はその仕事が経路にかかわらず最初と最後のポテンシャルの差だけで決まることを示します．そのため，ポテンシャルはポテンシャルエネルギーともいわれ，このようなベクトル場を保存ベクトル場といいます．

3.5.2　重力ポテンシャル

重力によるポテンシャルが重力ポテンシャルです．測地学では単位質量に働く重力加速度を重力と表現しますが，重力ポテンシャルも単位質量の物体の位置エネルギーと考えます．よって，重力ポテンシャルの空間微分は重力加速度です．また，測地学では式 (3.21) の空間微分に負記号を付けませんが（ポテンシャルも符号が逆ですので力は同じです），ここでは通常の表記の式 (3.21) を使用します．

地表付近の重力ポテンシャルについて考えると，重力加速度は一定の g で鉛直下向きですので，1 次元の問題となります．そこで，z 軸を地表から上向きに取ると，質量 m の質点の位置エネルギーは mgz です（1.3 節）．よって，この場合の重力ポテンシャル V と重力加速度ベクトル $\boldsymbol{g}$ の z 成分 g_z は次の通りです．

$$V = gz, \quad g_z = -\frac{dV}{dz} = -g.$$

地球規模の重力加速度については，地球の中心を原点とし，考えている地点の鉛直上向きに r 軸を取れば 1 次元として扱えます．付録 A.3 より質量 m の質点の位置エネルギーは，万有引力定数 G と地球の質量 M で $-\frac{GMm}{r}$ と表されます．よって，重力ポテンシャル V と重力加速度 $\boldsymbol{g}$ の r 成分 g_r は次のようになります．

$$V = -\frac{GM}{r}, \quad g_r = -\frac{dV}{dr} = -\frac{GM}{r^2}.$$

一方，遠心力にもポテンシャルがあります．単位質量の質点が半径 l の円軌道を角速度 ω で回転しているときの遠心力は外向きに $\omega^2 l$ です．遠心力のポテンシャルは，遠心力に抗する力 $-\omega^2 l$ を中心から半径まで $\int_0^l -\omega^2 l dl$ のように積分して得られます．よって，遠心力のポテンシャル V と遠心力による加速度 $\boldsymbol{a}$ の外向き成分 a は次式で表されます．

$$V = -\frac{1}{2}\omega^2 l^2, \quad a = -\frac{dV}{dl} = \omega^2 l.$$

地球の重力は引力と自転の遠心力の合力ですので，重力ポテンシャルはそれらのポテンシャルの和で表せます．経度方向の力はないので，2 次元球座標 r, θ で考えて重力ポテンシャルは次式で表せます．但し，r は地球中心からの距離，θ は余緯度で子午面内で北極からの角度です．

$$V = -\frac{GM}{r} - \frac{1}{2}\omega^2 r^2 \sin^2\theta. \tag{3.24}$$

球座標では，$\nabla = \left(\frac{\partial}{\partial r}, \frac{1}{r}\frac{\partial}{\partial\theta}\right)$ ですので（付録 C.2），重力加速度の r 成分と θ 成分は，

$$g_r = -\frac{\partial V}{\partial r} = -\frac{GM}{r^2} + \omega^2 r \sin^2\theta, \tag{3.25}$$

$$g_\theta = -\frac{1}{r}\frac{\partial V}{\partial\theta} = \omega^2 r \sin\theta\cos\theta. \tag{3.26}$$

ここで注意すべき点は，重力加速度 g は式 (3.26) による子午線に沿う南向き成分を含むことです．そのため，例えば海水が赤道の方へ流れて，海洋は赤道で深く極で浅くなるはずです．実際の地球がこれと異なるのは地球の形が球ではなく，回転楕円体に近いからです．

3.5.3 ジオイド

地球の形を球とすると，式 (3.25) と (3.26) により重力加速度は地表に垂直ではなく，地表は水平面ではありません．これは自転する球の表面は等ポテンシャル面ではないためです．重力理論によると，地球の自転角速度で回転する楕円体をその扁平率，密度，慣性モーメントなどを地球に適合するよう定めることで，その表面を等ポテンシャル面とすることができます．このようにして地球の形と重力ポテンシャルを近似するよう定めた回転楕円体を地球楕円体といいます．測地基準系 1980 (Geodetic Reference System 1980, GRS80) による地球楕円体の主なパラメータは付録 A.1 にあります．なお，世界測地系 1984 (World Geodetic System 1984, WGS84) は GPS 測位で使用される位置の基準系ですが，WGS84 楕円体と GRS80 楕円体は実用上同じと考えてよいそうです．

地球楕円体より実際の地球の形に近いと考えられる重力の等ポテンシャル面は平均海水面です．海面は水平面であり，重力は海面に垂直です．そこで，平均海水面，及び陸上では仮想的な海面をジオイドといい，標高の基準としました．ジオイドは地球楕円体とは通常 30–50 m 程度ずれがあり，図 3.32 にジオイド，地球楕円体，標高などの関係を示します．P 点の標高とは P からジオイドへ下ろした垂線の距離 PG′ です．標高 PG′ は海面を起点とし，水準測量で測定した多数の地点間の比高の和として決定します．また，P 点から地球楕円体へ下ろした垂線の距離 PE を P 点の楕円体高といいます．楕円体高 PE は衛星測位で決定することができます．

一方，図の距離 GE を P 点におけるジオイド高といいます．衛星測位が実用化される以前は，ジオイド高の決定は後述の重力異常のデータから数値計算で決定していました．衛星測位を用いれば，ジオイド高は測定した楕円体高から標高を引けば求まります．現在では各地のジオイド高のデータが得られています．一般の GPS 機器で標高 PG′ が求まるのは，各地のジオイド高 GE の情報が入力されていて，PG′ ≈ PE − GE を計算して表示するためです．但し，図は誇張して描いてますが，PG′ と PE は僅かですが傾きの偏差があり（鉛直線偏差，垂直線偏差），高精度の測量ではその情報も必要になります．

ジオイドは地球楕円体と異なり最大 100 m 程度の起伏があり，図 3.33 に全球重力モデル

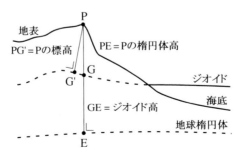

図 3.32　地球楕円体とジオイドや地表の標高（[田部井ほか 2015, 図 9] を基に作図）．

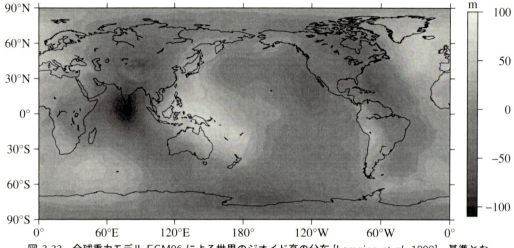

図 3.33　全球重力モデル EGM96 による世界のジオイド高の分布 [Lemoine et al. 1998]．基準となる地球楕円体は世界測地系 WGS84 です．

EGM96 [Lemoine et al. 1998] による世界のジオイド高の分布を示します．ジオイド高の最高値はニューギニア付近の 85 m，最低値はインドの南の −107 m です．ジオイドの起伏は小さなスケールでは表面の地形や内部の密度の不均質などが原因で，例えばプレート境界に位置する日本列島で海溝や山脈との相関があります．しかし，インド南の領域など，大きなスケールの起伏はマントル深部や核の密度不均一が原因と考えられています．ここで注意すべき点は，インドの南の −100 m 以上の深い窪みを船が航行すると 100 m 降下し再び 100 m 上昇しますが，その間に重力エネルギーの出入りはないことです．また，降りる途中で船が停止しても船が落ちて行くことはありません．ジオイドは起伏があっても等ポテンシャル面，即ち水平面だからです．なお，等ポテンシャル面では重力の大きさは必ずしも等しくないことも注意が必要です．

3.5.4　重力補正と重力異常

重力異常の原理については 3.2 節で扱いましたが，ここでは異なる地点での重力測定値を統一的に比較する方法について説明します．

基準となる重力値は等ポテンシャル面の 1 つである地球楕円体上の重力で，これを正規重力といい γ で表します．この回転楕円体上の重力を測地緯度 φ の関数として与える式は高度な理論から導かれますが，参考のために示すと次式となります．

$$\gamma = \frac{a\gamma_e \cos^2\varphi + b\gamma_p \sin^2\varphi}{\sqrt{a^2\cos^2\varphi + b^2\sin^2\varphi}}.$$

ここに，a と b は赤道半径と極半径，γ_e と γ_p は赤道と極の正規重力値です（付録 A.1）．

地表で測定された重力値 g をジオイド上の値 g_0 に変換することを重力補正といい，次式で定義される補正後の重力値 g_0 と正規重力 γ との差 Δg を重力異常といいます．

$$\Delta g = g_0 - \gamma. \tag{3.27}$$

重力異常は測定地域の質量の標準からの過不足を表しますが，注意点としては式 (3.27) は高さ

がジオイド高だけ異なる重力値の差を表すことです．それは衛星測位が実用化する以前は，ジオイド高は水準や重力測量からは測定できず，ジオイド上の正規重力も未知数だったからです．現在はジオイド高のデータベースもありますが，重力異常は式 (3.27) で定義されます．

　重力の測定値をジオイド上の値に変換する重力補正の方法にはフリーエア補正，ブーゲー補正，地形補正があり，以下の説明は陸上の測定点を想定しています．

　フリーエア補正は測定点のジオイドからの高さによる重力値の減少を補正します．重力の高さ h による減少は R を地球半径として $-2gh/R$ です（問題 3.2.2）．これを補正した重力異常をフリーエア異常 Δg_F といいます．補正値の見積もりには緯度の違いは考慮せず万有引力だけを考慮し，$+3.086 \times 10^{-6}h$ m/s^2 で，Δg_F は m/s^2 の単位で次式となります．

$$\Delta g_F = g + 2gh/R - \gamma = g + 3.086 \times 10^{-6}h - \gamma. \tag{3.28}$$

　ブーゲー補正は高さ h の測定点とジオイド間の質量による重力の増加を，厚さ h の無限に広い平板の引力で補正します．この補正の引力は物質の密度 ρ と万有引力定数 G で $2\pi G\rho h$ です（問題 3.5.4）．ρ は一律に 2670 kg/m^3 とし，補正は $-1.119 \times 10^{-6}h$ m/s^2 となります．

　地形補正は測定点周辺の凹凸による影響を計算機で計算して補正します．地形はへこみも高まりも測定値には負に作用します．そのため地形補正は常に正で，単位密度の地形による補正値を T として ρT と表します．

　これらの全ての補正を重力の実測値に適用した異常をブーゲー異常 Δg_B といい，m/s^2 の単位で次式で表されます．

$$\Delta g_B = g + 2gh/R - 2\pi G\rho h + \rho T - \gamma = g + (3.086 - 1.119) \times 10^{-6}h + \rho T - \gamma. \tag{3.29}$$

3.5.5 　フリーエア異常・ブーゲー異常と地下構造

　フリーエア異常 Δg_F とブーゲー異常 Δg_B の地下構造との関連を図 3.34 の模式図に示します．(a) と (b) は地下に正の密度異常がある地域で，横のスケールが数 km–数十 km を想定しています．(a) はバルーンなどで重力の空中測量を実施した結果です．測線とジオイドの間には何もないので，フリーエア異常もブーゲー異常も地下の密度異常だけを反映する同じ結果となります．(b) は (a) の測線と同じ形の丘の上を徒歩などで測量した結果です．ジオイドより上の質量による引力はフリーエア異常では補正されず，ブーゲー異常では補正されます．その結果，一般にフリーエア異常はブーゲー異常よりも大きな値を示します．また，地下の密度異常はフリーエア異常では明瞭には認識できなくなります．

　図の (c) と (d) は横のスケールが数百 km 以上で，山体上での地上重力測定を想定しています．(c) ではアイソスタシーは成立していませんが，(d) ではマントルに山体の根がありアイソスタシーが成立しています．(c) では，フリーエア異常には山体による引力が補正されず，ブーゲー異常では補正されます．そのため前者では山の高さに応じた測定結果となり，後者では異常はゼロとなります．(d) では，山体の根の部分は密度がマントルよりも小さいために，その引力は測定される重力に負に作用します．そして，力学的につり合う山体上部の引力と打ち消し合い，フリーエア異常はゼロとなります．ブーゲー異常では，ジオイドより上の山体の引力が補正され，根の部分による負の重力異常が残ります．

　一般に，フリーエア異常はアイソスタシーからのずれを反映し，ブーゲー異常は地下構造を反

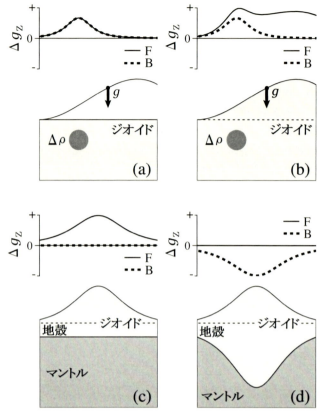

図 3.34 フリーエア異常（実線，F）とブーゲー異常（点線，B）の地下構造との関連の模式図．(a) 空中測量と (b) 地上測量は横のスケールが数 km–数十 km を想定．(c) アイソスタシー不成立と (d) 成立はスケール数百 km 以上，山体上の重力測定を想定．

映します．ブーゲー異常は地下の鉱床，断層，褶曲などの探査に利用されます．しかし，例えば日本列島とプレートの沈み込みなど，広い範囲の研究にはフリーエア異常も重要な情報となり，ブーゲー異常と併せて利用されます．

問題 3.5

問題 3.5.1

17 世紀にホイヘンスは地球の全質量がその中心に集中していると仮定し[4]，地球の扁平率として 1/578 を得ました．これを重力ポテンシャルから求めます．

図 3.35 のように，地球を角速度 ω で自転する密度一様で質量 M の回転楕円体とします．全質量が回転楕円体の中心に集中しているとすると，地球中心からの距離を r として，重力ポテンシャル V は式 (3.24) を緯度 ϕ で表して次式となります．

---

[4] この仮定は球では成立しますが回転楕円体には適用できません．より高い近似による方法は付録 B.2 にあります．

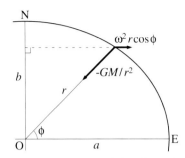

図 3.35 全質量が中心に集中した回転楕円体の万有引力と遠心力.

$$V = -\frac{GM}{r} - \frac{1}{2}\omega^2 r^2 \cos^2\phi.$$

(1) 重力ポテンシャルを極 N と赤道 E で等しいとして，次の扁平率を導きなさい．但し，ρ は回転楕円体の密度です．また，回転楕円体の体積は $4\pi a^2 b/3$ です．

$$f = 1 - \frac{b}{a} = \frac{3\omega^2}{8\pi G \rho}.$$

(2) 次の定数の値を用いて地球の扁平率を求めなさい．

$$G = 6.674 \times 10^{-11} \text{ m}^3 \text{ kg}^{-1} \text{ s}^{-2}, \quad \omega = 7.292 \times 10^{-5} \text{ s}^{-1}, \quad \rho = 5500 \text{ kg/m}^3.$$

問題 3.5.2

球による引力は球の中心に全質量が集中した質点による引力と同等です．これを図 3.36 のように，球の内部の微小部分の質量 dm が中心から距離 r の点 P に位置する質点に及ぼす力を球全体で積分することで導きます．但し，点 P は球の外部で，質点は単位質量とします．

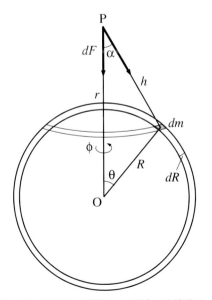

図 3.36 球の微小質量による引力の体積積分.

第3章 測地と重力

dm による力を PO 方向の成分 dF と，それに直交する成分に分けると，後者は PO の回りの対称性から積分するとゼロですので，前者のみを考えます．万有引力定数を G，球の密度を ρ とし，各変数を図のように取り，dm の体積 $dR \times Rd\theta \times R\sin\theta d\phi$ を考慮して，

$$dF = \frac{G}{h^2}\cos\alpha\, dm = \frac{G}{h^2}\cos\alpha\rho R^2\sin\theta dRd\theta d\phi.$$

これを球の半径を a として積分し，球の質量を M として F を与える式を導きなさい．但し，次の関係式を利用し，途中で θ の積分は h による積分に変換します．

$$\cos\alpha = \frac{h^2 + r^2 - R^2}{2rh},$$
$$h = \sqrt{r^2 + R^2 - 2rR\cos\theta},$$
$$dh = \frac{rR\sin\theta}{\sqrt{r^2 + R^2 - 2rR\cos\theta}}d\theta = rR\frac{\sin\theta}{h}d\theta.$$

問題 3.5.3

前問と同じ球による引力をポテンシャルから導きます．微小部分の質量 dm による点 P のポテンシャル dV を球全体で積分し，球によるポテンシャル V を求めます．

$$dV = -\frac{G}{h}dm = -\frac{G}{h}\rho R^2\sin\theta dRd\theta d\phi.$$

積分では，$h = \sqrt{r^2 + R^2 - 2rR\cos\theta}$ を微分して得られる，

$$\frac{1}{rR}dh = \frac{\sin\theta}{h}d\theta$$

を用いて積分変数を θ から h へ変換します．

球の半径を a，質量を M として，点 P における球の引力による加速度 g（単位質量の質点が受ける力）を求めなさい．

問題 3.5.4

円板の及ぼす引力を計算します．図 3.37(a) は密度 ρ の円板内の微小質量 dm が円板の中心軸上で表面から距離 d 離れた点 P に引力を及ぼす様子の見取り図です．z 軸を中心軸上で下向きに取り表面を原点 O とします．dm の位置を表す変数 (r, ϕ, z)，円板の半径 R や厚さ h などのパラメータは (b) の断面図の通りです．このとき，P 点に位置する単位質量の質点に働く dm による力は，z 軸に直交する成分は積分でゼロとなるので，次の dF だけを考えます．

$$dF = \frac{Gdm}{r^2 + (d+z)^2} \times \frac{d+z}{\sqrt{r^2 + (d+z)^2}}. \tag{3.30}$$

また，微小質量 dm は次の通りです．

$$dm = \rho r dr d\phi dz.$$

(1) 式 (3.30) を ϕ と r で積分した次式を導き，さらに $R \to \infty$ で近似した後に z で積分することで，無限に広い円板による引力（加速度）F が $2\pi G\rho h$ となることを示しなさい．

106

3.5 重力ポテンシャルとジオイド

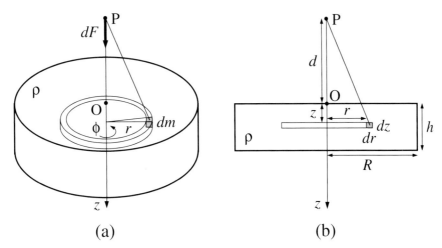

図 3.37 (a) 密度 ρ の円板の微小質量 dm が及ぼす引力 dF の見取り図，(b) dm の位置を表す変数 (r, ϕ, z)，円板の半径 R や厚さ h などのパラメータを示した断面図．

$$F = 2\pi G\rho \int_0^h \left(1 - \frac{d+z}{\sqrt{R^2 + (d+z)^2}}\right) dz.$$

積分には次の式を利用するとよいです．

$$\frac{d}{dx}\{(x^2+1)^{-\frac{1}{2}}\} = -x(x^2+1)^{-\frac{3}{2}}.$$

(2) 問 (1) で導いた式を R を無限大とする近似をせずに z で積分すると次式となることを示しなさい．そして，$R \to \infty$ で無限に広い板の引力が $2\pi G\rho h$ となることを示しなさい．

$$F = 2\pi G\rho\left(h - \sqrt{R^2 + (d+z)^2} + \sqrt{R^2 + d^2}\right).$$

積分には次の式を利用するとよいです．

$$\frac{d}{dx}\{(x^2+1)^{\frac{1}{2}}\} = x(x^2+1)^{-\frac{1}{2}}.$$

問題 3.5 解説

問題 3.5.1 解説

(1) 重力ポテンシャルの式，

$$V = -\frac{GM}{r} - \frac{1}{2}\omega^2 r^2 \cos^2\phi$$

を使用して，極 N と赤道 E で等しいとおき，式を変形します．

$$-\frac{GM}{b} = -\frac{GM}{a} - \frac{\omega^2}{2}a^2,$$
$$GM\left(\frac{1}{b} - \frac{1}{a}\right) = \frac{\omega^2}{2}a^2,$$

$$GM\left(1 - \frac{b}{a}\right) = \frac{\omega^2}{2}a^2 b,$$

$$1 - \frac{b}{a} = \frac{\omega^2}{2GM}a^2 b.$$

右辺に $M = (4\pi a^2 b/3)\rho$ を代入して，

$$f = 1 - \frac{b}{a} = \frac{3\omega^2}{8\pi G\rho}.$$

(2) 数値を代入して計算すると，

$$f = \frac{3 \times (7.292 \times 10^{-5})^2}{8 \times 3.14 \times 6.674 \times 10^{-11} \times 5500} = 1.730 \times 10^{-3} = \frac{1}{578}.$$

補足：より正しい地球の扁平率について

　以上のように，ホイヘンスが求めた扁平率と同じ値となりましたが，実際の地球楕円体の値は約 $1/298$ です．上に得た $1/578$ という値がこれとかなり異なる理由は，上記の方法は地球の全質量が地球中心に集中していると仮定している点です．この仮定は球では成立しますが（問題 3.5.2），回転楕円体には適用できません．この点を考慮して近似のレベルを高くした方法は付録 B.2 を参照してください．

問題 3.5.2 解説

　$dF = \frac{G}{h^2}\cos\alpha\, dm$ を ϕ は 0 から 2π，θ は 0 から π，R は 0 から a まで積分します．

$$F = \int\int\int \frac{G}{h^2}\cos\alpha\, dm = \int_0^a dR \int_0^\pi d\theta \int_0^{2\pi} \frac{G}{h^2}\cos\alpha\, \rho R^2 \sin\theta\, d\phi.$$

$\cos\alpha$ に余弦公式を適用して式を変形します．

$$F = 2\pi\rho G \int\limits_0^a dR \int\limits_0^\pi \frac{h^2 + r^2 - R^2}{2rh}\frac{1}{h^2}R^2 \sin\theta\, d\theta = \frac{\pi\rho G}{r}\int\limits_0^a dR \int\limits_0^\pi \left(1 + \frac{r^2 - R^2}{h^2}\right)R^2 \frac{\sin\theta}{h}d\theta.$$

ここで，$h = \sqrt{r^2 + R^2 - 2rR\cos\theta}$ を θ で微分して dh と $d\theta$ の関係を導きます．

$$dh = \frac{rR\sin\theta}{\sqrt{r^2 + R^2 - 2rR\cos\theta}}d\theta = rR\frac{\sin\theta}{h}d\theta,$$

$$\frac{\sin\theta}{h}d\theta = \frac{1}{rR}dh.$$

この関係を使用して，積分変数を θ から h へ変換します．

$$\begin{aligned}
F &= \frac{\pi\rho G}{r^2}\int_0^a dR \int_{r-R}^{r+R}\left(1 + \frac{r^2 - R^2}{h^2}\right)R\, dh = \frac{\pi\rho G}{r^2}\int_0^a dR \left[h - \frac{r^2 - R^2}{h}\right]_{r-R}^{r+R}R \\
&= \frac{\pi\rho G}{r^2}\int_0^a dR \left(r + R - r + R - \frac{r^2 - R^2}{r + R} + \frac{r^2 - R^2}{r - R}\right)R \\
&= \frac{\pi\rho G}{r^2}\int_0^a R(r + R - r + R - r + R + r + R)dR \\
&= \frac{4\pi\rho G}{r^2}\int_0^a R^2 dR = \frac{4\pi\rho G}{r^2}\frac{a^3}{3} = \frac{GM}{r^2}.
\end{aligned}$$

補足: 力が働かない球殻内部

図 3.36 で，点 P が厚さ dR の球殻より内部（球殻で囲まれた空間）にある場合，P の位置より上部の球殻による力と下部の球殻による力が相殺して，点 P には力が働かないことが予想されます．この場合，三角形 P-dm-O の角 α が鈍角から鋭角まで変化しますが，上で導いた積分の式はそのまま使えます．但し，h の積分範囲が $R-r$ から $R+r$ となり，半径 R，厚さ dR の球殻の全質量による力 dF は，

$$
\begin{aligned}
dF &= \frac{\pi \rho G}{r^2} \int_{R-r}^{R+r} \left(1 + \frac{r^2 - R^2}{h^2} \right) R dh = \frac{\pi \rho G R}{r^2} \left[h - \frac{r^2 - R^2}{h} \right]_{R-r}^{R+r} \\
&= \frac{\pi \rho G R}{r^2} \left(R + r - R + r - \frac{r^2 - R^2}{R+r} + \frac{r^2 - R^2}{R-r} \right) \\
&= \frac{\pi \rho G R}{r^2} (R + r - R + r + R - r - R - r) = 0.
\end{aligned}
$$

この結果から，球の内部で半径 r に位置する質点に働く力は，その点より内側の部分の質量だけから力を受けることが分かります．よって，密度 ρ の球の内部で，半径 r に位置する単位質量の質点に働く力は，

$$
F = G\rho \frac{4\pi r^3}{3} \frac{1}{r^2} = \frac{4\pi \rho G}{3} r
$$

となります．例えば，地球内部の重力は地球中心からの距離に比例し，中心ではゼロです．

問題 3.5.3 解説

$dV = -\frac{G}{h} dm$ を ϕ は 0 から 2π，θ は 0 から π，R は 0 から a まで積分します．

$$
V = \int_0^a dR \int_0^\pi d\theta \int_0^{2\pi} -\frac{G}{h} \rho R^2 \sin\theta d\phi = -2\pi \rho G \int_0^a dR \int_0^\pi R^2 \frac{\sin\theta}{h} d\theta.
$$

ここで，$h = \sqrt{r^2 + R^2 - 2rR\cos\theta}$ を θ で微分して dh と $d\theta$ の関係を導きます．

$$
dh = \frac{rR\sin\theta}{\sqrt{r^2 + R^2 - 2rR\cos\theta}} d\theta = rR \frac{\sin\theta}{h} d\theta,
$$

$$
\frac{\sin\theta}{h} d\theta = \frac{1}{rR} dh.
$$

この関係を使用して，積分変数を θ から h へ変換します．

$$
\begin{aligned}
V &= -\frac{2\pi \rho G}{r} \int_0^a R dR \int_{r-R}^{r+R} dh = -\frac{2\pi \rho G}{r} \int_0^a R dR [r + R - r + R] \\
&= -\frac{4\pi \rho G}{r} \int_0^a R^2 dR = -\frac{4\pi \rho G}{r} \frac{a^3}{3} = -\frac{GM}{r}.
\end{aligned}
$$

得られた V は r だけの関数ですので，点 P における球の引力による加速度 g は，

$$
g = -\frac{dV}{dr} = -\frac{d}{dr} \left(-\frac{GM}{r} \right) = -\frac{GM}{r^2}.
$$

負の記号は加速度が $-r$ の方向，即ち球の中心を向いていることを示します．

第 3 章　測地と重力

補足：ポテンシャルが一定の球殻内部

　球殻の内部の点（球殻で囲まれた空間に位置する点）には力が働かないこともポテンシャルを用いると式が簡単になります．厚さ dR の球殻より内部に位置する点 P のポテンシャル dV は，上記の R で積分する前の式を h について $R - r$ から $R + r$ まで積分して得られます．

$$dV = -\frac{2\pi\rho G}{r} R \int_{R-r}^{R+r} dh = -\frac{2\pi\rho G}{r} R[R + r - R + r] = -4\pi\rho GR.$$

これは r に依存しない一定値ですので，球殻の内部の点 P には力は働きません．例えば，厚さ $(b - a)$ の球殻で囲まれた空間内の任意の点のポテンシャルは，これを R で積分して，

$$V = -4\pi\rho G \int_a^b R dR = -2\pi\rho G(b^2 - a^2)$$

となり，$-\nabla V = 0$ となります．

問題 3.5.4 解説

(1) 式 (3.30) を ϕ と r で積分します．

$$
\begin{aligned}
F &= \int_0^h dz \int_0^{2\pi} d\phi \int_0^R \frac{G\rho r(d+z)}{(r^2 + (d+z)^2)^{\frac{3}{2}}} dr = 2\pi G\rho \int_0^h dz \left[-\frac{d+z}{(r^2 + (d+z)^2)^{\frac{1}{2}}} \right]_0^R \\
&= 2\pi G\rho \int_0^h \left(1 - \frac{d+z}{\sqrt{R^2 + (d+z)^2}} \right) dz. \tag{3.31}
\end{aligned}
$$

　ここで $R \to \infty$ とすると，被積分関数の第 2 項はゼロとなり，$F = 2\pi G\rho h$ となります．

(2) 式 (3.31) を $R \to \infty$ とせずに積分すると，

$$
\begin{aligned}
F &= 2\pi G\rho \left[z - \sqrt{R^2 + (d+z)^2} \right]_0^h \\
&= 2\pi G\rho \left(h - \sqrt{R^2 + (d+h)^2} + \sqrt{R^2 + d^2} \right). \tag{3.32}
\end{aligned}
$$

となりますが，括弧内の第 2 項と第 3 項については次のように変形してから近似します．

$$
\begin{aligned}
F &= 2\pi G\rho \left(h - R\sqrt{1 + \frac{(d+h)^2}{R^2}} + R\sqrt{1 + \frac{d^2}{R^2}} \right) \\
&\approx 2\pi G\rho \left(h - R - \frac{(d+h)^2}{2R} + R + \frac{d^2}{2R} \right) = 2\pi G\rho \left(h - \frac{(d+h)^2}{2R} + \frac{d^2}{2R} \right).
\end{aligned}
$$

　ここで $R \to \infty$ とすると第 2 項と第 3 項はゼロとなります．よって，厚さ h の無限に広い板の引力は $2\pi G\rho h$ となります．

110

第**4**章

地震と断層

　地球の構造は主に地震波の伝わり方から分かります. 直接ドリルで掘削して調べた最深の深さが現在でもコラ半島の 12 km ですが, 地震学では深さ 6400 km の地球中心までの層構造が解明できます. この章では, 地震のマグニチュードとエネルギー, 地震波の伝播と地下構造, 断層運動と地震のメカニズム, 弾性体の力学と断層運動, などの地震学の基礎を学びます.

4.1 地震のマグニチュード

4.1.1 マグニチュードとエネルギー

地震の規模を表すマグニチュード M は，地震による揺れの程度を表す震度とは異なります．歴史的には，震央から 100 km 離れた標準地震計の記録の最大振幅の常用対数をマグニチュードとしました．しかし，標準地震計が震央から 100 km の位置にあるとは限らないので，実際には震央からの距離や地震計の種類によって補正をします．また，地震波の種類によっても地震波記録の振幅は異なり，後述のようにマグニチュードには幾つか種類があります．しかし，ここでは一般的に地震のマグニチュードと地震のエネルギーの関係を最初に説明します．

地震のエネルギーとマグニチュードの関係を求めるには，マグニチュードが決定された地震について，その震源を囲む球を通過した地震波のエネルギーを全ての周波数について時間と空間で積分しますが，膨大な計算となるようです．このようにして得られた地震のエネルギー E とマグニチュード M の関係は次の経験式で表されます．

$$\log_{10} E = 4.8 + 1.5M. \tag{4.1}$$

但し，E の単位はジュール (J) です．この式からは，マグニチュードの差が 2 の地震のエネルギーは 10^3 倍異なることが分かります．そのため一般には，地震のエネルギーはマグニチュードが 1 増えると約 30 倍になるといわれています ($10^{1.5} \approx 31.6$)．

4.1.2 マグニチュードと発生頻度

地震の規模が小さいほど発生頻度が高いことは経験的に知られていて，微小地震 ($1 \leq M < 3$) や極微小地震 ($M < 1$) といわれる小さい地震は頻繁に発生しています．ある一定地域で，ある一定期間にマグニチュードが M と $M + dM$ の間の地震が発生する回数を，

$$n(M)dM$$

で表すとき，$n(M)$ は次式で表されることが経験的に知られています．

$$\log_{10} n(M) = a - bM. \tag{4.2}$$

また，この式を M から ∞ まで M で積分することで，マグニチュードが M 以上の地震について積算した発生回数 $N(M)$ は次の経験式で表され，同じ傾き b の直線となります．

$$\log_{10} N(M) = A - bM. \tag{4.3}$$

これらの式はグーテンベルグ–リヒター則といわれ，a, A, b は地域に特有な定数で，一般に b は 1 に近い値となります．

図 4.1 に日本付近（緯度: 25°N–48°N，経度: 125°E–150°E）の $M \geq 5$ の地震について，マグニチュードが M 以上の地震の積算発生回数 $N(M)$（黒丸）と，$dM = 0.1$ ごとの発生回数 $n(M)dM$（白丸）を示します．図 4.1(a) は 1961–2010 年の 50 年間，(b) は 2011 年の 1 年間についてのものです．データはアメリカ地質調査所の地震検索カタログ[1]からダウンロードしまし

---

1   USGS Search Earthquake Catalog. (https://earthquake.usgs.gov/earthquakes/search/)

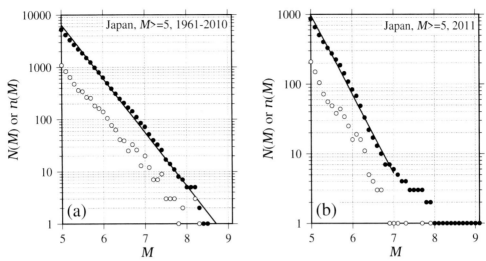

図 4.1 日本付近の $M \geq 5$ の地震について，発生回数 $N(M)$ と $n(M)$ をそれぞれ黒丸と白丸で表したグーテンベルグ–リヒター則のグラフ．(a) 1961–2010 年の 50 年間，(b) 東北地方太平洋沖地震の発生した 2011 年の 1 年間．

た．50 年間の図 (a) ではデータ数 5254 で，$N(M)$ も $n(M)$ もその常用対数は完全ではないもののほぼ直線になります．b の値もおよそ 1 となり，グーテンベルグ–リヒター則は成立しているようです．しかし，図 (b) の東北地方太平洋沖地震の発生した 2011 年では，$M = 7$ の上下でグラフの傾きがかなり異なります．このことは，1000 年に 1 度の巨大地震が発生した 2011 年は地震活動としては特殊な年だったためと考えられます．そもそも，2011 年のデータ数が 866 と異常に多い原因は，巨大地震後の余震の頻発と考えられます．

4.1.3 モーメントマグニチュード

　地震のマグニチュードは冒頭に記したように，地震波記録の最大振幅の常用対数として決定しますが，使用する地震波の種類により幾つかの種類があります．代表的なマグニチュードは表面波マグニチュード M_S と実体波マグニチュード m_b です．地震波は通常 P 波，S 波，表面波の順に到達します．表面波マグニチュードは周期 20 s 程度の表面波から決定するのに対して実体波マグニチュードは周期 5 s 以下の実体波である P 波や S 波から決定します．しかし，具体的な計算式は幾通りか提案されていて，気象庁の発表する気象庁マグニチュード M_J もその 1 つです．

　しかし，これらのマグニチュードは地震の規模が大きくなると，相応の大きな値を示さなくなり，地震学ではマグニチュードが飽和すると表現します．その理由は，断層運動の規模が大きいほど地震波は長周期の波を多く含み，短い周期の地震波からは地震の規模を正しく決定できないためです．そのため，実体波マグニチュードはおよそ 6 で，表面波マグニチュードと気象庁マグニチュードは約 8.2 で頭打ちとなります．そこで，現在では [Kanamori 1977] によるモーメントマグニチュード M_W が広く使用されます．これは大きい地震にも適用でき，気象庁も顕著な地震については気象庁マグニチュードと併記しています．例えば東北地方太平洋沖地震（2011 年）については，$M_J = 8.4$ に対して $M_W = 9.0$ と報告されています．

　ここで地震発生時の断層運動の力のモーメントについて考えます．図 4.2 は波線で示した断層

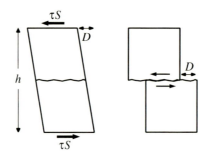

図 4.2 断層近傍の歪みと破壊による地震の発生（地表を上空から見た模式図）．

を上空から見た模式図で，断層面は垂直で面積は S とします．左図は幅 h の断層の近傍がずれ応力 τ により横方向に距離 D 歪んだ状態を，右図はその後に破壊され地震が発生した様子を示しています．応力は単位面積当たりの力ですので，力 τS が断層に偶力として働いています．このとき断層近傍のずれ歪み ϵ は次式で表されます（次節の式 (4.9) を参照）．

$$\epsilon = \frac{1}{2}\frac{D}{h}.$$

また，ずれ応力 τ は岩石の剛性率を μ として次式となります（式 (4.10) を参照）．

$$\tau = 2\mu\epsilon = \mu\frac{D}{h}.$$

偶力のモーメントは"力×腕の長さ"ですので次式が地震モーメント M_0 です（単位は N m）．

$$M_0 = \mu\frac{D}{h}S \times h = \mu DS. \tag{4.4}$$

この式の D と S は地震観測から正確に求められ，M_0 は地震の規模を直接表す量です．

この地震モーメント M_0 から地震が放出するエネルギー W_0 が求まります．エネルギーは"力×作用距離"ですので，断層が動くときの平均のずれ応力を $\bar{\tau}$ として次式で与えられます．

$$W_0 = \bar{\tau}S \times D.$$

平均応力 $\bar{\tau}$ は弾性体理論などによると地震前後の応力 τ_0 と τ_1 の差の半分になります．$\Delta\sigma = \tau_0 - \tau_1$ をストレス・ドロップといい，$\bar{\tau} = \Delta\sigma/2$ と式 (4.4) から W_0 は次式となります．

$$W_0 = \frac{1}{2}\Delta\sigma SD = \frac{\Delta\sigma}{2\mu}M_0.$$

ストレス・ドロップは多くの地震でほぼ一定の 3 MPa であり，典型的な岩石の剛性率を 30 GPa としてこの式に代入すると，地震で放出されるエネルギーは次式となります（単位は J）．

$$W_0 \approx 0.5 \times 10^{-4} M_0. \tag{4.5}$$

式 (4.5) は地震の放出するエネルギーを直接表す量ですが，対数スケールで表すと便利です．そこで次のように，従来のエネルギーとマグニチュードの関係を表す式 (4.1)，$\log_{10} E = 4.8 + 1.5M$，の E に式 (4.5) の W_0 を代入して得られる M をモーメントマグニチュード M_W としました．

$$\log_{10}(0.5 \times 10^{-4} M_0) = 4.8 + 1.5 M_W,$$

$$\log_{10} M_0 = 9.1 + 1.5 M_W. \tag{4.6}$$

式 (4.6) によるモーメントマグニチュード M_W は従来の表面波マグニチュード M_S などと滑らかに繋がり，かつ巨大地震でも飽和しないスケールです．なお，M_W で表された地震のエネルギーも式 (4.1) が適用されますが，これは式 (4.5) と (4.6) を導いた過程から明らかです．

問題 4.1

問題 4.1.1

(1) 2 つの地震のマグニチュードを M_1 と M_2，エネルギーを E_1 と E_2 とするとき，式 (4.1) を使用してエネルギーの比 E_2/E_1 をマグニチュードの差 $M_2 - M_1$ で表し，M が 2 大きくなると E は 1000 倍になることを示しなさい．

(2) $M = 9.1$ の東北地方太平洋沖地震（2011 年）のエネルギーは $M = 6.9$ の兵庫県南部地震（1995 年）のエネルギーの何倍か？（M の値は米国地質調査所による M_W です）

(3) [竹内 2011, 問題 26] によると地震のエネルギー E は，大きさが水平方向 $l \times l$，深さ方向 $l/3$ の直方体で表される余震域の含むエネルギーに等しく，次式で与えられるそうです．

$$E = 62.2 \times l^3.$$

但し，l の単位は m で E の単位は J です．この式と式 (4.1) の E と M の関係式を用いて，余震域の広さ S（単位は m^2）とマグニチュード M の次の関係式を導きなさい．

$$\log_{10} S = 2 + M.$$

また，余震域を正方形とするとき，l は $M = 7$ と $M = 9$ の地震でそれぞれ何 km か？

問題 4.1.2

式 (4.2) のグーテンベルグ–リヒター則の $n(M)$ は dM を掛けるとマグニチュードが M から $M + dM$ の地震の発生回数です．ここでは dM は一定値として省略し，$n(M)$ をマグニチュード M の地震が一定期間に発生する回数と見なし n で表します．そこで，日本付近ではマグニチュード M の地震が 100 年間に発生する回数 n は b を 1 として次式で表されるとします．

$$\log_{10} n = a - M.$$

(1) 2 つの地震について，発生回数の比 n_2/n_1 をマグニチュードの差 $M_1 - M_2$ で表しなさい．そして，$M = 8.0$ の南海地震（1946 年）の発生頻度を 120 年に 1 度とすると，$M = 7.3$ の兵庫県南部地震（1995 年）は何年に 1 度の発生になるか計算しなさい．また，$M = 9.0$ の東北地方太平洋沖地震（2011 年）についてはどうか？（M の値は気象庁による報告値です）

(2) 式 (4.2) のグーテンベルグ–リヒターの式，

$$\log_{10} n(M) = a - bM$$

を用いて，$n(M)$ を $M = M$ から $M = \infty$ まで積分することで，マグニチュードが M 以上の地震の積算発生回数 $N(M)$ が次式で与えられることを示しなさい．

$$\log_{10} N(M) = A - bM.$$

但し，定数 A は次式で表されます（式中，$\ln$ は $\log_e$ です）．

$$A = a - \log_{10}(b \ln 10).$$

問題 4.1.3

ある地域で一定期間に発生したマグニチュードが M_1 から M_2 の地震の総エネルギーは，エネルギーとマグニチュードの関係式，及び発生頻度とマグニチュードの関係式から

$$E(M) \left| \frac{dN(M)}{dM} \right| dM$$

を M_1 から M_2 まで M で積分して見積もることができます（$E(M)n(M)dM$ の積分も同様）．

(1) 図 4.1(a) に示した日本付近の 1961 年から 50 年間の地震発生頻度を表す直線は，$\log_{10} N(M) = 8.951 - 1.028M$ ですが，ここでは次の式で近似します．

$$\log_{10} N(M) = 9.0 - 1.0M.$$

M を 5.0 から最大値 8.5 まで積分してエネルギーの総量 E_T と年平均値を計算しなさい．

(2) 期間中最大の地震は 1963 年に択捉島付近で発生した $M_W = 8.5$ の地震です．この地震 1 回のエネルギーを問 (1) で求めた 50 年間の地震エネルギーの総量と比較しなさい．また，$M_W = 9.1$ の東北地方太平洋沖地震についてはどうか？

問題 4.1 解説

問題 4.1.1 解説

(1) E と M の関係式を用いて，

$$\log_{10} E_1 = 4.8 + 1.5M_1, \quad \log_{10} E_2 = 4.8 + 1.5M_2.$$

2 番目の式から 1 番目の式を辺々引き算して，

$$\log_{10} E_2 - \log_{10} E_1 = 1.5(M_2 - M_1),$$
$$\log_{10} \frac{E_2}{E_1} = 1.5(M_2 - M_1),$$
$$\frac{E_2}{E_1} = 10^{1.5(M_2 - M_1)}.$$

$M_2 - M_1 = 2$ とすると，

$$\frac{E_2}{E_1} = 10^3 = 1000.$$

(2) E_2/E_1 の式に数値を代入して計算すると,

$$\frac{E_2}{E_1} = 10^{1.5(9.1-6.9)} = 10^{1.5\times2.2} = 10^{3.3} = 1995.3.$$

よって,約 2000 倍となります.但し,気象庁によるマグニチュードの $M_W = 9.0$ と $M_J = 7.3$ で計算すると約 355 倍です.

(3) $S = l^2$ ですので,$l^3 = S^{\frac{3}{2}}$.これを用いて,

$$E = 62.2 \times S^{\frac{3}{2}}.$$

これを式 (4.1) の,$\log_{10} E = 4.8 + 1.5M$,に代入して,

$$\log_{10} 62.2 + \log_{10} S^{\frac{3}{2}} = 4.8 + 1.5M,$$
$$\log_{10} S = \frac{4.8 - 1.79379}{1.5} + M = 2.004 + M.$$

この式から余震域の 1 辺の長さ l は,

$$l = \sqrt{S} = \sqrt{10^{2+M}}$$

となり,$M = 7$ と $M = 9$ について,それぞれ約 32 km と約 320 km となります.

問題 4.1.2 解説

(1) 問題文の式,$\log_{10} n = a - M$ より,

$$\log_{10} n_1 = a - M_1, \quad \log_{10} n_2 = a - M_2.$$

これらの式から,

$$\frac{n_2}{n_1} = 10^{M_1-M_2}.$$

$M = 8.0$ の南海地震については添字 1 で表すとして,$n_1 = 100/120 = 0.833$.即ち,120 年に 1 度の南海地震の発生回数は 100 年に 0.833 回ですので,この n_1 を用いて上式から他の地震の n_2 を計算します.

$M = 7.3$ の兵庫県南部地震については,$n_2 = 0.833 \times 10^{8.0-7.3} = 4.175$.よって,$100/4.175$ = 23.95 より兵庫県南部地震の規模の地震は 24 年に 1 回発生することになります.

$M = 9.0$ の東北地方太平洋沖地震では,$n_2 = 0.833 \times 10^{8.0-9.0} = 0.0833$.よって,$100/0.0833 = 1200.5$ より東北地方太平洋沖地震は 1200 年に 1 回しか発生しない巨大地震であったことになります.

(2) $\log_{10} n(M) = a - bM$ の指数関数表示,

$$n(M) = 10^{a-bM} = e^{(a-bM)\ln 10}$$

を $M = M$ から $M = \infty$ まで積分し,

$$N(M) = \int_M^\infty n(M)dM = \int_M^\infty e^{(a-bM)\ln 10}dM = \frac{1}{-b\ln 10}\left[e^{(a-bM)\ln 10}\right]_M^\infty$$

$$= \frac{e^{(a-bM)\ln 10}}{b\ln 10}.$$

よって,

$$\log_{10} N(M) = (a - bM)\ln 10 \log_{10} e - \log_{10}(b\ln 10)$$

となりますが, $\ln 10 \log_{10} e = 1$ ですので,

$$\log_{10} N(M) = a - \log_{10}(b\ln 10) - bM.$$

最後に, $A = a - \log_{10}(b\ln 10)$ とおいて, 積算発生回数についての次式を得ます.

$$\log_{10} N(M) = A - bM.$$

$\log_{10} n(M)$ も $\log_{10} N(M)$ も M に対して同じ傾き b となるのは $n(M)$ が指数分布に従うからです. M を指数分布に従う確率変数 X に模して考えると, $n(M)$ は確率密度関数 $f(x)$ に, $N(M)$ は, 累積分布関数を $F(x)$ として, $1 - F(x)$ に相当する量といえます.

問題 4.1.3 解説

以下, $\log_{10}$ と $\log_e$ はそれぞれ $\log$ と $\ln$ と表記し, $N(M)$ は N などと略記します.

(1) E の式, $\log E = 4.8 + 1.5M$ と N の式, $\log N = 9.0 - 1.0M$ を指数表示します.

$$E = 10^{4.8+1.5M} = e^{\ln 10(4.8+1.5M)} = e^{4.8\ln 10} \times e^{(1.5\ln 10)M},$$
$$N = 10^{9.0-1.0M} = e^{\ln 10(9.0-1.0M)} = e^{9.0\ln 10} \times e^{(-1.0\ln 10)M}.$$

N を M で微分して絶対値を取ると,

$$\left|\frac{dN}{dM}\right| = 1.0\ln 10\, e^{9.0\ln 10} \times e^{(-1.0\ln 10)M}.$$

E を掛けて M_1 から M_2 まで積分すると,

$$E_T = \int_{M_1}^{M_2} E\left|\frac{dN}{dM}\right| dM = 1.0\ln 10\, e^{13.8\ln 10} \int_{M_1}^{M_2} e^{(0.5\ln 10)M}$$
$$= \frac{1.0\ln 10}{0.5\ln 10} e^{13.8\ln 10} \left[e^{(0.5\ln 10)M}\right]_{M_1}^{M_2} = 2\, e^{13.8\ln 10}\left(e^{(0.5\ln 10)M_2} - e^{(0.5\ln 10)M_1}\right).$$

$M_1 = 5$, $M_2 = 8.5$ とおいて, $E_T \approx 2.2 \times 10^{18}$ J. これを 50 年で割ると, 地震のエネルギーの年平均値は, 4.4×10^{16} J/yr, となります. 地球全体での地震のエネルギーの年平均は 1920–1976 年で 4.5×10^{17} J/yr です [水谷・渡部 1978, 式 (4.13)]. よって, 上の計算結果は, 比較する期間は異なりますが, 日本付近の地震のエネルギーが地球全体の約 10% を占めることを示します.

なお, 問題 4.1.2(2) に基づき a を計算し, $\log n = 9.36 - 1.0M$ の関係を求め, $E\, n\, dM$ を M_1 から M_2 まで積分することでもほぼ同じ結果が得られます.

(2) M_W で表された地震のエネルギーも式 (4.1) で計算します.

$$M_W = 8.5: \quad E = 10^{4.8+1.5\times 8.5} = 10^{17.55} \approx 3.5 \times 10^{17} \text{ J},$$

$$M_W = 9.1: \quad E = 10^{4.8+1.5\times 9.1} = 10^{18.45} \approx 2.8\times 10^{18} \text{ J}.$$

これより $M_W = 8.5$ の地震の放出したエネルギーは日本付近の 50 年間の地震のエネルギーの約 16% を占めることが分かります．$M_W = 9.1$ の東北地方太平洋沖地震については，50 年分の地震のエネルギーのおよそ 1.3 倍ものエネルギーを放出したことになります．

なお，上の計算過程から分かるように，地震の積算エネルギー E_T の見積もりは積分範囲の $M_2 = 8.5$ で決まり，$M_1 = 5$ の寄与はほとんどありません．そのため，問題では $\log N$ を 1 本の直線で近似しましたが，$M \geq 7$ の近似が正確ではないために，見積もった E_T はかなり大きな値となりました．図 4.3 のように $\log N$ を 2 本の直線で近似すると正確さは多少向上すると思われます．この場合，E_T は約 1.6×10^{18} J とかなり小さい値になります．どちらにしろ，地震のエネルギーと発生頻度の式は経験式ですので，ここでは詳細な議論は必要ないと思われます．

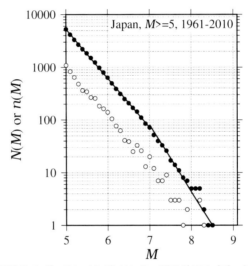

図 4.3　2 本の直線で近似したグーテンベルグ–リヒター則のグラフ（データは図 4.1(a) と同じ）．

4.2　地震波の伝播

4.2.1　弾性体の波動

地震学では大地を弾性体と見なし，地震波をその中を伝搬する弾性波として解析します．以下に，正確さは欠きますが弾性体の波動の理論を簡単に説明します．

弾性体の一部が外力の作用で変形すると，その歪みが波動として伝わります．歪みには 2 種類あり，1 つ目は図 4.4(a) の圧力 p による体積歪み Δ で，体積 V と密度 ρ で，

$$\Delta = \frac{-\delta V}{V} = \frac{\delta \rho}{\rho} \tag{4.7}$$

で定義されます．Δ は体積の減少を正とし，無次元の量です．体積歪み Δ と圧力 p には次の

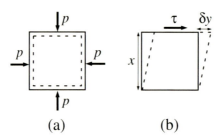

図 4.4 (a) 体積歪みと (b) 単純ずれ歪み.

フックの法則が成り立ちます．

$$p = K\Delta. \tag{4.8}$$

ここに，定数 K は体積弾性率（非圧縮率）で，縮みにくさ（硬さ）を表します．

2つ目の歪みは図 4.4(b) のずれ歪み（せん断歪み）ϵ で，弾性体の表面に沿ってずれ応力 τ（せん断応力，応力とは単位面積当たりの力）を加えた場合の変形の程度を表す無次元量で，

$$\epsilon = \frac{1}{2}\frac{\delta y}{x} \tag{4.9}$$

で定義されます[2]．ずれ歪み ϵ とずれ応力 τ との間のフックの法則は次式となります．

$$\tau = 2\mu\epsilon. \tag{4.10}$$

ここに，定数 μ は剛性率で，値が大きいほどずれが生じにくくなります．

これらの2種類の歪みには次の波動方程式が成立します（1次元に単純化してあります）．

$$\rho\frac{\partial^2 \Delta}{\partial t^2} = \left(K + \frac{4}{3}\mu\right)\frac{\partial^2 \Delta}{\partial x^2}, \tag{4.11}$$

$$\rho\frac{\partial^2 \epsilon}{\partial t^2} = \mu\frac{\partial^2 \epsilon}{\partial x^2}. \tag{4.12}$$

式の導出は難解ですが，左辺と右辺はそれぞれ，ニュートンの運動方程式 $(ma = F)$ の ma と F に相当します．式 (4.11) の体積歪みによる波が縦波の P 波で，式 (4.12) のずれ歪みによる波が横波の S 波です．一般に α を定数として，次の形の方程式は波動方程式とよばれます．

$$\frac{\partial^2 \psi}{\partial t^2} = \alpha^2 \frac{\partial^2 \psi}{\partial x^2}. \tag{4.13}$$

最も基本的な ψ の解は振幅を A として次式となります．

$$\psi = A\cos\kappa(x - \alpha t).$$

これは速度 α で伝搬する波で，κ は波数とよばれ波長 λ と $\lambda = 2\pi/\kappa$ の関係があります．式 (4.11) と (4.12) を (4.13) と比較して，P 波と S 波の速度 v_P と v_S は次のようになります．

$$v_P = \sqrt{\frac{K + \frac{4}{3}\mu}{\rho}}, \tag{4.14}$$

---

[2] これは厳密には単純ずれ歪みといわれ，一般のずれ歪みは $\epsilon = \frac{1}{2}\left(\frac{\delta y}{x} + \frac{\delta x}{y}\right)$ で表します．

$$v_S = \sqrt{\frac{\mu}{\rho}}. \tag{4.15}$$

式 (4.14) と (4.15) を比較すると，常に P 波は S 波より速いことが分かります．また，流体は剛性率 μ がゼロですので，S 波は流体の外核を伝わることはありません．

無限に広がる弾性体では，実体波とよばれる P 波と S 波だけが発生しますが，地表面のような表面がある場合は，表面に到達した P 波と S 波が複雑に干渉してレーリー波やラブ波とよばれる表面波が発生します．理論によると，表面波を表す複雑な式には，z 軸を表面から深さ方向に取ると，k を定数として e^{-kz} の形の項が含まれ，深さとともに減衰し表面付近のみの地震波であることが分かります．

4.2.2 地震波の反射と屈折

地震波は水面の波と同様に，ホイヘンスの原理に基づいて，波線の方向に伝わる波面として扱うことができます．この原理によると，波面上の全ての点から球面状の素元波が発生しますが，これらは波線と直角方向には打ち消し合うので，各素元波に接する面が新しい波面となって進みます．図 4.5(a) は波の屈折をホイヘンスの原理で示したもので，媒質 2 中の波の速度 v_2 が媒質 1 の速度 v_1 より速い場合です．媒質 1 を伝わってきた波面が図の AB を通り過ぎる時間を Δt とすると，点 A から発した素元波の半径は $v_2 \Delta t$ となり，幾何学から次の入射角 i と屈折角 f のスネルの法則が示されます．

$$\frac{\sin i}{v_1} = \frac{\sin f}{v_2}. \tag{4.16}$$

地震波の反射や屈折が光などの場合と異なるのは，P 波が境界面に入射すると S 波も発生し反射 S 波や屈折 S 波が生じることです．但し，発生する S 波は横波としての振動方向が境界面に垂直な面内にある波です（SV 波）．S 波が入射する場合，振動方向が境界面に平行な波（SH 波）では P 波は発生せずに，反射 SH 波と屈折 SH 波となります．しかし，SV 波が入射すると反射 SV 波と屈折 SV 波の他に反射 P 波と屈折 P 波が発生します．その様子を図 4.5(b) に示しますが，地震波の速度は媒質 2 の方が媒質 1 よりも速いこと，また両媒質中で P 波の方が S 波よりも速いとして描いてあります．この場合にもホイヘンスの原理から，図のように角度を表記すると，スネルの公式は次のようになります．また，SV 波の入射角と反射角は等しく，$i = r_S$ です．

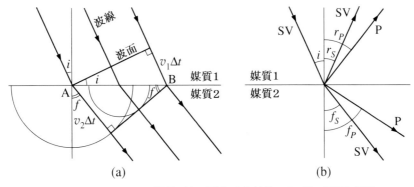

図 4.5 (a) ホイヘンスの原理と波の屈折，(b) 地震の SV 波の反射と屈折．

$$\frac{\sin i}{v_{S1}} = \frac{\sin r_S}{v_{S1}} = \frac{\sin r_P}{v_{P1}} = \frac{\sin f_S}{v_{S2}} = \frac{\sin f_P}{v_{P2}}.$$

スネルの法則の式 (4.16) によると，$v_2 > v_1$ の場合は屈折波は境界面の方へ曲げられ，ある入射角 i_c で屈折角が $f = 90°$ となり波は媒質 2 に伝わりません．この現象を全反射といい，次式で決まる入射角 i_c を臨界角といいます．

$$\sin i_c = \frac{v_1}{v_2}. \tag{4.17}$$

4.2.3 走時曲線

震源の真上の地表の点を震央といいます．震央から観測点までの距離を震央距離といい，震源との距離を表す震源距離とは区別します．この節では震源と震央が一致する地表の震源による地震波の伝播を考察します．

いま，図 4.6(a) のような 2 層の地下構造を想定し ($v_2 > v_1$)，震央 E で発生した地震の P 波を震央距離 Δ の点 O で観測するとします．観測される地震波は，(1) 地表を伝わる直達波，(2) 境界面で反射して来る反射波（太い点線），(3) 境界面に臨界角 i_c で入射し，第 2 層の最上部を伝わり，再び臨界角 i_c で地表に到達する屈折波[3]，の 3 通りです．それぞれの観測点への到達時間 T_1, T_2, T_3 は，d を第 1 層の厚さとして，次の通りです（問題 4.2.3）．

$$T_1 = \Delta/v_1, \tag{4.18}$$

$$T_2 = \sqrt{\Delta^2 + 4d^2}/v_1, \tag{4.19}$$

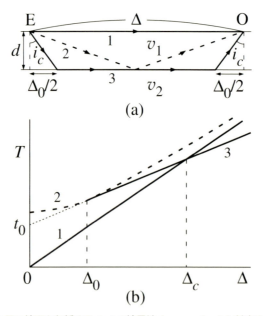

図 4.6 (a) 2 層の地下を伝播する 3 つの地震波 ($v_2 > v_1$)，(b) 対応する走時曲線．

---

[3] 正確には，第 2 層の最上部を伝わる波は臨界屈折波で，地表に到達する波は臨界屈折波に起因するヘッドウェーブです．本書ではこれらを統合して屈折波とよびます．

$$T_3 = 2\frac{d/\cos i_c}{v_1} + \frac{\Delta - 2d\tan i_c}{v_2} = \frac{\Delta}{v_2} + \frac{2d}{v_1 v_2}\sqrt{v_2^2 - v_1^2}. \tag{4.20}$$

地震学では時間 T を走時といい，縦軸に走時 T を，横軸に震央距離 Δ を取ったグラフを走時曲線といいます．図 4.6(b) に直達波 1，反射波 2（太い点線），屈折波 3 の走時曲線を示します．震央距離が小さいときは直達波が先に到着します．屈折波は震央距離が $\Delta_0 = 2d\tan i_c$ を超えてから現れますが，震央距離が大きくなると直達波よりも先に到達するようになります．反射波は常に最後に到達します（Δ_0 では屈折波と同時）．そのため，観測点に最初に到達する P 波について走時曲線を描くと，ある震央距離 Δ_c でグラフは折れ曲がります．震央距離が Δ_c の地点では，直達波と屈折波が同時に到達します．なお，図には屈折波 3 の直線を $\Delta = 0$ まで細い点線で延長した y 切片を t_0 で示してあります．

これらの走時曲線から第 1 層の厚さ d を求めるには，直達波 1 と屈折波 3 の直線の傾きからそれぞれ v_1 と v_2 を求め，式 (4.20) の第 2 項を y 切片 t_0 とすると d は次式から求まります．

$$d = \frac{t_0 v_1 v_2}{2\sqrt{v_2^2 - v_1^2}}. \tag{4.21}$$

また，$\Delta = \Delta_c$ で $T_1 = T_3$ の条件から，Δ_c を用いた次の式からも求めることができます．

$$d = \frac{\Delta_c}{2}\sqrt{\frac{v_2 - v_1}{v_2 + v_1}}. \tag{4.22}$$

以上の原理に従い，20 世紀初頭に地殻とマントルの 2 層構造が発見され，境界面は発見者にちなんでモホロビチッチ不連続面（モホ面）とよばれます．

なお，第 1 層の厚さ d は反射波の走時曲線の $\Delta = 0$ の T の値 $T_2(0)$ からも次式で求まります．

$$d = \frac{T_2(0)v_1}{2}.$$

地震探査は人工的に発生させた地震波を観測して地下構造を調べる物理的探査方法の 1 つです．地震探査には屈折波を用いる方法と反射波による方法があります．一般に前者は地震波速度が正確に求まるので広範囲の地殻構造の研究に，後者は地層の性質の違いなどの地下の詳細な構造の解明に適しているそうですが，両者を併せて実施されることが多いようです．

4.2.4　ヘッドウェーブ

第 2 層を伝わる地震波の臨界屈折波が地表へ戻る現象は，船の舳先から斜め後方に出る波と同じで，これをヘッドウェーブといい，波源が波の速度よりも速い速度で移動するときに発生します．図 4.7(a) はホイヘンスの原理によるヘッドウェーブの説明で，波面と境界面の角度の正弦が v_1/v_2 となり，ヘッドウェーブは地表面に対して臨界角 i_c で入射することが分かります．

図 4.7(b) は直達波や屈折波の波面が伝わる様子を，v_2 が v_1 の 2 倍として地震発生から一定時間ごとに示します（灰色の線は反射波です）．時間 T_1 では太い実線で示した地震波が第 1 層を伝わる途中で，反射波も屈折波も発生していません．時間 T_2 では地震波を太い破線で示していますが，臨界屈折波によるヘッドウェーブと反射波はまだ地表に達していません．太い点線で表した時間 T_3 では直達波が臨界屈折波のヘッドウェーブより先行しています．細い実線で示した時間 T_4 では直達波とヘッドウェーブが同時に震央距離 Δ_c に到達していることが分かります．時間 T_5（細い破線）では屈折波（ヘッドウェーブ）が直達波よりも先行するようになり，時間 T_6（細い点線）ではその距離の差がより大きくなっていることが分かります．

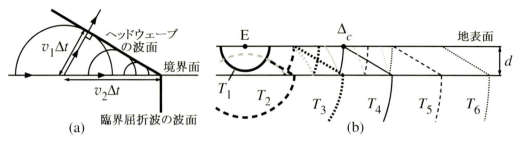

図 4.7 (a) 臨界屈折波から地表へ向かうヘッドウェーブのホイヘンスの原理による説明，(b) 直達波と屈折波が 2 層の地下を伝播する様子（$v_2 = 2v_1$ を仮定）．時間が T_4 で直達波と臨界屈折波のヘッドウェーブが震央距離 Δ_c に同時に到達しています．灰色の線は反射波です．

4.2.5 多層の地下の地震波伝播

2 層の地下構造を伝わる屈折波の走時は式 (4.20) で表されますが，ここで多層の場合の走時を与える式を導きます．図 4.8 は 4 層の例ですが，P, Q, R はそれぞれ第 2 層を伝わる屈折波が直達波に，第 3 層の屈折波が第 2 層のそれに，第 4 層の屈折波が第 3 層のそれに追いつく（同時に到達する）地点を示します．ここでは，第 4 層で臨界屈折波となる波線について考察します．式の簡素化のために入射角も屈折角も記号 "i" に統一します．式 (4.16) のスネルの法則を各層の境界面に順に適用します．$\sin i_1 = \frac{v_1}{v_2} \sin i_2$, $\sin i_2 = \frac{v_2}{v_3} \sin i_3$, $\sin i_3 = \frac{v_3}{v_4} \sin 90°$ ですので，i_1 について，

$$\sin i_1 = \frac{v_1}{v_2} \sin i_2 = \frac{v_1}{v_2} \frac{v_2}{v_3} \sin i_3 = \frac{v_1}{v_2} \frac{v_2}{v_3} \frac{v_3}{v_4} = \frac{v_1}{v_4}$$

となり，一般に第 n 層の臨界屈折波について次式が成立します．

$$\sin i_j = \frac{v_j}{v_n} \quad (j = 1 \cdots n-1). \tag{4.23}$$

地震波が地中を伝わる時間は $n = 4$ の場合，図で震央距離 ER を Δ として，

$$2 \times \left(\frac{d_1}{v_1 \cos i_1} + \frac{d_2}{v_2 \cos i_2} + \frac{d_3}{v_3 \cos i_3} \right) + \frac{\Delta - 2(d_1 \tan i_1 + d_2 \tan i_2 + d_3 \tan i_3)}{v_4}$$

となります．よって，一般に第 n 層を通過する屈折波が震央距離 Δ に到達する時間（走時）T_n は次式で表されます．

$$T_n = \frac{\Delta}{v_n} + 2 \sum_{j=1}^{n-1} \left(\frac{d_j}{v_j \cos i_j} - \frac{d_j \tan i_j}{v_n} \right). \tag{4.24}$$

ここで，式 (4.23) より，$\cos i_j$ と $\tan i_j$ を

$$\cos i_j = \frac{\sqrt{v_n^2 - v_j^2}}{v_n}, \quad \tan i_j = \frac{v_j}{\sqrt{v_n^2 - v_j^2}}$$

と表して式 (4.24) に代入し変形します．

$$T_n = \frac{\Delta}{v_n} + 2 \sum_{j=1}^{n-1} \left(\frac{d_j v_n}{v_j \sqrt{v_n^2 - v_j^2}} - \frac{d_j v_j}{v_n \sqrt{v_n^2 - v_j^2}} \right) = \frac{\Delta}{v_n} + 2 \sum_{j=1}^{n-1} \frac{d_j}{\sqrt{v_n^2 - v_j^2}} \left(\frac{v_n}{v_j} - \frac{v_j}{v_n} \right)$$

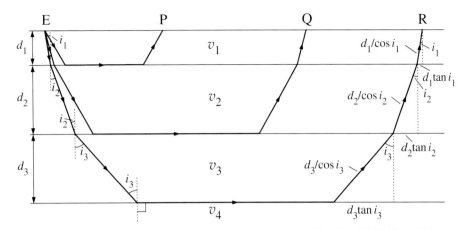

図 4.8 4 層の地下を伝播する地震波 ($v_4 > v_3 > v_2 > v_1$). P は第 2 層の屈折波が直達波と,Q と R はそれぞれ第 3 層の屈折波が第 2 層のそれと,第 4 層の屈折波が第 3 層のそれと同時に到達する地点を示します.

$$= \frac{\Delta}{v_n} + 2\sum_{j=1}^{n-1} \frac{d_j\sqrt{v_n^2 - v_j^2}}{v_n v_j}. \tag{4.25}$$

第 n 層を伝わる屈折波の走時を表す式 (4.25) を図 4.8 の 4 層の場合について走時曲線として図 4.9 に示します.各層を伝わる屈折波の走時曲線を表す直線のうち最初に到達する波を太い実線で表し,対応する層を数字 1–4 で示しています.太い実線による走時曲線は P, Q, R の 3 箇所で折れ曲がります.細い点線は各屈折波の走時曲線の $\Delta = 0$ への外挿を表し,y 切片を t_2 などで示しています.

各層を伝わる地震波速度は対応する直線の傾きの逆数として求まります.各層の厚さについては $n = 2$ の場合を除き,式 (4.21) や (4.22) のような 1 つの式で求めることはできません.問題 4.2.5 で扱いますが,まず d_1 を求めたら,その d_1 と y 切片 t_3 を用いて d_2 を求める,というように上の層から順に計算していきます.

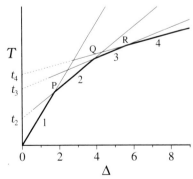

図 4.9 4 層の地下を伝播する地震波の走時曲線.太い実線は最初に到達する波を表し,細い点線は $\Delta = 0$ への外挿で,t_n は第 n 層を伝わる屈折波に関する直線の y 切片です.

4.2.6 多層の球内部での地震波伝播

走時曲線の解析を地球全体に拡大すると地球の内部構造を決定できます．その基礎的原理として，幾つかの層からなる球の中を伝わる地震波の屈折現象について考察します．

3層の球の表面Eで発生した地震波が各層の境界面で屈折して進む様子を図4.10に示します．地震波速度は深い層ほど大きいと仮定します．入射角と屈折角は同じ記号"i"で表し，上層から通し番号を付け，Eにおける波線と鉛直との角度（射出角）をi_0とします．スネルの法則の式(4.16)より次の2式が成立します．

$$\frac{\sin i_1}{v_1} = \frac{\sin i_2}{v_2}, \quad \frac{\sin i_3}{v_2} = \frac{\sin i_4}{v_3}.$$

一方，図で点線で示した半径r_1とr_2を斜辺とする2つの直角三角形に共通の辺の長さqは，

$$q = r_1 \sin i_2 = r_2 \sin i_3$$

と表せます．また，図には示していませんが，半径r_0とr_1を斜辺とする直角三角形から，

$$r_0 \sin i_0 = r_1 \sin i_1$$

ですので，これらの関係を利用すると上の2つの式は射出角i_0も含めて次の1つの式として表せることが分かります．

$$\frac{r_0 \sin i_0}{v_1} = \frac{r_1 \sin i_1}{v_1} = \frac{r_1 \sin i_2}{v_2} = \frac{r_2 \sin i_3}{v_2} = \frac{r_2 \sin i_4}{v_3}.$$

そこで，次の関係式

$$p = \frac{r \sin i}{v} \tag{4.26}$$

を定義すると，この量は任意の1つの波線に沿って一定値で，これを波線パラメータといいます．ここに，rは境界面の半径，iは入射，屈折，反射の角度のいずれでもよく，vはその波線の速度です．また，波線パラメータは層の数が幾つでも，あるいは地震波速度が連続的に変化する場合にも適用できます．

実際の地球での地震波の伝わり方は地震波速度が深さとともに連続的に増加するので（低速度層を除く），斜め下向きに射出された波も次第に上向きとなり，滑らかな曲線に沿って地表に到

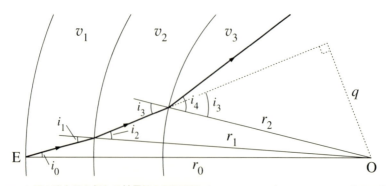

図4.10 3層の球内部を伝わる地震波の屈折現象（$v_1 < v_2 < v_3$）．r_0, r_1, r_2は球面の半径．

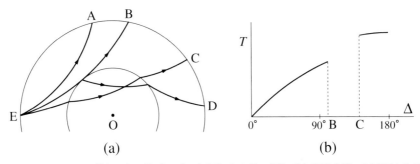

図 4.11 (a) マントルと核からなる地球モデルを伝わる P 波の例と (b) 走時曲線．BC 間は P 波の到達しないシャドーゾーン（[入舩ほか 1995, 図 1-4] を基に作図）．

達します．走時曲線も滑らかな曲線となりますが，震央距離としては地球中心からの震央と観測点との角度を取ります．

マントルと核の 2 層構造の地球モデルについて，内部を伝わる P 波の例を図 4.11(a) に，走時曲線を (b) に示します．核内の P 波速度はマントルより遅い約 60% を想定しています．P 波の射出角が大きい間（波線の向きが浅い間）は，射出角の減少につれ P 波は遠くの地点に到達します（図 (a) の A）．しかし，射出角がある程度小さくなり B のように波線が核に接すると，屈折して核内を通過し D のようにほとんど反対側に到達してしまいます．この現象は核の P 波速度がマントルよりも小さいために生じます．さらに射出角が小さくなると到達地点は再び B に近づきますが，ある程度の角度で最も近い C となります．そして射出角がさらに減少すると到達地点は再び遠くなり，鉛直下向きの波線では震央距離は 180° となります．このような原理で生じる地震波の到達しない領域 BC をシャドーゾーンといいます．

実際の地球では震央距離が 103–143° の間で P 波が観測されないことから核の存在が明らかになりました．さらに，震央距離が約 100° を超えると S 波が観測されないことから，地球核が流体であることが分かりました．但し，流体は外核のみで，固体の内核の存在はさらに詳しい観測から分かりました．このように，地震の観測により地球の構造が大きく地殻，マントル，核の 3 層からなり，さらにマントルは上部マントルと下部マントル，核は外核と内核からなることが明らかにされました．

さらに，地震波トモグラフィとよばれる，医学の CT スキャンと似た原理により，地殻やマントル内の詳細な構造が解明されています．地球内のある部分の地震波速度が，その深さに対する標準の値からどれくらい速いか遅いか求めることで，マントルに沈み込むプレートなどが実際に観測されました．但し，あくまで観測量は地震波速度で，標準値からの数 % 以下の差という僅かな量です．地震波速度の速い部分は冷たくて固い部分（沈み込むプレートなど），遅い部分は軟らかくて熱い部分（火山地域，ホットスポット，プリューム，など）に相当すると解釈されます．

問題 4.2

問題 4.2.1

(1) k と ω を正の定数として，位置 x と時間 t の次の関数は正弦波を表します．
$$\sin(kx - \omega t).$$
波長 λ と周期 T を k と ω で表しなさい．

(2) 正弦波 $\sin(kx - \omega t)$ と $\sin(kx + \omega t)$ は，それぞれ x の正と負の方向へ伝わることを説明し，波の速度を k と ω で表しなさい．

(3) $\sin(kx - \omega t)$ と $\sin(kx + \omega t)$ が式 (4.13) の波動方程式，
$$\frac{\partial^2 \psi}{\partial t^2} = \alpha^2 \frac{\partial^2 \psi}{\partial x^2}$$
の解であるための k, ω, α の関係を導き，α が波の速度となっていることを示しなさい．

(4) 岩石の加圧実験から花崗岩の弾性定数と密度が次のように測定されたとします．
$$K = 5.3 \times 10^{10} \text{ Pa}, \quad \mu = 3.1 \times 10^{10} \text{ Pa}, \quad \rho = 2650 \text{ kg/m}^3.$$
この結果から式 (4.14) と (4.15) を用いて花崗岩中を伝わる P 波と S 波の速度を求めなさい．

問題 4.2.2

(1) 速度 v_1 の波が速度 v_2 の波となって反射する場合も，入射角 i と反射角 r について次のスネルの法則が成立します．これをホイヘンスの原理を用いて図で説明しなさい．
$$\frac{\sin i}{v_1} = \frac{\sin r}{v_2}.$$

(2) 2 層構造の地下で，P 波，SV 波，SH 波が第 1 層から第 2 層へ入射する現象を考察します．P 波と S 波の速度は第 1 層では 6 km/s と 3 km/s，第 2 層では 8 km/s と 4 km/s，第 2 層が流体の場合は P 波の速度は 3 km/s とします．これらの地震波が図 4.12 のように入射角 i = 20° で入射するときの反射角や屈折角を計算し，図に波線を書き入れなさい．

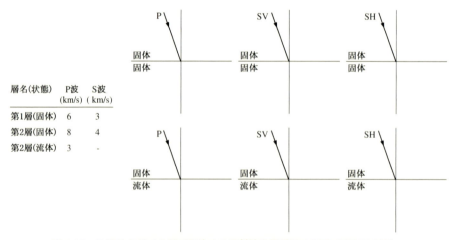

図 4.12 P 波や S 波の入射で発生する反射波や屈折波の作図（解答記入用）．

問題 4.2.3

(1) 式 (4.20) に示した，屈折波の震央距離 Δ へ到達する時間 T_3 を表す次式を導きなさい．

$$T_3 = \frac{\Delta}{v_2} + \frac{2d}{v_1 v_2} \sqrt{v_2^2 - v_1^2}.$$

(2) 式 (4.22) の，震央距離 Δ_c から第 1 層の厚さ d を与える次式を導きなさい．

$$d = \frac{\Delta_c}{2} \sqrt{\frac{v_2 - v_1}{v_2 + v_1}}.$$

(3) 日本の中部地方で実施した，爆破地震による最初に到達する P 波の走時曲線は震央距離 Δ_c = 179 km，走時 $T = 31$ s で折れ曲がった．震央から最も遠い観測点では，$\Delta = 292$ km，$T = 45$ s であった．日本列島の地殻の厚さを計算しなさい．

問題 4.2.4

地震の臨界屈折波が地表の地震計に到達する時間 T_1 と，その直下で深さ z に設置した深井戸地震計に到達する時間 T_2 との差は次の式で表されることを示しなさい．

$$T_1 - T_2 = \frac{z \sqrt{v_2^2 - v_1^2}}{v_1 v_2}.$$

ここに，v_1 と v_2 はそれぞれ第 1 層と第 2 層の地震波速度です．また，設置場所は屈折波が直達波より先に到達する距離にあり，深さ z は第 1 層の下面よりは浅いとします．

問題 4.2.5

参考元: [Stacey 1992, Prob.5.4]

地下が多層の地域で，爆破地震により下表のような最初に到達する P 波の震央距離 Δ と走時 T の観測結果が得られたとします．

Δ (km)	T (s)	Δ (km)	T (s)	Δ (km)	T (s)
2	1.00	20	6.73	120	26.36
4	2.00	40	11.73	140	29.04
6	3.00	60	16.36	160	31.54
8	3.73	80	19.69	180	34.04
10	4.23	100	23.02	200	36.54

隣り合う観測点のデータによる $\delta\Delta/\delta T$ を表にすることで，各層の地震波速度を推定しなさい．そして，次の第 n 層を伝わる屈折波の走時曲線を求め，各層の厚さ d_n を計算しなさい．

$$T_n = \frac{\Delta}{v_n} + t_n.$$

問題 4.2.6

参考元: [Stacey 1992, Prob.5.7]

上部マントル，下部マントル，核の 3 層からなり，地殻を省略した地球モデルについて，下表

第 4 章　地震と断層

のような半径と P 波速度を仮定します.

層	半径	P 波速度
上部マントル	6000 km	9 km/s
下部マントル	5000	12
核（液体）	3000	9

　地表（上部マントル表面）で発生した地震の P 波について，その波線が核表面に接する場合を考えます. この P 波は核表面をかすめて進みますが，波線が核側へ無限小ずれると屈折して核内を伝わります. 前者と後者はそれぞれ図 4.11 の波線 EB と波線 ED に相当しますが，この地球モデルでは各層を伝わる波線は直線となります. では，式 (4.26) の波線パラメータが一定の条件などを使用して，2 つの P 波の震央距離を求めなさい.

問題 4.2 解説

問題 4.2.1 解説

(1) 正弦関数は周期が 2π の関数ですので，波長 λ と周期 T は次のように求まります.

$$k(x + \lambda) = kx + 2\pi \quad \Rightarrow \quad \lambda = \frac{2\pi}{k},$$

$$\omega(t + T) = \omega t + 2\pi \quad \Rightarrow \quad T = \frac{2\pi}{\omega}.$$

なお，$1/\lambda$ は単位長さ当たりの波の数（山または谷の数）で，その 2π 倍の $k = 2\pi/\lambda$ は波数とよばれます. また，$f = 1/T$ は単位時間当たりの振動の数で振動数（周波数）とよばれます. 振動数の 2π 倍の $\omega = 2\pi f$ は角振動数（角周波数）とよばれ，角速度と同じです.

(2) 正弦関数 $\sin\theta$ の θ は位相とよばれ，波の特定の位置を表します. いま，時間の t_0 から t_1 への経過につれて $(t_1 > t_0)$，位置が x_0 から x_1 へ変化したとします. そこで，それらの位相を等置すれば，波の特定の位置の移動速度 v が分かります. $\sin(kx - \omega t)$ については，

$$kx_1 - \omega t_1 = kx_0 - \omega t_0,$$

$$x_1 - x_0 = \frac{\omega}{k}(t_1 - t_0).$$

右辺は正ですので，波は x の正の方向へ伝わることが分かります. 伝播速度は，

$$v = \frac{x_1 - x_0}{t_1 - t_0} = \frac{\omega}{k}.$$

$\sin(kx + \omega t)$ についても同様にして，波は x の負の方向へ伝わり，伝播速度 v は，

$$v = -\frac{\omega}{k}.$$

(3) $\sin(kx \mp \omega t)$ の t と x についての一階微分はそれぞれ，

$$\mp\omega\cos(kx \mp \omega t), \quad k\cos(kx \mp \omega t).$$

二階微分はそれぞれ，

$$-\omega^2 \sin(kx \mp \omega t), \quad -k^2 \sin(kx \mp \omega t).$$

これらを式 (4.13) の波動方程式の ϕ へ代入して α^2 について解きます.

$$\frac{\partial^2 \phi}{\partial t^2} = \alpha^2 \frac{\partial^2 \phi}{\partial x^2},$$
$$-\omega^2 \sin(kx \mp \omega t) = -\alpha^2 k^2 \sin(kx \mp \omega t),$$
$$\alpha^2 = \frac{\omega^2}{k^2}.$$

問 (2) の結果と比較して α が波の速度であることが分かります.

(4) 式 (4.14) と (4.15) を計算します.

$$v_P = 6.0 \text{ km/s}, \quad v_S = 3.4 \text{ km/s}.$$

なお,岩石の密度 ρ は深さとともに増加するので,v_P と v_S の式からは地震波速度は深くなるほど遅くなるように思われます.しかし,実際は弾性定数の K や μ が密度の増加以上に大きくなるので,地震波速度は深さとともに増大します(深さ 100–200 km の低速度層を除く).

問題 4.2.2 解説

(1) 図 4.13 で,波面が AB 間を通り過ぎる時間を Δt とすると,点 A から発する素元波の半径は $v_2 \Delta t$ で,(a) の $v_2 > v_1$ の場合も (b) の $v_2 < v_1$ の場合も,

$$v_1 \Delta t = AB \times \sin i, \quad v_2 \Delta t = AB \times \sin r$$

の関係が成り立ち,これらの式から AB を消去してスネルの法則が導かれます.

(2) ここで角度の記号として,入射角は i で,反射角は r_P と r_S で,屈折角は f_P と f_S で表します.また,入射波の速度は v_* で,第 1 層の地震波速度は v_{P1} と v_{S1} で,第 2 層の地震波速度は v_{P2} と v_{S2} で表します.すると,反射や屈折のスネルの法則は次の 1 つの式で表すことができます.

$$\frac{\sin i}{v_*} = \frac{\sin r_P}{v_{P1}} = \frac{\sin r_S}{v_{S1}} = \frac{\sin f_P}{v_{P2}} = \frac{\sin f_S}{v_{S2}}.$$

この式を用いて,$i = 20°$ として,種々の角度を計算し波線を描きます.その際,SH 波は振動面が境界面に平行なので,境界面で P 波を発生したり,逆に P 波から SH 波が生じたりすることはないことに留意します.結果を図 4.14 に示します.

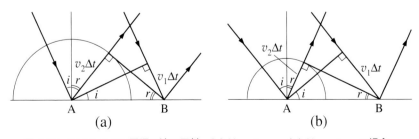

図 4.13 ホイヘンスの原理と波の反射.(a) は $v_2 > v_1$,(b) は $v_2 < v_1$ の場合.

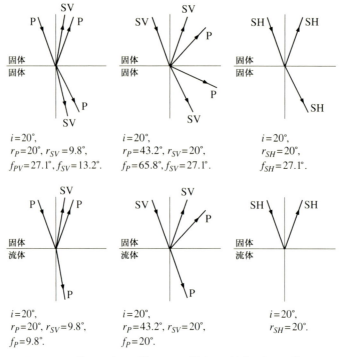

図 4.14　P 波や S 波の入射による反射波や屈折波の作図の結果．

問題 4.2.3 解説

(1) 図 4.6(a) から T_3 は次式となります．

$$T_3 = 2\frac{d/\cos i_c}{v_1} + \frac{\Delta - 2d\tan i_c}{v_2}.$$

これを式 (4.25) の導出とは多少異なりますが，次のように変形します．

$$T_3 = \frac{\Delta}{v_2} + \frac{2d}{\cos i_c}\left(\frac{1}{v_1} - \frac{\sin i_c}{v_2}\right) = \frac{\Delta}{v_2} + \frac{2d}{v_1 \cos i_c}\left(1 - \frac{v_1}{v_2}\sin i_c\right).$$

ここで，$\sin i_c = \frac{v_1}{v_2}$ と $\cos i_c = \frac{\sqrt{v_2^2 - v_1^2}}{v_2}$ を代入して，

$$T_3 = \frac{\Delta}{v_2} + \frac{2d}{v_1}\frac{v_2}{\sqrt{v_2^2-v_1^2}}\frac{v_2^2-v_1^2}{v_2^2} = \frac{\Delta}{v_2} + \frac{2d}{v_1 v_2}\sqrt{v_2^2-v_1^2}.$$

(2) $\Delta = \Delta_c$ とした T_3 と T_1 を等置して d について解きます．

$$\frac{\Delta_c}{v_2} + \frac{2d}{v_1 v_2}\sqrt{v_2^2 - v_1^2} = \frac{\Delta_c}{v_1},$$

$$\frac{2d}{v_1 v_2}\sqrt{v_2^2 - v_1^2} = \Delta_c \frac{v_2 - v_1}{v_1 v_2},$$

$$d = \frac{\Delta_c}{2}\sqrt{\frac{v_2 - v_1}{v_2 + v_1}}. \tag{4.27}$$

(3) P 波の v_1 と v_2 は次のようになります．

$$v_1 = 5.77 \text{ km/s}, \quad v_2 = 8.07 \text{ km/s}.$$

これらの値を式 (4.27) に代入して，地殻の厚さは約 36 km となります．

$$d = \frac{179}{2}\sqrt{\frac{8.07 - 5.77}{8.07 + 5.77}} = 36.485.$$

問題 4.2.4 解説

第 1 層の厚さを d とすると，図 4.15 より，

$$T_1 - T_2 = \frac{\overline{AO}}{v_1} - \left(\frac{\overline{AB}}{v_2} + \frac{\overline{BP}}{v_1}\right) = \frac{d}{v_1 \cos i_c} - \left(\frac{z \tan i_c}{v_2} + \frac{d - z}{v_1 \cos i_c}\right)$$
$$= \frac{z}{v_1 \cos i_c} - \frac{z \tan i_c}{v_2}.$$

ここで，$\sin i_c = \frac{v_1}{v_2}$ より，

$$\cos i_c = \frac{\sqrt{v_2^2 - v_1^2}}{v_2}, \quad \tan i_c = \frac{v_1}{\sqrt{v_2^2 - v_1^2}}$$

を代入して，

$$T_1 - T_2 = \frac{zv_2}{v_1\sqrt{v_2^2 - v_1^2}} - \frac{zv_1}{v_2\sqrt{v_2^2 - v_1^2}} = \frac{z}{\sqrt{v_2^2 - v_1^2}}\frac{v_2^2 - v_1^2}{v_1 v_2} = \frac{z\sqrt{v_2^2 - v_1^2}}{v_1 v_2}.$$

別解：

$T_1 - T_2$ はヘッドウェーブの到達時間の差です．図 4.15 で灰色の線で示したヘッドウェーブの波面の到達時間差は以下の通りです．

$$T_1 - T_2 = \frac{\overline{QD}}{v_2} - \frac{\overline{QC}}{v_2} = \frac{d}{v_2 \tan i_c} - \frac{d - z}{v_2 \tan i_c} = \frac{z}{v_2 \tan i_c} = \frac{z\sqrt{v_2^2 - v_1^2}}{v_1 v_2}.$$

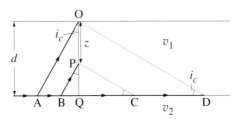

図 4.15 地表と深井戸に設置した地震計に到達する臨界屈折波の波線とヘッドウェーブの波面．

なお，地震波到達までの時間差は，v_1 と v_2 が 3 km/s と 6 km/s のとき，深さ z が 3.5 km で約 1 秒です．これは，緊急地震速報の観測ネットワークでの使用には利点があると思われます．しかし，深井戸地震計の多くは 1 km より浅く，その主な目的はノイズの減少のようです．

問題 4.2.5 解説

このモデルの走時曲線を図 4.16 に示します．図中に太い線で表した 4 つの直線部分の傾きの

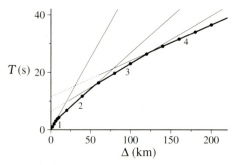

図 4.16 4 層モデルの走時曲線．黒丸は最初に到達する P 波の模擬観測値です．

逆数から各層の P 波速度が求まります．ここでは，隣り合う観測点のデータによる $\frac{\delta \Delta}{\delta T}$ を計算し下表に示します．

Δ (km)	T (s)	$\frac{\delta\Delta}{\delta T}$ (km/s)	Δ (km)	T (s)	$\frac{\delta\Delta}{\delta T}$ (km/s)	Δ (km)	T (s)	$\frac{\delta\Delta}{\delta T}$ (km/s)
0	0.00		10	4.23		100	23.02	
		2.00			4.00			5.99
2	1.00		20	6.73		120	26.36	
		2.00			4.00			7.46
4	2.00		40	11.73		140	29.04	
		2.00			4.32			8.00
6	3.00		60	16.36		160	31.54	
		2.74			6.01			8.00
8	3.73		80	19.69		180	34.04	
		4.00			6.01			8.00
10	4.23		100	23.02		200	36.54	

$\frac{\delta \Delta}{\delta T}$ は隣り合う観測点間を伝わる P 波速度です．表には連続した同じ値が 4 通りあり，P 波速度は上層から順に 2, 4, 6, 8 km/s となります．3 箇所に連続せず異なる値が見られますが，それは隣り合う観測点間で走時曲線が折れ曲がっているためです．各層の $T_n(\Delta)$ の式は以下のように求まります．

$$T_1 = \Delta/2, \quad T_2 = \Delta/4 + 1.73, \quad T_3 = \Delta/6 + 6.36, \quad T_4 = \Delta/8 + 11.54.$$

これらの式の y 切片 1.73, 6.36, 11.54 を式 (4.25) に順に適用すると，各層の厚さは上層から順に 2, 12, 20 km となります．

問題 4.2.6 解説

3 層地球モデルでの各種パラメータ，及び核に接して伝わる P 波の波線 EA と屈折して核内を伝わる波線 EB を図 4.17 に示します．

波線 EA の震央距離は図から $\theta_1 + \theta_2$ の 2 倍です．θ_2 については，

$$\cos\theta_2 = \frac{r_2}{r_1} = \frac{3000}{5000} = 0.6 \quad \Rightarrow \quad \theta_2 = 53.13°.$$

波線パラメータが一定であることを利用すると次式が成立します．

$$\frac{r_0 \sin i_0}{v_1} = \frac{r_1 \sin i_1}{v_1} = \frac{r_2 \sin i_3}{v_2}.$$

これより，$\sin i_3 = \sin 90° = 1$ ですので，

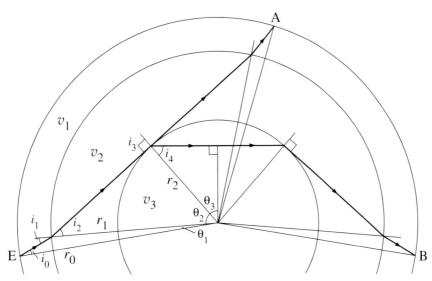

図 4.17 3層地球モデルの核に接して伝わる 2 つの P 波の波線.

$$\sin i_0 = \frac{r_2}{r_0}\frac{v_1}{v_2} = \frac{3000}{6000}\frac{9}{12} = 0.375 \quad \Rightarrow \quad i_0 = 22.02°,$$
$$\sin i_1 = \frac{r_2}{r_1}\frac{v_1}{v_2} = \frac{3000}{5000}\frac{9}{12} = 0.45 \quad \Rightarrow \quad i_1 = 26.74°.$$

三角形の外角の公式から,

$$\theta_1 = i_1 - i_0 = 4.72°.$$

よって,次のように波線 EA の震央距離は 116° です.

$$2(\theta_1 + \theta_2) = 115.70°.$$

波線 EB では震央距離は $\theta_1 + \theta_2 + \theta_3$ の 2 倍です.屈折角 i_4 は波線パラメータ,

$$\frac{r_2 \sin i_3}{v_2} = \frac{r_2 \sin i_4}{v_3}$$

から求まり,

$$\sin i_4 = \frac{v_3}{v_2} = \frac{9}{12} = 0.75 \quad \Rightarrow \quad i_4 = 48.59°$$

となり,

$$\theta_3 = 90° - i_4 = 41.41°.$$

よって,次のように波線 EB の震央距離は 199° となります.

$$2(\theta_1 + \theta_2 + \theta_3) = 198.52°.$$

補足: 3層地球モデルのシャドーゾーンについて

上の結果から,この地球モデルでの P 波のシャドーゾーンは震央距離が 116° から 199° と結論しては誤りです.例えば射出角 i_0 が 0° では震央距離が 180° となるのは明らかです.

入射角 i_3 が 90° でない場合も,波線パラメータが一定の条件から各角度 i_1–i_4 を以下のように

i_0 の関数として表し，震央距離 Δ を求めることができます．

$$i_1 = \sin^{-1}\left(\frac{r_0}{r_1}\sin i_0\right), \quad i_2 = \sin^{-1}\left(\frac{r_0}{r_1}\frac{v_2}{v_1}\sin i_0\right),$$
$$i_3 = \sin^{-1}\left(\frac{r_0}{r_2}\frac{v_2}{v_1}\sin i_0\right), \quad i_4 = \sin^{-1}\left(\frac{r_0}{r_2}\frac{v_3}{v_1}\sin i_0\right),$$
$$\Delta = 2(90° - i_0 + i_1 - i_2 + i_3 - i_4).$$

これらの式を使用して，$i_0 = 0°$ から i_0 を $0.02°$ ずつ増やして繰り返し計算した結果を図 4.18 に示します．図から震央距離は $i_0 = 16°$ のとき $\Delta = 162°$ の最小値となることが分かります．以上から，3 層地球モデルのシャドーゾーンは震央距離が $116°$ から $162°$ となります．

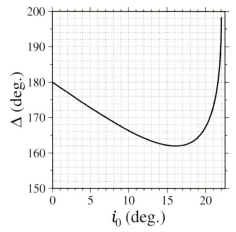

図 4.18　3 層地球モデルでの射出角と震央距離の関係（$0° \leq i_0 \leq 22.04°$ の範囲）．

4.3　地震発生のメカニズム

4.3.1　断層の分類

　地震は断層が急激に破壊し，ずれ動くことで発生します．断層は走行，傾斜，ずれの向きで種類分けします．走行は断層面と水平面の交線の方向で，傾斜は断層面の水平面からの傾きです．物理系の地学分野では，走行は図 4.19 のように北から東回りの方位角 ϕ で表します．傾斜 δ は走行の方向に右ねじが進むときのネジの回転方向を正とします．但し，一般的には走行を北から東西の方向と角度で，傾斜をその向きと角度で表します．例えば，図 4.19 の断層が $\phi = 130°$，$\delta = 30°$ とすると，これは走行 N50°W，傾斜 30°SW と同等です．

　断層の両側のブロックのずれには走行に平行なずれ（横ずれ），走行に直角な傾斜方向のずれ（縦ずれ），その両方を含む斜めのずれがあります．主に横ずれによる断層を横ずれ断層とよび，ある側から見て他方が左または右にずれた場合をそれぞれ左横ずれ断層，右横ずれ断層とよびます．主に縦ずれによる断層を縦ずれ断層とよび，断層面に沿って上側のブロック（上盤）が下に

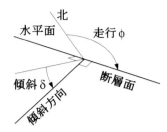

図 4.19 物理系地学分野で使用する断層の走行 ϕ と傾斜 δ.

ずれ落ちたものを正断層，ずれ上がったものを逆断層とよびます．横ずれと縦ずれの両方を含む場合は，どちらの成分が多いかで分類します．

4.3.2 P波初動分布

観測されるP波の最初の動きをP波初動といいます．初動が震源から押される向きを"押し"，震源へ引かれる向きを"引き"といいます．地震学の初期に，日本の志田はP波初動が震源を中心とした4象限に分かれることを発見し，地震が断層の破壊で発生することが確立されました．

図 4.20 はその模式図で，走行が南北で断層面が垂直の左横ずれ断層を上空から見た図です．P波初動の押し引き分布は図のようになり，断層面から45°離れた方向に押しも引きも最も強くなります．断層の延長線上や断層に直角な方向ではP波の初動は観測されません（S波は観測されます）．その理由は，理想的な場合には，断層は地殻内の最大の圧縮応力の方向から45°の方向にずれるからです（4.4 節）．

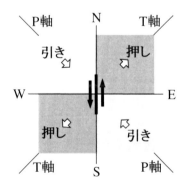

図 4.20 南北走行で垂直な左横ずれ断層による P 波の初動分布.

図 4.20 では，最大圧縮応力軸と最小圧縮応力軸がそれぞれ北西–南東と北東–南西の方向です．そのため P 波初動の引きは北西と南東の象限で，押しは北東と南西の象限で観測されます．なお，通常は地殻内の平均の応力を差し引いて考え，引きの方向は主圧縮軸（P 軸），押しの方向は主張力軸（T 軸）といいます．P と T はそれぞれ pressure と tension の頭文字を表します.

4.3.3 震源球

地震波は全空間に球面状に伝わるので，図 4.21(a,b) のように震源の回りに球を考えると便利で，これを震源球といいます．震源球は 4 象限に分かれ，交互に押しと引きの波が伝わる領域を表します．図 4.21(a) は図 4.20 の例と同じ左横ずれ断層の震源球です．灰色と白色の象限がそれぞれ押しと引きの領域を表します．押し引きの色分けは球の内部も該当しますが，ビーチボールのように球表面だけで色分けしました．この震源球の下半分を平面に投影した図を地震の発震機構（地震のメカニズム解）とよびます．P 軸と T 軸は震源球には描いてませんが，それらの軸が震源球の球面と交わる点を下方に投影して，発震機構の図に含めてあります．両軸とも水平面内にあるので，発震機構では円の外周にプロットされます．

図 4.21(b) は走行が南北で東に 45° 傾斜した逆断層の例です．震源球は横向きのビーチボールのような模様に，発震機構は猫の目のようなパターンになります．この例では P 軸は水平面内ですが，T 軸は垂直方向のため発震機構では円の中心にプロットされます．

震源球や発震機構で，4 象限の境界となる 2 つの面を節面といいます．節面のうち 1 つが断層面を表し，もう 1 つは断層のずれた方向に垂直な面となります．この断層のずれ方向を表すベクトルをスリップベクトルといいます．スリップベクトルは 2 つあり，同じ大きさで反対向きです．図 4.21(c,d) に示した断層と発震機構の例では◆の記号がスリップベクトルを下方へ投影した点です．図の (c) ではスリップベクトルは水平で東と西の方向に◆でプロットされます．(d) では下のブロックのスリップベクトルだけが，西の方向に 45° 傾いた方向としてプロットされ，もう 1 つの上方に傾いたスリップベクトルは下方には投影されません．

ここで注意すべき点は，同じ発震機構となる断層運動が 2 つ存在することです．図 4.21(c) の東西走行の右横ずれ断層の震源球や発震機構は図 4.21(a) の南北走行の左横ずれ断層と全く同じとなります．また，(d) の南北走行で西に 45° 傾斜した逆断層も (b) の東傾斜の逆断層と同じ発震機構となります．但し，スリップベクトルの投影点は異なり，(b) では押しの領域の東端にプロットされます（図 4.21(a)(b) はスリップベクトルを省略しています）．

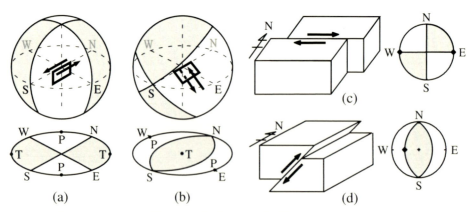

図 4.21 震源球と発震機構の原理 (a,b)，及び断層と発震機構の例 (c,d)．(a) 南北走行，傾斜 90° の左横ずれ断層，(b) 南北走行，東傾斜 45° の逆断層，(c) 東西走行，傾斜 90° の右横ずれ断層，(d) 南北走行，西傾斜 45° の逆断層．

4.3.4 発震機構の決定

ここまでは，断層運動の型と発震機構の関係を考察しました．実際には，観測されたP波初動分布から震源球と発震機構を求め，断層運動を決定します．その際，最初に必要な情報は震源の位置です．震源位置の決定法の1つは初期微動の継続時間が震源からの距離が遠いほど長いことを利用します．これは大森公式とよばれ，P波とS波の到達時間の差（S-P時間）をT，震源距離（震央距離ではない）をD，比例定数をkとして次式で表されます．

$$D = kT.$$

比例定数のkは地下構造により 4–9 km/s の値を取ります．大森公式は震央距離が概ね数百 km 以下の浅い地震に適用され，1970年代頃までは研究でも使用されていたそうです．

実際には地震波速度は地域で異なり，深くなるほど速くなるので大森公式の適用には限界があります．現代では深さに対するP波とS波の速度表を用い，複雑な計算で震源を決定します．まず，震源位置と地震発生時刻を推定して各観測点における走時を計算し，これを初期モデルとします．そして，最初に推定した震源位置と地震発生時刻を少しずつ変えながら，各観測点での地震波到着時刻とモデルが最も合うように繰り返し計算し，最終モデルを決定します．

震源位置が決定されたとして，地表の2点で観測されたP波初動の模式図を図 4.22(a) に示します．図は地球中心を通る断面図で，震源や観測点は同一平面上にあるとします．また，震源では逆断層による地震が発生したとします．

下方に射出した地震波は深さとともに速くなるので段々と上方へ曲げられ，観測点には下から到達しP波初動として観測されます．地震波が伝わってきた波線は，観測点の震央距離と震源の深さから地球の層構造モデルを用いて決定します．そして，初動の押し引きを地震波の波線に沿って震源球まで引き戻し，震源での波線の射出角iを決定します．また，震源から見た観測点の方位角Aを震源や観測点の緯度経度から求めます．最後に，図 4.22(b) のように，投影図上で(i, A)の位置に押し引きの点をプロットします．この作業を多くの観測点について行うことで，押し引きを表す点が多数プロットされた投影図が得られます．そのP波初動分布に最も合う2つの節面を計算機を用いるなどして求め発震機構を決定します（図 4.22 では説明のために最初から2節面と4象限の色分けを描きました）．

なお前述の通り，同じ発震機構となる断層運動は2つ存在するので，2つの節面のうちどちら

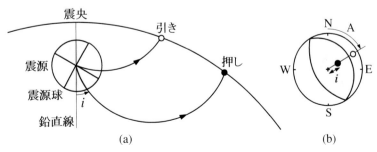

図 4.22 2箇所の観測点で観測したP波初動から発震機構を作成する原理．iとAはそれぞれ波線の射出角と震源から見た観測点の方位角．震央，震源，2観測点は同一平面上にあると仮定しています（[安藤ほか 1996, 図 3-2] を基に作図）．

が断層面であるかは決めることができません．そのため，断層を表す節面の決定は余震分布などを観測することで行います．

問題 4.3

問題 4.3.1

(1) 大森公式 $D = kT$ の定数 k は P 波速度 v_P と S 波速度 v_S により，

$$k = \frac{v_P v_S}{v_P - v_S}$$

で表されることを導き，v_P と v_S が 6.0 km/s と 3.5 km/s のときの k を求めなさい．

(2) ある観測点 A の観測結果として S–P 時間は 10 s，k を 8.4 km/s として D が 84 km となったとします．震源は A を中心とする半径 D の球面上にあるので，図 4.23 のように地図上で半径 D の円を描き，他の 2 観測点でも観測結果に基づき同様の円を描くと，3 本の共通弦の交点が震央 E です．震央距離 AE が 76 km とすると震源の深さは何 km か？

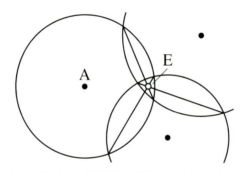

図 4.23 大森公式により決定した震源距離を半径とする 3 つの円による震央の決定．

問題 4.3.2

図 4.24 の (a) から (e) に示した断層運動による地震の発震機構をスリップベクトルも含めて作図します．断層の走行傾斜は各図の下に示してあります．なお，図の (e) では東側ブロックの西側ブロックに対するスリップベクトルだけを描き，西側ブロックのそれは省略しました．

作図にはシュミットネットを利用します（用紙は付録 E.4 にあります）．シュミットネットは地球の経度線と緯度線を赤道側から眺めたような図で，投影手段として使用します．経度線と緯度線はそれぞれ球面上の大円と小円の投影です．では，シュミットネットの上にトレーシングペーパーを重ねて適当な大円を写し取り，地震の発震機構を作図しなさい．

問題 4.3.3

図 4.25 の (a)–(d) は 4 種類の地震の発震機構で，◆はスリップベクトルを示します．2 つの節

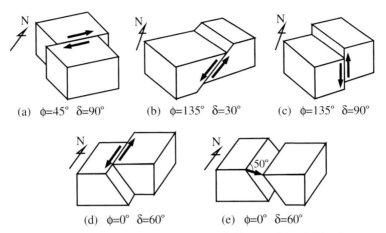

(a) φ=45° δ=90°　(b) φ=135° δ=30°　(c) φ=135° δ=90°

(d) φ=0° δ=60°　(e) φ=0° δ=60°

図 4.24　5 種類の断層モデル．ϕ と δ は各断層面の走行と傾斜です．

面の走行傾斜は各図の下に示してあります．どちらの節面が断層かを判断して断層の種類を決定し，断層運動を見取り図として描きなさい．

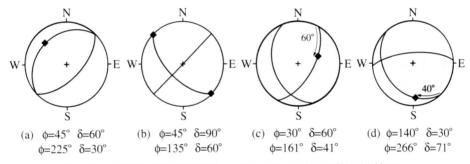

(a) φ=45° δ=60°　(b) φ=45° δ=90°　(c) φ=30° δ=60°　(d) φ=140° δ=30°
　　φ=225° δ=30°　　　φ=135° δ=60°　　φ=161° δ=41°　　φ=266° δ=71°

図 4.25　4 種類の地震の発震機構．ϕ と δ は 2 つの節面の走行と傾斜です．

問題 4.3.4

次表は，模擬データですが，世界の 10 の観測所で観測したある地震の P 波初動です．A は震央から見た観測点の方位角で，北から東回りです．I は地震波が震源から射出したときの水平から下向きの角度（伏角）です．即ち，伏角 I は地震波の射出角 i の余角です（$I = 90° - i$）．これらの P 波初動分布のデータから，シュミットネットに重ねたトレーシングペーパー上で発震機構を作図し，断層のタイプを考察しなさい．

A (°)	I (°)	初動	A (°)	I (°)	初動
66	42	押し	176	24	引き
127	22	押し	184	42	押し
146	28	押し	198	65	引き
152	59	引き	274	51	押し
168	36	引き	295	74	引き

問題 4.3 解説

問題 4.3.1 解説

(1) S-P 時間 T は，
$$T = \frac{D}{v_S} - \frac{D}{v_P} = D\frac{v_P - v_S}{v_P v_S}.$$
これより，$D = kT$ の k は次式となり，値を代入して $k = 8.4$ km/s．
$$k = \frac{v_P v_S}{v_P - v_S}.$$

(2) 図 4.26(a) は AE に垂直な断面です．震央距離 AE を Δ とすると，図より，
$$h = \sqrt{D^2 - \Delta^2} = \sqrt{84^2 - 76^2} \approx 35.8 \text{ km}.$$

図 4.26(b) は大森公式を使用していた頃の作図法で，2 つの円の共通弦を直径とする半円と震央 E を通り弦に垂直な線との交点を H とすると，距離 EH が震源の深さとなります．

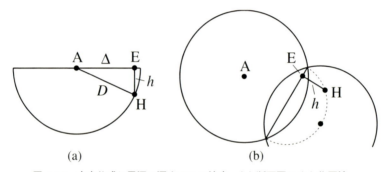

図 4.26　大森公式と震源の深さ EH の決定．(a) 断面図と (b) 作図法．

問題 4.3.2 解説

断層運動による発震機構は (a) から (d) については図 4.27 の通りです．◆で示したスリップベクトルは，2 つの節面のうち断層でない節面に垂直となります．即ち，スリップベクトルは断層でない節面の投影である大円の "極" を表します．

断層運動 (e) については以下の (i)–(iv) のように作図します (図 4.28(i)–(iv))．

(i) トレーシングペーパーにシュミットネットの外周と中心を写し取ります．
(ii) トレーシングペーパーの NS を中心の経度線に合わせ，東に 60° 傾いた経度線を写し取ります．スリップベクトルの向きは，走行の方向から断層面内で 50° 時計回りの方向ですので，写し取った経度線上で極から 50° の点に◆をプロットします．
(iii) スリップベクトル◆がシュミットネットの赤道上に来るようトレーシングペーパーを回転し，◆から 90° 離れた経度線を描きます．この例では，スリップベクトルの傾斜は約 42° となるので，5° ごとの用紙では該当の経度線はなく，比例配分で手書きします．
(iv) トレーシングペーパーの回転を元に戻し，押しの領域を着色します．

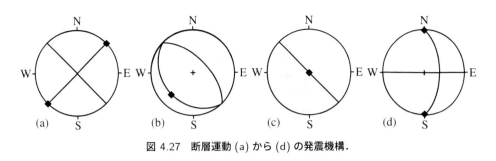

図 4.27 断層運動 (a) から (d) の発震機構.

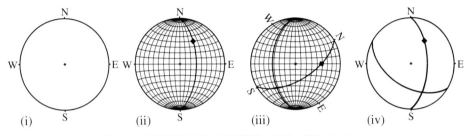

図 4.28 断層運動 (e) の発震機構の作図の手順 (i)–(iv).

問題 4.3.3 解説

スリップベクトルを伴う節面が断層面ですので，どちらの節面かの判断は容易です．図 4.25(a) では $[\phi = 225°, \delta = 30°]$ (N45°E30°NW) の面が断層で典型的な逆断層のパターンですが，傾斜が浅いので押しの領域が変形しています．(b) では $[\phi = 135°, \delta = 60°]$ (N45°W60°SW) の面が断層です．典型的な右横ずれ断層ですが，断層面が垂直でないので十字のパターンからずれています．(c) と (d) はそれぞれ $[\phi = 30°, \delta = 60°]$ (N30°E60°SE) と $[\phi = 140°, \delta = 30°]$ (N40°W30°SW) が断層です．これらは縦ずれと横ずれの両方を含み発震機構は複雑ですが，(c) と (d) はそれぞれ正断層と逆断層のパターンの変形と考えることもできます．

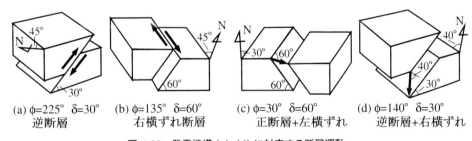

図 4.29 発震機構 (a)–(d) に対応する断層運動.

断層の見取り図の描き方は任意ですが，一例を図 4.29 に示します．なお，(c) と (d) では 2 つのスリップベクトルのうち発震機構にプロットされた下向きのベクトルだけを描きました．

問題 4.3.4 解説

地震の P 波初動による発震機構の作図手順を図 4.30(a)–(f) に示し，それぞれの作業の説明を

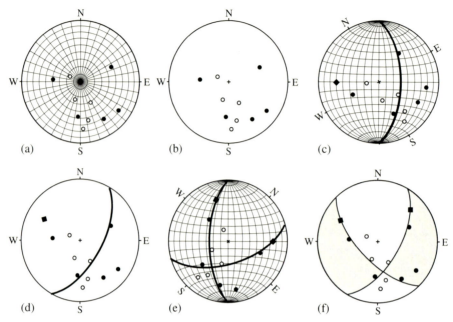

図 4.30 地震の P 波初動による発震機構の作図.

以下に列挙します.
(a) 極中心の等面積投影図にトレーシングペーパーを重ね,初動分布をプロットします.
(b) 少数の模擬データですが,初動分布の押しと引きが集中した領域が中心の少し南にあり,4 象限に分かれた横ずれの十字パターンに縦ずれ成分が加わった形と推測できます.
(c) トレーシングペーパーをシュミットネット上に重ね,反時計回りに 30° 回転すると,節面として適当な大円が選べるので写し取ります.同時に,赤道上で大円から 90° の点に大円の極として◆をプロットします.
(d) トレーシングペーパーの回転を元に戻します.中心の少し南南東の点を通りこの大円に直交する大円が存在すれば,初動分布は 4 象限に分かれると推測できます.
(e) 節面 2 はトレーシングペーパーを時計回りに約 45° 回転すると,押し引きの境界になる大円が見つかるので,図のように大円を写し取ります.5° ごとの用紙で該当の経度線がないときは比例配分で手書きします.その際,節面 1 の極がその大円上に重なることも必要です.また,その大円の極も◆でプロットし,節面 1 の大円に重なることを確認します.
(f) トレーシングペーパーの回転を元に戻すと,横ずれ断層に縦ずれが加わったパターンです.

　節面 1 が断層の場合,走行傾斜は $[\phi = 30°, \delta = 60°]$ (N30°E60°SE) です.スリップベクトルの方向を伏角 I と偏角 D(方位角に同じで東を正,西を負)で表すと $[I = 25.7°, D = 46.1°]$ で,断層面上では下向き 30° です.左横ずれ断層に正断層の動きが加わった断層運動です.
　節面 2 が断層の場合,走行傾斜は $[\phi = 136.1°, \delta = 64.3°]$ (N43.9°W64.3°SW) です.スリップベクトルの方向は $[I = 30°, D = -60°]$ で,断層面上では下向きに 33.7° です.これは右横ずれ断層に正断層の動きが加わった断層運動です.
　以上は演習としての発震機構の解法ですが,実際の観測では 2 つの節面が直交する条件のもと

に，計算機で繰り返し計算し観測された押し引き分布に最もよく合う解を探します．

4.4 弾性体の力学と断層運動

4.4.1 応力と歪み

応力と歪みについては 4.2 節でも触れましたが，以下はより詳しいまとめです．応力とは物体内部で作用する単位面積当たりの力で，圧力と同じ単位の Pa で表します．ある面に垂直な成分を法線応力，平行な成分をずれ応力（せん断応力）といいます．応力は σ_{xx} などと記しますが，1 番目の添え字は応力が働く面を，2 番目は応力の方向を表します．例えば σ_{xx} は図 4.31(a) のように x の面で $-x$ 方向に働く応力で，通常の圧力と同じと考えて構いません（x 面とは x 軸に垂直な面で，詳細は付録 B.3 を参照）．また，σ_{xy} は図 4.31(b) のように x の面に沿って $-y$ 方向に働く応力で，物体を横方向にずらすような力と考えてよいです．

一方，歪みとは物体の変形の程度を表す量で，変形前の値で規格化して割合に直します．弾性体では，歪みは応力に比例し，これをフックの法則といいます．図 4.31(a) のように，高さ x の弾性体ブロックが法線応力 σ_{xx} により δx 短縮した場合の歪みを伸縮歪みといい，

$$\epsilon_{xx} = \frac{\delta x}{x} \tag{4.28}$$

で表され，地球科学分野では短縮する場合を正とします．フックの法則は，

$$\sigma_{xx} = E\epsilon_{xx} \tag{4.29}$$

で与えられ，E はヤング率です．図 4.31(b) のようなずれ応力が働いた場合の横方向の歪みをずれ歪み（せん断歪み）といい，

$$\epsilon_{xy} = \frac{1}{2}\frac{\delta y}{x} \tag{4.30}$$

で表されます．但し，これは単純ずれ歪みの場合で，一般的には $\epsilon_{xy} = (1/2)(\delta y/x + \delta x/y)$ で定義されます．ここでは式 (4.30) の定義に従い，この場合のフックの法則は，

$$\sigma_{xy} = 2\mu\epsilon_{xy} \tag{4.31}$$

となり，μ を剛性率といいます．

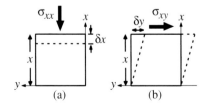

図 4.31　(a) 法線応力 σ_{xx} と (b) ずれ応力 σ_{xy}．

4.4.2 3次元弾性体

一般化された3次元弾性体では，$\sigma_{xx}, \sigma_{xy}, \sigma_{xz}, \sigma_{yx}, \sigma_{yy}, \sigma_{yz}, \sigma_{zx}, \sigma_{zy}, \sigma_{zz}$ の9個の変数が必要です．しかし，$\sigma_{xy} = \sigma_{yx}, \sigma_{xz} = \sigma_{zx}, \sigma_{yz} = \sigma_{zy}$ の対称性のために，実際には6個の変数で記述します（歪みも同様）．この対称性は，図 4.32 で z 軸（紙面に垂直）の回りの力のモーメントのつり合いから得られます．図の微小な直方体が回転しないためには，

$$(\sigma_{xy} \times \delta y) \times \delta x = (\sigma_{yx} \times \delta x) \times \delta y$$

が成り立つ必要があり，これより

$$\sigma_{xy} = \sigma_{yx}$$

のように σ_{xy} と σ_{yx} の対象性が示され，他の変数についても同様です．

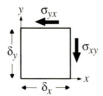

図 4.32　ずれ応力の対称性，$\sigma_{xy} = \sigma_{yx}$．

一般化された3次元弾性体についてのフックの法則は大変複雑で，次式で表されます．

$$\begin{cases} \sigma_{xx} &= (\lambda + 2\mu)\epsilon_{xx} + \lambda\epsilon_{yy} + \lambda\epsilon_{zz}, \\ \sigma_{yy} &= \lambda\epsilon_{xx} + (\lambda + 2\mu)\epsilon_{yy} + \lambda\epsilon_{zz}, \\ \sigma_{zz} &= \lambda\epsilon_{xx} + \lambda\epsilon_{yy} + (\lambda + 2\mu)\epsilon_{zz}, \\ \sigma_{xy} &= 2\mu\epsilon_{xy}, \\ \sigma_{xz} &= 2\mu\epsilon_{xz}, \\ \sigma_{yz} &= 2\mu\epsilon_{yz}. \end{cases} \quad (4.32)$$

ここに λ と μ はラメの定数といわれます（μ は剛性率）．式 (4.32) の解析から，例えば x 方向に圧縮応力 σ_{xx} が働くと x 方向に縮むと同時に y と z 方向にも膨らむことが導かれます．

4.4.3 主応力軸と主応力

図 4.33(a) は弾性体の中に任意に取った座標系での，ある微小体積部分に作用する応力の様子です．この座標系をある適当な角度回転すると，各座標軸に垂直な面ではずれ応力がゼロとなるような座標系が存在することが証明されています（付録 B.3）．即ち，

$$\sigma_{x'y'} = \sigma_{x'z'} = \sigma_{y'z'} = 0$$

となるような座標軸を主応力軸といいます．このときの各応力は主応力とよばれ，図 4.33(b) のように $\sigma_1, \sigma_2, \sigma_3$ で表します．対応する伸縮歪みは主歪みといい，$\epsilon_1, \epsilon_2, \epsilon_3$ で表します．主応

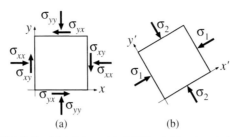

図 4.33 (a) 弾性体の微小体積に働く応力と (b) 座標軸の回転による主応力軸と主応力への変換.

力軸の座標系では式 (4.32) は次のように表せます.

$$\begin{cases} \sigma_1 = (\lambda + 2\mu)\epsilon_1 + \lambda\epsilon_2 + \lambda\epsilon_3, \\ \sigma_2 = \lambda\epsilon_1 + (\lambda + 2\mu)\epsilon_2 + \lambda\epsilon_3, \\ \sigma_3 = \lambda\epsilon_1 + \lambda\epsilon_2 + (\lambda + 2\mu)\epsilon_3. \end{cases} \tag{4.33}$$

地殻中では,主応力軸の 1 つが鉛直方向となることが多く,プレート運動などにより 3 つの主応力の大きさの違いがある程度顕著になると,断層が動いて岩石破壊が生じます.3 つの主応力が等しい場合は,

$$p = \sigma_1 = \sigma_2 = \sigma_3 \tag{4.34}$$

が圧力であり,静水圧と同じ状態になります.このように地中の応力分布が静水圧と同じ状態をリソスタティックな状態といい,この状態では岩石の破壊は発生しません.リソスタティックでない場合は,圧力は次のように 3 つの主応力の平均として定義されます.

$$p = \frac{1}{3}(\sigma_1 + \sigma_2 + \sigma_3). \tag{4.35}$$

また,歪みで体積 V が減少する場合,δV は膨張が正,歪みは縮小が正ですので,

$$\frac{V + \delta V}{V} = (1 - \epsilon_1)(1 - \epsilon_2)(1 - \epsilon_3)$$

となります.これを近似して,縮小を正として定義される体積歪み Δ は次式となります.

$$\Delta = -\frac{\delta V}{V} = \epsilon_1 + \epsilon_2 + \epsilon_3. \tag{4.36}$$

ここで,式 (4.33) の各式を足すことで,

$$p = \frac{\sigma_1 + \sigma_2 + \sigma_3}{3} = \frac{3\lambda + 2\mu}{3}(\epsilon_1 + \epsilon_2 + \epsilon_3) = \frac{3\lambda + 2\mu}{3}\Delta = K\Delta. \tag{4.37}$$

ここに,$K = (3\lambda + 2\mu)/3$ は体積弾性率で,式 (4.37) は 4.2 節の式 (4.8) で示した体積歪み Δ と圧力 p に関するフックの法則です.

4.4.4 断層帯の地殻歪み

地殻中でずれ応力が高まり,断層面におけるずれ歪みが岩石の限界値を超えると断層が動いて地震が発生します.図 4.34 は横ずれ断層を上空から見た模式図で,図の左と右はそれぞれ地震発生の直前と直後の様子です.w を断層のずれ,b を断層帯片側の幅とすると,地震発生直前の

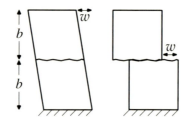

図 4.34　地震発生直前の断層の歪と発生直後の断層面のずれ.

地殻のずれ歪み ϵ は式 (4.30) より次式で表されます.

$\epsilon = (1/2)(w/2b) = w/4b.$

仮に $w = 4$ m, $b = 10$ km とすると歪みは次の値となります.

$\epsilon = 4/(4 \times 10 \times 10^3) = 1 \times 10^{-4}.$

この歪みの原因となるずれ応力 τ は[4], 岩石の剛性率 μ を 20 GPa として式 (4.31) より,

$\tau = 2 \times 20 \times 10^9 \times 1 \times 10^{-4} = 4 \times 10^6$ Pa.

この 4 MPa という値は大気圧の約 0.1 MPa と比較して特に大きくないですが, 実際には 1 桁以上大きいと考えられます. それは, 地殻の中では断層面に垂直に働く圧縮応力のため断層面の摩擦応力が増加して断層が滑りにくくなり, 単純に式 (4.31) を適用できないためです. 断層面に働くずれ応力がある限界の値 τ_s を超えると断層は破壊してずれ動きます. この限界のずれ応力は断層面に垂直に働く圧縮応力 σ に比例し, 次式が成立します.

$$\tau_s = f\sigma. \tag{4.38}$$

ここに, f は摩擦係数で高圧下の岩石では約 0.6 です [Byerlee 1978]. 例えば次項で求めますが, 深さ 10 km での σ が 270 MPa とすると τ_s は 162 MPa もの大きな値となります.

4.4.5　地殻内の応力

地殻の中では岩石層自身の重さのため常に大きな圧縮応力が働いています. 図 4.35 のように, 断面積 δS, 高さ h の柱を考え, 岩石の密度 ρ と重力加速度 g は一定とします. すると, 底の面では柱の重さによる力 $\rho g h \delta S$ と圧縮応力による力 $\sigma \delta S$ がつり合い,

$\sigma = \rho g h$

の応力が働きます. この応力は, $\rho = 2700$ kg/m³, $g = 10$ m/s² として深さ 10 km では,

$\sigma = 2700 \times 10 \times 10 \times 10^3 = 270 \times 10^6$ Pa.

即ち, 270 MPa の大きな値となります.

このような地殻中の岩石層の重さによる圧縮応力は地質学的時間スケールではあらゆる方向に働き, 水中の圧力と似た状態になると考えられています. 前述の通り, この状態を静水圧 (hydrostatic) に倣って, 静岩石圧 (lithostatic) の状態にあると表現します. 結局, リソスタ

---

[4]　ずれ応力は, 面や向きの添字を省略する場合は σ ではなく τ で表すのが一般的です.

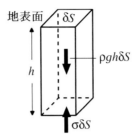

図 4.35　岩石柱の荷重と地殻内の圧縮応力.

ティックの状態での地殻の圧力 p は圧縮応力 σ に等しくなります.

$$p = \sigma = \rho g h. \tag{4.39}$$

このようなリソスタティックな状態では岩石破壊は生じず，断層が動くのはプレート運動などの原因で，3つの主応力の大きさの差がある限界値を超えた場合です．

4.4.6　小天体内部の圧力

上記のリソスタティックな地殻内部の圧力は，岩石の密度も重力加速度も一定として導きました．しかし，天体内部の圧力を求める際には密度も重力加速度も中心からの距離の関数となり大変難解な問題となります．そこで，密度は一定で重力加速度だけが変化すると簡略化して考えます．この密度一定のモデルは，月のような小天体には応用可能かもしれません．

図 4.36 のような密度 ρ で半径 a の天体を考え，内部の点 Q の中心からの距離 r を外向きを正とします．点 Q における圧力 p の，r が dr 増加したときの減少 dp は，重力加速度を $g(r)$ として式 (4.39) より，

$$dp = -\rho g(r) dr \tag{4.40}$$

と表せます．一方，点 Q における重力加速度は，点 Q より内側の部分の質量 $M(r)$ だけによりますので（3.5 節の問題 3.5.2 解説），

$$g(r) = \frac{GM(r)}{r^2} = \frac{4\pi \rho G}{3} r \tag{4.41}$$

となります．但し，$g(r)$ は内向きを正とし，G は万有引力定数です．式 (4.41) を用いて式

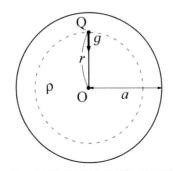

図 4.36　小天体内部圧力の密度一定モデル．

(4.40) を積分すると，C を積分定数として，

$$p = -\frac{2\pi\rho^2 G}{3} r^2 + C$$

となりますが，$r = a$ で $p = 0$ として C を決めれば，p は次式となります．

$$p = \frac{2\pi\rho^2 G}{3}(a^2 - r^2). \tag{4.42}$$

この式から月の中心の圧力を，$\rho = 3300$ kg/m^3，$a = 1737$ km として計算すると，次のように約 4.6 GPa となります．

$$p = 2 \times 3.14 \times 3300^2 \times 6.674 \times 10^{-11} \times (1.737 \times 10^6)^2 \div 3 = 4.59 \times 10^9 \text{ Pa}.$$

問題 4.4

問題 4.4.1

　応力（圧力）の単位は SI 単位系ではパスカル (Pa = N/m^2) ですが，よく使用される他の単位としては，重量キログラム毎平方センチメートル (kgf/cm^2)，気圧 (atm)，バール (bar) があり，パスカルとは次の関係があります．

$$1\text{kgf/cm}^2 \approx 0.1\text{MPa}, \quad 1\text{atm} \approx 0.1\text{MPa}, \quad 1\text{bar} = 0.1\text{MPa}.$$

これらの関係を重力加速度を 9.80665 m/s^2，水銀の密度を 13.5951 g/cm^3 として導きなさい．但し，1 気圧は水銀柱 760 mm の底の圧力，1 バールは 10^6dyn/cm^2 です．

問題 4.4.2

参考元: [Turcotte & Schubert 2002, Prob.2-9]

　図 4.34 で垂直な断層面は深さ d まで達しているとします．横が単位長さ，縦が d の断層面上で，深さ z における岩石が破壊する限界のずれ応力 τ_s を z で積分し，断層をずれ動かすために必要な断層の単位長さ当たりの力 F は，次式で表されることを導きなさい．

$$F = \frac{1}{2}f\rho g d^2.$$

ここに，f, ρ, g はそれぞれ摩擦係数，地殻の密度，重力加速度です．次に，$d = 10$ km, $f = 0.6$, $\rho = 2700$ kg/m^3, $g = 10$ m/s^2 として F を計算しなさい．また，断層面全体での平均の限界ずれ応力 $\overline{\tau_s}$ を求めなさい．

問題 4.4.3

　図 4.37 は弾性体に圧縮応力 σ_1 が働くと，その方向に縮むだけでなく，直角な 2 つの方向には伸びる様子を示します．

　この場合，主応力についてのフックの法則は，式 (4.33) で $\sigma_2 = \sigma_3 = 0$ とおき，

$$\sigma_1 = (\lambda + 2\mu)\epsilon_1 + \lambda\epsilon_2 + \lambda\epsilon_3,$$

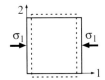

図 4.37　主応力 1 による圧縮歪みと伸長歪み．

$$0 = \lambda\epsilon_1 + (\lambda + 2\mu)\epsilon_2 + \lambda\epsilon_3,$$
$$0 = \lambda\epsilon_1 + \lambda\epsilon_2 + (\lambda + 2\mu)\epsilon_3$$

となります．これらの式を解くことで次の関係式を導きなさい．

$$\epsilon_1 = \frac{\lambda + \mu}{\mu(3\lambda + 2\mu)}\sigma_1, \quad \epsilon_2 = \epsilon_3 = -\frac{\lambda}{2(\lambda + \mu)}\epsilon_1.$$

問題 4.4.4

参考元: [瀬野 1995, 問題 2.2.1]

　断層は，理論上は最大圧縮応力軸と最小圧縮応力軸に対し 45° の傾きを持つことを 2 次元モデルで考えます．図 4.38 のように x 軸と y 軸が主応力軸で，$\sigma_1 \geq \sigma_2 \geq 0$ とします．ある面 AB の法線方向が x 軸と θ の角度をなすとき，その面に働く法線応力 σ_n とずれ応力 τ が次式で表されることを，三角形 OAB に働く力のつり合いから導きなさい．

$$\sigma_n = \frac{1}{2}(\sigma_1 + \sigma_2) + \frac{1}{2}(\sigma_1 - \sigma_2)\cos 2\theta, \quad \tau = \frac{1}{2}(\sigma_1 - \sigma_2)\sin 2\theta.$$

この結果から，断層が破壊して地震が発生するときの条件や断層の向きについて考察しなさい．

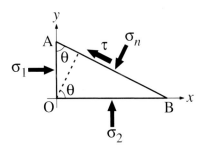

図 4.38　断層面に働くずれ応力 τ と法線応力 σ_n，及び地殻内の主応力 σ_1 と σ_2（[瀬野 1995, 図 2.2.1] を基に作図）．

問題 4.4.5

参考元: [Turcotte & Schubert 2002, Prob.2-18]

　図 4.39 のようなマントルと核による 2 層構造のリソスタティックな状態にある天体内部の圧力を考えます．天体の半径は a，核の半径は b，マントルの厚さは $a-b$ です．核の密度 ρ_c とマントルの密度 ρ_m は深さによらず一定とします．

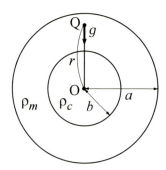

図 4.39 小天体の内部圧力モデル．

(1) 内部の点 Q の中心 O からの距離 r を外向きを正として取ると，r の関数としての点 Q における重力加速度 g と圧力 p は以下の式で与えられることを導きなさい（g は内向きを正とします）．

$$g = \frac{4}{3}\pi G \rho_c r \quad (0 \leq r \leq b),$$
$$= \frac{4}{3}\pi G \left(\rho_m r + \frac{(\rho_c - \rho_m)b^3}{r^2}\right) \quad (b \leq r \leq a).$$
$$p = \frac{2}{3}\pi G \rho_m^2 (a^2 - r^2) + \frac{4}{3}\pi G \rho_m (\rho_c - \rho_m) b^3 \left(\frac{1}{r} - \frac{1}{a}\right) \quad (b \leq r \leq a),$$
$$= \frac{2}{3}\pi G \rho_c^2 (b^2 - r^2) + \frac{2}{3}\pi G \rho_m^2 (a^2 - b^2) + \frac{4}{3}\pi G \rho_m (\rho_c - \rho_m) b^3 \left(\frac{1}{b} - \frac{1}{a}\right)$$
$$(0 \leq r \leq b).$$

(2) このモデルを地球に適用し，$a = 6371$ km, $b = 3480$ km, $\rho_m = 4400$ kg/m^3, $\rho_c = 11200$ kg/m^3, $G = 6.674 \times 10^{-11}$ m^3 kg^{-1} s^{-2} として，核–マントル境界と地球表面での重力加速度，及び，核–マントル境界と地球中心での圧力を計算しなさい．

問題 4.4 解説

問題 4.4.1 解説

kgf/cm^2, atm, bar を Pa で表す変換式は以下の通りです．

$$1 \text{ kgf/cm}^2 = 9.80665 \text{ N/cm}^2 = 9.80665 \div 10^{-4} \text{ N/m}^2 = 9.80665 \times 10^4 \text{ Pa} \approx 0.1 \text{ MPa}.$$
$$1 \text{ atm} = 76 \times 13.5951 \times 10^{-3} \text{ kgf/cm}^2$$
$$= 76 \times 13.5951 \times 10^{-3} \times 9.80665 \div 10^{-4} \text{ N/m}^2$$
$$= 1.01325 \times 10^5 \text{ Pa} = 1013.25 \text{ hPa} \approx 0.1 \text{ MPa}.$$
$$1 \text{ bar} = 10^6 \text{ dyn/cm}^2 = 10^6 \times 10^{-5} \div 10^{-4} \text{ N/m}^2 = 10^5 \text{ Pa} = 0.1 \text{ MPa}.$$

問題 4.4.2 解説

τ_s は式 (4.38) で σ をリソスタティックな応力の式 (4.39) とします．

$$F = \int_0^d \tau_s dz = \int_0^d f\rho gz dz = \frac{1}{2}f\rho gd^2.$$

値を代入すると,

$$F = 8.1 \times 10^{11} \text{ N}.$$

これを単位長さの断層の面積で割って,

$$\overline{\tau_s} = 8.1 \times 10^7 \text{ N/m}^2 = 81 \text{ MPa}.$$

問題 4.4.3 解説

式 (4.33) で $\sigma_2 = \sigma_3 = 0$ とおくと次のようになります.

$$\sigma_1 = (\lambda + 2\mu)\epsilon_1 + \lambda\epsilon_2 + \lambda\epsilon_3, \tag{4.43}$$

$$0 = \lambda\epsilon_1 + (\lambda + 2\mu)\epsilon_2 + \lambda\epsilon_3, \tag{4.44}$$

$$0 = \lambda\epsilon_1 + \lambda\epsilon_2 + (\lambda + 2\mu)\epsilon_3. \tag{4.45}$$

式 (4.44) から式 (4.45) を引くと,

$$2\mu\epsilon_2 - 2\mu\epsilon_3 = 0.$$

よって,

$$\epsilon_2 = \epsilon_3.$$

これを式 (4.44) または (4.45) に代入して,

$$\epsilon_2 = \epsilon_3 = -\frac{\lambda}{2(\lambda + \mu)}\epsilon_1. \tag{4.46}$$

この結果を式 (4.43) に代入すると,

$$\sigma_1 = (\lambda + 2\mu)\epsilon_1 - \frac{\lambda^2}{\lambda + \mu}\epsilon_1 = \frac{\mu(3\lambda + 2\mu)}{\lambda + \mu}\epsilon_1.$$

ϵ_1 で表して,

$$\epsilon_1 = \frac{\lambda + \mu}{\mu(3\lambda + 2\mu)}\sigma_1. \tag{4.47}$$

問題 4.4.4 解説

力のつり合いの式は x 軸方向と y 軸方向のそれぞれについて,

$$\sigma_1\overline{\text{OA}} = \tau\overline{\text{AB}}\sin\theta + \sigma_n\overline{\text{AB}}\cos\theta, \tag{4.48}$$

$$\sigma_2\overline{\text{OB}} = -\tau\overline{\text{AB}}\cos\theta + \sigma_n\overline{\text{AB}}\sin\theta. \tag{4.49}$$

但し, $\overline{\text{OA}}, \overline{\text{OB}}, \overline{\text{AB}}$ はそれぞれ線分 OA, OB, AB の長さですが, ここでは面積に相当します. 式 (4.48) と式 (4.49) の両辺を $\overline{\text{AB}}$ で除して,

$$\frac{\overline{\mathrm{OA}}}{\overline{\mathrm{AB}}} = \cos\theta, \quad \frac{\overline{\mathrm{OB}}}{\overline{\mathrm{AB}}} = \sin\theta$$

を代入すると,

$$\sigma_1 \cos\theta = \tau \sin\theta + \sigma_n \cos\theta, \tag{4.50}$$

$$\sigma_2 \sin\theta = -\tau \cos\theta + \sigma_n \sin\theta. \tag{4.51}$$

$(4.50) \times \cos\theta + (4.51) \times \sin\theta$, 及び $(4.50) \times \sin\theta - (4.51) \times \cos\theta$ より,

$$\sigma_n = \sigma_1 \cos^2\theta + \sigma_2 \sin^2\theta,$$

$$\tau = (\sigma_1 - \sigma_2) \sin\theta \cos\theta.$$

これらの式を次の三角関数の公式,

$$\cos^2\theta = \frac{1 + \cos 2\theta}{2}, \quad \sin^2\theta = \frac{1 - \cos 2\theta}{2}, \quad \sin\theta \cos\theta = \frac{1}{2}\sin 2\theta$$

を用いて変形すると次の 2 式となります.

$$\sigma_n = \frac{1}{2}(\sigma_1 + \sigma_2) + \frac{1}{2}(\sigma_1 - \sigma_2)\cos 2\theta, \tag{4.52}$$

$$\tau = \frac{1}{2}(\sigma_1 - \sigma_2)\sin 2\theta. \tag{4.53}$$

面 AB の破壊は AB に働くずれ応力 τ が限界値 τ_s を超えると発生します. 式 (4.53) で τ は主応力の差 $\sigma_1 - \sigma_2$ (差応力) に比例し, $\theta = 45°$ で最大です. よって, 断層の破壊は差応力 $\sigma_1 - \sigma_2$ が τ_s の 2 倍を超えたときに発生し, 断層面は 2 つの主応力軸から $45°$ の向きです.

しかし, 本文に記したように面 AB に破壊が生じる限界のずれ応力 τ_s は, 面 AB に働く法線応力 σ_n に比例して大きくなります. 従って, 必ずしも断層の破壊は $\theta = 45°$ で発生するとは限りません. 式 (4.52) によると, σ_n は $\theta = 0°$ で最大値 σ_1, $\theta = 90°$ で最小値 σ_2 となります. そのため, θ が $45°$ 以下では, 大きな σ_n のため τ_s も大きく断層破壊は発生しませんが, $45°$ を超えると τ は小さくなるものの, 減少した σ_n のために τ_s もさらに小さくなり, 断層が破壊するということが考えられます. このような場合には, 断層面の最大圧縮軸からの傾き $(90° - \theta)$ は $45°$ より小さくなります.

上の考察は既存の断層面が存在するときには成立しません. それは, 過去に動いたことがある断層面は脆弱で, 小さなずれ応力が発生するだけでも破壊することがあるからです.

問題 4.4.5 解説

(1) 点 Q が核内のときは, 重力加速度は点 Q より内側部分の質量だけによるので,

$$g = \frac{GM(r)}{r^2} = \frac{G}{r^2}\frac{4}{3}\pi r^3 \rho_c = \frac{4}{3}\pi G \rho_c r \quad (0 \leq r \leq b). \tag{4.54}$$

マントル内の点 Q では, 半径 b の核による重力加速度に, 厚さ $r - b$ のマントルによる重力加速度を加えます. 後者は 3.5 節の問題 3.5.2 解説から, 半径 R で厚さ dR の球殻による重力加速度を R で b から r まで積分して求めます.

$$g = \frac{4}{3}\pi G \rho_c b^3 \frac{1}{r^2} + \frac{4\pi G \rho_m}{r^2}\int_b^r R^2 dR = \frac{4}{3}\pi G\left(\frac{\rho_c b^3}{r^2} + \frac{\rho_m}{r^2}(r^3 - b^3)\right)$$

$$= \frac{4}{3}\pi G \left(\rho_m r + \frac{(\rho_c - \rho_m)b^3}{r^2} \right) \quad (b \leq r \leq a). \tag{4.55}$$

圧力は $-\rho g$ の積分を天体表面から中心に向けて実行します．マントル内では，

$$p = \int_a^r -\rho_m g(r)dr = -\frac{4}{3}\pi G \rho_m \int_a^r \left(\rho_m r + \frac{(\rho_c - \rho_m)b^3}{r^2} \right) dr$$

$$= -\frac{4}{3}\pi G \rho_m \left(\frac{\rho_m}{2}(r^2 - a^2) - (\rho_c - \rho_m)b^3 \left(\frac{1}{r} - \frac{1}{a} \right) \right)$$

$$= \frac{2}{3}\pi G \rho_m^2 (a^2 - r^2) + \frac{4}{3}\pi G \rho_m (\rho_c - \rho_m)b^3 \left(\frac{1}{r} - \frac{1}{a} \right) \quad (b \leq r \leq a). \tag{4.56}$$

核内は同様に $-\rho g$ を核表面から中心に向けて積分しますが，式 (4.56) の $p(b)$ を加えます．

$$p = \int_b^r -\rho_c g(r)dr + \int_a^b -\rho_m g(r)dr$$

$$= -\frac{4}{3}\pi G \rho_c^2 \int_b^r rdr + \frac{2}{3}\pi G \rho_m^2 (a^2 - b^2) + \frac{4}{3}\pi G \rho_m (\rho_c - \rho_m)b^3 \left(\frac{1}{b} - \frac{1}{a} \right)$$

$$= \frac{2}{3}\pi G \rho_c^2 (b^2 - r^2) + \frac{2}{3}\pi G \rho_m^2 (a^2 - b^2) + \frac{4}{3}\pi G \rho_m (\rho_c - \rho_m)b^3 \left(\frac{1}{b} - \frac{1}{a} \right)$$

$$(0 \leq r \leq b). \tag{4.57}$$

(2) 表 4.1 に計算結果と地球の標準モデル PREM との比較を示します．この問題のマントル密度と核密度はモデルの平均密度が実際の値 $5515 \ \mathrm{kg/m^3}$ にほぼ等しく設定しました (5508 $\mathrm{kg/m^3}$)．地球表面での重力加速度は標準モデルとよく一致していますが，圧力の計算値が標準モデルよりも 10% 程度小さく，密度一定モデルの地球への適用は無理のようです．

表 4.1 密度一定モデルの計算結果と地球の標準モデルとの比較．標準モデルは PREM (Preliminary Reference Earth Model) [Dziewonski & Anderson 1981] です．

項目	密度一定モデル	標準モデル (PREM)
地球半径	6371 km	6371 km
核半径	3480 km	3480 km
マントル密度	4400 kg/m^3	3381–5567 kg/m^3
核密度	11200 kg/m^3	9903–13089 kg/m^3
地表重力加速度	9.81 m/s^2	9.82 m/s^2
核–マントル境界重力加速度	10.9 m/s^2	10.69 m/s^2
核–マントル境界圧力	123 GPa	135.8 GPa
地球中心圧力	335 GPa	364.0 GPa

第5章

地球の熱と温度

　　地球は冷却の途中にあり内部から地表に向けて熱の流れがあります．さらに，地中の放射性元素が発生する熱も加わり，熱流は地球全体で平均 0.087 W/m^2 です．これは太陽定数の 1361 W/m^2 より桁違いに小さい値ですが，地球内部からの熱は多くの地質現象の原因となります．この章では，地温勾配と地殻熱流量，1 次元熱伝導方程式，海洋プレートの冷却モデル，マントルの温度勾配，などの地球熱学の基礎を学びます．

5.1 地温勾配と地殻熱流量

5.1.1 地殻熱流量と熱伝導の法則

地下の温度は地表付近では 20–30°C/km の割合で増加し，これを地温勾配といいます．このことは地球内部からの熱の流れの存在を示し，これを地殻熱流量といいます．地殻熱流量の平均値は大陸地域では 65 mW/m^2，海洋地域では 101 mW/m^2，地球全体では 87 mW/m^2 です．これらは太陽から届くエネルギーに比べて格段に小さいですが，地表の多くの地質現象に影響を与えます．地殻熱流量の測定で地球内部の熱と温度の状態が分かり，プレートテクトニクスやマントル対流などについて，熱と温度という観点からの知見が得られます．

熱の輸送には伝導，対流，輻射がありますが，地殻やマントル上部では熱伝導によると考えられています．熱伝導は次のフーリエの熱伝導の法則で表されます．

$$q = -k\frac{dT}{dx}. \tag{5.1}$$

ここに，q は座標 x 軸に沿った熱流量で，k と dT/dx は熱伝導度と温度勾配です．この式に負記号が付くのは，熱は温度勾配が負の方向へ，即ち温度の高い部分から低い部分へ伝わるからです．

地殻熱流量は式 (5.1) に従って，地温勾配に岩石の熱伝導度を掛けることで見積もります．地温勾配は，大陸上では深井戸における温度測定から，海底では堆積物に刺した槍状のプローブの温度測定から決定します．岩石の熱伝導度は採取した岩石試料について実験室で測定します（海底では，プローブ内のヒーターを利用した直接測定もあります）．例えば，地温が地表で 20°C，深さ 1 km で 40°C で，岩石の熱伝導度は 3 W/m K とすると，x 軸を深さ方向に取り $dT/dx = (40-20)/1000$ を式 (5.1) に代入して，$q = -60$ mW/m^2 となります．これは負の値ですので熱の流れは上向きです．

5.1.2 熱境界層としての地殻とマントル上層部

地表付近の地温勾配 20–30°C/km を，例えば深さ 2000 km の下部マントル内部まで適用すると，温度は 40000–60000°C という非現実的な高温となります．このことは熱伝導による熱の輸送は地球上層部だけで，マントルや核では熱対流によることを示します．マントルは固体の岩石ですが地質学的時間スケールでは対流すると考えられます．熱対流による熱輸送の効率は高く，地温勾配は断熱温度勾配の 0.3–0.5°C/km 程度と推定されています（5.5 節）．地表から熱対流による領域までの温度勾配の大きい部分は熱境界層といわれます．

この熱伝導で熱を輸送する熱境界層としての地殻とマントル上層部をリソスフェアとよび，地質学的時間スケールでも固いプレートとして振る舞います．リソスフェアの下は，より温度が高く軟らかいアセノスフェアとよばれる領域です．リソスフェアの厚さは海洋地域で 5–100 km 程度，大陸地域で 150–200 km 程度と考えられています．なお，リソスフェアとプレートは地球上層部の同じ部分を指す用語ですが，後者は前者をブロックとして分け（太平洋プレートなど），それらの間の衝突や沈み込みなどの造構運動を論ずる場合に使用するようです．

地球内部には，地温勾配の大きい熱境界層が他にも存在します．核と境界をなすマントル最下部は熱境界層と考えられ，D″ 層とよばれています．また，マントルは深さ 660 km で上部と下

部に二分されますが，それぞれが別個に対流する 2 層対流とマントル全体で対流する全マントル対流という異なる説があります．前者の場合には，上部と下部の境界で地温勾配の大きな熱境界層が形成されると考えられます．

　地球内部の熱源の 1 つとして，放射性元素による発熱が考えられます．大陸地域では，上部地殻が放射性元素の熱源を多く含む花崗岩ですので，上層部ほど放射性元素の多い熱伝導のモデルで熱流量や温度分布を大体説明できます．海洋地域では，玄武岩の地殻とかんらん岩のマントルの放射性元素の含有量は，それぞれ花崗岩の 1/10 と 1/100 程度ですので，当初は海洋の熱流量は大陸よりも少ないと予想されていました．しかし，実際はむしろ海洋地域の方が熱流量が多いことが判明しました．

　この矛盾は海洋底拡大説の登場により（7.1 節参照），海嶺に上昇してきた高温のマントル物質が，海底で冷却される際のリソスフェア内の熱伝導で説明されました．また，海洋底拡大で海洋リソスフェアは海嶺から離れるにつれて冷えて重くなり，アイソスタシーによって海底が深くなることも説明されました．

　もう 1 つの地球内部の熱源としては，地球誕生時に地球内部に閉じ込められた熱があり，誕生後 46 億年経た現在でも地球は冷却の途中にあることは確かです．この熱源と放射性元素の熱源との割合については諸説ありますが，現在では半々程度と考えられています．

問題 5.1

問題 5.1.1

　地球全体の地殻熱流量により地球内部から放出されるエネルギーを，地震活動や火山噴火により放出されるエネルギーと比較します．地震や火山により放出されるエネルギーの年平均の推定値を，個々の地震や噴火の例とともに下表に示します（地震は 4.1 節，火山は [安藤ほか 1996，表 5-2] より）．地震や火山のエネルギーの大きさは，例えば 1 トンの火薬爆発のエネルギーの約 4×10^9 J（Wikipedia による TNT 換算値）と比較すると分かりやすいです．

地震のエネルギー		火山のエネルギー	
マグニチュード 5 の地震	2×10^{12} J	中級の火山噴火	1.5×10^{18} J
マグニチュード 9 の地震	2×10^{18} J	最大級の火山噴火	1.5×10^{21} J
地球全体の地震活動	4.5×10^{17} J/yr	地球全体の火山活動	2×10^{19} J/yr

(1) 地殻熱流量により地球の全表面から放出される 1 年当たりのエネルギーを，平均の地殻熱流量を 87 mW/m^2 として計算しなさい．地球の半径を 6400 km とします．

(2) この地殻熱流量により放出されるエネルギーが地球の温度が冷却することにより補われていると仮定すると，地球が 1°C 冷却するのに何年かかるか？ 地球の質量を 6.0×10^{24} kg，平均の比熱を 1000 J/kg K とします．

159

問題 5.1.2

参考元: [Stacey 1992, Prob.6.11]

半径 R, 密度 ρ の惑星に半径 $R/2$, 密度 2ρ の核が形成されたときに解放される重力エネルギーと温度の上昇について考えます. 惑星の質量を M とし, 核形成前後で質量は保存され, 半径も変化しないとします. 核形成前の重力エネルギー E_0 は万有引力定数 G を用いて問題 1.4.1(1) で導いた次式で表されます.

$$E_0 = \frac{3}{5}\frac{GM^2}{R}.$$

(1) 形成された核の質量 M_C と重力エネルギー E_C は次式で表されることを示しなさい.

$$M_C = \frac{1}{4}M, \quad E_C = \frac{1}{8}E_0.$$

(2) 核形成後のマントルの質量 M_M と密度 ρ_M は次式で表されることを導きなさい.

$$M_M = \frac{3}{4}M, \quad \rho_M = \frac{6}{7}\rho.$$

(3) マントルの重力エネルギー E_M は問題 1.4.1(1) に示した手順に従い, 図 5.1 のように, 半径 r まで成長したマントルの質量に核の質量 M_C を加えた合計の質量 M_r についての次の積分から求めます.

$$E_M = \int_{R/2}^{R} \frac{GM_r}{r}dm, \quad dm = 4\pi r^2 \rho_M dr.$$

M_r と E_M は次式で表されることを導きなさい.

$$M_r = \frac{1}{7}M\left(1 + 6\frac{r^3}{R^3}\right), \quad E_M = \frac{369}{392}E_0.$$

(4) 解放される重力エネルギー,

$$\Delta E = E_C + E_M - E_0$$

を次の地球のデータを用いて計算しなさい.

$$M = 5.972 \times 10^{24} \text{ kg}, \quad R = 6371 \text{ km}, \quad G = 6.674 \times 10^{-11} \text{ m}^3\text{kg}^{-1}\text{s}^{-2}.$$

また, 地球の比熱 c を 1000 J/kg K として温度上昇 ΔT を求めなさい.

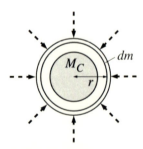

図 5.1 マントルの重力エネルギーは半径 r まで成長したマントルに微小質量 dm が無限遠から集積するときのエネルギーの積分に等しい.

問題 5.1.3

地球内部の発熱源となる放射性元素を含む主要な元素はウラン (^{238}U, ^{235}U), トリウム (^{232}Th), カリウム (^{40}K) です. これらの元素の岩石中の含有率は岩石の種類や産地によって大きく異なります. ここでは, 一測定例に基づいて岩石の発熱量を計算します.

(1) 放射性元素は放射性崩壊により時間とともに減少しますが, 次表は放射性同位体の存在度と単位質量当たりの発熱量の現在値です ([Turcotte & Schubert 2002, Table 4-2] より).

同位体	存在度 (%)	発熱量 (W/kg)
^{238}U	99.28	9.46×10^{-5}
^{235}U	0.71	5.69×10^{-4}
^{232}Th	100	2.64×10^{-5}
^{40}K	0.0119	2.92×10^{-5}

ウラン元素としての発熱量とカリウム元素としての発熱量を, 放射性同位体の存在度をそれぞれの発熱量に掛けることで, 計算しなさい.

(2) 岩石中の U, Th, K の含有量の測定例を 3 種の岩石について次表に示します ([Fowler 2005, Table 7.1] より).

岩石	U (ppm)	Th (ppm)	K (%)	密度 (kg/m^3)
花崗岩	4	15	3.5	2700
玄武岩	0.1	0.4	0.2	2900
かんらん岩	0.006	0.04	0.01	3200

各岩石の単位質量当たりの発熱量 (W/kg) を計算しなさい. 但し, U と K については問 (1) で求めた値を, Th については問 (1) の表の値を使用します. また, 表に含めた岩石密度を用いて, 各岩石の単位体積当たりの発熱量 (W/m^3) も計算しなさい.

問題 5.1.4

岩石の熱伝導度を標準試料と比較して測定する方法を図 5.2 に示します. 図 5.2(a) は最も簡単な方法で, 熱伝導度 k_r, 厚さ d の岩石試料の上に厚さ h の標準試料を重ね, 上下の高温槽と低温槽の温度をそれぞれ T_H と T_C に保ちます. 標準試料には熱伝導度 k_s が既知の銅などの金属棒を使用し, 岩石試料と金属試料の境界面で測定した温度を T_1 とします. 金属試料を流れる熱流量 q は $q = k_s(T_H - T_1)/h$ です. これと同じ熱流量が岩石試料を流れるので, 岩石の熱伝導度 k_r は $k_r = qd/(T_1 - T_C)$ として決定できます.

しかし, この方法の欠点は岩石試料と金属試料の境界面の熱抵抗 (主に空気の層が原因) により誤差が生じることです. そこで, 図 5.2(b) のように同じ厚さの金属試料を岩石試料の上下に配置します. 上側の金属試料の底面の温度を T_1, 下側の金属試料の上面の温度を T_2 とします. 境界面の厚さと熱伝導度を δ と k_c とし, 2 つの境界面で同じ値とします. 金属試料中の熱流量は, $q = k_s(T_H - T_1)/h$ または $q = k_s(T_2 - T_C)/h$ として決定します. これと同じ熱流量 q が岩石試料と境界面を流れるので次式が成立します.

$$\frac{T_1 - T_2}{q} = \frac{d}{k_r} + \frac{2\delta}{k_c}. \tag{5.2}$$

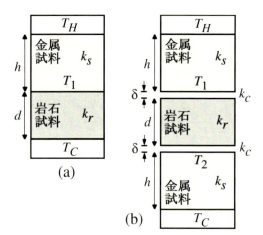

図 5.2 岩石の熱伝導度の比較測定．(a) 原理図，(b) 試料間境界の熱抵抗を考慮した方法．

(1) 式 (5.2) を導きなさい．
(2) 岩石の熱伝導度 k_r を式 (5.2) を利用して測定する方法を考案しなさい．但し，δ と k_c は常に同じ値とします．

問題 5.1 解説

問題 5.1.1 解説

(1) 単位の W は J/s ですので，

$$87 \times 10^{-3} \times 4 \times 3.14 \times (6400 \times 10^3)^2 \times 86400 \times 365 = 1.41 \times 10^{21} \text{ J/yr}.$$

1 年当たり 1.4×10^{21} J のエネルギーは地震活動の 3500 倍，火山活動の 70 倍です．

(2) 比熱とは単位質量の物体を 1 K (°C) 上昇させるのに必要なエネルギーですので，質量 m，比熱 c の物体の温度が ΔT 変化するときに出入りするエネルギーは，$\Delta E = mc\Delta T$ となります．よって，地球の温度が 1 K 下がるときに放出されるエネルギーは，

$$6 \times 10^{24} \times 1000 \times 1 = 6 \times 10^{27} \text{ J}.$$

この量を問 (1) で得た 1 年当たりに放出されるエネルギーで割って，

$$6 \times 10^{27} \div 1.4 \times 10^{21} = 4.286 \times 10^6 \text{ yr}.$$

地球の温度が 1 K 下がるまで 430 万年もの時間がかかります．

問題 5.1.2 解説

(1)

$$M_C = \frac{4}{3}\pi \left(\frac{R}{2}\right)^3 2\rho = \frac{1}{4}\left(\frac{4}{3}\pi R^3 \rho\right) = \frac{1}{4}M,$$

$$E_C = \frac{3}{5} \frac{G \left(\frac{M}{4}\right)^2}{\frac{R}{2}} = \frac{1}{8} \left(\frac{3}{5} \frac{GM^2}{R}\right) = \frac{1}{8} E_0.$$

(2)

$$M_M = M - M_C = \frac{3}{4} M,$$

$$\rho_M = M_M \div \frac{4}{3} \pi \left(R^3 - \left(\frac{R}{2}\right)^3\right) = \frac{3}{4} M \div \frac{7}{8} \left(\frac{4}{3} \pi R^3\right) = \frac{6}{7} \rho.$$

(3)

$$M_r = M_C + M_M \times \frac{r^3 - \left(\frac{R}{2}\right)^3}{R^3 - \left(\frac{R}{2}\right)^3} = M_C - \frac{1}{7} M_M + \frac{8}{7} M_M \frac{r^3}{R^3} = \frac{1}{7} M \left(1 + 6\frac{r^3}{R^3}\right).$$

$$E_M = \int_{R/2}^{R} \frac{GM_r}{r} 4\pi r^2 \rho_M \, dr = \frac{24}{49} \pi GM\rho \int_{R/2}^{R} \left(r + 6\frac{r^4}{R^3}\right) dr$$

$$= \frac{24}{49} \pi GM\rho \left[\frac{1}{2} r^2 + \frac{6}{5} \frac{r^5}{R^3}\right]_{R/2}^{R} = \frac{24}{49} \frac{123}{80} \pi GMR^2 \rho$$

$$= \frac{24}{49} \frac{123}{80} \frac{3}{4} GM \left(\frac{4}{3} \pi R^3 \rho\right) \frac{1}{R} = \frac{6}{49} \frac{369}{80} \frac{5}{3} \left(\frac{3}{5} \frac{GM^2}{R}\right) = \frac{369}{392} E_0.$$

(4) 地球のデータで計算すると，$E_0 = 2.242 \times 10^{32}$ J より，

$$\Delta E = 0.06633 E_0 = 1.4869 \times 10^{31} \text{ J}, \quad \Delta T = \frac{\Delta E}{M c} = 2490 \text{ K}.$$

問題 5.1.3 解説

(1) ^{238}U と ^{235}U の存在度をそれぞれ C^{238}U と C^{235}U，単位質量当たりの発熱量を H^{238}U と H^{235}U と表すとき，U の単位質量当たりの発熱量 H^{U} は次式で計算されます．

$$H^{\text{U}} = C^{238}{}^{\text{U}} H^{238}{}^{\text{U}} + C^{235}{}^{\text{U}} H^{235}{}^{\text{U}}.$$

同様にして，Th や K についても，放射性同位体の発熱量に同位体の存在度を掛けることで計算します．結果を同位体の発熱量も含めて表 5.1 にまとめます．

(2) 岩石中の U, Th, K の含有量を C^{U}, C^{Th}, C^{K}，問 (1) で求めた発熱量を H^{U}, H^{Th}, H^{K} とすると，各岩石の単位質量当たりの発熱量 H は次式で求まります．

表 5.1　ウラン，トリウム，カリウムの発熱量を放射性同位体の存在度から求めた計算結果．

同位体	存在度 (%)	発熱量 (W/kg)	元素	発熱量 (W/kg)
^{238}U	99.28	9.46×10^{-5}	U	9.80×10^{-5}
^{235}U	0.71	5.69×10^{-4}		
^{232}Th	100	2.64×10^{-5}	Th	2.64×10^{-5}
^{40}K	0.0119	2.92×10^{-5}	K	3.47×10^{-9}

163

第 5 章　地球の熱と温度

表 5.2　花崗岩，玄武岩，かんらん岩の発熱量を U, Th, K の含有量から求めた計算結果．

岩石	U (ppm)	Th (ppm)	K (%)	密度 (kg/m³)	単位質量当り発熱量 (W/kg)	単位体積当り発熱量 (W/m³)
花崗岩	4	15	3.5	2700	9.1×10^{-10}	2.5×10^{-6}
玄武岩	0.1	0.4	0.2	2900	2.7×10^{-11}	7.9×10^{-8}
かんらん岩	0.006	0.04	0.01	3200	2.0×10^{-12}	6.4×10^{-9}

$$H = C^{\mathrm{U}}H^{\mathrm{U}} + C^{\mathrm{Th}}H^{\mathrm{Th}} + C^{\mathrm{K}}H^{\mathrm{K}}.$$

また，単位体積当たりの発熱量は岩石の密度 ρ を単位質量当たりの発熱量 H に掛けて，ρH となります．結果を各元素の含有量も含めて表 5.2 にまとめます．

問 (2) の例では，単位体積当たり発熱量は玄武岩が花崗岩の 30 分の 1，かんらん岩が玄武岩の 12 分の 1 です．一般には，玄武岩質の海洋地殻や大陸下部地殻の発熱量は花崗岩質の大陸上部地殻の 10 分の 1，かんらん岩質のマントルはさらにその 10 分の 1 と考えられています．

問題 5.1.4 解説

(1) 一定の熱流量 q が流れているとき，距離の差 Δx の 2 点間の温度差 ΔT は熱伝導の法則より熱伝導度を k として，$\Delta T = q\Delta x/k$ で表されます．この関係を境界層と岩石試料に下層から順に適用して，温度差 $T_1 - T_2$ は，

$$T_1 - T_2 = \frac{q\delta}{k_c} + \frac{qd}{k_r} + \frac{q\delta}{k_c}$$

と表されます．これより，次の式 (5.2) が導かれます．

$$\frac{T_1 - T_2}{q} = \frac{d}{k_r} + \frac{2\delta}{k_c}.$$

(2) この式は岩石の熱伝導度 k_r 以外に，常に一定とした未知数 $2\delta/k_c$ を 1 つ含むだけです．そこで，厚さの異なる 2 つの岩石試料について測定し，$2\delta/k_c$ を消去すれば k_r が求まります．さらに実用的な方法は，厚さの異なる数個の岩石試料について測定し，縦軸に $(T_1 - T_2)/q$ を，横軸に d をプロットすれば，熱伝導度 k_r は直線の傾きの逆数として決定できます．

5.2　大陸の地殻熱流量モデル

5.2.1　1 次元定常熱伝導方程式

図 5.3 のような 2 つの平行な面の間の熱流量について考えます．2 つの面は単位面積とし，面に垂直に x 軸を取り，1 つの面から入る熱流量を $q(x)$，微小距離 δx 離れた他方の面から出る熱流量を $q(x + \delta x)$ とします．すると熱流量の差は次式で近似できます．

$$q(x + \delta x) - q(x) = \frac{dq}{dx}\delta x.$$

この式の右辺に，温度を T，熱伝導度を k として $q = -k\frac{dT}{dx}$ を代入して整理すると，

164

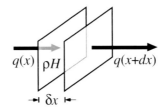

図 5.3 熱流量の入力が $q(x)$ で出力が $q(x+\delta x)$ の厚さ δx の空間.

$$q(x+\delta x) - q(x) = -k\frac{d^2T}{dx^2}\delta x$$

となります．いま，温度は距離だけに依存し，時間には一定の定常状態を考えます（非定常については 5.3 節）．すると，この熱流量の差は 2 つの面の間にある熱源から補充されることとなります．図 5.3 で，単位面積の 2 つの面の間の体積は δx です．また，熱源の単位質量当たりの発熱量を H とすると，単位体積当たりの発熱量は密度を ρ として ρH です．よって，

$$\begin{aligned}-k\frac{d^2T}{dx^2}\delta x &= \rho H \delta x, \\ \frac{d^2T}{dx^2} &= -\frac{\rho H}{k}.\end{aligned} \tag{5.3}$$

となり，これは 1 次元定常熱伝導方程式とよばれます．

5.2.2 大陸地殻の 1 次元熱流量モデル

地殻熱流量や地下温度分布は式 (5.3) を積分して得られます．大陸のモデルとして，図 5.4 のような単位質量当たりの発熱量が H_c の発熱源が一様に分布する密度 ρ，厚さ h_c の地殻を考えます．地表を原点とし深さ方向に座標軸 z を取り，熱流量は地表で $q = -q_0$（負記号は熱流が上向きのため），地殻の底で $q = 0$ とします．式 (5.3) の熱伝導方程式は，

$$k\frac{d^2T}{dz^2} = -\rho H_c$$

となります．これを積分すると，積分定数を C として次式を得ます．

$$k\frac{dT}{dz} = -\rho H_c z + C.$$

地表では，$-k\frac{dT}{dz}\big|_{z=0} = -q_0$ より $C = q_0$ となり，熱流量は次式で表されます．

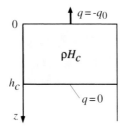

図 5.4 発熱源の分布が一定の大陸地殻の熱流量モデル．

$$q = -k\frac{dT}{dz} = -q_0 + \rho H_c z.$$

地殻の底で $q = 0$ より H_c と h_c の次の関係が得られます．

$$\rho H_c h_c = q_0.$$

この式に大陸地域の値として $q_0 = 65$ mW/m^2 と $\rho H_c = 2$ μW/m^3 を代入すると，$h_c = 32.5$ km と妥当な値を得ます．地下温度分布は，dT/dz をさらに積分し，地表の温度を T_0 として，

$$T = T_0 + \frac{q_0}{k}z - \frac{\rho H_c}{2k}z^2$$

となります．この式で z を h_c とし，上の $\rho H_c h_c = q_0$ の関係を用い，$k = 3.5$ W/mK とすると，地殻の底の温度も次のように妥当な値となります．

$$T(h_c) = T_0 + q_0 h_c/2k \approx T_0 + 302 \ °\text{C}.$$

最も観測結果と合うと考えられているモデルは図 5.5 のように発熱源の分布が深さの指数関数で減少するモデルです（問題 5.2.2）．このモデルでは，発熱量 H を

$$H = H_0 e^{-z/h_r} \tag{5.4}$$

で表します．ここに，H_0 と h_r は発熱量の地表の値と $1/e$ に減少する深さです．このモデルの優れた点は，マントルからの熱流量を $q = -q_m$ として，地表の熱流量 q_0 が H_0 に比例する次の関係式が得られることです．

$$q_0 = q_m + \rho H_0 h_r. \tag{5.5}$$

これは地殻熱流量が大きい地域では地表付近の岩石の発熱量も大きいという観測結果をよく説明でき，q_m も推定することができます．

このように，大陸で観測される地殻熱流量は地下上層部に発熱源が集中しているモデルでよく説明されます．そのため歴史的には，発熱源の少ない地殻からなる海洋地域では地殻熱流量は小さいと考えられてきました．しかし観測が始まると，海洋地域の熱流量の方がむしろ大きいことが判明しました．これは，海洋地域のリソスフェアが大陸地域のそれよりも格段に若く現在も冷却の途中にあり，冷却過程の熱伝導による熱移送が大きいためです（5.4 節）．

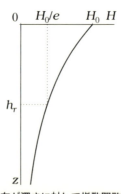

図 5.5 発熱源の分布が深さに対して指数関数で減少するモデル．

5.2.3 球の熱伝導モデル

半径 a の球の内部に単位質量当たりの発熱量が H の発熱源が一様に分布しているときの球表面での単位面積当たりの熱流 q_0 を考えてみます．但し，温度は時間で一定で定常状態にあるとします．球内部で単位時間当たりに発生する熱エネルギーは球の密度を ρ として，$(4/3)\pi a^3 \rho H$ です．この熱はエネルギー保存則から，球表面から放出される熱の $4\pi a^2 q_0$ と等しくなります．よって，球表面からの熱流は，$q_0 = \rho H a/3$ となります．

発熱源が一様分布でないときは，問題はこのように簡単ではありません．しかし，発熱源の分布が球中心からの距離 r だけによるときは，以下のように 1 次元の問題として扱うことができます．図 5.6 は球内部の発熱源による熱流が，半径が r と $r + \delta r$ の間の微小な厚さの球殻に $q(r)$ で流入し，$q(r + \delta r)$ で流出する様子を示します．出入りする熱流の差は次式で近似できます．

$$q(r+\delta r) - q(r) = \frac{dq(r)}{dr}\delta r.$$

この近似式を球殻全体に適用しますが，次のように δr の 2 次の項は省略します．

$$4\pi(r+\delta r)^2 q(r+\delta r) - 4\pi r^2 q(r) \approx 4\pi\left[(r^2 + 2r\delta r)\left(q(r) + \frac{dq(r)}{dr}\delta r\right) - r^2 q(r)\right]$$
$$\approx 4\pi r^2 \left(\frac{dq(r)}{dr} + \frac{2}{r}q(r)\right)\delta r.$$

この球殻から流出する熱は，球の温度が一定の定常状態では，球殻内部の熱源による熱，

$$4\pi r^2 \rho H \delta r$$

と等しくなり，次の関係式を得ます．

$$\frac{dq}{dr} + \frac{2}{r}q = \rho H.$$

ここで，左辺を次のように変形すると便利です．

$$\frac{1}{r^2}\frac{d}{dr}\left(r^2 q\right) = \rho H.$$

この式に，k を熱伝導度として $q = -k\frac{dT}{dr}$ を代入し次式となります．

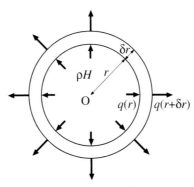

図 5.6 微小な厚さの球殻に熱流が $q(r)$ で流入し，$q(r+\delta r)$ で流出する図．

$$\frac{1}{r^2}\frac{d}{dr}\left(r^2\frac{dT}{dr}\right) = -\frac{\rho}{k}H. \tag{5.6}$$

この式が熱源分布が半径方向だけに依存する球の熱伝導方程式です．

いま，発熱源が一様分布している球について球内部の温度分布を式 (5.6) から導いてみます．H は定数ですので，式 (5.6) を 2 回積分し積分定数を C_1, C_2 とすると，

$$T = -\frac{\rho H}{6k}r^2 - \frac{C_1}{r} + C_2$$

となりますが，球の中心で温度 T が有限である条件から $C_1 = 0$ となり，球表面の温度を $r = a$ で $T = T_0$ として C_2 を決めると，

$$T = T_0 + \frac{\rho H}{6k}(a^2 - r^2) \tag{5.7}$$

となり，温度は球の中心に近づくほど上昇することが分かります．この式を微分して，

$$q = -k\frac{dT}{dr} = \frac{\rho H}{3}r \tag{5.8}$$

が熱流量を与えます．これより $q_0 = \rho H a/3$ となり，前述の結果と一致します．

問題 5.2

問題 5.2.1

参考元: [Turcotte & Schubert 2002, Prob.4-11]

大陸の地殻熱流量を図 5.7 に示した 2 層構造モデルで考えます．第 1 層の底面の深さを h_1，熱伝導度を k_1，密度を ρ_1，単位質量当たりの発熱量を H_1 とし，第 2 層についてはそれぞれ h_2, k_2, ρ_2, H_2 とします．地表を原点とし深さ方向に z 軸を取り，地表の熱流量が $-q_0$，マントルからの熱流量が第 2 層の底で $-q_m$ とします．また，地表の温度を T_0 とします．

(1) 地殻熱流量と地下温度分布を与える以下の式を導きなさい．

$$q = -q_0 + \rho_1 H_1 z \quad (0 \le z \le h_1),$$
$$T = T_0 + \frac{q_0}{k_1}z - \frac{\rho_1 H_1}{2k_1}z^2 \quad (0 \le z \le h_1),$$

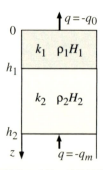

図 5.7 2 層構造の大陸の地殻熱流量モデル．

$$q = -q_m + \rho_2 H_2(z - h_2) \quad (h_1 \leq z \leq h_2),$$

$$T = T_0 + \left(\frac{q_0}{k_1} - \frac{q_m}{k_2} \right) h_1 - \frac{\rho_2 H_2}{k_2} h_1 h_2 + \left(\frac{\rho_2 H_2}{k_2} - \frac{\rho_1 H_1}{k_1} \right) \frac{h_1^2}{2}$$

$$+ \frac{q_m + \rho_2 H_2 h_2}{k_2} z - \frac{\rho_2 H_2}{2k_2} z^2 \quad (h_1 \leq z \leq h_2).$$

(2) $h_1 = 10$ km, $h_2 = 40$ km, $k_1 = k_2 = 3$ W/m K, $\rho_1 H_1 = 2.5\ \mu$W/m^3, $\rho_2 H_2 = 0.5\ \mu$W/m^3, $q_m = 25$ mW/m^2, $T_0 = 0$ °C とするとき，地表の熱流量 q_0 と第 1 層，第 2 層の底の温度 T_1, T_2 を求めなさい.

問題 5.2.2

参考元: [Turcotte & Schubert 2002, Sec.4-8, Prob.4-8]

(1) 地下の発熱源の分布が図 5.5 に示した式 (5.4) で表されるとき，地殻の密度を ρ，地表の熱流量と温度を $-q_0$ と T_0，マントルからの熱流量を $z = \infty$ で $q = -q_m$ として熱伝導方程式 (5.3) を解き，次の地殻熱流量 q と温度 T を導きなさい.

$$q = -q_m - \rho H_0 h_r e^{-z/h_r},$$

$$T = T_0 + \frac{q_m}{k} z + \frac{\rho H_0 h_r^2}{k}(1 - e^{-z/h_r}).$$

(2) q_0 と H_0 の直線関係を示す式 (5.5) は，地殻熱流量の大きい地域の岩石は発熱量も大きいという観測結果を説明します. しかし，この解釈としては地表の岩石の発熱量は大陸地殻が生成された時代にはどこでも同じだったが，後の大陸表層の侵食作用の違いにより（差別侵食）現在の地表が過去の異なる深さを表しているためと考えることもできます. そこで，深さ z^* での熱流量と発熱量を $-q^*$ と H^* とするとき次の関係式が成り立つことを示しなさい.

$$q^* = q_m + \rho H^* h_r.$$

問題 5.2.3

発熱源が一様分布している球の温度と熱流量の分布はそれぞれ式 (5.7) と (5.8) で表されます. これを地球に適用し，球表面の熱流量を 80 mW/m^2，半径を 6400 km，熱伝導度を 4 W/m K，表面温度を 0 °C として中心温度を求めなさい.

問題 5.2.4

単位質量当たりの発熱量 H が

$$H = H_0 \left(\frac{r}{a} \right)^n$$

で表される球の熱伝導モデルを考えます. ここに，a, r, H_0 はそれぞれ球の半径，中心からの距離，球表面での発熱量で，n は r に依存しない定数です.

(1) 球内部の温度 T と熱流量 q の分布は球の密度と熱伝導度を ρ と k，表面の温度を T_0 として次式で表されることを導きなさい.

169

$$T = T_0 + \frac{\rho H_0 a^2}{(n+2)(n+3)k}\left(1 - \left(\frac{r}{a}\right)^{n+2}\right),$$
$$q = \frac{\rho H_0 a}{n+3}\left(\frac{r}{a}\right)^{n+1}.$$

(2) モデルを地球に適用し，$q_0 = 80 \text{ mW/m}^2$, $a = 6400 \text{ km}$, $k = 4 \text{ W/m K}$, $T_0 = 0$ °C として $n = 2$ のときの中心温度を求めなさい．

問題 5.2.5

参考元: [Turcotte & Schubert 2002, Prob.4-17]

図 5.8 のような 2 層構造の小天体の熱流モデルを考えます．天体と核の半径を a と b とし，放射性元素の熱源は厚さ $a - b$ のマントルに一様分布しています．また，熱流量はマントルの底でゼロで核からの熱流はないとします．

(1) マントルの密度，単位質量当たりの発熱量，熱伝導度をそれぞれ ρ, H, k とし表面温度を T_0 とするとき，天体内部の熱流量 q と温度 T は中心からの距離を r として次式で表されることを導きなさい．
$$q = \frac{\rho H r}{3}\left(1 - \left(\frac{b}{r}\right)^3\right) \quad (b \le r \le a),$$
$$T = T_0 + \frac{\rho H}{6k}(a^2 - r^2) + \frac{\rho H b^3}{3k}\left(\frac{1}{a} - \frac{1}{r}\right) \quad (b \le r \le a).$$

(2) 小天体として月を考え，単位体積当たりの発熱量を地球のマントルと同程度の $\rho H = 0.02$ $\mu\text{W/m}^3$ と仮定します．$a = 1740 \text{ km}$, $b = 400 \text{ km}$, $k = 4 \text{ W/m K}$, $T_0 = 250 \text{ K}$ として，月表面の熱流量 q_0 とマントル底面の温度 $T(b)$ を求めなさい．

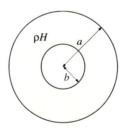

図 5.8 マントルと核からなる小天体の熱流量モデル．熱源はマントルだけに一様分布．

問題 5.2 解説

問題 5.2.1 解説

(1) 発熱源が一様分布の熱伝導方程式，
$$\frac{d^2 T}{dz^2} = -\frac{\rho H}{k}$$

を積分すると,

$$\frac{dT}{dz} = -\frac{\rho H}{k} z + C_1. \tag{5.9}$$

さらに積分して,

$$T = -\frac{\rho H}{2k} z^2 + C_1 z + C_2 \tag{5.10}$$

となります. 但し, C_1 と C_2 は積分定数で, 各層の境界条件から決定します.

第1層 $(0 \leq z \leq h_1)$ については, 地表の熱流量が $-q_0$ より, 式 (5.9) から

$$-k_1 \frac{dT}{dz}\bigg|_{z=0} = -k_1 C_1 = -q_0$$

より $C_1 = q_0/k_1$ となり q は,

$$q = -k_1 \frac{dT}{dz} = -q_0 + \rho_1 H_1 z \tag{5.11}$$

となります. 式 (5.10) で $z = 0$ で $T = T_0$ より $C_2 = T_0$ で次の温度の式を得ます.

$$T = T_0 + \frac{q_0}{k_1} z - \frac{\rho_1 H_1}{2k_1} z^2. \tag{5.12}$$

第2層 $(h_1 \leq z \leq h_2)$ では, マントルからの熱流量が $z = h_2$ で $-q_m$ より, 式 (5.9) から

$$-k_2 \frac{dT}{dz}\bigg|_{z=h_2} = \rho_2 H_2 h_2 - k_2 C_1 = -q_m$$

より $C_1 = (q_m + \rho_2 H_2 h_2)/k_2$ となり, 次の q の式を得ます.

$$q = -k_2 \frac{dT}{dz} = -q_m + \rho_2 H_2 (z - h_2). \tag{5.13}$$

温度については, T が $z = h_1$ で連続の条件を式 (5.10) と (5.12) で表し,

$$-\frac{\rho_2 H_2}{2k_2} h_1^2 + \frac{q_m + \rho_2 H_2 h_2}{k_2} h_1 + C_2 = T_0 + \frac{q_0}{k_1} h_1 - \frac{\rho_1 H_1}{2k_1} h_1^2.$$

これを整理して C_2 は,

$$C_2 = T_0 + \left(\frac{q_0}{k_1} - \frac{q_m}{k_2}\right) h_1 - \frac{\rho_2 H_2}{k_2} h_1 h_2 + \left(\frac{\rho_2 H_2}{k_2} - \frac{\rho_1 H_1}{k_1}\right) \frac{h_1^2}{2}$$

となり, 温度は式 (5.10) に C_1 と C_2 を代入して次式で表されます.

$$T = T_0 + \left(\frac{q_0}{k_1} - \frac{q_m}{k_2}\right) h_1 - \frac{\rho_2 H_2}{k_2} h_1 h_2 + \left(\frac{\rho_2 H_2}{k_2} - \frac{\rho_1 H_1}{k_1}\right) \frac{h_1^2}{2}$$
$$+ \frac{q_m + \rho_2 H_2 h_2}{k_2} z - \frac{\rho_2 H_2}{2k_2} z^2. \tag{5.14}$$

(2) q_0 は次のように $z = h_1$ での熱流の連続条件を式 (5.11) と式 (5.13) で表して導きます.

$$-q_0 + \rho_1 H_1 h_1 = -q_m + \rho_2 H_2 (h_1 - h_2),$$
$$q_0 = q_m + \rho_1 H_1 h_1 + \rho_2 H_2 (h_2 - h_1). \tag{5.15}$$

T_1 は式 (5.12) に h_1 を代入し，T_2 は式 (5.14) に h_2 を代入して次のようになります．

$$T_1 = T_0 + \frac{q_0}{k_1}h_1 - \frac{\rho_1 H_1}{2k_1}h_1^2, \tag{5.16}$$

$$T_2 = T_0 + \frac{q_0}{k_1}h_1 + \frac{q_m}{k_2}(h_2 - h_1) - \frac{\rho_1 H_1}{2k_1}h_1^2 + \frac{\rho_2 H_2}{2k_2}(h_2 - h_1)^2. \tag{5.17}$$

式 (5.15)–(5.17) を計算すると，

$$q_0 = 65 \text{ mW/m}^2, \quad T_1 = 175 \text{ °C}, \quad T_2 = 500 \text{ °C}.$$

問題 5.2.2 解説

(1) 発熱源が指数関数で減少する熱伝導方程式，

$$k\frac{d^2T}{dz^2} = -\rho H_0 e^{-z/h_r}$$

を積分すると次式となります．

$$k\frac{dT}{dz} = \rho H_0 h_r e^{-z/h_r} + C.$$

積分定数 C は $z = \infty$ で $q = -q_m$ より，

$$-k\frac{dT}{dz}\bigg|_{z=\infty} = -C = -q_m.$$

$C = q_m$ で，熱流量は次式となります．

$$q = -k\frac{dT}{dz} = -q_m - \rho H_0 h_r e^{-z/h_r}. \tag{5.18}$$

地下温度分布は dT/dz をさらに積分し，地表の温度を T_0 として次式となります．

$$T = T_0 + \frac{q_m}{k}z + \frac{\rho H_0 h_r^2}{k}(1 - e^{-z/h_r}).$$

(2) 深さ z^* での熱流量 $-q^*$ は式 (5.18) より，

$$-q^* = -q_m - \rho H_0 h_r e^{-z^*/h_r}.$$

一方，深さ z^* での発熱量 H^* は，

$$H^* = H_0 e^{-z^*/h_r}$$

ですので，q^* を H^* で表せば，

$$q^* = q_m + \rho H^* h_r$$

のように q^* と H^* の直線関係を得ます．

問題 5.2.3 解説

球表面の熱流量 q_0 は式 (5.8) より，

$$q_0 = \frac{\rho H a}{3}. \tag{5.19}$$

中心温度 T_C は式 (5.7) より,

$$T_C = T_0 + \frac{\rho H}{6k} a^2. \tag{5.20}$$

式 (5.19) に地球の値を代入して単位体積当たりの発熱量 ρH を求めると,

$$\rho H = 0.0375 \ \mu\text{W/m}^3$$

と, マントルの推定値 $0.02 \ \mu\text{W/m}^3$ より少し大きい程度となります. しかし, 中心温度は,

$$T_C = 64000 \ ^\circ\text{C}$$

と極端に大きな非現実的な値となります. これは地球内部の熱流や温度については熱伝導では説明できないことを示唆します.

問題 5.2.4 解説

(1) 熱伝導方程式 (5.6) は次の通りで,

$$\frac{1}{r^2} \frac{d}{dr} \left(r^2 \frac{dT}{dr} \right) = -\frac{\rho H_0}{k} \left(\frac{r}{a} \right)^n.$$

これを次のように変形し,

$$\frac{d}{dr} \left(r^2 \frac{dT}{dr} \right) = -\frac{\rho H_0 a^2}{k} \left(\frac{r}{a} \right)^{n+2}$$

C_1 と C_2 を積分定数として積分します.

$$r^2 \frac{dT}{dr} = -\frac{\rho H_0 a^3}{(n+3)k} \left(\frac{r}{a} \right)^{n+3} + C_1,$$

$$\frac{dT}{dr} = -\frac{\rho H_0 a}{(n+3)k} \left(\frac{r}{a} \right)^{n+1} + \frac{C_1}{r^2},$$

$$T = -\frac{\rho H_0 a^2}{(n+2)(n+3)k} \left(\frac{r}{a} \right)^{n+2} - \frac{C_1}{r} + C_2.$$

$r = 0$ で T が発散しない条件から $C_1 = 0$. $r = a$ で $T = T_0$ より,

$$C_2 = T_0 + \frac{\rho H_0 a^2}{(n+2)(n+3)k}.$$

よって,

$$T = T_0 + \frac{\rho H_0 a^2}{(n+2)(n+3)k} \left(1 - \left(\frac{r}{a} \right)^{n+2} \right),$$

$$q = \frac{\rho H_0 a}{n+3} \left(\frac{r}{a} \right)^{n+1}.$$

(2) 表面の発熱量 ρH_0 と中心温度 T_C は,

$$\rho H_0 = \frac{(n+3)q_0}{a}, \quad T_C = T_0 + \frac{\rho H_0 a^2}{(n+2)(n+3)k}$$

となり, $n = 2$ と地球の値を代入すると,

173

$$\rho H_0 = 0.0625 \ \mu\mathrm{W/m}^3, \quad T_C = 32000 \ {}^\circ\mathrm{C}$$

となります．この発熱量はマントルの推定値 $0.02 \ \mu\mathrm{W/m}^3$ の 3 倍程度です．中心温度は発熱源が一様分布よりは低いですが，やはり非現実的な高温です．このモデルは，n が大きいほど発熱源の分布が球表面の近くに集中するので，試みに $n = 20$ で計算すると，

$$\rho H_0 = 0.2875 \ \mu\mathrm{W/m}^3, \quad T_C = 5818 \ {}^\circ\mathrm{C}$$

となり，発熱量は海洋地殻の平均値の推定値 $0.5 \ \mu\mathrm{W/m}^3$ より少し小さい程度で，中心温度も内核と外核の境界温度の推定値の約 $6400 \ {}^\circ\mathrm{C}$ [Bukowinski 1999] と符合します．しかし，球内部の温度分布は実際の地球とは全く異なります．例えば深さ $660 \ \mathrm{km}$ の上部マントルと下部マントルの境界は約 $2000 \ {}^\circ\mathrm{C}$ ですが，このモデルでは $5000 \ {}^\circ\mathrm{C}$ を超えてしまいます．問題 5.2.3 と同様に，地球内部の熱の移動は熱伝導では説明できないことを示します．

問題 5.2.5 解説

(1) 球の熱伝導方程式，

$$\frac{1}{r^2}\frac{d}{dr}\left(r^2\frac{dT}{dr}\right) = -\frac{\rho H}{k} \tag{5.21}$$

を 2 回積分し，積分定数を C_1 と C_2 とすると T は次式となります．

$$T = -\frac{\rho H}{6k}r^2 - \frac{C_1}{r} + C_2. \tag{5.22}$$

球中心は解析の範囲外のため，式 (5.7) の導出や前問のように C_1 をゼロとすることはできません．式 (5.22) を微分して，

$$q = -k\frac{dT}{dr} = \frac{\rho H}{3}r - C_1\frac{k}{r^2} \tag{5.23}$$

ですが，$r = b$ で $q = 0$ より，

$$\frac{\rho H b}{3} - C_1\frac{k}{b^2} = 0.$$

よって，$C_1 = \rho H b^3/3k$ を式 (5.23) に代入し熱流量は次のようになります．

$$q = -k\frac{dT}{dr} = \frac{\rho H}{3}r - \frac{\rho H b^3}{3r^2}$$
$$= \frac{\rho H r}{3}\left(1 - \left(\frac{b}{r}\right)^3\right) \quad (b \leq r \leq a). \tag{5.24}$$

温度は，C_1 を式 (5.22) に代入して，

$$T = -\frac{\rho H}{6k}r^2 - \frac{\rho H b^3}{3k}\frac{1}{r} + C_2. \tag{5.25}$$

$r = a$ で $T = T_0$ より，

$$C_2 = T_0 + \frac{\rho H a^2}{6k} + \frac{\rho H b^3}{3ka}.$$

これを式 (5.25) に代入し整理すると温度は次式で表されます．

$$T = T_0 + \frac{\rho H}{6k}(a^2 - r^2) + \frac{\rho H b^3}{3k}\left(\frac{1}{a} - \frac{1}{r}\right) \quad (b \le r \le a). \tag{5.26}$$

(2) q_0 は式 (5.24) で $r = a$，$T(b)$ は式 (5.26) で $r = b$ とすることで，次式となります．

$$q_0 = \frac{\rho H a}{3}\left(1 - \left(\frac{b}{a}\right)^3\right), \quad T(b) = T_0 + \frac{\rho H}{6k}(a^2 - b^2) + \frac{\rho H b^3}{3k}\left(\frac{1}{a} - \frac{1}{b}\right).$$

各データの値を代入して次のようになります．

$$q_0 = 11.5 \text{ mW/m}^2, \quad T(b) = 2434 \text{ K}.$$

得られた q_0 は 70 年代のアポロ計画による q_0 の実測値 18 mW/m^2 [Langseth *et al.* 1976] より小さくなりましたが演習問題の結果としては許容範囲と思われます．しかし，$T(b)$ の 2434 K (2161 °C) については，深さ 1300 km 付近の圧力の約 4.5 GPa を考慮しても岩石が融けてしまう温度です．やはり，月のような小天体でも表面付近に集中した熱源を仮定する必要があるようです．なお，アポロ計画による月震記録に月周回衛星などの新しいデータを加えた研究では，核の回りの地震波低速度層の存在は確実のようです．それがマントルや核の融解によるのか，熱源はなにか，など議論があるようです [Matsumoto *et al.* 2015]．

5.3　周期変動する地表温度の伝播

5.3.1　1 次元非定常熱伝導方程式

　前節では，微小距離 δx 離れた，2 つの単位面積の平面で囲まれた空間から流出する熱が空間内の熱源から補充されるとして，熱伝導方程式を導きました．ここでは熱源はないとして，熱の流出は当該空間の温度低下で補充されます．単位時間に流出する熱エネルギーは前節と同様に熱伝導度を k として次式となります．

$$-k\frac{\partial^2 T}{\partial x^2}\delta x.$$

一方，温度の低下で単位時間当たりに発生する熱エネルギーは，密度と比熱を ρ と c とし，温度の時間微分が負であることを考慮して，

$$-\rho c\frac{\partial T}{\partial t}\delta x$$

となります．これらの 2 式を等置することで，次の 1 次元非定常熱伝導方程式を得ます．

$$\rho c\frac{\partial T}{\partial t} = k\frac{\partial^2 T}{\partial x^2}.$$

通常は，熱拡散率とよばれる次のパラメータ，

$$\kappa = \frac{k}{\rho c} \tag{5.27}$$

を導入して，1 次元非定常熱伝導方程式は次式で表されます．

$$\frac{\partial T}{\partial t} = \kappa\frac{\partial^2 T}{\partial x^2}. \tag{5.28}$$

175

なお，この形の方程式は物質や物理量の広がり方を求める式で拡散方程式といわれます.

5.3.2　熱拡散の距離と時間の特徴的スケール

式 (5.27) の熱拡散率 κ は物質の熱伝導による熱の失われやすさを表す量です. 熱伝導度 k, 密度 ρ, 比熱 c の単位はそれぞれ W/m K, kg/m^3, J/kg K ですので，熱拡散率の単位は，

$$
\frac{\mathrm{W/m\,K}}{(\mathrm{kg/m^3})(\mathrm{J/kg\,K})} = \frac{\mathrm{J}}{\mathrm{s\,m\,K}}\frac{\mathrm{m^3}}{\mathrm{kg}}\frac{\mathrm{kg\,K}}{\mathrm{J}} = \frac{\mathrm{m^2}}{\mathrm{s}}
$$

のように，距離の 2 乗を時間で割った形となります. そこで，熱拡散率が κ の物質中を熱が距離 l 伝わるのに要する時間 τ の大まかな見積もりは次元解析により，

$$
\tau = l^2/\kappa \tag{5.29}
$$

となり，これを熱拡散の特徴的時間スケールといいます. 逆に，時間 τ の間に熱が到達する特徴的距離スケールは次の式で得られます.

$$
l = \sqrt{\kappa\tau}. \tag{5.30}
$$

ここでは地下の熱拡散率の典型的な値として $\kappa = 1 \times 10^{-6}\ m^2/s$ を使用します（$k = 3.3$ W/m K, $\rho = 3300$ kg/m^3, $c = 1000$ J/kg K として計算）. 例として地球が熱伝導で冷却する場合の特徴的時間スケールは，特徴的距離を地球半径の 6400 km とすると，

$$
\tau = (6.4 \times 10^6)^2 \div 10^{-6}\ \mathrm{s} = 1.30 \times 10^{12}\ \mathrm{yr}
$$

となります. この 1.3 兆年という非現実的な値は，地球などの天体の冷却は主に熱輸送効率の高い熱対流によることを示唆します. しかし，熱伝導だけによる現象については問題 5.3.1 のように，式 (5.29) や (5.30) から特徴的時間や距離を正しく見積もることができます.

5.3.3　一定周期で時間変動する地表温度の伝播

地表温度が日変化や季節変化をするとき，地下温度の変化は地表ほど大きくないことはよく知られています. このような問題を 1 次元非定常熱伝導方程式を用いて解いた結果を図 5.9 に示します. 最上段は地表温度の時間変動で，下段は深さとともに変動の振幅が減少し，変動の位相も遅れることを示します. 以下は [Fowler 2005, Sect.7.3] に基づく解法です.

地表温度 T_S が次のように平均値の回りに振幅 T_0，角周波数 ω で時間 t の余弦関数で変動しているとします（周期は $2\pi/\omega$ です）.

$$
T_S = T_0 \cos\omega t. \tag{5.31}
$$

地表を原点とし，深さ方向に z 軸を取ると，地下の温度変動 $T(z,t)$ は次の熱伝導方程式を解くことで得られます.

$$
\frac{\partial T(z,t)}{\partial t} = \kappa \frac{\partial^2 T(z,t)}{\partial z^2}. \tag{5.32}
$$

$z = 0$ での境界条件が式 (5.31) ですが，ここでは三角関数の指数関数表示，$e^{i\theta} = \cos\theta + i\sin\theta$

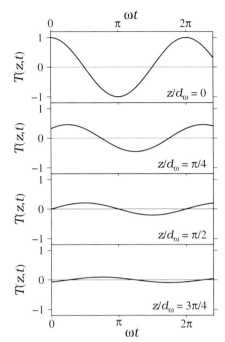

図 5.9 周期時間変動する地表の温度の深さに対する減衰と位相の遅れ.

($i = \sqrt{-1}$) を使用します.すると,$z = 0$ と $z = \infty$ での境界条件は次のようになります.

$$T(0, t) = T_0 e^{i\omega t}, \tag{5.33}$$

$$T(\infty, t) = 0. \tag{5.34}$$

式 (5.32) の解法の 1 つとして,$T(z, t)$ を z の関数 $X(z)$ と t の関数 $Y(t)$ との積で表します.

$$T(z, t) = X(z)Y(t). \tag{5.35}$$

式 (5.35) を (5.32) へ代入して,

$$\frac{1}{Y}\frac{dY}{dt} = \kappa \frac{1}{X}\frac{d^2 X}{dz^2}$$

となりますが,t だけの左辺と z だけの右辺が常に等しいので,この等式は定数である必要があります.定数を c として次の 2 つの微分方程式を得ます.

$$\frac{dY}{dt} = cY, \tag{5.36}$$

$$\frac{d^2 X}{dz^2} = \frac{c}{\kappa} X. \tag{5.37}$$

式 (5.36) の解は,a を定数として,

$$Y = ae^{ct}$$

ですが,境界条件 (5.33) と比較すると $c = i\omega$ となり,次の Y を得ます.

$$Y = ae^{i\omega t}. \tag{5.38}$$

第 5 章　地球の熱と温度

式 (5.37) の解は，$c = i\omega$ ですので b_1 と b_2 を定数として，

$$X = b_1 e^{-z\sqrt{i\omega/\kappa}} + b_2 e^{z\sqrt{i\omega/\kappa}}$$

ですが，$\sqrt{i} = (1+i)/\sqrt{2}$ の関係を利用して，

$$X = b_1 e^{-(1+i)z\sqrt{\omega/2\kappa}} + b_2 e^{(1+i)z\sqrt{\omega/2\kappa}}$$

となります．これを境界条件 (5.34) と比較すると $b_2 = 0$ となり，X は次式となります．

$$X = b_1 e^{-(1+i)z\sqrt{\omega/2\kappa}}. \tag{5.39}$$

式 (5.38) と (5.39) を (5.35) に代入して，

$$T(z,t) = a e^{i\omega t} b_1 e^{-(1+i)z\sqrt{\omega/2\kappa}} = a b_1 e^{-z\sqrt{\omega/2\kappa}} e^{i(\omega t - z\sqrt{\omega/2\kappa})}$$

となり，式 (5.33) から $ab_1 = T_0$ となり，実数部を取ることで次の地下温度変動を得ます．

$$T(z,t) = T_0 e^{-z\sqrt{\omega/2\kappa}} \cos\left(\omega t - z\sqrt{\omega/2\kappa}\right). \tag{5.40}$$

式 (5.40) によると温度変動の振幅は深さの指数関数で減少し，ω が大きい（周期が短い）ほど大きく減少します．振幅が $1/e$ に減少する深さがスキンデプス（表皮深さ）で，d_ω で表すと，

$$d_\omega = \sqrt{\frac{2\kappa}{\omega}} \tag{5.41}$$

となります．一方，地下温度の変動の周期は地表と同じですが時間の遅れがあることも式 (5.40) から分かります．図 5.9 はスキンデプス d_ω で規格化した深さ $z\sqrt{\omega/2\kappa}$ （式 (5.40) の位相の項）が $\pi/4$ ずつ増すときの様子を示します．

問題 5.3

問題 5.3.1

地表の温度変化が，(a) 1 日周期，(b) 1 年周期，(c) 1 万年周期の 3 つの場合について，スキンデプス (d_ω)，熱拡散の特徴的距離スケール (l)，振幅が $1/10$ に減少する深さ (d_1)，位相が $180°$ 遅れる深さ (d_2) を計算しなさい．地下の熱拡散率 κ は 1×10^{-6} m^2/s とします．

問題 5.3.2

地表温度の周期変動に起因する地表面の熱流を考えます．但し，5.3.3 項の理論と同様に地球深部からの恒常的な熱流は除外します（実際は，地表温度変動による熱流が恒常的熱流に加わる）．さて，地表面の熱流は地表温度が平均値より高い時期は下向きで，低い時期は上向きになると予想されます．しかし，実際には地表の熱流は地表の温度変動に先行します．

(1) 地下の熱伝導度を k として式 (5.40) から $-k \left.\frac{dT}{dz}\right|_{z=0}$ を計算することで，次の地表の熱流量 q_0 を導きなさい．

$$q_0 = kT_0\sqrt{\frac{\omega}{\kappa}}\cos\left(\omega t + \frac{\pi}{4}\right).$$

(2) 上の式から，地表の熱流量がゼロとなるときの ωt を求めなさい．

(3) 温度変動の振幅 T_0 を 10°C とし，周期が (a) 1 日と (b) 1 年について，地表の熱流量 q_0 の最大値（振幅）を計算しなさい．κ と k を 1×10^{-6} m²/s と 3 W/m K とします．

問題 5.3 解説

問題 5.3.1 解説

　角周波数 ω は 2π を秒単位の周期で割り，スキンデプス d_ω は式 (5.41) から求めます．以下，求める距離や深さは d_ω で表してから計算します．熱拡散の特徴的距離スケール l は式 (5.30) で τ に周期を代入します．

$$l = \sqrt{\kappa\tau} = \sqrt{\kappa(2\pi/\omega)} = \sqrt{\pi}d_\omega.$$

振幅が $1/10$ に減少する深さ d_1 は式 (5.40) の振幅の項から計算します．

$$e^{-d_1\sqrt{\omega/2\kappa}} = 0.1 \quad\Rightarrow\quad d_1 = -\log_e(0.1)\sqrt{2\kappa/\omega} = 2.30d_\omega.$$

位相が 180 度遅れる深さ d_2 は式 (5.40) の位相を表す項から計算します．

$$d_2\sqrt{\omega/2\kappa} = \pi \quad\Rightarrow\quad d_2 = \pi\sqrt{2\kappa/\omega} = \pi d_\omega.$$

計算結果は下表の通りです．ω の単位は 1/s，距離の単位は m です．

周期	ω	d_ω	l	d_1	d_2
1 日	7.272×10^{-5}	0.166	0.294	0.382	0.521
1 年	1.992×10^{-7}	3.17	5.62	7.30	9.95
1 万年	1.992×10^{-11}	317	562	730	995

1 日周期の結果からは，地表温度の日変化の地下への影響はせいぜい数十 cm となります．1 年周期の結果では，位相が 180° 遅れる深さが約 10 m ですので，深さ 10 m 付近の地下水は夏は冷たく，冬は温かいと考えられます．周期 1 万年の結果からは，氷期–間氷期などの気候変動の影響を受けない地殻熱流量や地下温度の測定には，随分と深い観測井戸を掘削する必要があることが分かります．深さ 730 m でも地表温度の変動幅の影響が 10% 残っています．

問題 5.3.2 解説

(1) 深さ z，時間 t での温度を表す式 (5.40)，

$$T(z,t) = T_0 e^{-z\sqrt{\omega/2\kappa}}\cos\left(\omega t - z\sqrt{\omega/2\kappa}\right)$$

を z で微分すると，

$$\frac{dT}{dz} = -T_0\sqrt{\frac{\omega}{2\kappa}}e^{-z\sqrt{\frac{\omega}{2\kappa}}}\left[\cos\left(\omega t - z\sqrt{\frac{\omega}{2\kappa}}\right) - \sin\left(\omega t - z\sqrt{\frac{\omega}{2\kappa}}\right)\right]. \tag{5.42}$$

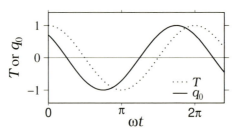

図 5.10 地表の熱流量（実線）の周期変動と位相の進み．点線は地表の温度変動を示す．

これを次の公式を用いて変形します．
$$a\cos\theta - b\sin\theta = \sqrt{a^2+b^2}\cos(\theta+\alpha). \quad \left(\cos\alpha = \frac{a}{\sqrt{a^2+b^2}}, \quad \sin\alpha = \frac{b}{\sqrt{a^2+b^2}}\right)$$

式 (5.42) では，$a=b=1$，$\alpha=\pi/4$ で，$q=-k\,dT/dz$ より熱流は次式となります．
$$q(z,t) = kT_0\sqrt{\frac{\omega}{\kappa}}e^{-z\sqrt{\frac{\omega}{2\kappa}}}\cos\left(\omega t - z\sqrt{\frac{\omega}{2\kappa}} + \frac{\pi}{4}\right). \tag{5.43}$$

この式は地下の熱流も温度と同様に深さで減少し，同じ周期で変動することを示しますが，位相が 45° 進んでいることが分かります．地表での熱流量 q_0 は $z=0$ とおいて，
$$q_0 = kT_0\sqrt{\frac{\omega}{\kappa}}\cos\left(\omega t + \frac{\pi}{4}\right). \tag{5.44}$$

(2) 式 (5.44) で $\cos(\omega t + \pi/4)$ がゼロの条件は n を整数として，$\omega t + \pi/4 = \pi/2 + n\pi$ より，
$$\omega t = \frac{\pi}{4} + n\pi \quad (n=1,2,3,\cdots). \tag{5.45}$$

図 5.10 は地表温度の変動（点線）に対する地表熱流量の変動（実線）を，両者とも縦軸を 1 として示します．熱流の変化が温度の変化に先行することは不思議に感じます．しかし，例えば温度の極大が時間遅れで地下に伝わっていく場合を想定すると，温度がゼロになる前に温度勾配が逆転することが考えられます．

(3) 式 (5.44) の振幅 $kT_0\sqrt{\omega/\kappa}$ を計算します．
　　　　(a) 日変化：255 W/m^2，　(b) 年変化：13.4 W/m^2

このように地表の温度変化による熱流は地球深部からの恒常的な熱流に比べて圧倒的に大きいです．年変化でさえ，大陸での平均の地殻熱流量 65 mW/m^2 の 200 倍の大きさです．

5.4 海洋リソスフェアの半無限体冷却モデル

5.4.1 海洋リソスフェアの熱流量

海洋地域の地殻熱流量は放射性元素含有量が小さいにもかかわらず大陸地域よりも大きいです (5.1 節)．海洋底の熱流量は海嶺付近では 200–250 mW/m^2 以上で，海嶺から離れるに従い減少します．また，海洋リソスフェアの厚さは海嶺から離れるに従い厚くなり，海洋底も深くなります．これらの観測結果は海洋底拡大に伴うリソスフェアの冷却過程で説明されます．

海嶺ではアセノスフェアとよばれる高温のマントル物質が上昇してきます．固体のアセノスフェアは地質学的時間スケールでは流動すると考えられます．上昇してきたアセノスフェアは海底で冷却され上部から段々と固くなり，その領域をリソスフェア（プレート）とよびます．リソスフェアは時間とともに冷却が進み厚さが増加し，海洋底拡大に伴い海嶺から離れていきます．リソスフェアの密度は冷却とともに増加し，アイソスタシーにより時間とともに沈降が進み，海嶺から離れるほど海洋底は深くなります．このような海洋リソスフェアの冷却モデルによる地殻熱流量の理論値は，およそ 8000 万年前までの若い海底で測定値とよく一致します．

5.4.2 半無限体冷却モデル

半無限体の表面が突然に加熱または冷却されるときの熱伝導方程式の解法については，[Turcotte & Schubert 2002, Sect.4-15] を基にした説明を付録 B.4 にまとめました．ここではその結果を海洋リソスフェアの冷却に適用します．

アセノスフェアを柱状の半無限体とし，表面の海底を原点，深さ方向を z 軸とします．座標軸は海洋底拡大で水平方向に移動するアセノスフェアに固定されていて，水平方向の熱伝導はないとします．時間の原点 $t=0$ で温度 T_m (°C) のアセノスフェアの上面が突然に海底の温度 0°C に冷却されるとします．付録 B.4 の式 (B.50) で，T_0 を T_m，T_s を 0 とおくことで，z と t の関数であるアセノスフェアの温度 T は κ を熱拡散率として次式で与えられます．

$$\begin{aligned} T &= T_m \left(1 - \operatorname{erfc}\left(\frac{z}{2\sqrt{\kappa t}}\right) \right) \\ &= T_m \operatorname{erf}\left(\frac{z}{2\sqrt{\kappa t}}\right). \end{aligned} \tag{5.46}$$

ここに，erf() と erfc() は式 (B.51) と (B.52) で定義される誤差関数と相補誤差関数です（定義式，グラフ，数値表は付録 B.4 参照）．この半無限体冷却モデルによる地下温度分布を時間を追って図 5.11 に示します．時間の経過で冷却が深部に浸透する様子が示されています．

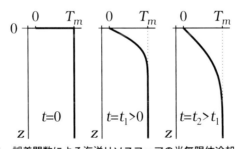

図 5.11 誤差関数による海洋リソスフェアの半無限体冷却モデル．

5.4.3 海洋リソスフェアの厚さの時間変化

このモデルで表面付近の温度変化の急な領域は熱境界層です．ここでは，熱境界層を T が T_m の 0.9 になる深さまでとして，その領域をリソスフェアとします．すると，$\operatorname{erf}(x) = 0.9$ より x は約 1.16 で，リソスフェアの底の深さ，即ちリソスフェアの厚さ z_L は式 (5.46) より，

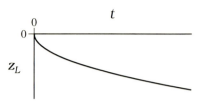

図 5.12 冷却により時間のルートに比例して厚さが増加する海洋リソスフェア.

$$z_L = 2.32\sqrt{\kappa t} \tag{5.47}$$

で与えられ，図 5.12 のように時間 t の経過で厚くなります．さらに，低温のリソスフェアはアセノスフェアよりも密度が大きいため，厚さの増大につれアイソスタシーにより次第に沈降します．そのため海洋底は時間とともに深くなります．海洋底の深さやリソスフェアの厚さの観測値は，若い年代ではこのモデルでよく説明できます．但し，およそ 8000 万年前より古くなると，海洋底の深さやリソスフェアの厚さが一定値に近づくなど，このモデルでは十分には説明できません．ここでは，古い時代のデータも説明する高度なモデルについては省略します．

5.4.4 海洋リソスフェアの熱流量の時間変化

半無限体冷却モデルによる地殻熱流量は式 (5.46) を z で微分し熱伝導度 k を掛けて得られます．誤差関数の微分は式 (B.51) より一般に，

$$\frac{d}{dx}\mathrm{erf}(x) = \frac{d}{dx}\left(\frac{2}{\sqrt{\pi}}\int_0^x e^{-t^2}dt\right) = \frac{2}{\sqrt{\pi}}e^{-x^2}$$

ですので，式 (5.46) より熱流量 q は次式で表されます．

$$q = -k\frac{\partial T}{\partial z} = -\frac{kT_m}{\sqrt{\pi\kappa t}}e^{-z^2/4\kappa t}.$$

リソスフェア表面，即ち海洋底での地殻熱流量 q_0 は $z=0$ とおいて次式となります．

$$q_0 = -\frac{kT_m}{\sqrt{\pi\kappa t}}. \tag{5.48}$$

この式では $t=0$ で q_0 が無限大になりますが，その点を除いて式 (5.48) は観測値とよく合います．しかし，リソスフェアの厚さと同様，約 8000 万年前より古い海底では観測値が一定になるなど，モデルとの差が現れます．これについてはより詳細なモデルが提唱されています．

5.4.5 ケルビンによる地球の年齢

19 世紀中頃に物理学者のケルビンが発表した地球の年齢が地質学者の常識からはあまりに若い年代だったので，大論争になったことは有名です．地球の年齢の推定にケルビンが使用した理論は半無限体冷却モデルです．地球は球ですが，高温の地球が冷却する過程で生じる表面付近の熱境界層は地球半径に比較して大変薄いので，1 次元の半無限体冷却モデルを適用できます．ケルビンは，このモデルでは地表付近の地温勾配が時間の経過とともに小さくなることを利用して，地温勾配の観測値を理論値と比較することで年齢を決定しました．

図 5.13 にケルビンが最初の論文で使用したデータ，$T_m = 3888\,°\mathrm{C}$, $\kappa = 1.18\times10^{-6}\,\mathrm{m^2/s}$,

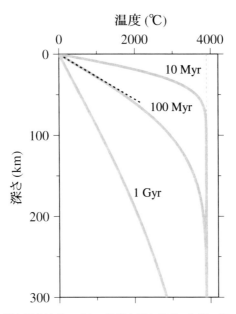

図 5.13 ケルビンによる半無限体冷却モデルの地温勾配と地球の年齢．細い点線は当時測定された地温勾配を示します．

による地下温度分布を 3 つの経過時間について示します（データは [Richter 1986] より）．細い点線は当時測定された地温勾配 (36°C/km) で，100 Myr（1 億年）経過した地下温度分布とよく合います．この結果からケルビンは地球の年齢を 9800 万年とし，その後も何回か改定し，そのたびにより若い年代となり，2400 万年を最良値としたそうです．

地球の年齢 46 億年より 2 桁も小さくなった原因としてよく挙げられるのが，熱源の放射性元素が考慮されていない点です．しかし，[England *et al.* 2007] によると，モデルに熱源を加えても結果はほとんど変わらないそうです．誤りの大きな原因は，固体の地球内部も地質学的時間スケールでは対流することで，その場合には一定時間経過すると地表付近の地温勾配がある程度大きな値に保たれるそうです．

問題 5.4

問題 5.4.1

(1) 半無限体冷却モデルで，海底の温度を 0°C，アセノスフェアの温度を $T_m = 1300$°C，リソスフェアの底面の温度を $T = 1100$°C とします．$\mathrm{erf}(x) = 1100/1300 = 0.846$ より $x = 1.01$ ですので，この場合のリソスフェアの厚さ L は式 (5.46) より次式で与えられます．

$$L = 2.02\sqrt{\kappa t}.$$

$\kappa = 1\times 10^{-6}$ m²/s として，年代が (a) 10 Ma, (b) 50 Ma, (c) 100 Ma のリソスフェアの厚さを計算しなさい．

(2) 図 5.14 は海洋底拡大により海洋リソスフェアが年代とともにアイソスタシーにより沈降す

図 5.14 海洋リソスフェアが海洋底拡大とともに沈降するモデル.

るモデルです．ある年代のリソスフェアの厚さを L，海嶺頂上からの沈み量を w，海水，リソスフェア，アセノスフェアの密度をそれぞれ ρ_w, ρ_L, ρ_m とします．アイソスタシーが成立するとして，沈み量を与える次式を導きなさい．

$$w = \frac{\rho_L - \rho_m}{\rho_m - \rho_w} L.$$

(3) リソスフェア内の温度分布の簡単なモデルとして，表面の $0°C$ から底面の T_m まで直線的に変化しているとし，その平均値 $\frac{1}{2}T_m$ をリソスフェアの温度とします．すると，ρ_L と ρ_m の関係は，体積膨張率 α を用いて次式で表されます．

$$\rho_L - \rho_m = \frac{1}{2}\alpha T_m \rho_m.$$

いま，$L = 100$ km, $\rho_m = 3300$ kg/m^3, $\rho_w = 1000$ kg/m^3, $T_m = 1300°C$, $\alpha = 3.3 \times 10^{-5}$ 1/K として，リソスフェアの沈み量を計算しなさい．

補足：体積膨張率について

一般に，物体は温度 T が上昇すると体積 v が増加しますが，単位温度当たりの膨張の割合を体積膨張率といい，次式で定義されます．

$$\alpha = \frac{1}{v}\frac{dv}{dT}.$$

一方，体積 v は物体の密度 ρ と質量 m に対し，$v\rho = m$ の関係にあります．温度の上昇で質量が保存されるとすれば，この両辺を微分して，$dv\rho + vd\rho = 0$ から

$$\frac{dv}{v} = -\frac{d\rho}{\rho}$$

が成り立つので，体積膨張率は次のように密度を用いても表すことができます．

$$\alpha = -\frac{1}{\rho}\frac{d\rho}{dT}.$$

問題 5.4.1(3) では温度が T_m から $\frac{1}{2}T_m$ に減少するので密度は増加します．

問題 5.4.2

(1) 半無限体冷却モデルによる海底の地殻熱流量の理論値を計算します．上向きの熱流を正に取り，式 (5.48) で負記号を除いた次式を用いることにします．

$$q_0(t) = \frac{kT_m}{\sqrt{\pi \kappa t}}.$$

$k = 3.3 \, \text{W/m K}$, $T_m = 1300$ K, $\kappa = 1\times10^{-6}$ m^2/s として，年代が (a) 10 Ma, (b) 50 Ma, (c) 100 Ma について q_0 を求めなさい．

(2) ある年代範囲の海底について，平均の地殻熱流量を求めます．一般に，関数 $f(x)$ の区間 $[a, b]$ での平均値 $\overline{f}$ は次式となります．

$$\overline{f} = \frac{1}{b-a}\int_a^b f(x)dx.$$

これを問 (1) の式に適用して，年代が 0 から τ までの海底の平均の地殻熱流量 $\overline{q_0}$ は次式で与えられることを導きなさい．

$$\overline{q_0} = \frac{2kT_m}{\sqrt{\pi\kappa\tau}}.$$

また，海嶺で生成された海洋リソスフェアは 120 Myr 経過すると海溝で沈み込むとして，その間の海底の平均の地殻熱流量を，問 (1) と同じ定数を用いて計算しなさい．

問題 5.4.3

ケルビンが計算した方法で地球の年齢を求めてみます．式 (5.48) を変形して，年代 t を地表の地温勾配 $\frac{\partial T}{\partial z}|_{z=0}$ で表す式を導きなさい．地表付近の地温勾配を 25°C/km, $T_m = 2000$°C（地表の温度は 0°C），$\kappa = 1\times10^{-6}$ m^2/s として地球の年齢を計算しなさい．

問題 5.4.4

参考元: [Turcotte & Schubert 2002, Prob.4-34]

氷期の始まりを時間の原点 $t = 0$ とし，0°C の地表の温度が突然 T_G (< 0°C) になり，その後，氷期は $t = t_1$ で終了し地表の温度は 0°C に戻ったとします．恒常的な地温勾配は考慮しないとすると，地下の温度分布は氷期には，深さ z に対して図 5.15(a) の半無限体冷却モデルで表せます．氷期終了後は地下の温度分布はすでに図の (a) のように一様ではないので (b) を想定した理論は適用できません．しかし，一般に線形微分方程式の重ね合わせの原理により，(b) における温度の増加分 $(T - T_G)$ を (a) の温度分布に加えることで氷期終了後の温度分布を求めることができます．このことを利用して地下の温度 T と地表の熱流量 q_0 が以下のように表されることを導きなさい．

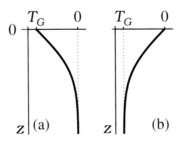

図 5.15 半無限体熱伝導理論の地下温度への応用．(a) 氷期の始まりに地表が突然 0°C から T_G に冷却され，(b) 氷期の終了には T_G から 0°C に加熱されるモデル．

$$T = T_G \operatorname{erfc}\left(\frac{z}{2\sqrt{\kappa t}}\right) \quad (0 < t < t_1),$$

$$T = T_G \left[\operatorname{erfc}\left(\frac{z}{2\sqrt{\kappa t}}\right) - \operatorname{erfc}\left(\frac{z}{2\sqrt{\kappa(t - t_1)}}\right)\right] \quad (t_1 < t),$$

$$q_0 = \frac{kT_G}{\sqrt{\pi\kappa t}} \quad (0 < t < t_1),$$

$$q_0 = \frac{kT_G}{\sqrt{\pi\kappa}}\left(\frac{1}{\sqrt{t}} - \frac{1}{\sqrt{t - t_1}}\right) \quad (t_1 < t).$$

問題 5.4 解説

問題 5.4.1 解説

(1) (a) は $10\ \mathrm{Myr} = 3.1536 \times 10^{14}\ \mathrm{s}$ ですので，$2.02\sqrt{\kappa t} = 3.59 \times 10^4\ \mathrm{m}$，となり約 36 km です．同様に，(b) $50\ \mathrm{Myr} = 1.5768 \times 10^{15}\ \mathrm{s}$ と (c) $100\ \mathrm{Myr} = 3.1536 \times 10^{15}\ \mathrm{s}$ については，それぞれ 80.2 km と 113 km となります．

(2) 図 5.14 で，下の点線を補償面とし，圧力のつり合いより，

$$\rho_m(w + L) = \rho_w w + \rho_L L,$$

$$(\rho_m - \rho_w)w = (\rho_L - \rho_m)L,$$

$$w = \frac{\rho_L - \rho_m}{\rho_m - \rho_w}L.$$

(3) α, T_m, ρ_m に数値を代入して，

$$\rho_L - \rho_m = \frac{1}{2}\alpha T_m \rho_m = 70.785\ \mathrm{kg/m^3}.$$

この結果と L，ρ_w の値を問 (2) で導いた式に代入して，

$$w = \frac{\rho_L - \rho_m}{\rho_m - \rho_w}L = 3.08 \times 10^3\ \mathrm{m}.$$

約 3.1 km となりましたが，海嶺の頂上は海面から 2–3 km ですので，海底の深さはおよそ 5–6 km となります．これは，およそ 1 億年で厚さ 100 km 程度となった海洋リソスフェアとして，よく観測される値です．ここで仮定したリソスフェアの温度構造は大変簡単ですが，実際の観測値とかなり合うことが分かります．

問題 5.4.2 解説

(1) (a) は $10\ \mathrm{Myr} = 3.1536 \times 10^{14}\ \mathrm{s}$ を用いて，$kT_m/\sqrt{\pi\kappa t} = 0.136\ \mathrm{W/m^2}$，となります．この $136\ \mathrm{mW/m^2}$ という値は，海嶺に近く若い海底での典型的な値です．同様に，(b) 50 Myr と (c) 100 Myr については，それぞれ 61.0 mW/m² と 43.1 mW/m² となります．

(2) $q_0(t)$ の積分を実行します．

$$\overline{q_0} = \frac{1}{\tau}\int_0^\tau q_0(t)dt = \frac{1}{\tau}\int_0^\tau \frac{kT_m}{\sqrt{\pi\kappa t}}dt = \frac{1}{\tau}\left[\frac{2kT_m}{\sqrt{\pi\kappa}}\sqrt{t}\right]_0^\tau = \frac{2kT_m}{\sqrt{\pi\kappa\tau}}.$$

この式の τ に 120 Myr $= 3.7843 \times 10^{15}$ s を代入し，$2kT_m/\sqrt{\pi\kappa\tau} = 0.0787$ W/m^2，となります．得られた海洋底の平均地殻熱流量 79 mW/m^2 は，観測に基づいた平均値 101 mW/m^2 より小さい値ですが，簡単なモデルによる結果としては妥当と思われます．

問題 5.4.3 解説

式 (5.48) より $\frac{\partial T}{\partial z}\big|_{z=0}$ を表す式を導きます．

$$q_0 = -k\,\frac{\partial T}{\partial z}\bigg|_{z=0} = -\frac{kT_m}{\sqrt{\pi\kappa t}} \quad \Rightarrow \quad \frac{\partial T}{\partial z}\bigg|_{z=0} = \frac{T_m}{\sqrt{\pi\kappa t}}.$$

これを t について解いて，

$$t = \frac{T_m^2}{\pi\kappa\left(\frac{\partial T}{\partial z}\big|_{z=0}\right)^2}.$$

この式に，$\frac{\partial T}{\partial z}\big|_{z=0} = 0.025$°C/m, $T_m = 2000$°C, $\kappa = 1 \times 10^{-6}$ m^2/s を代入して，

$$t = 2.0372 \times 10^{15}\ \text{s} = 6.4599 \times 10^7\ \text{yr}.$$

地球の年齢は約 65 Myr（6500 万年）という若い年齢となりました．

問題 5.4.4 解説

$0 < t < t_1$ では，図 5.15(a) の解を付録 B.4 の式 (B.50) で T_0 と T_s を 0 と T_G とおき，

$$T = T_G\,\text{erfc}\left(\frac{z}{2\sqrt{\kappa t}}\right) \quad (0 < t < t_1). \tag{5.49}$$

氷期終了後の $t_1 < t$ では，温度の増加分は図 5.15(b) の解として式 (B.50) で T_0, T_s, t をそれぞれ T_G, 0, $t - t_1$ とおき，

$$\frac{T - T_G}{0 - T_G} = \text{erfc}\left(\frac{z}{2\sqrt{\kappa(t - t_1)}}\right)$$

より温度の増加分は，

$$T - T_G = -T_G\,\text{erfc}\left(\frac{z}{2\sqrt{\kappa(t - t_1)}}\right).$$

これを式 (5.49) に加えて，

$$T = T_G\left[\text{erfc}\left(\frac{z}{2\sqrt{\kappa t}}\right) - \text{erfc}\left(\frac{z}{2\sqrt{\kappa(t - t_1)}}\right)\right] \quad (t_1 < t). \tag{5.50}$$

熱流量は，$\frac{\partial}{\partial x}\text{erfc}(x) = -\frac{\partial}{\partial x}\text{erf}(x)$ の関係を利用して，$0 < t < t_1$ では式 (5.49) より，

$$q = -k\,\frac{\partial T}{\partial z} = -kT_G\,\frac{\partial}{\partial z}\text{erfc}\left(\frac{z}{2\sqrt{\kappa t}}\right) = kT_G\,\frac{\partial}{\partial z}\text{erf}\left(\frac{z}{2\sqrt{\kappa t}}\right) = \frac{kT_G}{\sqrt{\pi\kappa t}}e^{-z^2/4\kappa t}.$$

$z = 0$ とおいて，

$$q_0 = \frac{kT_G}{\sqrt{\pi\kappa t}} \quad (0 < t < t_1). \tag{5.51}$$

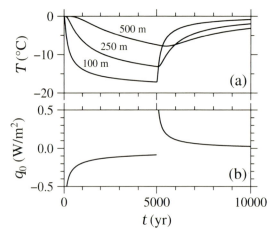

図 5.16　半無限体熱伝導理論による 5000 年間の氷期とその後の (a) 地下温度と (b) 地表の熱流量.

同様にして，$t_1 < t$ については次式となります.

$$q_0 = \frac{kT_G}{\sqrt{\pi\kappa}}\left(\frac{1}{\sqrt{t}} - \frac{1}{\sqrt{t-t_1}}\right) \quad (t_1 < t). \tag{5.52}$$

氷河の温度を $T_G = -20°C$，地下の熱拡散率を $\kappa = 1\times10^{-6}$ m^2/s とし，氷期が 5000 年続いたときの計算例を氷期の始まりから 1 万年間について図 5.16 に示します．図の (a) は 3 通りの異なる深さの温度 T の変化で，(b) は地表の熱流量 q_0 の変化です．温度は氷期終了後も最初の 0°C に戻ることはなく，5.3 節の周期変動とは異なります．地表の熱流は氷期の開始と終了で発散しますが，時間の経過で小さくなり，氷期では上向き，氷期終了後は下向きです．

なお，ここでは恒常的な地下温度勾配は考慮していませんが，これを含めた温度の式は重ね合わせの原理から，単に式 (5.49) や (5.50) に 1 次式の地温勾配を加えるだけで得られます．

5.5　マントルの断熱温度勾配

5.5.1　熱対流

地表付近の地温勾配は 20–30°C/km ですが，マントルでは 2 桁小さい 0.3–0.5°C/km と考えられています．それは，マントル内の熱の流れは熱対流によると考えられるからです．これは熱力学の理論的考察に基づくだけでなく，実験的手段によっても推定されています．例えばマントルの温度分布の推定は，マントル捕獲岩に含まれるある種の鉱物組成の測定（地質学的温度圧力計）や，高温高圧実験によるマントル物質の相転移の観察からも可能です．

5.1–5.4 節で扱ったように，熱伝導で熱が移送されるときは必然的に温度勾配は大きくなります．しかし熱対流の場合は，移動する物質が熱を運ぶので，原理的には温度勾配はゼロでも熱は効率良く移送されます．図 5.17 は熱対流の様子の模式図で，(a) は物質の流れ（流線），(b) は平均の温度分布を示します．温度分布には，表面と底面付近の温度勾配が大きく薄い領域（熱境界層）と中心部の温度勾配がほとんどゼロとなる領域が現れます．しかし，マントルでは深さによる圧力の増加に伴い温度は上昇し，断熱温度勾配の状態になります．

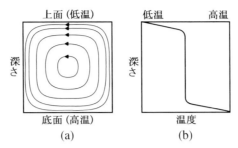

図 5.17 熱対流の模式図．(a) 物質の流れと (b) 平均の温度分布（[瀬野 1995, 図 1.2.2] を基に作図）．

5.5.2 断熱温度勾配

物質を断熱状態で圧縮するとその温度は増大し，膨張の場合は低下します．いま，マントルのある深さの岩石が断熱的により浅い位置に上昇したとします．すると，圧力が低下するのでその温度は低下します．その低下した温度が回りの岩石の温度と等しい場合，マントルは断熱温度勾配にあるといいます．一般に熱対流では，対流の速度が熱拡散の速度よりも速い場合は断熱温度勾配になることが理論や実験から知られています．実際マントルでは，特徴的距離スケール l を 100 km とすると，熱拡散の特徴的時間スケール τ は熱拡散率を $\kappa = 10^{-6}$ m^2/s として，

$$\tau = l^2/\kappa = (100 \times 10^3)^2/(1 \times 10^{-6})$$
$$= 1 \times 10^{16} \text{ s} \approx 3 \times 10^8 \text{ yr}.$$

となり，およそ 3 億年です．一方，マントル対流の速度を地表のプレート速度と同程度の 10 cm/yr とすると，100 km の移動に 10^6 yr（100 万年）かかりますが，熱の拡散よりはずっと速いことが分かります．

5.5.3 断熱過程

以下，断熱過程（断熱変化）を熱力学の基礎の範囲で記述します（[原島 1966] など）．温度 T の系が熱 Q の微小量 dQ を吸収すると系のエントロピー S の増加 dS は，

$$dS = \frac{dQ}{T} \tag{5.53}$$

で表されます．断熱過程では，$dQ = 0$ より $dS = 0$ ですが，その場合の温度 T と圧力 P の関係を求めるために，まずは dS を次のように展開します．

$$dS = \left(\frac{dS}{dT}\right)_P dT + \left(\frac{dS}{dP}\right)_T dP. \tag{5.54}$$

式中，括弧の下付き添字はその変数を一定のまま微分することを示します．式 (5.54) の第 1 項は式 (5.53) より

$$\left(\frac{dS}{dT}\right)_P dT = \frac{1}{T}\left(\frac{dQ}{dT}\right)_P dT$$

ですが，dQ/dT は単位温度当たりの熱量，即ち系の熱容量ですので，定圧熱容量 C_P を用いて式 (5.54) は次のようになります．

$$dS = \frac{C_P}{T}dT + \left(\frac{dS}{dP}\right)_T dP. \tag{5.55}$$

式 (5.55) の第 2 項を系の体積 V と関係付けるために，次のエントロピー S とギプスの自由エネルギー G との関係式を使用します．

$$dG = VdP - SdT.$$

これより，

$$S = -\left(\frac{dG}{dT}\right)_P, \quad V = \left(\frac{dG}{dP}\right)_T.$$

これらの S と V を，それぞれ P と T で微分して次の関係式が得られます．

$$\left(\frac{dS}{dP}\right)_T = -\left(\frac{d}{dP}\left(\frac{dG}{dT}\right)_P\right)_T = -\left(\frac{d}{dT}\left(\frac{dG}{dP}\right)_T\right)_P = -\left(\frac{dV}{dT}\right)_P.$$

この結果を式 (5.55) に代入して dS は次式となります．

$$dS = \frac{C_P}{T}dT - \left(\frac{dV}{dT}\right)_P dP. \tag{5.56}$$

さらに，次式で定義される体積膨張率，

$$\alpha = \frac{1}{V}\left(\frac{dV}{dT}\right)_P$$

を用いると式 (5.56) は次のように表せます．

$$dS = \frac{C_P}{T}dT - \alpha V dP. \tag{5.57}$$

ここで，$dS = 0$ として，断熱過程における温度の圧力勾配を与える次式を得ます．

$$\frac{dT}{dP} = \frac{\alpha V T}{C_P}. \tag{5.58}$$

5.5.4　マントルの断熱温度勾配

式 (5.58) をマントルに適用するために，体積 V を密度 ρ，熱容量 C_P を比熱 c_p（単位質量当たりの熱容量）に変換します．系の質量を M とすると，

$$V = M/\rho, \quad C_P = c_p M$$

の関係を用いて，式 (5.58) は次のようになります．

$$\frac{dT}{dP} = \frac{\alpha T}{\rho c_p}. \tag{5.59}$$

さらに，式 (5.59) を深さ z に対する温度勾配 dT/dz に変換するためには，マントルはリソスタティックな状態（4.4 節）にあるとして，

$$\frac{dP}{dz} = \rho g \tag{5.60}$$

とします．但し，g は重力加速度です．すると，

$$\frac{dT}{dz} = \frac{dT}{dP}\frac{dP}{dz}$$

ですので，式 (5.59) と (5.60) から求めるマントルの温度勾配は次式となります．

$$\frac{dT}{dz} = \frac{\alpha g T}{c_p}. \tag{5.61}$$

5.5.5 ポテンシャル温度

マントルのある深さの岩石が断熱的に地表まで上昇したときの地表での温度をポテンシャル温度といい，深さによる温度の違いを補正した温度となります．地表まで断熱的に上昇してきたマントルは，局所的な圧力の降下や水の存在などで一部が溶融し（部分溶融）マグマが発生します．地殻はこの上昇してきたマグマが固化して形成されると考えられています．その際，マントルのポテンシャル温度が高いほどマグマの量が多くなります．海嶺では，ポテンシャル温度が約 1300°C で厚さ約 7 km の海洋地殻となりますが，ホットスポットでは約 1400°C と高いので地殻は約 20 km と厚くなると考えられています．このように，ポテンシャル温度の概念はマントル対流の研究分野だけでなく，岩石学や火山学の分野でも広く用いられています．

深さ z で温度が T のマントルのポテンシャル温度 T_P は式 (5.61) を積分して次式となります．

$$T_P = T \exp\left(-\frac{\alpha g z}{c_p}\right). \tag{5.62}$$

問題 5.5

(1) 上部マントル付近を想定し，式 (5.61) を用いてマントルの温度勾配を見積もります．体積弾性率 $\alpha = 3 \times 10^{-5}$ 1/K，温度 $T = 1400$°C (1673 K)，比熱 $c_p = 1000$ J/kg K，重力加速度 $g = 10$ m/s^2 としてマントルの温度勾配を計算しなさい．

(2) 深さ z で温度が T のマントルのポテンシャル温度 T_P を与える式 (5.62) を，式 (5.61) を積分することで導きなさい．また，深さ 200 km で 1400°C (1673 K) のマントルのポテンシャル温度を，問 (1) と同じ定数を用いて計算しなさい．

問題 5.5 解説

(1) 数値を式 (5.61) に代入すると，次のように約 0.5 °C/km となります．

$$\frac{dT}{dz} = \frac{\alpha g T}{c_p} = \frac{(3 \times 10^{-5}) \times 10 \times 1673}{1000} = 5.019 \times 10^{-4} \text{ K/m}.$$

(2) 式 (5.61) を次のように書き直します．

$$\frac{1}{T}dT = \frac{\alpha g}{c_p}dz.$$

191

これを積分し，積分定数を $\log C$ として変形します．

$$\log T = \frac{\alpha g}{c_p} z + \log C,$$

$$\log T - \log C = \frac{\alpha g}{c_p} z,$$

$$T = C e^{\alpha g z / c_p}.$$

$z = 0$ で $T = T_P$ より $C = T_P$．よって，

$$T = T_P e^{\alpha g z / c_p}$$

となり，これを T_P について表して，次の式 (5.62) が導かれます．

$$T_P = T e^{-\alpha g z / c_p}.$$

これに数値を代入して計算すると，

$$T_P = 1673 \times e^{-\frac{(3 \times 10^{-5}) \times 10 \times (200 \times 10^3)}{1000}} = 1575.6 \text{ K}.$$

よって，ポテンシャル温度は 1302.6℃，およそ 1300℃ となりました．この値は典型的な海嶺に上昇してくるマントルのポテンシャル温度と考えられています．

第6章

地磁気と古地磁気

　　地磁気は方位磁石などを通じて馴染み深い地学現象ですが，地磁気が過去に何回も逆転したことは，磁場を記録する岩石の研究から分かります．この地磁気逆転については，最後の逆転から64.5万年間の地質時代名がチバニアンと命名されたことから一般にも広く知られています．この章では地磁気ポテンシャルや古地磁気学とプレートテクトニクスなどの現在と過去の地磁気の理解に必要な基礎事項を学びます．

第 6 章 地磁気と古地磁気

6.1 現在の地磁気分布

6.1.1 地磁気 3 成分

地磁気の磁力線は水平で北向きであると思いがちですが，日本のような北半球中緯度では地磁気は斜め下向きで，南半球中緯度では斜め上向きです．また，方位磁石の指す北は磁北といい，一般には地理的北の真北からずれています．

地磁気ベクトルは図 6.1 のように 3 つの成分で表すことができ，北向き，東向き，鉛直下向きを正にとって，それぞれ，X, Y, Z で表します．しかし通常は，地磁気ベクトルが水平面となす角度を伏角 I (inclination)，水平面への投影（水平成分）が北からなす角度を偏角 D (declination)，大きさを全磁力 F (total force) として表すことが多いです．この地磁気 3 成分と前述の 3 成分との関係は次式で表されます．

$$\tan I = \frac{Z}{\sqrt{X^2+Y^2}}, \quad \tan D = \frac{Y}{X}, \quad F = \sqrt{X^2+Y^2+Z^2}. \tag{6.1}$$

ここに，伏角 I は下向きを，偏角 D は東向きを正とします．日本付近では，(35°N, 135°E) の地点で伏角は約 50°，偏角は約 $-8°$，全磁力は約 48 μT ですが，伏角は緯度によりかなり異なります．なお，全磁力の単位の T はテスラ (tesla) で，"磁束密度 B" の単位です（付録 C.1）．

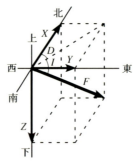

図 6.1 地磁気ベクトルと地磁気 3 成分．

6.1.2 磁気図

地磁気の各成分の分布を地図上に表した図を磁気図といいます．世界の磁気図は国際標準地球磁場 (IGRF, International Geomagnetic Reference Field) という地磁気分布のモデルに基づいています．地磁気は年々変化するので IGRF は 5 年ごとに改定されます．図 6.2 は 2020 年の偏角分布を緯度が 80°N–60°S の範囲で表した磁気図です．世界各地の偏角の値は，赤道から中緯度では大体 ±20° の範囲ですが，高緯度では真北から大きくずれる地域が多いです．その理由としては，そもそも北極点や南極点では全ての方位がそれぞれ南や北ですので偏角は定義できません．また，極域には地磁気ベクトルが真下または真上を向く地点があり（磁極といいます），やはり偏角は不定となります．このような地点に近い高緯度では偏角は測定できても真北からのずれは相当程度大きくなります．

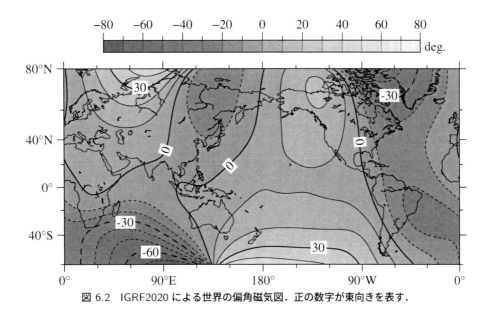

図 6.2 IGRF2020 による世界の偏角磁気図. 正の数字が東向きを表す.

6.1.3 磁気双極子による近似

偏角の他に伏角や全磁力の分布も観察すると（付録 E.6），地磁気のグローバルな特徴として，(1) 大体北を向いている，(2) 伏角は赤道付近でほぼ水平で，緯度が高いほど深く北半球で下向き，南半球で上向き，(3) 全磁力は高緯度ほど大きく，極地方の値が赤道付近の約 2 倍，が挙げられます．これらの性質は，地球中心に自転軸と平行な棒磁石を，N 極を南半球側に向けて置いたときの磁場に似ています．地球の核は 5000–6000°C の融けた鉄ですので実際は棒磁石ではなく，ダイナモ作用といわれる核内のメカニズムで磁場が発生しています．

電磁気学では，棒磁石を磁気双極子といい，N 極と S 極を無限小に近づけた理論上の棒磁石です．地球中心で自転軸と平行な仮想的磁気双極子を地心軸双極子といいます．電磁気学によると，大きさ M の磁気双極子モーメント（単位は $A\,m^2$）による磁場の北，東，下向き成分 (X, Y, Z) は緯度 λ で次式となります．

$$X = \frac{\mu_0 M \cos\lambda}{4\pi a^3}, \quad Y = 0, \quad Z = \frac{\mu_0 M \sin\lambda}{2\pi a^3}. \tag{6.2}$$

但し，$\mu_0 = 4\pi \times 10^{-7}$ N/A^2 は真空の透磁率，a は地球の半径です．このモデルでは，式 (6.1) と式 (6.2) を比べると偏角は常にゼロで，地磁気は真の北を向いていることになります．また，式 (6.2) の X, Y, Z を式 (6.1) の各式に代入して，次の緯度 λ における地磁気 3 成分を表す式が得られます．

$$\tan I = 2\tan\lambda, \quad D = 0, \quad F = \frac{\mu_0 M}{4\pi a^3}\sqrt{1 + 3\sin^2\lambda}. \tag{6.3}$$

世界の磁気図に見られる地磁気の様子は，式 (6.3) におおよそ合っていることが分かります．

6.1.4 磁極と地磁気極

さらに磁気図を調べると，図 6.3 のように地球中心で自転軸から約 9° 傾いた磁気双極子の磁

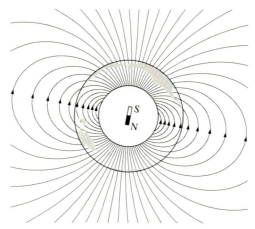

図 6.3 地球中心で自転軸から約 9 度傾いた磁気双極子による磁場．

場が現在の地磁気に最も近いことが分かります．この磁気双極子の軸が地球表面を横切る地点が地磁気極で，北半球と南半球でそれぞれ地磁気北極と地磁気南極といいます．これらの 2 つの地磁気極は地球中心に対して反対称の位置にあります．一方，伏角が $\pm 90°$ の地点が磁極で，磁北極（北磁極）と磁南極（南磁極）の 2 つが観測されています．

磁気双極子による磁場を双極子磁場といいます．地磁気が双極子磁場だけからなる場合は地磁気極と磁極は一致するはずですが，実際には一致しないのは磁気双極子以外の成分（非双極子磁場）も多いからです．磁北極と磁南極が地球中心に対し反対称でないのも同じ理由です．地磁気極や磁極は年々移動しますが，2020 年の位置（緯度，経度）を下表に，過去 120 年間の位置を図 6.4 に示します（地磁気世界資料センター京都：https://wdc.kugi.kyoto-u.ac.jp/index-j.html）．

地磁気北極： $(80.7°N, 72.7°W)$ ｜ 磁北極： $(86.5°N, 162.9°E)$
地磁気南極： $(80.7°S, 107.3°E)$ ｜ 磁南極： $(64.1°S, 135.9°E)$

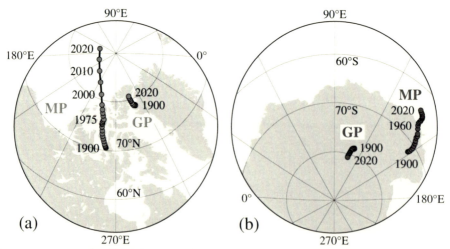

図 6.4 1900–2020 年の地磁気極 GP と磁極 MP の永年変化．(a) 地磁気北極と磁北極，(b) 地磁気南極と磁南極．

6.1.5 地磁気永年変化

地磁気は，電離圏などの地球外部起原の 1 秒以下–数年程度の変動から，地球核起原である数年–数万年程度の変動，さらに数万年–数百万年程度ごとの地磁気逆転まで，幅広い時間スケールで変動しています．このうち地球内部起原の数年から数百年程度の変動を地磁気永年変化とよび，図 6.4 に示した地磁気極や磁極の年々の移動もその現れです．

偏角の測定は中国では 8 世紀から記録がありますが，世界各地の記録は大航海時代以降です．日本では，現在の関東地域の偏角は西に約 8° ですが，伊能忠敬による日本地図の作成が行われた 1800 年頃はほぼゼロで，その 100 年前には東に約 5° でした．伏角は偏角ほど測定データはないですが，ロンドンでは 1600 年以降の観測があります．それによると伏角は，1600 年には 72° でしたが 100 年後に一旦 75° と深くなり，以降は浅くなり続け現在は 66° です．また，全磁力にも永年変化は見られます．図 6.5 は，国際標準地球磁場の双極子磁場成分を磁気双極子モーメントに換算した値の 1900 年以降のグラフで，過去 120 年間で減少が続いています．

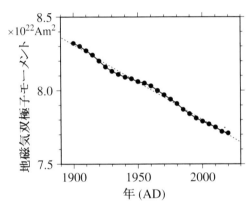

図 6.5　1900–2020 年の地磁気双極子モーメントの永年変化．点線は直線による近似．

このように地磁気永年変化は，方向は 100 年に 2–8° 変化し，全磁力は磁気双極子モーメントが 100 年に約 5% 減少する全地球規模の現象です．図 6.5 で，直線で近似した全磁力の減少（図の点線）が仮に今後も続くとすれば，全磁力は約 2000 年後にゼロとなります．

6.1.6 惑星間空間での地磁気

地磁気の磁力線は宇宙空間に無限に広がっているわけではなく，図 6.6 のような形をしていて地磁気の届く範囲を磁気圏といいます．磁気圏は太陽の側では太陽風というプラズマ粒子の流れによる圧力を受けて地球直径の数倍程度に圧縮され，太陽と反対側では月軌道付近まで伸びています．このプラズマ粒子は電荷を帯びた電子，陽子，ヘリウムなどで，その速度は地球軌道付近で秒速 500 km 前後に達します．この生命に取り危険な太陽風が地表まで到達するのを防ぐのが地磁気です．また，高速のプラズマが低速のプラズマに衝突して形成される衝撃波面が太陽側から磁気圏を覆うように伸びていますが，図 6.6 では磁力線だけを模式的に描いています．

前述のように，1 秒以下から数年程度の時間スケールの地磁気の変動は地球外部に原因があり，多くは太陽活動と電離圏や磁気圏との関わりで生じます．太陽放射により，電離圏のおよそ

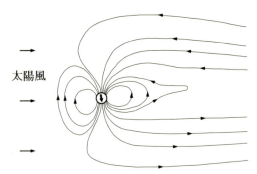

図 6.6 太陽風の影響による惑星空間での地磁気の広がり（[Campbell 2001, Fig.3.15] を基に作図）．

高度 100 km 付近に電離した気体の流れが生じ，環状電流が発生します．この電流で地球の昼側に磁場が発生するため，自転する地球から地磁気を観測すると日変化が現れます（地磁気静穏日変化）．また，太陽では時々フレアという爆発現象が発生します．すると大量のプラズマが太陽風として地球へ到達し磁気圏全体が乱れ，これを磁気嵐といいます．この際，荷電粒子とともに太陽の磁場も到達しますが，太陽磁場の向きが地磁気の向きと逆の場合は磁力線の繋ぎ替えが発生し，そこから大量のプラズマが磁気圏へ流入しオーロラが発生します．このような大きな磁気嵐では，電波に関わる障害も多く発生します．また，荷電粒子などの照射による人工衛星や宇宙飛行士へのダメージも発生します．さらに，電離圏に流れる大電流により地中に誘導電流が発生し，電力施設の障害から特に高緯度の都市では大規模停電が発生することがあります．

これらの地球外部起源の地磁気変動は地球惑星圏の分野ですのでその詳細は本書では扱いませんが，磁気嵐で地中に誘導される電場と磁場から地下電気伝導度を測定することができ，その原理を 6.3 節で扱います．

問題 6.1

問題 6.1.1

地磁気のモデルとして式 (6.2) と (6.3) による地心軸双極子を考えます．
(1) 式 (6.2) から式 (6.3) を導きなさい．
(2) 伏角 I と全磁力 F は緯度 λ に対してどう変化するか？ 緯度 15° ごとに計算してグラフを描きなさい．但し，赤道における全磁力 F_0 を 30 μT とします．$\tan\theta$ などの数値表とグラフ用紙は付録 E.5 にあります．
(3) このモデルが実際の地磁気（付録 E.6 の磁気図）に近い点を挙げなさい．

問題 6.1.2

地心軸双極子モデルと実際の地磁気を，前問よりは詳しく比較します．このモデルでは，北半球と南半球で赤道に対して対称な地点では伏角の絶対値と全磁力の値は同じとなります．そこで，南北中緯度 2 地点で地磁気 3 成分を比較してみます．比較を行う経線は，意図的ですが，73°W と 90° 離れた 163°W とします．それらの経線上で緯度が ±30° の 2 地点を比較します．

(1) IGRF2020 の磁気図（付録 E.6）は中央が経線 120°W(240°E) で，対象の 4 地点に＋マークが付いてます．各地点の地磁気 3 成分を読み取り，下表に記入しなさい．

(緯度, 経度)	伏角 (°)	偏角 (°)	全磁力 (μT)
(30°N,73°W)			
(30°S,73°W)			
(30°N,163°W)			
(30°S,163°W)			

(2) 問 (1) の結果を概観すると，南北 2 地点間の対称性は経線 163°W では比較的良好で，経線 73°W では悪いように見えるはずです．この差の原因を考えなさい．また，地心軸双極子モデルをさらに良い近似にするにはモデルをどう変更したらよいか考察しなさい．

問題 6.1.3

地磁気のモデルとして地球中心で自転軸から 9° 傾いた磁気双極子の磁場を仮定し，地磁気北極の位置を (81°N, 287°E) とします．図 6.7 は極域の地図で，星印 G はモデルの地磁気北極です．いま，図の 4 地点 A, B, C, D で観測した地磁気の伏角と偏角の測定値が下表のように得られたとします．これらの 4 組の測定値が対応する観測地点を推定し，地点の記号を表に記入しなさい．また，そう判断する理由も記しなさい．

測定番号	伏角 (°)	偏角 (°)	地点記号
測定値 1	84	13	
測定値 2	80	-27	
測定値 3	77	21	
測定値 4	75	-5	

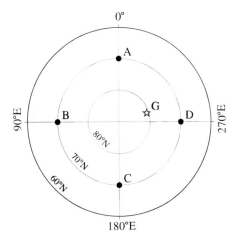

図 6.7 磁気双極子モデルの地磁気北極 G と，4 つの観測地点 A–D．

問題 6.1 解説

問題 6.1.1 解説

(1) 式 (6.2) を式 (6.1) に代入して，
$$\tan I = \frac{Z}{X} = \frac{\mu_0 M \sin\lambda}{2\pi a^3} \times \frac{4\pi a^3}{\mu_0 M \cos\lambda} = 2\tan\lambda,$$
$$D = 0,$$
$$F = \sqrt{X^2 + Z^2} = \frac{\mu_0 M}{4\pi a^3}\sqrt{\cos^2\lambda + 4\sin^2\lambda} = F_0\sqrt{1 + 3\sin^2\lambda}.$$

但し，最後の式は次の赤道 ($\lambda = 0$) での全磁力 F_0 を導入しました．
$$F_0 = \frac{\mu_0 M}{4\pi a^3}.$$

ここで，$F_0 = 30\ \mu$T として計算した磁気双極子モーメント M は次の通りです．
$$M = \frac{4\pi a^3 F_0}{\mu_0} = \frac{4\pi \times (6.4 \times 10^6)^3 \times (30 \times 10^{-6})}{4\pi \times 10^{-7}} = 7.9 \times 10^{22}\ \text{Am}^2.$$

(2) 伏角も全磁力も図 6.8 のような特殊な曲線になります．例えば伏角は赤道で 0°，極で 90° ですので，緯度 30° では伏角も 30° 程度と思いがちですが，正しくは 49° です．実際，緯度 35° の東京での観測値も 50° です．

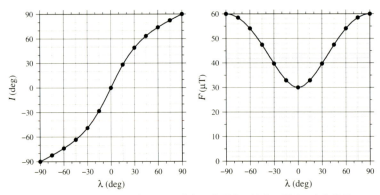

図 6.8　地心軸双極子モデルによる伏角と全磁力の緯度に対する変化曲線．

(3) 付録 E.6 の磁気図はかなり複雑ですので大雑把な傾向を見るようにします．伏角については赤道域でほぼ水平 (0°) で，緯度とともに深くなり両極域でほぼ 90° となります．また，伏角は北半球では下向き（正）で，南半球では上向き（負）です．偏角と全磁力については伏角ほど分かりやすくないですが，大局の傾向として次のことがいえます．偏角は赤道域と中緯度地域ではほぼ北向き (0°) です．全磁力は赤道域で小さく緯度とともに増加し，赤道域ではほぼ 30 μT で，極域ではその 2 倍の約 60 μT です．

補足：$M = 4\pi a^3 F_0/\mu_0$ の単位について

問 (1) で求めた磁気双極子モーメントの単位が A m^2 になることは次のようにして確認できま

す．付録 C.1 の式 (C.2) によると，単位のテスラ (T) は，

$$1\,\mathrm{T} = 1\,\mathrm{N\,A^{-1}\,m^{-1}}$$

と表され，真空の透磁率 μ_0 の単位は，

$$\mathrm{N\,A^{-2}}$$

ですので，M の単位は，

$$[\mathrm{m^3}] \times [\mathrm{N\,A^{-1}\,m^{-1}}] \div [\mathrm{N\,A^{-2}}] = \left[\frac{\mathrm{m^3}}{1}\frac{\mathrm{N}}{\mathrm{A\,m}}\frac{\mathrm{A^2}}{\mathrm{N}}\right] = [\mathrm{A\,m^2}].$$

問題 6.1.2 解説

(1) 読み取り結果は下表の通りです．

(緯度，経度)	伏角 (°)	偏角 (°)	全磁力 (μT)
(30°N,73°W)	57	-11	45
(30°S,73°W)	-30	1	24
(30°N,163°W)	47	10	38
(30°S,163°W)	-51	18	45

(2) 読み取り値を概観すると，経線 73°W では，北半球の地点の伏角（絶対値）と全磁力が南半球の倍近くになっていますが，経線 163°W では大差はないように見えます．また，偏角は前者ではほぼ北向きか西向きですが，後者では東向きです．

実は地磁気北極は 73°W の子午線上で北極点から約 9° 離れた (80.7°N, 72.7°W) にあり，図 6.9 のように経線 73°W 上では北半球の地点は地磁気北極に近く，南半球の地点は地磁気南極から遠いことになります．そのため，磁極に近い北半球の地点では伏角が深く全磁力も大きいが，南半球の地点ではその逆となります（図は経線 163°W を正面に見た断面図です）．

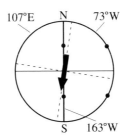

図 6.9　73°W の子午面内で自転軸から 9° 傾けた地心双極子．

そこで，磁気双極子を 73°W の子午面内で自転軸から 9° ほど傾けると地磁気をより良く近似するモデルとなります．地磁気北極を基点とした座標を地磁気座標，その座標系での赤道を地磁気赤道といいます．このモデルでは経線 73°W 上で地理的赤道と地磁気赤道の差が

最も大きくなります．一方，経線 163°W では地磁気赤道と地理的赤道が一致するため，南北の対象性は良好となります．偏角についても大雑把に見れば，経線 73°W 上ではほぼ北向き，経線 163°W では東寄りとなります．

地球外部起源の地磁気変動を研究する分野では，地磁気極や地磁気赤道を基準として観測値を扱う必要があり，地理座標ではなく地磁気座標を使用することが多いようです．

問題 6.1.3 解説

観測点の緯度として通常の地理緯度ではなく，地磁気極を基準とした地磁気緯度を考え λ とし，その余角を地磁気余緯度，$\theta = 90 - \lambda$ とします．観測点での伏角 I は地磁気緯度 λ や地磁気余緯度 θ を用いて次のように表せます．

$$\tan I = 2 \tan \lambda = \frac{2}{\tan \theta}.$$

図 6.10 で地磁気北極 G と各観測点を結ぶ線は直線ではなく大円の一部で，その曲線に沿った角距離が地磁気余緯度の θ です．上の 2 番目の式から θ が小さいほど，即ち曲線の長さが短いほど観測点における I は大きくなります．また，観測点における偏角は，曲線と観測点を通る経線とのなす角度です．以上の 2 点を考慮して図を観察すると下表の結果が得られます．

測定番号	伏角 (°)	偏角 (°)	地点記号
測定値 1	84	13	D
測定値 2	80	-27	A
測定値 3	77	21	C
測定値 4	75	-5	B

なお，上の結果は単純な地心双極子による双極子磁場に対するものです．実際の地磁気は非双極子磁場も多く含み，この通り観測されるとは限りません．特に極域では非双極子磁場の影響が強く，このモデルからのずれは大きくなります．

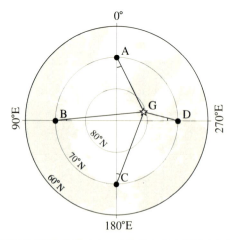

図 6.10　磁気双極子モデルの地磁気北極 G と，4 地点 A–D に期待される偏角と地磁気余緯度．

6.2 地磁気ポテンシャル

6.2.1 磁気双極子のポテンシャル

ポテンシャルについては，3.5 節で重力ポテンシャルを扱いましたが，静磁場についても定義できます．一般に，電流の存在を無視できる静磁場 $\boldsymbol{B}$ はスカラーポテンシャル W により，

$$\boldsymbol{B} = -\nabla W \tag{6.4}$$

で与えられます．ここで，磁気双極子のポテンシャルを考えます．図 6.11 は直交座標系 x-y-z と極座標系 r-θ-ϕ の関係を表します．原点に位置する $+z$ 軸方向の磁気双極子モーメント M のポテンシャルは μ_0 を真空の透磁率として次式となります（問題 6.2.2）．

$$W = \frac{\mu_0}{4\pi}\frac{M\cos\theta}{r^2}. \tag{6.5}$$

磁気双極子による磁場はこの W を式 (6.4) に代入して求めますが，次の極座標系の微分演算子（付録 C.2）を使うと簡単になります．

$$\nabla = \left(\frac{\partial}{\partial r}, \frac{1}{r}\frac{\partial}{\partial \theta}, \frac{1}{r\sin\theta}\frac{\partial}{\partial \phi}\right). \tag{6.6}$$

式 (6.5) と式 (6.6) から式 (6.4) の $\boldsymbol{B} = -\nabla W$ を計算すると次のようになります．

$$B_r = \frac{\mu_0}{2\pi}\frac{M\cos\theta}{r^3}, \quad B_\theta = \frac{\mu_0}{4\pi}\frac{M\sin\theta}{r^3}, \quad B_\phi = 0.$$

ここで図 6.11 を地球に当てはめると，θ は点 P の緯度 λ の余角（余緯度）で ϕ は経度（東経）です．また，r 軸，θ 軸，ϕ 軸はそれぞれ P 点における鉛直上向き，南向き，東向きの方向です．よって，地磁気の北，東，下向き成分はそれぞれ，$X = -B_\theta, Y = B_\phi, Z = -B_r$ となります．これらを考慮して r を地球半径 a とおき，地心軸双極子モーメント M による緯度 λ の地磁気 3 成分は次式となり，北半球では磁場は南向きで上向きです．

$$X = -B_\theta = -\frac{\mu_0}{4\pi}\frac{M\cos\lambda}{a^3}, \quad Y = B_\phi = 0, \quad Z = -B_r = -\frac{\mu_0}{2\pi}\frac{M\sin\lambda}{a^3}. \tag{6.7}$$

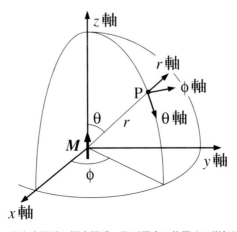

図 6.11 直交座標系と極座標系，及び原点に位置する磁気双極子．

6.2.2 地磁気の球関数表示

　地磁気の分布は地心双極子による磁場に似ていますが，複雑な分布も多く見られます．また，地磁気の原因が地球内部にあるのか外部にあるのかは自明ではありません．これらの問題の解析には地磁気の球関数による表現が役に立ちます．球関数は地磁気や重力など，地球表面に分布する量を表すために使用されます．例えばある量が種々のスケールで分布しているとき，球関数の低次の項は大きなスケールの分布を，高次の項は細かい分布を表し，それらの重ね合わせが実際の分布を表します．また，r の冪乗と $1/r$ の冪乗の項はそれぞれ地球の外部と内部の原因を表すので，その大きさから原因の所在を推定できます．

　地磁気ポテンシャル W の球関数表示の導出は付録 C.4 にあります．ここではその結果から地球内部起源のみを採用すると，地磁気のポテンシャルは次の形で表せます．

$$W = a \sum_{n=1}^{\infty} \sum_{m=0}^{n} \left(\frac{a}{r}\right)^{n+1} (g_n^m \cos m\phi + h_n^m \sin m\phi) \, P_n^m(\cos\theta). \tag{6.8}$$

係数の g_n^m と h_n^m はガウス係数とよばれ，通常 nT (10^{-9} T) の単位で表します．また，$P_n^m(\cos\theta)$ はシュミットによる擬正規化されたルジャンドル陪関数です．

　式 (6.8) により地磁気を球関数で表すには，観測値から最小二乗法によりガウス係数を決定します．19 世紀中頃のガウスによる初めての解析では，次数は $n = 4$ までとし，r^n の項も含まれました．その結果から，地磁気の原因がほとんど内部起源であることや，地磁気は自転軸から少し傾いた双極子磁場に近いことが初めて示されました．現在では，IGRF として 5 年ごとにガウス係数とその年変化値が決定され，2000 年以降は $n = 13$ までの値を含みます．

　下表に IGRF2020 ([Alken *et al.* 2021]) のガウス係数を nT の単位で $n = m = 3$ まで示します．$n = 1$ は磁気双極子モーメントを表します（問題 6.2.3）．その自転軸成分が g_1^0 で，他の係数より格段に大きく，負値で南向きです．g_1^1 と h_1^1 は赤道面成分で，後者の東経 90° 方向の成分が 2 番目に大きい値です．非双極子成分は $n = 2$ 以降，一般に次数とともに小さくなります．

n	m	g	h	n	m	g	h	n	m	g	h
1	0	-29404.8	-	2	0	-2499.6	-	3	0	1363.2	-
1	1	-1450.9	4652.5	2	1	2982.0	-2991.6	3	1	-2381.2	-82.1
				2	2	1677.0	-734.6	3	2	1236.2	241.9
								3	3	525.7	-543.4

6.2.3 球関数のパターン

　地球表面上で球関数が取る値の正負について，そのパターンを n の 1 から 3 まで図 6.12 に示します[1]．図は地球を無限遠の斜め上方から見た場合の投影法で描かれ，正面は経度 315°E です．点線は赤道と 90° ごとの経線で，右手の経線が 0°E です．球関数は灰色の領域で正，白色で負，境界線上でゼロです．$P_n^0(\cos\theta)$ はゼロとなる緯度線が n 本あり，$n + 1$ の領域に分かれます．$P_n^m(\cos\theta) \cos m\phi$ は $n - m$ 本の緯度線でゼロ，$2m$ 本の経線でゼロです．$P_n^m(\cos\theta) \sin m\phi$ は図にはないですが，$\cos m\phi$ のパターンを東へ ($90 \div m$) 度ずらした図となります．

1　式 (6.8) で r の項を除いた部分は "球面調和関数" といわれます．従って図は正確には球面調和関数のパターンです．

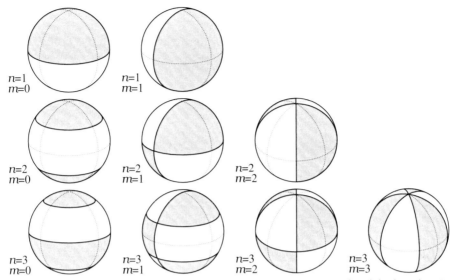

図 6.12 球面調和関数第 1 項 $P_n^m(\cos\theta)\cos m\phi$ のパターン．関数値は灰色と白色が正と負です．

　この球面調和関数のパターンと世界の磁気図（付録 E.6）の比較から，$P_1^0(\cos\theta)$ が伏角磁気図と似ていて，磁気双極子の自転軸成分（軸双極子）g_1^0 が卓越していることが分かります．しかし，それ以外の項と磁気図との対応は困難です．そこで，地磁気鉛直成分 Z の球関数表示（付録 C.4）において，$n=1$ の項を除いて和を取り非双極子磁場を磁気図として表してみます．図 6.13 は g_1^0, g_1^1, h_1^1 を含まない非双極子磁場の鉛直成分の分布です．図は南北で符号の異なるパターンが目立ちますが，球関数の $P_2^1(\cos\theta)$ のパターンと似ています．実際，上記のガウス係数の表でも g_2^1 と h_2^1 の値が大きいことが分かります．

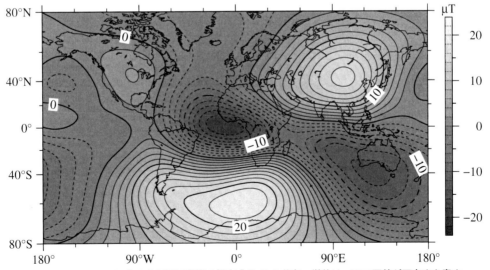

図 6.13 IGRF2020 による非双極子磁場の鉛直成分 Z の分布．単位は μT で正値が下向きを表す．

問題 6.2

問題 6.2.1

$\cos x$ や $\sin x$ などの基本的関数について，テイラー–マクローリン展開,
$$f(x) = f(0) + \frac{f'(0)}{1!}x + \frac{f''(0)}{2!}x^2 + \cdots$$
を用いて，$|x| \ll 1$ のときに適用できる以下の近似式を導きなさい．
$$\cos x \approx 1 - \frac{x^2}{2}, \quad \sin x \approx x, \quad \sqrt{1+x} \approx 1 + \frac{x}{2}, \quad \frac{1}{\sqrt{1+x}} \approx 1 - \frac{x}{2}.$$

問題 6.2.2

電磁気学では磁気双極子を環状の電流で表し，電流と環の面積の積が磁気双極子モーメントで，単位は $A\,m^2$ となります（付録 C.1）．これは磁荷が存在しないからです．しかし，磁荷を仮定して磁気双極子のポテンシャルを導く方法は，基礎的演習に相応しいと思われます．電荷との類似性から，一般に単磁荷 q_m による距離 r の点のポテンシャル W は次式で表されます．
$$W = \frac{\mu_0}{4\pi}\frac{q_m}{r}.$$
いま，図 6.14 のような距離 s 離れた正負の 2 つの磁荷 $\pm q_m$ による双極子を考えます．$-q_m$ から $+q_m$ に向かう距離ベクトルを $\boldsymbol{s}$，その中点を O とします．すると，ベクトル $\boldsymbol{s}$ の方向から角度 θ で，O から距離 r の点 P の磁場 $\boldsymbol{B}$ は図のようなりますが，より簡単なポテンシャルで考えます．点 P と正と負の磁荷との距離を r_+ と r_- とすると，点 P のポテンシャル W は，
$$W = \frac{\mu_0 q_m}{4\pi}\left(\frac{1}{r_+} - \frac{1}{r_-}\right)$$
となります．では，r_+ と r_- を余弦定理で r, θ, s で表し，$r \gg s$ として前問の近似式を用い，次の磁気双極子のポテンシャルを導きなさい．但し，磁気双極子モーメントをベクトルとして $\boldsymbol{M} = q_m \boldsymbol{s}$ と定義します．また，$\boldsymbol{r}$ は点 P の位置ベクトルです．
$$W = \frac{\mu_0}{4\pi}\frac{M\cos\theta}{r^2} = \frac{\mu_0}{4\pi}\frac{\boldsymbol{M}\cdot\boldsymbol{r}}{r^3}.$$

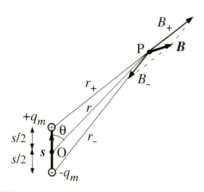

図 6.14　仮想的な 2 つの正負の磁荷による磁気双極子とその磁場．

問題 6.2.3

地球中心で任意の向きの磁気双極子 M による，地球上の任意の点 P における磁気ポテンシャルを考えます．直交座標 x-y-z と極座標 r-θ-ϕ を図 6.15 のように取り，自転軸の北極方向を z 軸，赤道面の経度 $0°$ を x 軸，東経 $90°$ を y 軸とします．

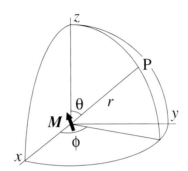

図 6.15　地球中心で任意の向きの磁気双極子．

点 P での磁気ポテンシャルを次のように変形します．

$$W = \frac{\mu_0}{4\pi}\frac{\boldsymbol{M}\cdot\boldsymbol{r}}{r^3} = \frac{\mu_0}{4\pi}\frac{M_x x + M_y y + M_z z}{r^3}$$
$$= \frac{\mu_0}{4\pi}\frac{M_x \sin\theta\cos\phi + M_y \sin\theta\sin\phi + M_z \cos\theta}{r^2}.$$

(1) この式を地磁気ポテンシャルの球関数表示と比較して，磁気双極子の成分 (M_x, M_y, M_z) とガウス係数 g_1^0, g_1^1, h_1^1 の関係を導きなさい．導出には，式 (6.8) を $n = m = 1$ まで展開し，1 次の球関数が次式で与えられることを利用します．

$$P_1^0(\cos\theta) = \cos\theta, \quad P_1^1(\cos\theta) = \sin\theta.$$

(2) 2020 年の 1 次のガウス係数は nT の単位で次の通りです．

$$g_1^0 = -29405, \quad g_1^1 = -1451, \quad h_1^1 = 4653.$$

真空の透磁率を $\mu_0 = 4\pi \times 10^{-7}$ N/A^2，地球の半径を $a = 6371$ km として，磁気双極子モーメントの大きさと地磁気北極の緯度，経度を計算しなさい．

問題 6.2 解説

問題 6.2.1 解説

$\cos x$ については 1 次の項がゼロですので，2 次の項まで展開します．

$$\cos x \approx (\cos x|_{x=0}) + (-\sin x|_{x=0})x + \frac{(-\cos x|_{x=0})}{2}x^2 = 1 - \frac{x^2}{2},$$
$$\sin x \approx (\sin x|_{x=0}) + (\cos x|_{x=0})x = x,$$

第 6 章　地磁気と古地磁気

$$\sqrt{1+x} \approx \left((1+x)^{\frac{1}{2}}\big|_{x=0}\right) + \left(\frac{1}{2}(1+x)^{-\frac{1}{2}}\bigg|_{x=0}\right)x = 1 + \frac{x}{2},$$

$$\frac{1}{\sqrt{1+x}} \approx \left((1+x)^{-\frac{1}{2}}\big|_{x=0}\right) + \left(-\frac{1}{2}(1+x)^{-\frac{3}{2}}\bigg|_{x=0}\right)x = 1 - \frac{x}{2}.$$

問題 6.2.2 解説

r_+ と r_- を余弦定理から r, θ, s で表し，W を以下のように変形します．

$$\begin{aligned}
W &= \frac{\mu_0 q_m}{4\pi}\left(\frac{1}{r_+} - \frac{1}{r_-}\right) \\
&= \frac{\mu_0 q_m}{4\pi}\left(\frac{1}{\sqrt{r^2 + \left(\frac{s}{2}\right)^2 - 2r\frac{s}{2}\cos\theta}} - \frac{1}{\sqrt{r^2 + \left(\frac{s}{2}\right)^2 + 2r\frac{s}{2}\cos\theta}}\right) \\
&= \frac{\mu_0 q_m}{4\pi r}\left(\frac{1}{\sqrt{1 + \frac{s^2}{4r^2} - \frac{s}{r}\cos\theta}} - \frac{1}{\sqrt{1 + \frac{s^2}{4r^2} + \frac{s}{r}\cos\theta}}\right) \\
&\approx \frac{\mu_0 q_m}{4\pi r}\left(1 - \frac{s^2}{8r^2} + \frac{s}{2r}\cos\theta - 1 + \frac{s^2}{8r^2} + \frac{s}{2r}\cos\theta\right) \\
&= \frac{\mu_0}{4\pi}\frac{q_m s \cos\theta}{r^2}.
\end{aligned}$$

ここで，$q_m s$ を一定の値 M に保ちながら $q_m \to \infty$，$s \to 0$ とした極限が磁気双極子で，M を磁気双極子モーメントといいます．結局，磁気双極子のポテンシャルは次式となります．

$$W = \frac{\mu_0}{4\pi}\frac{M\cos\theta}{r^2}.$$

また，ベクトル s を用いて磁気双極子モーメントを，

$$\boldsymbol{M} = q_m \boldsymbol{s}$$

と表されるベクトルと考えることができます．上の導出では，s の向きや点 P の位置は任意ですので，ポテンシャルの一般式は点 P の位置ベクトルを $\boldsymbol{r}$ として次式となります．

$$W = \frac{\mu_0}{4\pi}\frac{\boldsymbol{M} \cdot \boldsymbol{r}}{r^3}.$$

問題 6.2.3 解説

(1) 地心双極子のポテンシャルを問題文のように表すと次のようになります．

$$W = \frac{\mu_0}{4\pi r^2}(M_x \sin\theta\cos\phi + M_y \sin\theta\sin\phi + M_z \cos\theta). \tag{6.9}$$

式 (6.8) で表される地磁気ポテンシャルを $n=1$ について展開します．

$$\begin{aligned}
W &= a\sum_{n=1}^{1}\sum_{m=0}^{1}\left(\frac{a}{r}\right)^{n+1}(g_n^m \cos m\phi + h_n^m \sin m\phi)\,P_n^m(\cos\theta) \\
&= \frac{a^3}{r^2}\left(g_1^0 P_1^0(\cos\theta) + g_1^1 \cos\phi P_1^1(\cos\theta) + h_1^1 \sin\phi P_1^1(\cos\theta)\right).
\end{aligned}$$

208

この式に,

$$P_1^0(\cos\theta) = \cos\theta, \quad P_1^1(\cos\theta) = \sin\theta$$

を代入して整理すると次のようになります.

$$W = \frac{a^3}{r^2}\left(g_1^1\sin\theta\cos\phi + h_1^1\sin\theta\sin\phi + g_1^0\cos\theta\right). \tag{6.10}$$

式 (6.9) と (6.10) を比較すると次の磁気双極子の成分と 1 次のガウス係数の関係を得ます.

$$M_x = \frac{4\pi a^3}{\mu_0}g_1^1, \quad M_y = \frac{4\pi a^3}{\mu_0}h_1^1, \quad M_z = \frac{4\pi a^3}{\mu_0}g_1^0. \tag{6.11}$$

(2) 式 (6.11) から, 磁気双極子モーメント M をガウス係数で表し, 値を代入すると,

$$M = \sqrt{M_x^2 + M_y^2 + M_z^2} = \frac{4\pi a^3}{\mu_0}\sqrt{(g_1^0)^2 + (g_1^1)^2 + (h_1^1)^2} = 7.7078 \times 10^{22}\,\mathrm{A\,m^2}.$$

約 $7.7 \times 10^{22}\,\mathrm{A\,m^2}$ です. 磁気双極子の + 極 (N 極) の方向の余緯度 θ と経度 ϕ は,

$$\theta = \cos^{-1}\left(\frac{M_z}{M}\right) = \cos^{-1}\left(\frac{g_1^0}{\sqrt{(g_1^0)^2 + (g_1^1)^2 + (h_1^1)^2}}\right) = 170.6°,$$

$$\phi = \tan^{-1}\left(\frac{M_y}{M_x}\right) = \tan^{-1}\left(\frac{h_1^1}{g_1^1}\right) = -72.7°.$$

余緯度 θ を緯度 λ に直すと, $\lambda = 90 - 170.6 = -80.6$, 即ち 80.6°S です. ϕ については, $M_x < 0$ で $M_y > 0$ の第 2 象限ですので, $\phi = 180 - 72.7 = 107.3°$E となります. 以上が双極子の + 極 (N 極) の緯度と経度ですが, 地磁気北極とは磁気双極子の − 極 (S 極) のことですので, 地球中心に対して反転させ, (緯度, 経度) = (80.6°N, 72.7°W) となります.

6.3 地下電気伝導度

6.3.1 地下を構成する物質の電気抵抗

一般の感覚では岩石が電気を通すとは考えないと思いますが, 岩石も電気抵抗が無限大ではありません. 特に水を含んだ岩石は電気抵抗が小さくなります. 実際, 磁気嵐による地中の誘導電流が時に大規模停電の原因になるように (6.1 節), 大地は電気をよく通します. 電気の流れやすさを表す量を電気伝導度といいます. 岩石の電気伝導度が大きくなる要因としては間隙水の他に, 炭素などの半導体の性質を持つ成分の存在, 高温で活性化される電気伝導があります.

電気伝導度の単位は S/m です (S はジーメンス). 電気伝導度の逆数が比抵抗で, 単位は Ω m です. 乾燥した岩石の常温での電気伝導度は 10^{-8}–10^{-13} S/m で, 銅の 10^8 S/m に比べて桁違いに小さい値です. しかし, 地下の電気伝導度は水の存在などで通常 10^{-4} S/m より大きくなります. また, 上部マントルの主要鉱物のカンラン石は 1400 °C で 0.01 S/m, 玄武岩が部分溶融して発生する液相 (玄武岩メルト) は 3 S/m 程度となります [Constable 2007]. 地殻やマントルの電気伝導度は地球内部の温度や構成物質の推定に役立ち, 地震波速度や密度などとは独立の情報となります.

6.3.2 地磁気地電流法

地下の電気伝導度を測定する方法には地面に電極を設置して電流を流すなど，幾つかの方法があります．ここでは地球外部起源の地磁気変動により地下に誘導された互いに直交する電流と磁場を，地表で観測することで地下電気伝導度を求める方法の基礎原理を [Cagniard 1953] に基づいて解説します．この方法は地磁気地電流法（マグネトテルリック法）で MT 法とよばれています（[上嶋 2009] など）．なお，前節までは B を磁場と称しましたが，本節と付録 C.5 では B を磁束密度，H を磁界と表現し両者を区別します．

図 6.16(a) はアンペールの法則の説明図で，j は単位面積当たりの電流を表す電流密度です．この法則によると，任意の閉曲線 C に沿って磁界 H を線積分すると，C で囲まれた j を面 S で面積積分した全電流に等しくなります．

$$\oint_C H \cdot ds = \int_S j \cdot n dS.$$

このアンペールの法則を図 6.16(b) のように電気伝導度が σ の地中に誘導された電流と磁界に適用します．図で，x-y 面が地表で，z 軸を深さ方向に，x 軸を電流密度 j の方向にとります．すると，磁界 H は電流密度 j と直交する y 軸の向きとなります（付録 C.5）．なお，電流密度 j と電場 E は電気伝導度 σ により $j = \sigma E$ の関係にあるので，x 軸は電場の方向と同じです．

いま，電流密度は z と時間 t の関数で，地表 $z = 0$ では，

$$j(0) = e^{i\omega t} \tag{6.12}$$

のように角周波数 ω で時間変動しているとします．電場と磁界は深さとともに減衰するので（付録 C.5），電流も深さとともに減衰し位相が遅れてきます．深さ z では次式となります．

$$j(z) = e^{-z/\delta} e^{i(\omega t - z/\delta)}.$$

ここに，δ は電流の大きさが $1/e$ に減少する深さ（スキンデプス）で，次式で表されます．

$$\delta = \sqrt{\frac{2}{\omega \mu \sigma}}. \tag{6.13}$$

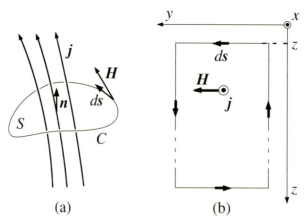

図 6.16 (a) アンペールの法則における電流密度 j と磁界 H．(b) アンペールの法則の地下に誘導された電流密度 j と磁界 H への応用（[Cagniard 1953, Fig.2] を基に作図）．

これより，電気伝導度が大きく周期が短いほど浅い位置で電流が減少することが分かります．

ここで，図 6.16(b) のように上辺と下辺が単位長さで，縦方向に無限に長い四角形の閉曲線に沿って磁界を線積分します．その際，下辺では磁界は減衰してゼロで，左右の 2 辺では磁界と微小距離 ds が垂直のためゼロで，磁界の線積分は深さ z の上辺だけが寄与し $H(z)$ となります．これとアンペールの法則により四角形に含まれる電流密度の面積分との関係から，

$$
\begin{aligned}
\oint_C \boldsymbol{H} \cdot d\boldsymbol{s} = H(z) &= \int_S \boldsymbol{j} \cdot \boldsymbol{n} dS \\
&= \int_z^\infty e^{-z/\delta} e^{i(\omega t - z/\delta)} dz = e^{i\omega t} \int_z^\infty e^{-(z/\delta)(1+i)} dz \\
&= e^{i\omega t} \frac{-\delta}{1+i} \left[e^{-(z/\delta)(1+i)} \right]_z^\infty = \frac{\delta}{1+i} e^{-z/\delta} e^{i(\omega t - z/\delta)} \\
&= \frac{\delta}{\sqrt{2}} e^{-z/\delta} e^{i(\omega t - z/\delta - \pi/4)}
\end{aligned}
$$

となり，磁界の変動は電流よりも位相が 45° 遅れています．なお，最後の式では，

$$
\frac{1}{1+i} = \frac{1-i}{2} = \frac{1}{\sqrt{2}} \left[\cos\left(-\frac{\pi}{4}\right) + i \sin\left(-\frac{\pi}{4}\right) \right] = \frac{1}{\sqrt{2}} e^{-i\pi/4}
$$

の変形を用いました．以上から，地表では磁界は次式で表されます．

$$
H(0) = \frac{\delta}{\sqrt{2}} e^{i(\omega t - \pi/4)}. \tag{6.14}
$$

実際には電流密度ではなく電場 E を用い，地表で電場と磁界を測定し，その比から地下の電気伝導度を求めます．式 (6.12), (6.13), (6.14) と $j = \sigma E$ の関係を用いて，

$$
\frac{|E|}{|H|} = \frac{\sqrt{2}}{\sigma \delta} = \sqrt{\frac{\omega \mu}{\sigma}}
$$

となり，地下の電気伝導度 σ または比抵抗 ρ は次式で表されます．

$$
\rho = \frac{1}{\sigma} = \frac{1}{\omega \mu} \left| \frac{E}{H} \right|^2. \tag{6.15}
$$

また，実際の観測では磁界よりは磁束密度を測定することが多いので，次式も使用されます．

$$
\rho = \frac{1}{\sigma} = \frac{\mu}{\omega} \left| \frac{E}{B} \right|^2. \tag{6.16}
$$

以上の MT 法の解説はあくまで基礎原理です．実際の観測では，地下の電気伝導度が一様でなく，複数の層構造など複雑な地下構造を仮定します．また，通常は電場や磁場の時間に対する記録を周波数に分解して各周波数帯で解析します．MT 法などの地磁気の電磁誘導による方法は，活断層や火山から地殻深部やマントルまでの電気伝導度構造の解明に応用されます．

問題 6.3

問題 6.3.1

地磁気は外核内のダイナモ作用により発生していますが，その変動は核表面ではあらゆる周期

第 6 章　地磁気と古地磁気

成分を含むと考えられています（ホワイトスペクトル）．しかし，周期の短い信号はマントルや地殻を通過する間に電磁的に減衰して地表まで届きません．そこで，コア起源の地磁気変動のうち，地表で観測される最短の周期を 1 年とし，その信号が地表では $1/e$ に減衰しているとします．マントルと地殻を平坦な層構造として，その見かけの電気伝導度を見積もりなさい．但し，透磁率は真空の値 $\mu_0 = 4\pi \times 10^{-7}$ N/A^2 とし，コア–マントル境界の深さを 2900 km とします．

問題 6.3.2

磁気嵐中の地磁気変動を地表で観測したところ，電場と磁束密度の変化の大きさはそれぞれ 100 mV/km と 250 nT で周期は 1 h であった．本節の MT 法の基礎理論に従って，地下の比抵抗，電気伝導度，及びスキンデプスを計算しなさい．

問題 6.3.3

マクスウェルの方程式（付録 C.5）と微分演算子（付録 C.3）に関連する問題です．次のベクトル場 $\boldsymbol{A}$–$\boldsymbol{F}$ の x-y 面における概略を図示し，その発散と回転を計算しなさい．

(a) $\boldsymbol{A} = (x, 0, 0)$,　(b) $\boldsymbol{B} = (y, 0, 0)$,　(c) $\boldsymbol{C} = (x, y, 0)$,　(d) $\boldsymbol{D} = (y, x, 0)$,

(e) $\boldsymbol{E} = (-y, x, 0)$,　(f) $\boldsymbol{F} = (-x - y, x - y, 0)$.

問題 6.3 解説

問題 6.3.1 解説

スキンデプス δ の式 (6.13) を σ について解き，$\omega = 2\pi/T$ として変形します．

$$\sigma = \frac{2}{\omega\mu\delta^2} = \frac{T}{\pi\mu\delta^2}.$$

$\delta = 2900$ km, $T = 3.1536 \times 10^7$ s を代入して 0.951 S/m．この結果は地殻とマントルの見かけの電気伝導度がおよそ 1 S/m であることを示します．これを下表の地球内部の代表的電気伝導度 [Constable 2007] と比較すると，大雑把な見積もりとして妥当な値と思われます．

層	上部マントル	下部マントル	核
σ (S/m)	0.01	10	5×10^5

問題 6.3.2 解説

式 (6.16) を周期 T で表します．

$$\rho = \frac{1}{\sigma} = \frac{\mu}{\omega}\left|\frac{E}{B}\right|^2 = \frac{\mu T}{2\pi}\left|\frac{E}{B}\right|^2.$$

計算すると，$\rho = 115.2$ Ωm（$\sigma = 8.68 \times 10^{-3}$ S/m）となります．スキンデプス δ については式 (6.13) を T で表して，

212

$$\delta = \sqrt{\frac{2}{\omega\mu\sigma}} = \sqrt{\frac{T}{\pi\mu\sigma}} = \sqrt{\frac{\rho T}{\pi\mu}}.$$

計算結果は $\delta = 3.24 \times 10^5$ m となり，スキンデプスは 324 km です．よって，得られた比抵抗や電気伝導度は，主に上部マントルの値を示します．約 9×10^{-3} S/m という電気伝導度は，前問の表の上部マントルの値である 0.01 S/m とよく合っています．

補足：$\frac{\mu T}{2\pi}\left|\frac{E}{B}\right|^2$ の単位について

T は時間ですので単位は秒 (s)，E の単位はボルト毎メートル (V/m)，B の単位はテスラ (T) で，$1\,\mathrm{T} = 1\,\mathrm{N\,A^{-1}\,m^{-1}}$ と表せます（付録 C.1）．また，透磁率 μ の単位は，$\mathrm{N\,A^{-2}}$ です．よって，$(\mu T/2\pi)|E/B|^2$ の単位は次のように表されます．

$$\left[\frac{\mathrm{N}}{\mathrm{A}^2} \cdot \frac{\mathrm{s}}{1} \cdot \frac{\mathrm{V}^2}{\mathrm{m}^2} \cdot \frac{\mathrm{A}^2\,\mathrm{m}^2}{\mathrm{N}^2}\right] = \left[\frac{\mathrm{V}}{\mathrm{A}} \cdot \mathrm{V\,A} \cdot \frac{\mathrm{s}}{\mathrm{N}}\right].$$

この式は，$\mathrm{V/A} = \Omega$，$\mathrm{V\,A} = \mathrm{W} = \mathrm{N\,m/s}$ ですので，次のように比抵抗の単位となります．

$$\left[\frac{\mathrm{V}}{\mathrm{A}} \cdot \mathrm{V\,A} \cdot \frac{\mathrm{s}}{\mathrm{N}}\right] = \left[\Omega \cdot \frac{\mathrm{N\,m}}{\mathrm{s}} \cdot \frac{\mathrm{s}}{\mathrm{N}}\right] = [\Omega\,\mathrm{m}].$$

問題 6.3.3 解説

ベクトル場 $\boldsymbol{A}$–$\boldsymbol{F}$ の概略は図 6.17(a)–(f) の通りで，計算結果を以下に列挙します．

(a) $\nabla \cdot \boldsymbol{A} = 1$，$\nabla \times \boldsymbol{A} = (0,0,0)$．湧き出しがあるので発散は正です．
(b) $\nabla \cdot \boldsymbol{B} = 0$，$\nabla \times \boldsymbol{B} = (0,0,-1)$．時計回り回転は負です．
(c) $\nabla \cdot \boldsymbol{C} = 2$，$\nabla \times \boldsymbol{C} = (0,0,0)$．スカラー関数 $\psi = \frac{1}{2}(x^2 + y^2)$ を考えると $\boldsymbol{C} = \nabla\psi$ ですの

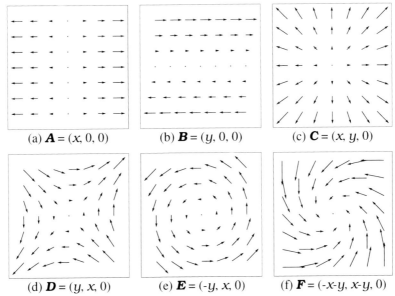

図 6.17 6 種類のベクトル場．発散がゼロは (b), (d), (e)，回転がゼロは (a), (c), (d)．

で，C は円に垂直となります．

(d) $\nabla \cdot D = 0$, $\nabla \times D = (0,0,0)$. スカラー関数 $\psi = xy$ を考えると $D = \nabla \psi$ ですので，D は双曲線に垂直となります．

(e) $\nabla \cdot E = 0$, $\nabla \times E = (0,0,2)$. ベクトル C と内積を取ると，$C \cdot E = 0$ ですので，ベクトル場 E はベクトル場 C に垂直ですので，円の接線方向となります．

(f) $\nabla \cdot F = -2$, $\nabla \times F = (0,0,2)$. $F = E - C$ ですので，回転のベクトル場 E と吸い込みのベクトル場 $-C$ を重ね合わせた場となります．

6.4 古地磁気学の原理

6.4.1 地磁気逆転の発見

地磁気が過去に逆転していた可能性は，20世紀初頭にフランスのブリュンヌが現在の地磁気と逆方向に帯磁している岩石を発見したことで示されました．その20年後には，日本の松山は日本や朝鮮などの第四紀火山岩の帯磁を数多く測定して，若い岩石は現在の地磁気と同じ向きに，古い岩石は逆向きに帯磁していることを示し，地磁気が第四紀の中頃に逆転したことが明らかにされました．しかし，当時は地磁気逆転を疑う研究者が多かったそうです．

1950年代以降は，アイスランドの溶岩層序で，地磁気が過去に何回か逆転したことが示され，地磁気逆転はほぼ確実視されるようになりました．1960年代になると古地磁気測定とK-Ar年代決定を組み合わせた研究が世界中の火山岩で行われ，過去約400万年の地磁気極性タイムスケール (geomagnetic polarity time scale, GPTS) が作成されました．地磁気極性タイムスケールは，同じ極性が卓越する80–200万年続く4つの時代と，その時代に含まれる逆極性の1–20万年の短い時代とからなります．前者を期，後者をイベントと称し，4つの期を地磁気研究に貢献した学者にちなんで，ブリュンヌ[2](Brunhes)，マツヤマ(Matuyama)，ガウス(Gauss)，ギルバート(Gilbert) としました．なお，現在は前者をクロン，後者をサブクロンとよびます．

1960年代にはヴァイン–マシューズ仮説が提出され，地磁気逆転と海洋底拡大を仮定すれば，海上地磁気縞状異常が説明できることとなり (6.6節)，プレートテクトニクスが確固たる理論となりました．海上地磁気縞状異常の研究から地磁気は過去に何百回と逆転したことが判明し，地

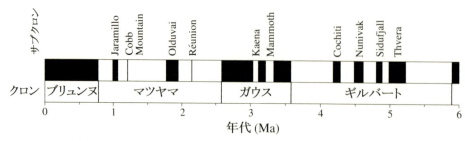

図 6.18 過去600万年の地磁気極性タイムスケール（GPTS，[Gee & Kent 2007] より）．

---

[2] 日本語表記は，ブリュヌ，ブリューン，ブルン，ブルネなどがありますが，本書ではブリュンヌに統一します．

磁気極性タイムスケールは1億6000万年前まで延長され，極性のクロンやサブクロンは番号で表示することとなりました．図6.18は [Gee & Kent 2007] によるタイムスケールから，最も若い600万年について示します．黒塗りは古地磁気が現在と同じ向き（正極性，またはノーマル），白抜きは逆向き（逆極性，またはリバース）の時代を示します．

同じ極性が続く時間は図6.18の600万年間では，1–78万年と幅がありますが，平均の継続時間は約25万年です．しかし，地磁気逆転の開始から終了までの時間は1000–5000年程度と短かく，逆転途中の古地磁気研究は困難でした．1970年代には日本の新妻により，房総半島の堆積物からマツヤマ–ブリュンヌ (M–B) 地磁気逆転の詳細が明らかにされました．この記録はカリフォルニアの乾燥湖 Lake Tecopa の堆積物による結果と比較され，地磁気逆転は単に双極子磁場が反転するのではなく，逆転途中は非双極子磁場が卓越することが示されました．房総半島での古地磁気研究はその後も精力的に継続され，現在世界で60以上報告されているM–B地磁気逆転の古地磁気記録の中でも最も詳細で信頼性の高いデータとなっています．また，M–B地磁気逆転は広く地層の編年に M–B 境界として時間の基準面となりますが，房総半島の千葉セクションが「国際標準模式層断面とポイント」に選定され，地質時代を表す期 (age) として 0.774–0.129 Ma がチバニアンと命名されました（地質時代の年代区分図は付録A.5）．

6.4.2 仮想的地磁気極

古地磁気方向は伏角 I と偏角 D で表し，偏角は通常東回りに 0–$360°$ とします．また，過去の地磁気に双極子磁場を仮定し，古地磁気方向から地磁気極を求め，この磁極を仮想的地磁気極 VGP (virtual geomagnetic pole) といいます．図6.19のように，緯度と経度が (λ_S, ϕ_S) の地点Sでの古地磁気方向が (I, D) のとき，VGPはSから偏角 D の方向に描いた大円に沿ってある角度 p だけ離れた点Pとなります．VGPの位置P (λ_P, ϕ_P) は以下のように決定します．

角度 p はSのPに対する磁的緯度 λ の余角です（磁的緯度 λ は図には描かれていません）．λ や p は6.1節の式 (6.3) により伏角 I を用いて次のように表されます．

$$\tan \lambda = \frac{1}{2} \tan I, \tag{6.17}$$
$$p = 90° - \lambda. \tag{6.18}$$

古地磁気学ではこの磁的緯度 λ を古緯度といいます．VGPの位置 (λ_P, ϕ_P) は図6.19の三角

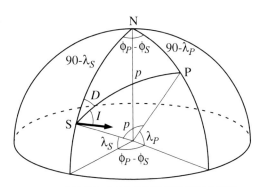

図 6.19 古地磁気方向と仮想的地磁気極 (VGP)．

形 NSP に球面三角法の公式を適用して（付録 C.6），次式で与えられます（問題 6.4.1）．

$$\sin\lambda_P = \sin\lambda_S \cos p + \cos\lambda_S \sin p \cos D, \tag{6.19}$$

$$\sin(\phi_P - \phi_S) = \frac{\sin p \sin D}{\cos\lambda_P}. \tag{6.20}$$

但し，式 (6.20) の $\phi_P - \phi_S$ の解を β ($-90° \leq \beta \leq 90°$) とすると，ϕ_P は次の 2 式のいずれかとなります．

$$\cos p \geq \sin\lambda_S \sin\lambda_P \text{ のとき：} \quad \phi_P = \phi_S + \beta, \tag{6.21}$$

$$\cos p < \sin\lambda_S \sin\lambda_P \text{ のとき：} \quad \phi_P = \phi_S + 180° - \beta. \tag{6.22}$$

6.4.3 地心軸双極子仮説

図 6.20 はハワイとアイスランドの溶岩による過去 500 万年の古地磁気方向と VGP の等面積投影図です（[Tanaka 1999] に 2004 年までの公開データを追加）．但し，VGP の緯度が 45° 以下のデータは逆転途中として除いてます．方向の図では，外周は伏角がゼロの水平で，内側ほど伏角が深く中心が 90° です．北方向と南方向に分布するデータ点がそれぞれ正極性と逆極性を表し，伏角が負の上向き方向のデータを白抜きで示します（ハワイでは逆極性でも下向きのデータがあります）．VGP の図では，データ点は磁気双極子の S 極（地磁気北極）を表し，正極性と逆極性のそれぞれを北極と南極が中心の地図にプロットしてあります．

図のデータ点は逆転途中を除いても大きなばらつきを示します．これは測定誤差ではなく古地磁気永年変化とよばれる古地磁気の時間変動を表します．また，古地磁気方向の伏角はハワイで

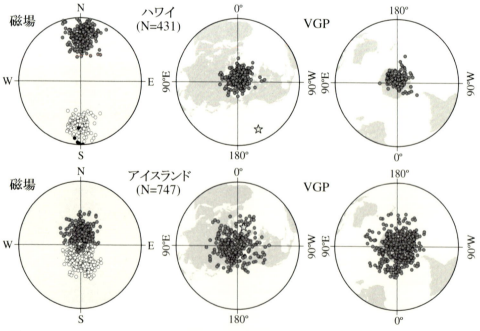

図 6.20 ハワイとアイスランドの溶岩による過去 500 万年の古地磁気方向と VGP の分布（[Tanaka 1999] にデータを追加）．VGP の図で星印はサイト位置です．

は浅くアイスランドでは深く，両者の緯度の違いが現れています．しかし，VGP の分布は両者とも自転軸の回りに分布しています．これは古地磁気が逆転時を除き双極子磁場に近かったことを示し，VGP を使用すれば世界各地の古地磁気データの比較が可能です．

図 6.20 で，VGP の分布をハワイとアイスランドで比較すると，そのばらつきは後者の方が大きいです．古地磁気が 100% 双極子磁場だった場合は VGP のばらつきはどの緯度でも同じ大きさのはずです．一般に VGP のばらつきは高緯度の古地磁気データほど大きくなり，古地磁気の統計的性質として，そのメカニズムが以前から研究されています．この VGP のばらつきの違いを別にすれば，古地磁気永年変化による変動をある程度長い時間にわたって平均すれば，地磁気は地球中心の自転軸に平行な棒磁石で表せると仮定できます．古地磁気学をプレートテクトニクスに応用するときに導入するこの仮説を地心軸双極子仮説といいます．

6.4.4 フィッシャー統計

岩石は火山岩であれ堆積岩であれ，形成時にそのときの地磁気方向に残留磁化を獲得します．岩石を定方位で採取し，磁力計で残留磁化を測定して古地磁気方向を求めます．残留磁化には一般にノイズ成分が付着しているので，交流消磁や熱消磁という磁気クリーニングを施します．これらの方法の詳細についてはここでは省略しますが（[小玉 1999] など参照），測定した残留磁化方向から古地磁気方向を求める際の統計的手法について簡単に説明します．

岩石試料を採取する地点をサイトといい，通常は 1 サイトから複数の試料を採取し，それらの残留磁化方向の平均をそのサイトの古地磁気方向とします．また，古地磁気永年変化を平均化する場合には，ある年代幅に分布する多くのサイトからの結果をさらに平均する必要があります．このような場合に使用する解析法が球面上の点の分布に関するフィッシャー統計です [Fisher 1953]．フィッシャー統計では，単位球面上の観測点を真の方向から角距離 θ 離れた微小面積 dS に見出す確率は確率密度を $f(\theta)$ として次式で与えられます．

$$f(\theta)dS = \frac{\kappa}{4\pi \sinh \kappa} e^{\kappa \cos \theta} dS. \tag{6.23}$$

ここに正の定数 κ は精密度パラメータで，一様分布を表すゼロから一点集中となる無限大までの値を取ります．図 6.21 は確率密度の曲線の例と分布の様子を示します．

古地磁気方向の複数の観測値が得られたとき，真の方向の最良推定値はそれらを単位ベクトル

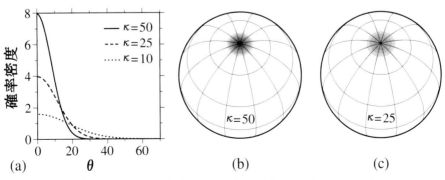

図 6.21 (a) フィッシャー統計の確率密度分布．(b),(c) 球面上での濃淡による表示．

として単純平均した方向となります．フィッシャー統計では，同じことですが，それらの単位ベクトルのベクトル和を合成ベクトル $\boldsymbol{R}$ として，この合成ベクトルの方向を真の方向の推定値とします．この合成ベクトルの絶対値 R から精密度パラメータや平均方向の誤差を見積もることができます．いま，N 個の古地磁気方向のデータを (I_i, D_i) $(i = 1, \cdots, N)$ とするとき，合成ベクトル $\boldsymbol{R} = (R_X, R_Y, R_Z)$ は次式で与えられます．

$$R_X = \sum_{i=1}^{N} \cos D_i \cos I_i, \quad R_Y = \sum_{i=1}^{N} \sin D_i \cos I_i, \quad R_Z = \sum_{i=1}^{N} \sin I_i. \qquad (6.24)$$

平均方向 (I_m, D_m) は，

$$\tan D_m = \frac{R_Y}{R_X}, \quad \sin I_m = \frac{R_Z}{R} \qquad (6.25)$$

となり，κ の最良推定値 k は次式で与えられます（但し，$\kappa > 3$）．

$$k = \frac{N-1}{N-R}. \qquad (6.26)$$

また，95% 信頼限界円 α_{95} とよばれる平均方向の回りの誤差は次式となります．

$$\cos \alpha_{95} = 1 - \frac{N-R}{R} \left(20^{\frac{1}{N-1}} - 1 \right). \qquad (6.27)$$

古地磁気の測定結果は平均方向 (I_m, D_m) の他に N, R, k, α_{95} も併せて報告されます．

6.4.5 マツヤマ–ブリュンヌ地磁気逆転

最後の地磁気逆転である 77.4 万年前の M–B 地磁気逆転について，ここで実際のデータを概観します．図 6.22(a) は房総半島の堆積物から得られた VGP の記録です [Haneda *et al.* 2020]．図 6.22(b) には房総半島を含む世界の代表的な 7 つの記録を示します．

房総半島からの図 (a) ではサイト位置を白抜きの大きな丸印で示し，VGP のデータ点は逆転途中だけ白抜きとし点線で繋いでます．この図から，マツヤマクロンで南極付近に分布していた VGP は，逆転途中では広範囲に移動し，逆転後のブリュンヌクロンでは北半球高緯度に分布するだけでなく，しばしば南半球まで移動することが分かります．

堆積速度の速い房総半島では分解能の高い記録が得られ，各測定値は 130 年ごとの記録に相当します．この記録から分かる地磁気逆転の特徴は次の 3 点です．(i) 逆転に要する時間は 1000 年程度と地質学的時間スケールでは大変短い，(ii) 逆転の前後では地磁気が不安定な時期が続き，特に逆転後は元の極性に戻ろうとする挙動が見られる，(iii) 逆転途中とその前後に地磁気の強度が通常の 1/10 程度に弱くなる（強度の図は省略）．結局，逆転自体は 1000 年程度だが，前後の地磁気が弱く不安定な時期を含めると地磁気逆転には 2 万年程度を要したといえます．

世界の代表的な 7 サイトからの図 (b) では，VGP をサイトごとに異なる記号で表し，サイトの位置は同じ形の大きな記号で示しています．房総半島を含む堆積物の 5 サイトのデータ点は白抜きの記号とし，点線で繋いでいます．このうち 3 サイトは深海掘削プロジェクトによる掘削コアのデータです．火山岩の溶岩層序からのデータはハワイとタヒチの 2 サイトで，データはソリッドの記号で示し実線で繋いでいます．これらの VGP の解析は複雑ですが，房総半島で示された傾向，逆転時間は短く逆転後に再び戻る傾向がある，などが多く見られます．また，堆積物

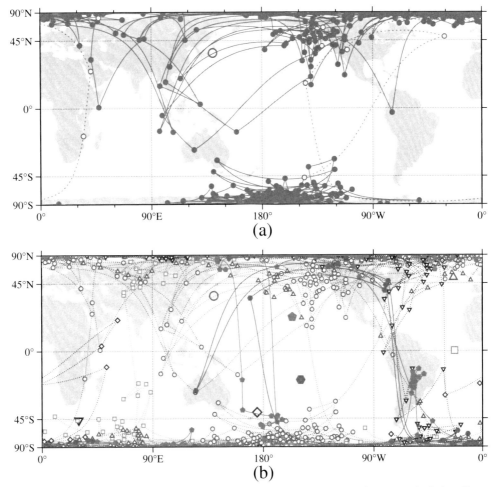

図 6.22 マツヤマ–ブリュンヌ地磁気逆転の VGP による古地磁気記録．(a) 房総半島の結果 [Haneda *et al.* 2020]，(b) 房総半島を含む代表的な世界の 7 サイトの結果．

から測定する古地磁気強度は相対強度ですが，熱残留磁化起源の火山岩からは古地磁気の絶対強度が求まります．図の [Mochizuki *et al.* 2011] によるタヒチの結果（六角形）には絶対強度が報告されており，やはり逆転時は通常の 1/10 程度に弱くなります．

問題 6.4

問題 6.4.1

図 6.23 のように球面三角形 ABC の内角を A, B, C，対辺の長さを a, b, c とします．このとき，球面三角法（付録 C.6）の正弦定理は，

$$\frac{\sin a}{\sin A} = \frac{\sin b}{\sin B} = \frac{\sin c}{\sin C}$$

であり，余弦定理は次の 3 式となります．

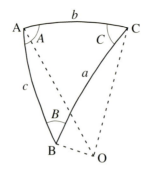

図 6.23 球面三角形 ABC の内角 A, B, C とそれぞれの対辺の長さ a, b, c.

$$\cos a = \cos b \cos c + \sin b \sin c \cos A,$$
$$\cos b = \cos c \cos a + \sin c \sin a \cos B,$$
$$\cos c = \cos a \cos b + \sin a \sin b \cos C.$$

では，これらの公式を使用して，VGP の緯度・経度を求める式 (6.19)–(6.22) を導きなさい．

問題 6.4.2

緯度と経度が (30°N, 130°E) の地点で同じ地層から 4 つの古地磁気方向を測定したとします．データは，（伏角，偏角）の表示で次の通りです．

$$(-28.4°, 132.3°), \quad (-37.1°, 111.5°), \quad (-33.6°, 116.7°), \quad (-32.1°, 129.6°).$$

(1) 式 (6.24)–(6.27) を用いて，平均の古地磁気方向 (I_m, D_m)，合成ベクトルの値 R，精密度パラメータの推定値 k，95% 信頼限界円 α_{95} を求めなさい．
(2) 式 (6.17)–(6.22) を用いて，仮想的地磁気極 VGP の緯度と経度を求めなさい．

問題 6.4.3

シュミットネットの上にトレーシングペーパーを重ねて作図する方法で VGP を決定します．地球上の任意の点から任意の方向に大円を描くのは困難だが，極点ではどの経度線も大円であることを利用します．シュミットネットの経線と緯線はそれぞれ大円と小円の投影となります．

図 6.24 は作図の例で，地点 S (30°N, 130°E) での古地磁気方向が偏角 $D = 80°$，伏角 $I = 19.4°$ ($p = 80°$) の場合です．その作業手順は以下の通りです．この例は地球を俯瞰した視点からの方法で作業は多少複雑です．より簡単な方法は問題 6.4.3 解説で紹介します．

(a) 経度線は左端を 90°E，中心を 180°E，右端を 270°E と見なして，S をプロットします．さらに，S を極軸の回りに 50° 右方向へ回転し，S′ とします．この作業を回転 1 (R_1) とします．
(b) S′ を，赤道面内で 90°E と 270°E を結ぶ軸の回りに下方へ 120° 回転して南極点に移し，S″ とします．この作業を回転 2 (R_2) とします．
(c) 中心の経度線は S″ から見た北方向となるので，東に偏角 80° の経度線に沿って，角度 p の 80° 離れた点を P″ とします．
(d) S″ と P″ を (b) とは逆に回転し ($-R_2$)，それぞれ S′ と P′ とします．その際，シュミット

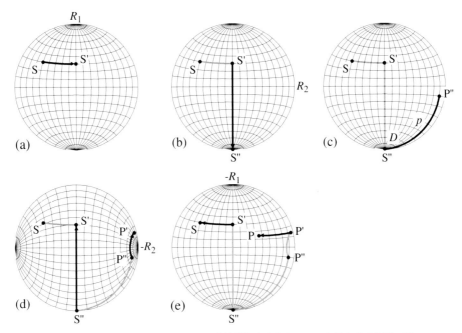

図 6.24 シュミットネットを用いて古地磁気方向から VGP を決定する作図の例.

ネットを 90° 回転させ，P″ の回転の軌跡は該当する小円（緯度線）に沿って描きます．
(e) S′ と P′ を (a) とは逆に回転し ($-R_1$)，S′ を S に戻して移動後の P′ を P とすると，その緯度経度は (14°N, 216°E) となります．

では，問題 6.4.2(1) で得た地点 (30°N, 130°E) の古地磁気平均方向から，例に倣って作図により VGP の位置を決定しなさい（用紙は付録 E.4 にあります）．

問題 6.4 解説

問題 6.4.1 解説

図 6.19 の三角形 NSP を図 6.23 の三角形 ABC に対応させて，次の形の余弦定理を用います．

$$\cos b = \cos c \cos a + \sin c \sin a \cos B$$

偏角 D を角 B へ，辺 b を $90 - \lambda_P$ へ，などと対応させ，

$$\cos(90 - \lambda_P) = \cos(90 - \lambda_S) \cos p + \sin(90 - \lambda_S) \sin p \cos D,$$
$$\sin \lambda_P = \sin \lambda_S \cos p + \cos \lambda_S \sin p \cos D$$

と，式 (6.19) を得ます．同様に，正弦定理から，

$$\frac{\sin p}{\sin(\phi_P - \phi_S)} = \frac{\sin(90 - \lambda_P)}{\sin D} \quad \Rightarrow \quad \sin(\phi_P - \phi_S) = \frac{\sin p \sin D}{\cos \lambda_P}$$

と，式 (6.20) を得ます．この式の $\phi_P - \phi_S$ の解を β ($-90° \leq \beta \leq 90°$) とし，図 6.19 のように ϕ_P が ϕ_S より大きい場合については，$\phi_P - \phi_S$ が 90° より大きいか小さいかで次のように場合

第 6 章　地磁気と古地磁気

分けする必要があります.

$$\phi_P = \phi_S + \beta \quad (\phi_P - \phi_S \leq 90),$$

$$\phi_P = \phi_S + 180 - \beta \quad (\phi_P - \phi_S > 90).$$

その判断のためには, 次のように $\phi_P - \phi_S$ を含む余弦定理を使用して,

$$\cos p = \cos(90 - \lambda_P)\cos(90 - \lambda_S) + \sin(90 - \lambda_P)\sin(90 - \lambda_S)\cos(\phi_P - \phi_S)$$

$$= \sin\lambda_S \sin\lambda_P + \cos\lambda_S \cos\lambda_P \cos(\phi_P - \phi_S).$$

この式から,

$$\cos(\phi_P - \phi_S) = \frac{\cos p - \sin\lambda_S \sin\lambda_P}{\cos\lambda_S \cos\lambda_P}$$

となりますが, 右辺の分母は常に正なので, 次の式 (6.21) と式 (6.22) を得ます.

$$\phi_P = \phi_S + \beta \quad (\cos p \geq \sin\lambda_S \sin\lambda_P),$$

$$\phi_P = \phi_S + 180° - \beta \quad (\cos p < \sin\lambda_S \sin\lambda_P).$$

また, 偏角が西寄りで ϕ_P が ϕ_S より小さい場合は β は負となりますが, この場合も同じ条件式でよいことが分かります.

問題 6.4.2 解説

(1) 合成ベクトルは式 (6.24) より, $\boldsymbol{R} = (-1.7986, 2.7895, -2.1636)$ で絶対値は $R = 3.9620$ です. 合成ベクトルの偏角については, 式 (6.25) の解は $-57.187°$ ですが, $R_X < 0$, $R_Y > 0$ より, $D_m = 180 - 57.187 = 122.813 \approx 122.8°$. 伏角については, 式 (6.25) より, $I_m = -33.099 \approx -33.1°$.

　　得られた古地磁気平均方向 $(I_m = -33.1°, D_m = 122.8°)$ はサイト (30°N, 130°E) としては, 地磁気逆転の途中か地磁気エクスカーション[3]のデータと思われます.

　　精密度パラメータの最良推定値 k については, 式 (6.26) より, $k = 78.947 \approx 78.9$. 95% 信頼限界円 α_{95} は式 (6.27) より, $\alpha_{95} = 10.391 \approx 10.4°$.

(2) 古緯度 λ は I_m を式 (6.17) に代入して, $\lambda = -18.053°$. 角度 p は式 (6.18) より, $p = 108.053°$. VGP の緯度は式 (6.19) から, $\lambda_P = -36.952 \approx -37.0°$. (37.0°S).

　　VGP の経度については, 式 (6.20) の解 β は $\beta = 89.231°$ ですが, $\cos p = -0.3099$, $\sin\lambda_S \sin\lambda_P = -0.3006$ より, $\cos p < \sin\lambda_S \sin\lambda_P$, となるので, 式 (6.22) から, $\phi_P = 220.769 \approx 220.8°$. (220.8°E).

　　結局, 南半球の VGP $(\lambda_P = 37.0°S, \phi_P = 220.8°E)$ が結論されました.

問題 6.4.3 解説

　　前問の結果は次の通りで, 逆転途中または地磁気エクスカーションの方向でした.

　　地点 S : (30°N, 130°E),　　　(伏角 I_m, 偏角 D_m) : $(-33°, 123°)$,　　　角度 p : 108°.

---

[3]　地磁気エクスカーションとは, VGP が地心軸双極子の極から大きく離れるが逆転には至らず元に戻る現象をいいます (離れの角度は通常 45° 以上と定義).

解法 1（図 6.25）

シュミットネットにトレーシングペーパーを重ね，外周や中心などを写し取ります．

(a) 経度線は左端を 90°E，中心を 180°E，右端を 270°E と見なして，S をプロットします．さらに，S を極軸の回りに 50° 右方向へ回転し，S' とします（回転 1，R_1）．

(b) S' を，赤道面内で 90°E と 270°E を結ぶ軸の回りに下方へ 120° 回転して南極点に移し，S'' とします（R_2）．

(c) 中心の経度線は S'' から見た北方向ですので，東に偏角 123° の経度線に沿って，角度 p の 108° 離れた点を VGP の P'' とします．但し，当該の経度線は図の裏側となりますので，点線で表し，P'' は白丸で表示します．

(d) トレーシングペーパーはそのままで，シュミットネットを横向きにしてから，S'' と P'' を (b) とは逆に回転し（$-R_2$），それぞれ S' と P' とします．その際，S'' は図の表側を移動し，P'' は裏側を移動するので，移動の向きが逆になります．P' は裏側で右端の 270°E のごく近傍に来るはずですので，白丸で表示します．

(e) シュミットネットを元の縦向きにしてから，S' と P' を (a) とは逆に回転し（$-R_1$），S' を S に戻します．P' は僅かに右に移動後に表に現れてから左に移動し，合計で 50° 回転します．P の緯度経度は (37°S, 221°E) と読めます．

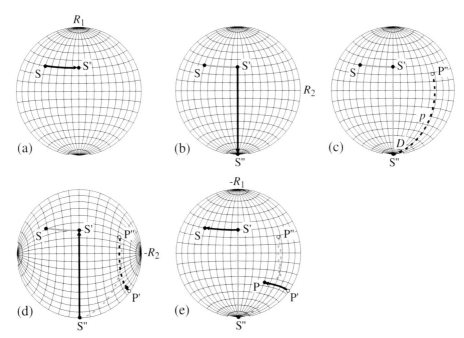

図 6.25 シュミットネットを用いて，古地磁気方向から VGP を決定する方法：解法 1．

解法 2（図 6.26）

S を北極に移して作業します．左端の経度線を 90°E と見なすことは解法 1 と同様です．

(a) S を極軸の回りに 50° 右方向へ回転し，S' とします（回転 1，R_1）．

(b) S′ を上方へ 60° 回転して北極点に移し，S″ とします (R_2).
(c) 中心の経度線は S″ から見た南方向となり，北方向は図の裏側中心の経度線です．よって，東に偏角 123° の経度線は図の右端の経度線から 33° の経度線で，この大円に沿って角度 p の 108° 離れた点を VGP の P″ とします．
(d) シュミットネットを横向きにして S″ と P″ を (b) とは逆に回転し ($-R_2$)，それぞれ S′ と P′ とします．
(e) シュミットネットを縦向きにし，S′ と P′ を (a) とは逆に回転し ($-R_1$)，S′ を S に戻します．P の緯度経度は (37°S, 221°E) と読めます．

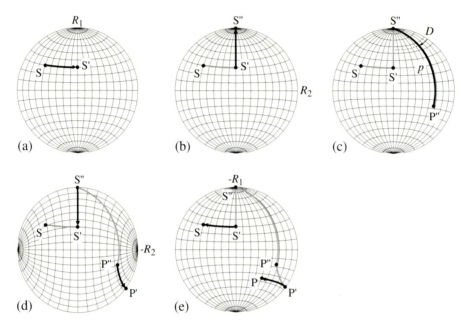

図 6.26 シュミットネットを用いて，古地磁気方向から VGP を決定する方法：解法 2．

解法 3（図 6.27）

S を南極点に移動するのは解法 1 と同じですが，作業がより簡単な方法です．

(a) 経度線は左端を 130°E，中心を 220°E，右端を 310°E と見なして，S をプロットします．次に，S を図の中心で紙面に垂直な軸の回りに 120° 反時計方向へ回転して南極点に移動し，S′ とします (R_1)．左端の経度線は S′ から見た北方向ですので，東に偏角 123° の経度線に沿って，角度 p の 108° 離れた点を VGP の P′ とします．
(b) シュミットネットを極中心の投影図に置き換え，S′ と P′ を時計方向に 120° 回転します．S′ は S に戻り，P′ の回転後の地点を P とします．
(c) P は S から見た VGP の位置となるので，極中心の投影図をシュミットネットに戻し，P の緯度・経度を読み取ります．中心の経度を 220°E としたので，P の緯度・経度は (37°S, 221°E) と読めます．

上の手順 (b)–(c) が正しい結果を与える理由は，ランベルト等面積投影図法のシュミットネッ

トでは，投影中心から見た方位角は正しく表現され，また中心から等距離の点の集合は同心の円弧となるからです．

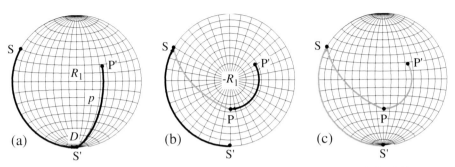

図 6.27 シュミットネットを用いて，古地磁気方向から VGP を決定する方法：解法 3．

解法 4（図 6.28）

S を北極点に移動しても同じですが，ここではシュミットネットだけを回転する方法です．

(a) 経度線は左端を 130°E，中心を 220°E，右端を 310°E と見なして，S をプロットします．
(b) トレーシングペーパーはそのままで，シュミットネットを反時計方向に 60° 回転し，北極点を S と重ねます．S から右手で端の経線が北方向ですので，東に偏角 123° の経度線に沿って，角度 p の 108° 離れた点を VGP の P とします．
(c) シュミットネットを元の位置に戻し，P の緯度・経度を読み取ります．中心の経度は 220°E ですので，P の緯度・経度は (37°S, 221°E) となります．

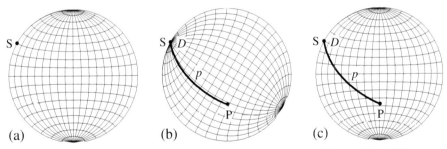

図 6.28 シュミットネットを用いて，古地磁気方向から VGP を決定する方法：解法 4．

6.5 古地磁気と大陸移動説

6.5.1 極移動曲線 (APWP)

20 世紀初頭に発表されたウェーゲナーの大陸移動説は，過去に存在した超大陸が分裂し移動して，現在の大陸分布となったとする学説です．パンゲアと名付けられた超大陸の存在は，海岸

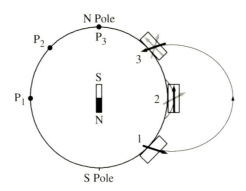

図 6.29 地心軸双極子仮説と大陸移動.

線の形,化石や氷河の痕跡の分布など,古生物学や古気候学の多くの証拠に基づいていました.しかし,大陸を動かす原動力が考えられないとして,この学説は学会からは支持されませんでした.しかし,1950 年代になると各大陸の古地磁気学研究により,極移動曲線という独立した証拠が多く見つかり,大陸が実際に移動したことが確実視されるようになりました.

古地磁気学のプレートテクトニクスへの応用では地心軸双極子仮説に従い (6.4 節),ある程度長期間にわたる複数の地層から得た VGP から,逆極性は反転させて平均の極を決定します.この極を VGP とは区別して古地磁気極と称し,当時の地理的北極と一致すると仮定します.図 6.29 は過去に 1 の南半球中緯度に位置していた大陸が,時代とともに 2 の赤道に移動し,現在は 3 の北半球中緯度に位置している様子です.現在 3 の大陸において,それぞれの時代の地層の古地磁気方向から当時の大陸の古緯度が $\lambda = \frac{1}{2}\tan I$ として求まります.それぞれの時代の古地磁気極 P_1–P_3 は現在の大陸からそれぞれの角度 $p = 90° - \lambda$ だけ離れた点に位置します.但し,現在の地層の P_3 は北極と一致します.

図 6.30 は,長方形の大陸が時代とともに移動や回転をして現在の位置に到達した様子を,北極を中心とする等面積投影図で表しています.大陸の位置には古い順に番号を付し,時代 5 が現在です.現在の大陸の位置から求めた古地磁気極にも古い順に番号を付け,それぞれの極の間を線で結び,これを(見かけの)極移動曲線 (APWP, apparent polar wander path) といいます.古地磁気学では,古緯度から大陸の位置を地図(古地理図)で表すよりは,APWP だけを示すことが多いです.

図 6.30(a) は大陸(の中心)が南緯 50° から緯度で 25° ずつ北上して,現在は北緯 50° に到達した場合の APWP を示します.古地磁気学による情報で注意すべき点として,大陸の古緯度は求まりますが,当時の経度については決まらないことです.(b) の例は,大陸が緯度については (a) と同じように北上したが,途中は緯度線に沿って東や西に移動した場合です.この場合でも,APWP は (a) と全く同じになります.(c) は大陸の移動はなかったが,回転した場合です.大陸は時代 1 には,東に 100° の方位角であったのが,25° ずつ西に回転し現在に至ったとしています.APWP は大陸を中心とした小円となります.極移動の向きが逆に感じるかも知れませんが,当時の北極と大陸の位置関係を一定に保ったまま両者が回転したと考えれば理解できます.(d) は大陸の北上 (a) と回転 (c) が同時に生じた場合を示します.この場合も,途中に大陸が方位角一定で緯度線に沿って東西に移動しても APWP は同じです.

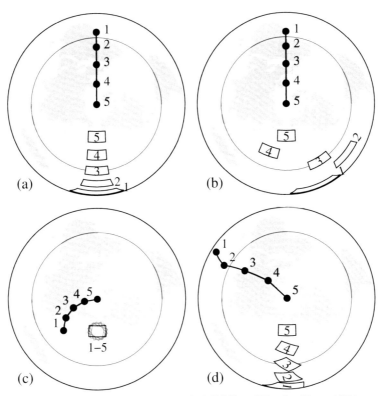

図 6.30 大陸の移動や回転と対応する極移動曲線．番号は古い順で 5 が現在．

6.5.2 大陸の分裂と APWP

　古地磁気方向からは，古緯度は求まるが経度は決まらないことは図 6.30 で説明しました．しかし，大陸が途中で分裂し，それ以後は別々に移動して現在に至った場合は，それぞれの APWP から 2 つの大陸の分裂前の相対的位置関係が分かります（但し，絶対的な経度は決まりません）．図 6.30 では大陸の経度線に沿っての北上や緯度線に沿っての東西方向の移動を方位角が変わる回転から区別して説明しました．しかし，球面上の図形の移動はどんな場合にも，ある 1 つの極の回りの 1 回の回転で表すことができます．これはオイラーの定理で，回転の極をオイラー極といいます（7.3 節）．図 6.31 は分裂した 2 つの大陸の APWP から，両大陸の分裂前の相対位置関係を導く手順のオイラー回転を用いた説明です．

　図 6.31(a) は，最も古い時代 t_1 で，四角形の南半分と三角形の北半分からなる大陸が緯度 30° 付近に位置していたことを示します．(b) は大陸がオイラー極 E_1 の回りに回転角 15° ずつ回転し，合計 45° 回転した後の時代 t_4 の様子です．時代 t_4 における APWP が黒丸 1–4 として描かれています．大陸は t_4 の直後に分裂し，四角形と三角形の部分をそれぞれ大陸 A と B とよぶことにします．大陸 A はオイラー極 E_A の回りに反時計方向に，大陸 B はオイラー極 E_B の回りに時計方向に，それぞれ 15° ずつ回転し，合計 45° 回転して現在 t_7 に至ります．(c) が現在 t_7 の状態を表し，遠く離れた大陸 A と B の APWP をそれぞれ黒塗りの四角と白抜きの三角で示しています．そこで，それぞれの APWP の 1–4 の軌跡が一致するように APWP と大陸を同時に回転させることを考えます．(d) は大陸 A を固定して，大陸 B とその APWP をオイラー極 E_2

第6章 地磁気と古地磁気

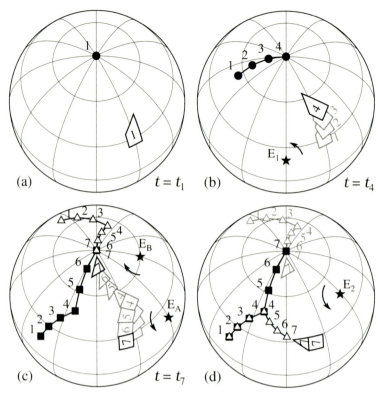

図 6.31　2つの極移動曲線から決定する大陸の分裂と移動（[Butler 1992, Fig.10.8]を基に作図）．

の回りに回転した結果を表します．APWPの1-4の軌跡が一致し，時代 t_1-t_4 には両大陸は1つであったことが分かります．

図 6.31(d) では，(c) における2つのAPWPの1-4の軌跡を一致させるのに，大陸Bに対して2回の反時計方向回転，即ち E_B の回りの後に E_A の回りの回転を行いました．この連続した2回の回転と同等の回転のオイラー極が E_2 です．その回転行列は計算で決定可能です（付録D.2，問題 7.3.5）．しかし，実際の古地磁気研究ではオイラー極は未知ですので，2つのAPWPから似た軌跡の部分を探し，それらが一致するように最小二乗法などの数学的手段で極の位置と回転角を決定する必要があります．

大陸が実際に移動したことを示した典型的な例はヨーロッパと北米のAPWPで，[McElhinny & McFadden 2000] による過去5億年間のデータに基づき図 6.32 に示します．図の (a) で，実線で繋いだ丸印と点線で繋いだ白抜きの丸印はそれぞれヨーロッパと北米のAPWPで，一部のデータ点に付した数字は年代 (Ma) です．2つのAPWPは形が似ていて，東西にずれたように見えます．図 (b) の星印は [Bullard et al. 1965] による両大陸の海岸線を合わせる方法で求めたオイラー極 (88.5°N, 27.7°E) です．グリーンランドを含めた北米とそのAPWPをオイラー極の回りに 38° 回転すると，195 Ma 以前のAPWPはよく一致し，北大西洋がほぼ閉じることが分かります．これより中生代初期以前は両大陸は1つの大陸（ローラシア）を形成していたと結論できます．

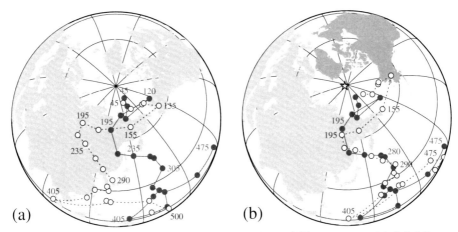

図 6.32 (a) ヨーロッパ（丸印，実線）と北米（白抜き丸印，点線）の APWP．(b) 北米大陸とその APWP をオイラー極（星印）の回りに 38° 回転した様子．

問題 6.5

問題 6.5.1

インド大陸は白亜紀のゴンドワナ大陸の分裂以降に北上し，ユーラシア大陸に衝突しました．インド大陸の北上は古地磁気の観測結果から知ることができます．下表に [Torsvik *et al.* 2012] より計算した，20°N の地層についての年代と正磁極期の古地磁気方向を示します．地心軸双極子仮説に基づき，この結果からインド大陸の古地理を考察します．

地質時代	年代 (Ma)	伏角	偏角
始新世	40	10.5°	354.1°
暁新世	60	-30.8°	348.2°
後期白亜紀	80	-54.5°	331.2°
前期白亜紀	120	-61.7°	302.1°

(1) 各地層の古緯度を計算し，各時代のインド大陸の位置と向き（方位角）を付録 E.7 の図に描きなさい．図で，三角形 ABC は現在のインド大陸を表し，地層は点 P に位置するとします．また，点線は点 P を通る経度線で，経度については現代と同じ位置に描けばよいです．

(2) インド大陸が北上する移動速度を，(a) 120 Ma から現在までと，(b) 最も速かったと思われる 60 Ma から 40 Ma までについて求めなさい．但し，移動速度は南北方向の成分のみを cm/yr の単位で表し，地球は半径 6371 km の球とします．

問題 6.5.2

地球上の点のオイラー極の回りの回転は，回転行列で計算できます（付録 D.1）．しかし，この問題ではシュミットネットとトレーシングペーパーを用いた方法で行います．

作図でのオイラー回転には図 6.33 のような座標系を取り，グリニッジ方向を x 軸，東経 90° を y 軸，北極方向を z 軸とします．また，回転角の符号は地球の外側から見て反時計回りを正と

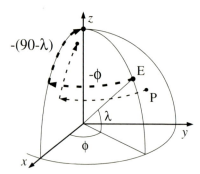

図 6.33 オイラー極 E (λ, ϕ) を北極へ移す手順．P も E との位置関係を保ちつつ移動させる．

します．ある点 P をオイラー極 E の回りに回転させるには，オイラー極 E を北極へ移動させてから行います．図 6.33 はオイラー極 E を北極へ移動させる手順で，E と P の位置関係を保ったまま P も同時に移動させます．具体的には，点 P をオイラー極 E (λ, ϕ) の回りに角度 Ω 回転させる手順は次の通りです．

(i) E と P を z 軸の回りに $-\phi$ 回転させ（時計方向），E をグリニッジ経度線上に移動させます．
(ii) E と P を y 軸の回りに $-(90-\lambda)$ 回転させ（時計方向），E を北極と一致させます．
(iii) 点 P を E（北極）の回りに Ω 回転させます（反時計方向）．
(iv) (ii) と逆の操作を行います．
(v) (i) と逆の操作を行うと，点 P は E の回りに Ω 回転した位置となります．

では，オイラー極 E (40°N, 30°E) の回りに点 P (20°S, 40°E) が +60°（反時計回り）回転したとき，回転後の点 P の緯度・経度をシュミットネットとトレーシングペーパーを用いた作図で求めなさい．シュミットネットは付録 E.4 の用紙を使用します．

問題 6.5.3

ヨーロッパと北米，及びアフリカと南米の APWP について，APWP を重ねたときの大陸の位置関係をトレーシングペーパーを用いた方法で確かめます．

図 6.34 は (a) ヨーロッパと北米，及び (b) アフリカと南米に対する [Bullard et al. 1965] のオイラー極を投影中心とするランベルト等面積投影図で，中心の星印がオイラー極です．[McElhinny & McFadden 2000] による APWP は，ヨーロッパとアフリカについては黒丸と実線で，北米と南米は白丸と点線でプロットしてあります．この投影法では，投影中心からの方位角は正しく表現され，投影中心から等距離の点は円弧となります．そのため，APWP と対応する大陸を同時に中心の回りに回転させて，APWP がどの程度重なるか，海岸線がどの程度合うかを見ることができます．

では，以下にまとめたオイラー極に基づき作図し，APWP や大陸の重なり具合を観察しなさい．作業には付録 E.8 の図を使用します．なお，図の外周の目盛りはトレーシングペーパーを回転させるための角度目盛りで経度ではありません．

ヨーロッパ（固定）-北米： オイラー極；(88.5°N, 27.7°E)　回転角；+38°（反時計）
アフリカ（固定）-南米： オイラー極；(44.1°N, 329.7°E)　回転角；+56.1°（反時計）

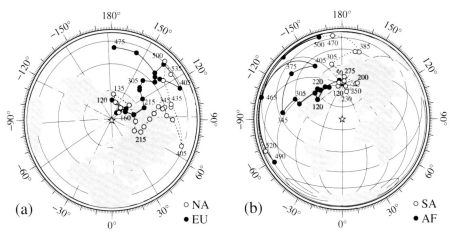

図 6.34 APWP と大陸をオイラー極の回りに回転させて過去の大陸の相対位置を推定するための世界地図. (a) ヨーロッパ（黒丸）と北米（白丸），(b) アフリカ（黒丸）と南米（白丸）.

問題 6.5 解説

問題 6.5.1 解説

(1) 古緯度の計算結果は下表の通りで，インド大陸の古地理は図 6.35 に示します．注意する点としては，古地磁気の偏角の向きと当時の大陸の方位角は逆になることです．

年代	伏角	偏角	古緯度	方位角	年代	伏角	偏角	古緯度	方位角
40 Ma	10.5°	354.1°	5.3°	5.9°	80 Ma	-54.5°	331.2°	-35.1°	28.8°
60 Ma	-30.8°	348.2°	-16.6°	11.8°	120 Ma	-61.7°	302.1°	-42.8°	57.9°

(2) 緯度 1 度の距離を計算すると，$111.19 \approx 111$ km ですので，(a) 120 Ma から現在までの

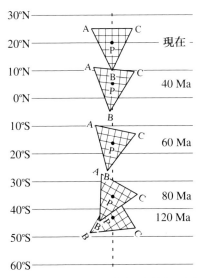

図 6.35 古地磁気方向から求めたインド大陸の古緯度と方位角（古地理図）.

トータルの移動速度は，5.81 cm/yr となり，1 年当たり約 5.8 cm です．(b) 60 Ma から 40 Ma の間の移動速度は，12.2 cm/yr で，およそ 12 cm/yr です．これは現在最も速い拡大速度である太平洋プレートの約 10 cm/yr より速い値で，経度方向の速度成分をゼロとしたことを考慮すると，インド大陸の移動は極めて速い速度だったといえます．

問題 6.5.2 解説

次の条件でオイラー回転を作図します．
オイラー極 E：(40°N, 30°E)，　地点 P：(20°S, 40°E)，　回転角 Ω：+60°（反時計回り）

解法 1

作業手順は図 6.36 の通りです．最初に，シュミットネットにトレーシングペーパーを重ね，外周，中心，両極，赤道の両端を写し取ります．

(a) 経度線は左端を 0°E，中心を 90°E，右端を 180°E と見なすと，x-y-z 軸は図のようになり，y 軸が中心で上向きとなります．E と P をプロットし，さらに z 軸の回りに時計方向へ 30°回転し，それぞれ E_1 と P_1 とします．E_1 はグリニッジ経線上となります．

(b) E_1 と P_1 を y 軸の回りに時計方向へ 50°回転させ，それぞれ E_2 と P_2 とします．E_2 は北極点と一致しています．ここでは，トレーシングペーパーを極中心の投影図に載せ替えて作業しましたが，前段階のままでトレーシングペーパーを回転させるなど工夫すれば，必ずしも必要ありません．

(c) P_2 を z 軸の回りに反時計方向に 60°回転させ，P_3 とします．

(d) E_2 と P_3 を y 軸の回りに反時計方向に 50°回転し，E_2 を E_1 へ，P_3 は P_4 へ移ります．

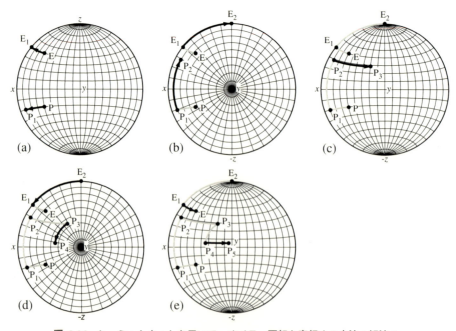

図 6.36　シュミットネットを用いて，オイラー回転を実行する方法：解法 1．

(e) E_1 と P_4 を z 軸の回りに反時計方向に 30° 回転させ，E_1 を E へ戻し，P_4 は P_5 となります．この P_5 が，P のオイラー回転後の位置ですので，緯度・経度は (5°N, 85°E) となります．

なお，回転行列を用いて計算した正確な緯度・経度は (5.4°N, 85.8°E) です．得られた (5°N, 85°E) の値は，10° 間隔のシュミットネットを用いての作図を考慮すれば，計算値とよく一致しているといえます．また，オイラー極 E や点 P の位置関係によっては，作業中に点が地球の裏側になることもありますが，そのときは点を白丸で表し，回転に対する投影図上での点の移動方向に注意すれば，同様にして作図が可能です．

解法 2

図 6.37 に示したグリニッジの経線を真上から見る視点での作図方法です．

(a) 経度線は左端を 270°E, 中心を 0°E, 右端を 90°E と見なすと，x-y-z 軸は図のようになり，x 軸が中心で上向きとなります．E と P をプロットし，さらに z 軸の回りに時計方向へ 30° 回転し，それぞれ E_1 と P_1 とします．E_1 はグリニッジ経線上となります．

(b) E_1 と P_1 を y 軸の回りに時計方向へ 50° 回転させ，それぞれ E_2 と P_2 とします．E_2 は北極点と一致します．この際，シュミットネットを横向きにするので，点 P の回転の軌跡は小円となります．丁度一致する小円がないときは，隣り合う小円の間に目分量で描きます．

(c) P_2 を z 軸の回りに反時計方向に 60° 回転させ，P_3 とします．

(d) E_2 と P_3 を y 軸の回りに反時計方向に 50° 回転させ，E_2 を E_1 へ戻し，P_3 は P_4 へ移ります．シュミットネットは横向きで使用します．

(e) E_1 と P_4 を z 軸の回りに反時計方向に 30° 回転させ，E_1 を E へ戻し，P_4 は P_5 となります．この P_5 が，P のオイラー回転後の位置ですので，緯度・経度は (5°N, 85°E) となります．

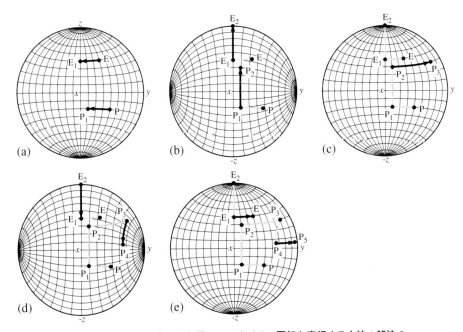

図 6.37 シュミットネットを用いて，オイラー回転を実行する方法：解法 2．

問題 6.5.3 解説

付録 E.8 の図で，地図の外周に付けた正負の角度目盛りは回転時の目安とするため，オイラー極の経度をゼロとしています．そのため，地図内の 30° ごとの経線とは関係ありません．作業は，トレーシングペーパーに中心のオイラー極，地図外周，目盛線のゼロを写し取ってから開始します．結果は以下の通りです．

(a) 図 6.38(a) のように，2 つの APWP は 195 Ma 以前で，見事に一致します．北米大陸にはグリーンランドも含めて写しておくと，回転後に北大西洋が閉じるのが分かりやすいです．なお，回転前の APWP は灰色の記号と破線で表してあります．また，回転後の大陸は濃い灰色で示しています．

(b) 図 (b) のアフリカと南米では，APWP はヨーロッパと北米の場合ほど見事には重なりませんが，200 Ma 以前の軌跡は大体重なるようです．特に，300–470 Ma の特徴的な軌跡は両大陸でよく似ています．また，回転後の両大陸の海岸線はよく合っています．

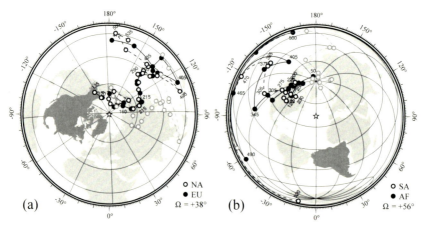

図 6.38 (a) グリーンランドを含めた北米とその APWP を回転後にほぼ閉じた北大西洋．(b) 南米とその APWP を回転後にほぼ合体したアフリカと南米．

6.6 海上地磁気縞状異常と海洋底拡大

6.6.1 海洋底が記録した古地磁気極性

1950 年代に海洋底の地球物理学的観測が始まると，北大西洋では知られていた海嶺が実は長大な海底山脈として全ての大洋に連なっていることが発見されました．同時に，地震・重力・地殻熱流量・地磁気などの分野で多くのデータが蓄積され，これらの観測結果を説明するために海洋底拡大説が登場しました．しかし，海上地磁気縞状異常とよばれる，海嶺に平行に縞状に現れる地磁気の強弱の繰り返しについては，その成因が不明でした．1960 年代になると，この縞状の磁気異常は地磁気逆転の繰り返しが海洋底の磁化として記録されて発生するというヴァイン−マシューズ仮説が提出されました．この学説により，海上地磁気縞状異常はその謎が解けただけ

図 6.39 海嶺で生成される海洋地殻が地磁気逆転に従い正逆の極性を交互に獲得する模式図.

でなく，海洋底拡大の強力な証拠となりました．

海洋底拡大説では，海洋地殻は海嶺で生成され，リソスフェアとともに海嶺の両側へ移動していきます．海洋地殻は生成時に地磁気方向に残留磁化を獲得するので，地磁気逆転の繰り返しにつれて正極性と逆極性の磁化を交互に獲得します．図 6.39 の模式図で示した正極性（黒）と逆極性（白）のパターンは海嶺の両側で対称となります．海上での地磁気測定は通常は全磁力ですので，交互に逆方向に磁化した海洋地殻の上方の海面では，磁化のパターンに応じた海嶺に平行な縞状の正負の全磁力異常が観測されます．この地磁気縞状異常には若い順にクロン番号が付けられ，1 億 6000 万年前までの地磁気極性タイムスケールが作成されました．クロン番号は年代に対応し，地磁気縞状異常は海洋底の等年代線（アイソクロン）を示します．

6.6.2 磁気双極子による地磁気異常

海洋地殻の正極性と逆極性の領域の海面では，それぞれ正と負の異常が発生すると予想されます．しかし，地磁気異常のパターンは緯度で異なり，赤道では正極性の上方で負の異常となるなど，単純ではありません．そのため，海嶺の両側で対称な地磁気縞状異常は，観測結果を北極で観測した場合のパターンに変換するなど，複雑な計算を行って初めて得られます．

ある極性に帯磁した海洋地殻は一様に磁化した細長い平板と見なせます．この平板による海上の磁場を求めるには，平板の微小部分による磁場を平板全体に積分するという高度な計算が必要です．ここでは，1 次元モデルとして海底に位置する 1 つの磁気双極子が海上に発生する地磁気異常を考えます．実際の発生過程とは異なりますが，地磁気異常の傾向は実際のものと似ています．特に，海山の磁気異常にはそのまま適用可能です．図 6.40 は (a) 北極，(b) 北半球中緯度，(c) 赤道について，下段に磁気双極子と地磁気のそれぞれの磁力線の断面図を，上段に全磁力異常を示します．磁気双極子の方向は正極性を想定して現在の地磁気と同じ方向とし，伏角は (a)

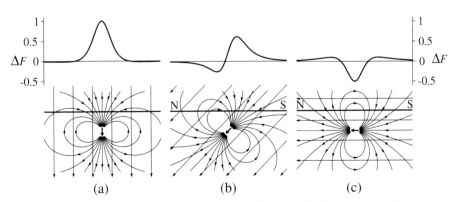

図 6.40 磁気双極子による全磁力異常．(a) 北極，(b) 北半球中緯度，(c) 赤道．

90°, (b) 45°, (c) 0° です．また，太い横線は海面を表します．全磁力異常は海面での値を，北極における最大値を1として規格化してあります．下段の図から，海面での磁気双極子と地磁気の2つの磁場は磁気双極子の真上を中心として北極では強め合い，中緯度では中心の南で強め合うが北で弱め合い，赤道では中心付近で弱め合うことが分かります．

図 6.41 は北大西洋の同じ地域に対して (a) 海底地形，(b) 全磁力異常，(c) 地磁気縞状異常による等年代線を示します．(a) は [Amante & Eakins 2009] の全球地形データベース ETOPO1，(b) は [Maus *et al.* 2009] の地球磁気異常グリッド EMAG2，(c) は [Seton *et al.* 2014] による等年代線のデータベースに基づきます．(b) の全磁力異常は場所によっては 1000 nT を超えることもありますが，+300 nT 以上と −300 nT 以下はそれぞれ全て同じ濃さで表しています．全磁力異常の図を海底地形と比較すると，大西洋を縦断する海嶺地形と対応する縞状の地磁気異常がよく表れていることが分かります．

しかし，図 (b) は磁気異常の値をそのままプロットしただけですので，クロン番号の付いた等年代線としての磁気異常を同定することは不可能です．それは前述の通り，地磁気の測定値に高度な解析をして初めて，正しい地磁気縞状異常が得られるからです．そのようにして得られた地磁気異常に基づく等年代線が図 (c) です．この等年代線のデータベースは，正極性と逆極性の境界点の緯度・経度・クロン番号・年代から構築されています．図ではデータ点を年代に応じた濃さで表し，現在から約 150 Ma までプロットしました．等年代のデータ点を繋ぐと海嶺に平行で，海嶺から遠いほど年代は古く，海嶺の両側にほぼ対称に分布していることが分かります．

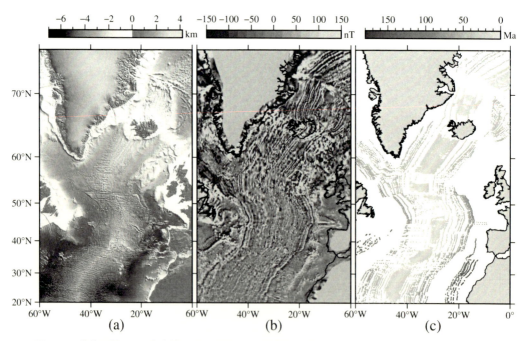

図 6.41　北大西洋の (a) 海底地形 (ETOPO1)，(b) 海上地磁気縞状異常 (EMAG2)，(c) 磁気異常に基づく等年代線．一様な中程度の濃さの領域は (b) ではデータの未測定を，(c) では陸地を示します．

6.6.3 地磁気極性タイムスケール

地磁気極性タイムスケールは，当初は火山岩の古地磁気と K-Ar 年代測定に基づき過去 400 万年についてでしたが，現在では海上地磁気縞状異常に基づき図 6.42 に示した 160 Ma までの極性逆転表となっています [Gee & Kent 2007]．以下，その間の歴史的経緯を簡単にまとめます．

ヴァイン-マシューズ仮説の登場以降，海嶺に近い地磁気縞状異常のパターンは地上の火山岩による過去約 400 万年の地磁気逆転史のパターンと比較されました．また，海洋掘削コアの堆積物による古地磁気極性パターンとも比較され，いずれにも良い一致が見られ，地磁気が実際に逆転し海洋底も実際に拡大したことが確実となりました．さらに，地磁気縞状異常を利用して地磁気逆転史を過去 400 万年より前に延長する研究が主要な大洋で行われました．海洋底の拡大速度は各大洋で異なる等の問題はありましたが，南大西洋の拡大速度を過去 400 万年間と同じ速度で一定と仮定して，8000 万年前まで延長された地磁気極性タイムスケールが完成しました．その後，南大西洋の拡大速度一定という仮定は，海底堆積物中の微化石年代からほぼ正しいことが確認されました．現在では海底の年代データも増え，160 Ma までの地磁気極性タイムスケールとなっています．

この極性タイムスケールからは，120 Ma 頃から正極性の時代が長期間続いたことが分かります．地磁気は同じ極性が極めて長く続くことがあり，古生代にも古地磁気学研究（磁気層序学）から知られています．10^7–10^8 yr 続く極性はスーパークロンとよばれ，図 6.42 の 1 億 2000 万年前から約 3800 万年間は白亜紀（正極性）スーパークロンとよばれています．

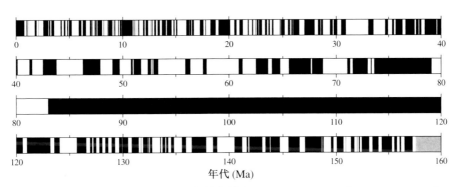

図 6.42 過去 1 億 6000 万年前までの地磁気極性タイムスケール GPTS [Gee & Kent 2007].

問題 6.6

(1) 図 6.43(a) は海洋底拡大と地磁気縞状異常の模式図で，海嶺はトランスフォーム断層（7.2 節）でずれています．灰色と白色の領域はそれぞれ正磁極期と逆磁極期で，境界が Ma 単位のアイソクロン（等年代線）です．海洋底の拡大速度には 2 通りの表現があり，両側拡大速度は海嶺の両側にあるアイソクロン間の距離を年代で割った値，片側拡大速度は 1 つのアイソクロンと海嶺との距離から求めた値です．では，両側拡大速度と片側拡大速度はそれぞれ

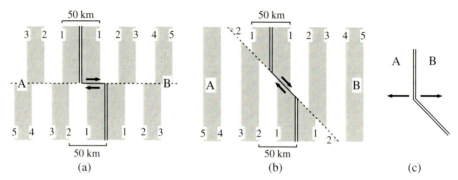

図 6.43 トランスフォーム断層でずれた海嶺による海上縞状地磁気異常．(a) 海嶺に垂直のずれ，(b) 海嶺に 45° 傾いたずれ．(c) 途中で折れ曲がる海嶺からの海洋底拡大．

年当たり何センチメートルか？ また，海嶺より左側と右側のプレートをそれぞれ A と B とするとき，プレート A に対するプレート B の移動速度 $_AV_B$ を表すのはどちらか？

(2) 海洋底の拡大方向は多くの場合，海嶺にほぼ垂直です．しかし，そうでない場合もあり，図 6.43(b) は拡大の方向が海嶺から 45° 傾いているときの模式図です．トランスフォーム断層も同じ角度だけ傾いています．この場合のプレート A に対するプレート B の移動速度 $_AV_B$ は年当たり何センチメートルか？

(3) 図 6.43(c) は途中で折れ曲がっている海嶺の模式図です．矢印で示したプレート A とプレート B の拡大方向は，図の上半分では海嶺に垂直ですが，下半分では 45° 傾いています．この場合の地磁気縞状異常がどのようなパターンになるかスケッチしなさい．

問題 6.6 解説

(1) 両側拡大速度は図 6.43(a) の上端の距離目盛りから，5 cm/yr，片側拡大速度は下端の距離目盛りから，2.5 cm/yr，となります．

$_AV_B$ はプレート A を固定したときのプレート B の移動速度ですので，最初に海嶺にあったアイソクロンが一定時間の間に右と左に分かれて移動した全距離から求めます．よって，両側拡大速度の 5 cm/yr がプレート A と B の相対速度です．

(2) 図 6.43(b) の地磁気縞状異常によるアイソクロンのパターンは (a) と同じで，見かけの拡大速度も同じ値です．しかし，海底拡大の方向が海嶺に垂直な方向から角度 δ 傾いている場合は，見かけと真の拡大速度の関係は図 6.44(a) のようになります．よって，プレート A に対するプレート B の移動速度は問 (1) の両側拡大速度を用いて，次のように年当たり約 7cm の相対速度となります．

$$_AV_B = \frac{5}{\cos 45°} = 7.07 \text{ cm/yr}.$$

(3) 海洋底が地磁気方向に磁化を獲得する場所は海嶺ですので，縞状の地磁気異常は常に海嶺に平行になります．従って，磁気異常のパターンは図 6.44(b) のようになります．磁気異常の縞の幅は，海嶺に垂直方向で測ると，図の下半分では $\cos 45°$ を掛けた分狭くなります．

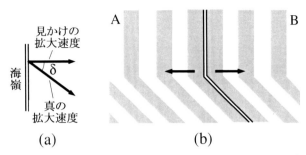

図 6.44 (a) 海洋底拡大の見かけと真の拡大速度．(b) 折れ曲がる海嶺からの地磁気縞状異常．

第7章

プレートテクトニクスの幾何学

プレートテクトニクスは多くの地学現象を統一的に説明できる理論です．この理論の正しさを示す証拠は物理系の分野だけでなく地質学や地球化学など多くの分野で得られていますが，この章では最初に物理的観測による証拠に限ってそれらを概観します．そしてプレートテクトニクスの理解に必要なプレート運動の幾何学を平面と球面に分けて学びます．

7.1 物理的観測による証拠

7.1.1 大陸と海洋底の地形

　グローバル地形モデル ETOPO1 [Amante & Eakins 2009] による世界の地形を図 7.1 に示します．この図で地球の地形は，山岳地域を除き高度が 1 km 程度以下の大陸と深さ 3–6 km の海洋底が対照的です．地球表面の高度分布はピークが 2 つの二峰分布で [深尾 1985, 図 3-2]，単峰分布の火星や金星と異なります．この地球表面の高度分布はプレートテクトニクスが働いた結果と考えられています．

　以下，海洋底の地形の特徴について見ていきます．図で特徴的な点は，海嶺とよばれる長大な海底山脈と主に太平洋の縁に位置する深い海溝です．前者は大規模なものを中央海嶺ともよびますが，本書では海嶺に統一します．また，海嶺が所々で横方向にずれるトランスフォーム断層やその断層の延長のような断裂帯（破砕帯）という地形も特徴的です．歴史的にはこれらを説明するために，海底は海嶺で生成され両側に拡大し海溝でマントルへ沈み込むという海洋底拡大説が提唱されました．また，ハワイ島から直線上に並ぶ海山列については，ハワイ島の地下深くに固定されたマントル物質の上昇流があり，その上を海洋底が移動したとする，ホットスポットという概念も登場しました．さらに海洋底拡大説は，地球は何枚かのプレートで覆われており，多くの地学現象はそれらの境界で生じるというプレートテクトニクスへと発展しました．

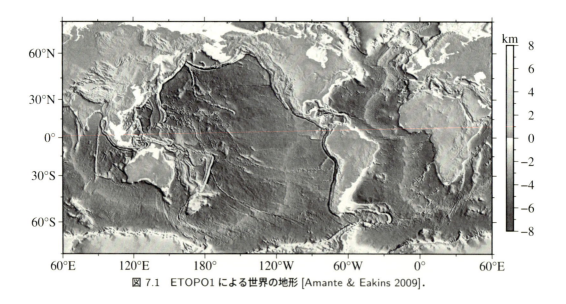

図 7.1　ETOPO1 による世界の地形 [Amante & Eakins 2009]．

7.1.2 地震の分布

　世界の地震の震央分布を，$M5.3$ 以上で 2000–2019 年の 20 年間について図 7.2 に示します．データはアメリカ地質調査所地震検索カタログ[1]から取得しました．震央を表す丸印は M に応

1　USGS Earthquake Catalog. (https://earthquake.usgs.gov/earthquakes/search/)

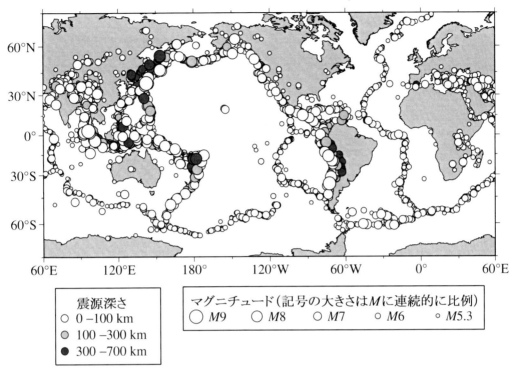

図 7.2 世界の地震の震央分布 ($M \geq 5.3$, 2000–2019, USGS Earthquake Catalog).

じて大きさを，震源の深さに応じて濃さを変え，小さい地震から順にプロットしました（小さい地震の記号は大きい地震の下に隠れることに注意）．

この図から地震の発生する場所は，(i) 日本，南米，南アジア，などの海溝に沿った地域，(ii) 海嶺とトランスフォーム断層，(iii) 地中海–中東–ヒマラヤと続く山岳地域，であることが分かります．また，海嶺では大きい地震は発生しないこと，日本列島付近では西に向かって震源が深くなり南米では逆の傾向となることも分かります．これらのことから，震央が線状に分布する地帯をプレート境界と考えるのが妥当と思われます．プレートが沈み込む海溝や大陸が衝突するヒマラヤ付近では大地震が発生するが，マグマから海洋底が作られる海嶺では小さな地震しか発生しないことは容易に理解できます．また，日本付近と南米で震源の深さ分布が違うことも，プレートがそれぞれ西と東に傾いて沈み込むと考えれば説明できます．

7.1.3 火山の分布

図 7.3 は完新世（およそ過去 1 万年間）の世界の火山分布を示します．これらは噴火の記録があるか，アンレストという一定レベル以上の火山活動の痕跡がある火山で，スミソニアン国立自然史博物館の全球火山プログラム[2]によるデータセットです．

火山は地震の震央分布と似て，海溝に沿う陸側に並んでいます．海溝付近で火山が発生する理由は単純ではありません．火山は海溝から一定距離だけ離れた，火山フロント（火山前線）とい

---

[2] Global Volcanism Program. (https://volcano.si.edu/list_volcano_pleistocene.cfm)

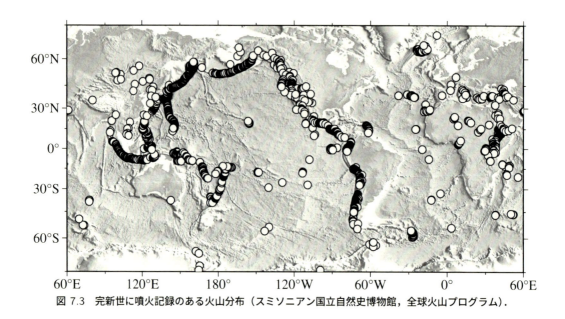

図 7.3 完新世に噴火記録のある火山分布（スミソニアン国立自然史博物館，全球火山プログラム）．

うラインより陸側に分布します．沈み込むプレートをスラブ，スラブ上方のマントルをくさび型マントルといいますが，くさび型マントル内の対流とスラブが持ち込む含水鉱物の水の作用で，深さ 100–150 km の領域でマグマが発生するようです（[巽 1995, 1 章] など）．また，海溝から離れた大洋にも所々火山が分布しています．その多くはホットスポットで，ハワイ島やアイスランドなど，多数知られています．

一方，大陸内部にも火山があり，イタリアからトルコを経てカスピ海に至る山岳地帯に分布しています．この付近はプレートの衝突による造山帯で，火山も伴うようです．但し，地中海の一部は海溝が存在する沈み込み帯のようです．また，東アフリカ地溝帯に沿って火山が分布しますが，この地溝帯からアフリカ大陸の分裂が始まりつつあるようです．そのため，これらの火山もホットスポットと考えられています．紅海とアデン湾にはインド洋中央海嶺から続く海嶺があるので，アラビア半島とアフリカは分裂し，海洋底拡大は既に始まっています．そのため，付近の火山もホットスポットと考えられます．

以上，通常の火山の分布について記しました．しかし，最も火山活動が盛んな場所は海嶺で，長大な火山山脈と表現できます．海嶺におけるマグマの年間総噴出量はおよそ $5~\mathrm{km}^3$ で，通常の火山による噴出量を合わせた全体の約 70% を占めます [杉村 1987, 表 6-1]．

7.1.4 海上地磁気縞状異常による等年代線

地磁気縞状異常による等年代線のデータベースが構築され [Seton *et al.* 2014]，今後も新しい観測結果が報告されるとアップデートされるようです．このデータを年代に応じた濃さで表したデータ点として図 7.4 に示します．データ点は線で結ばず，クロン番号も示していませんが，同じ濃さの点を結ぶと地磁気縞状異常による等年代線となります（番号と線による図は [上田 1989, 図 3.11] など参照）．なお，図でおよそ 80–120 Ma にデータがないのは，この時期が約 4000 万年続いた正磁極期の白亜紀スーパークロンのため等年代線が同定できないためです．

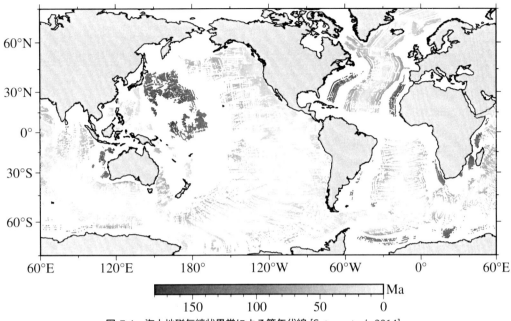

図 7.4　海上地磁気縞状異常による等年代線 [Seton *et al.* 2014].

この図から，等年代線が海嶺の両側に対称に分布していて，海洋底が海嶺から拡大していることが分かります．また，両側の同年代の磁気異常間の距離が大きいほど拡大速度が大きいことを示します．この地図（ミラー図法）では縮尺が緯度により異なるので，同じ緯度帯で大雑把に比較すると，海洋底の拡大速度は北大西洋より南大西洋が大きく，太平洋はさらに大きいことが分

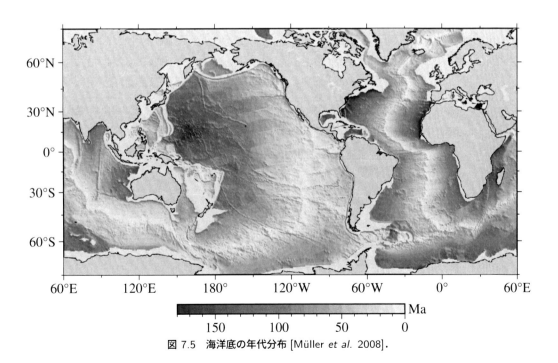

図 7.5　海洋底の年代分布 [Müller *et al.* 2008].

かります．この拡大速度の大洋による違いは，図 7.5 に示した等年代線と地磁気極性タイムスケールに基づく海洋底の年代分布 [Müller et al. 2008] にもよく表れています．

　海嶺から対称な位置にある磁気異常を若いクロン番号から順に海嶺に戻す作業を行えば，海洋底の過去の運動，即ちプレート運動の再構築が可能です．但し，例えば北太平洋では海嶺が北米大陸の下に沈み込んでしまい，東側の磁気異常が欠けているなどの困難もありましたが，プレート運動の再構築はジュラ紀後期以降についてはほぼ完成しました．ジュラ紀後期より古い時代については，海上磁気異常が約 160 Ma 以前には存在しないため，陸上の古地磁気学や地質学のデータから研究することになります．これは磁気異常による方法に比べて誤差が大きく，古い時代ほどプレートの配置などの不確定性が大きくなります．

7.1.5　主要なプレートの分布

　前節までにプレートテクトニクスの証拠となる代表的データ分布を概観しましたが，プレート境界としては次の 3 つが結論されます．(i) 発散型境界（海嶺），(ii) 収束型境界（島弧-海溝系の沈み込み帯，褶曲山脈などの衝突帯），(iii) 平行移動型境界（トランスフォーム断層）．

　プレートテクトニクス理論の初期には，プレートはこの分類に従って，ユーラシア，太平洋，インド（オーストラリアを含む），アメリカ，アフリカ，南極とされ，その数は 6 でした．これは上に見てきた種々のデータ分布からは分かりやすいです．しかし，各種の観測データが蓄積すると，より小規模のプレートが多く提案され，プレートの数は時代とともに増えてきました．例えば，プレート理論初期には日本列島はユーラシアプレートに属するとされましたが，70 年代には北海道の日高山脈から東半分はカムチャッカ半島から続く北米プレートの一部となりました．80 年代には，北米プレートとの境界を糸魚川-静岡構造線とし東北日本と北海道は北米プレートの端とされました．90 年代になると，日本の東半分とカムチャッカ半島などを含むオホーツクプレートが定義され，さらに東北日本マイクロプレートも提案されています．

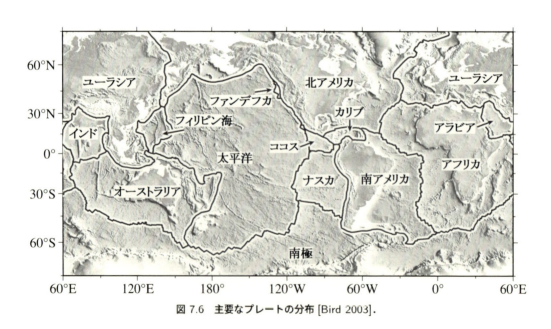

図 7.6　主要なプレートの分布 [Bird 2003]．

図 7.6 は現在一般的に認められている主要な 14 のプレートを示します．但し，研究者によってはインドとオーストラリアを分けずにインド・オーストラリアプレートとしたり，前述のオホーツクプレートを主要プレートに含めるなど，多少の違いはあります．この図のプレート境界は [Bird 2003] により公開されているデジタルデータに基づいています．なお，この論文ではプレートの数は主要なものが 14，小規模なものが 38 の合計 52 となっています．

プレートテクトニクスの登場以前は，地学の種々の分野で観測される現象をそれぞれの分野の流儀で解釈していました．しかし，プレートテクトニクスは多くの地学現象を統一的に説明でき，地学分野の学際的な研究が発展しました．プレートテクトニクスは一般の人にも分かりやすいですが，専門レベルとしては地学のそれぞれの分野の深い知識が必要です．次節以降では，プレートの幾何学に限ってプレート運動の基礎を学び演習問題を解いていきます．

7.2 プレートテクトニクスの幾何学：平面

7.2.1 プレートの境界と相対速度

3 種のプレート境界である，(a) 海嶺，(b) 海溝，(c) トランスフォーム断層の記号と速度表示の方法を図 7.7 に示します．(a) は片側拡大速度 2 cm/yr で拡大するプレート A と B を，(b) はプレート B が三角印が並んだ上盤のプレート A の下に相対速度 4 cm/yr で沈み込む様子を，(c) は右横ずれ断層沿いに相対速度 4 cm/yr で移動する 2 つのプレートを示します．ここで，プレートの速度を表す際に重要な概念は相対速度です．本書では A に対する B の速度ベクトルを $_AV_B$ と表します（添字を逆に表す教科書もあります）．従って，$_AV_B = -_BV_A$ の関係が常に成り立ちます．(a) 海嶺の例では片側拡大速度は 2 cm/yr ですが，相対速度ベクトルの大きさは右向きを正とすると，$_AV_B = -_BV_A = 4$ cm/yr，となります．即ち，図 7.7(a) の発散型の場合だけ片側拡大速度を表示し，その他の場合の速度表示は相対速度です．図 7.7 では，(a)–(c) の全ての表示についてプレート A とプレート B の相対速度は 4 cm/yr です．

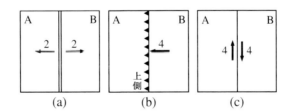

図 7.7　プレート境界と相対速度の表記法．(a) 海嶺，(b) 海溝，(c) トランスフォーム断層．

7.2.2 トランスフォーム断層

海嶺は図 7.8(b) のように所々で断層によってずれていますが，断層の両端で特異な地形がないため発見当時は謎でした．それは，断層がずれ続けると両端で物質の過不足が生じ，(a) のような地形になるからです．また，(b) で当初は一直線だった海嶺がずれたとすれば断層は左ずれ

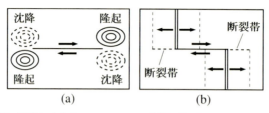

図 7.8 (a) 通常の断層と (b) トランスフォーム断層（[河野 1986, 図 9.1] を基に作図）.

ですが，地震の発震機構からは右ずれでした．そこで，最初からずれて形成された海嶺から海洋底が両側に拡大したと考えれば解決します．この種の断層を [Wilson 1965] がトランスフォーム断層と名付けましたが，それは断層が両端で海嶺や海溝に変容 (transform) するという意味です．

また，図 7.8(b) で海嶺で形成された海洋底が一定時間後に移動した位置を点線で示しましたが，これからこのトランスフォーム断層の長さは不変であることが分かります．なお，図で断層の延長線に示した太い破線は断裂帯（破砕帯）とよばれ，その両側で海洋底の年代が異なり，若い年代の海洋底ほど浅いために生じる断層のような地形です．

一方，時間とともに長さの増大するトランスフォーム断層もあり，図 7.9 にその例を示します．図の海溝ではプレート B が上盤で，(a) のようにプレート A が左に移動しながらプレート B の下に沈み込みます．一定時間経過後の (b) では，海洋底拡大で面積の増えたプレート B が上盤のため，海溝は右へ移動して断層の長さが増大することになります．

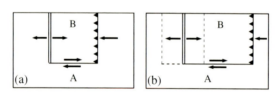

図 7.9 (a) 海嶺と海溝を繋ぐトランスフォーム断層，(b) 一定時間経過後に断層長が増大.

7.2.3　3重会合点

3つのプレートが接する点を3重会合点といいます．図 7.10(a)(b) は3つの海嶺が交わる場合で，ridge の R から RRR 型といいます．(b) は (a) の一定時間経過後の形を表します．この型としては，ガラパゴス3重会合点（太平洋，ココス，ナスカの3プレート）やインド洋3重会合点（アフリカ，オーストラリア，南極の3プレート）が知られています．RRR 型では (b) のように，時間が経過しても3重会合点の形は変わりません．但し，海洋底拡大の方向は海嶺に垂直で，速度は両側で等しいと仮定します（実際に多くの場合で近似的に成立します）．このように形の変わらない場合を安定な3重会合点といいますが，会合点が移動しても安定とします．それは，複数のプレートの位置関係はあくまで相対運動として表現されるからです．実際，図 7.10(a)(b) では3重会合点はプレート A に対しては右から少し下向きの方向へ移動します．

3つの海溝が交わる3重会合点は trench の T から TTT 型といいます．その例を図 7.10(c)(d)

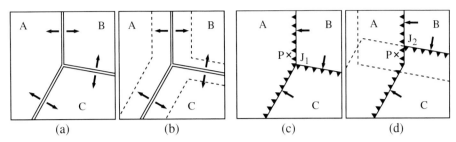

図 7.10　(a)(b) RRR 型の 3 重会合点．(b) は (a) の一定時間経過後．(c)(d) TTT 型の 3 重会合点．(d) は (c) の一定時間経過後．

に示します．(d) は (c) の一定時間経過後の様子です．この型は地球上で唯一の例として房総沖に見られ，日本海溝，伊豆–小笠原海溝，相模トラフが交わります（太平洋，北米，フィリピン海の 3 プレート）．(c) の 3 重会合点 J_1 は不安定で，時間の経過で (d) のようになり，点線は沈み込んだプレートの端を示します．(c) の図では各プレートは海溝に直角に沈み込むと仮定しています（実際には斜め沈み込みの例も多いです）．一方，時間が経過した (d) の J_2 もまた 3 重会合点です．しかし，(d) では 3 つの海溝のうち 2 つが一直線で安定となり，J_2 はプレート A に対して海溝に沿って上方に移動します．また，× 印で示した地点 P では当初はプレート B が海溝に直角に沈み込んでいたのが，時間経過後はプレート C が斜めに沈み込みます．このように，プレートが少し移動するだけで地学的に大きな変化が発生することもあります．

[McKenzie & Morgan 1969] は 16 種類の 3 重会合点の安定性を速度空間という概念を用いて議論しました．速度空間については，次項と問題 7.2.2 などで考察します．

7.2.4　速度空間表示

3 重会合点の安定性を考えるために便利な速度空間という概念を [Cox & Hart 1986, Chap.2] に基づいて説明します．まずプレート境界上に静止する，または境界に沿って移動する点を考えます．図 7.11 は (a) 海嶺，(b) 海溝，(c) トランスフォーム断層について実空間表示（上）と速度空間表示（下）を示します．実空間での白い丸印は各プレート境界上で静止（M_0）や移動（M_1 と M_2）している点です．速度空間表示の横軸と縦軸は移動速度の東西と南北の成分で，M_0–M_2 の速度は白丸で，プレート自身の速度は黒丸で表しています．

図 7.11(a) 海嶺の例では，プレート B はプレート A に対して東北東へ移動しています．そのため，速度空間では海嶺の移動速度はプレート A とプレート B の速度を表す 2 点の中点となります．また，この速度は海嶺上で静止している点 M_0 の速度と同等です．海嶺上を移動している点 M_1 と M_2 の速度表示は容易に分かるように，海嶺の実空間での走行と同じ傾きの直線上にプロットされます．結局，速度空間表示では点 M_0–M_2 は線分 AB の垂直 2 等分線上となり，この直線を点線 ab で表しています．

図の (b) 海溝ではプレート B が上盤ですので，海溝上で B の端で静止している点（M_0）や移動する点（M_1 と M_2）について考えます．即ち，これらの点は常に B の上にあります．そのため速度空間では M_0 は B と一致します．また，速度空間での M_1 や M_2 は海溝の実空間での走行と同じ傾きの点線 ab 上となります．図の (c) トランスフォーム断層も同様に考察して，速度

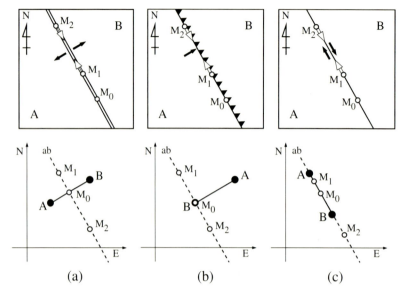

図 7.11 (a) 海嶺，(b) 海溝，(c) トランスフォーム断層についてのプレート境界の実空間（上）と速度空間（下）．実空間の白丸は境界上の点（M_0–M_2）で，その移動速度を速度空間に示します．黒丸はプレート自身の速度です（[Cox & Hart 1986, Box 2-8] を基に作図）．

空間では M_0–M_2 は線分 AB とその延長線の点線 ab 上となります．

以上，3 種類のプレート境界について，境界上で静止または移動する点の速度空間での表現が示されましたので，この概念を用いて 3 重会合点の安定性を考察します．3 重会合点は 3 つのプレート境界に同時に存在する点ですので，各プレート境界に対応する速度空間の 3 直線（図 7.11 の点線 ab）が 1 点で交われば 3 重会合点が存在することになります．また，交点の速度が 3 重会合点の移動速度となります．次項で具体例を見ていきます．

7.2.5 速度空間作図例

プレート A, B, C が交わるときプレート境界は A と B，B と C，C と A ですが，それらに対応する速度空間での 3 本の直線を ab, bc, ca と表します．そこで，速度空間で作図した直線 ab, bc, ca が 1 点で交われば 3 重会合点は安定となります．図 7.12 の例では上方が北で，プレート境界の走行が図の通りで，プレート A と B の相対速度が 4 cm/yr の場合です．速度空間表示では，相対速度を問題とするので座標軸は省略します．

図 7.12(a) は本節で最初に示した RRR 型 3 重会合点の例です．プレート A に対するプレート B の相対速度 $_A\boldsymbol{V}_B$ は東向きですので，海嶺の走行の角度から相対速度ベクトル $_A\boldsymbol{V}_C$ と $_C\boldsymbol{V}_B$ の向きも図のように決まります．一方，相対速度ベクトルについては，

$$_A\boldsymbol{V}_B + {_B\boldsymbol{V}_C} + {_C\boldsymbol{V}_A} = 0$$

ですので，図のような 3 ベクトルによる三角形が描けます．さらに正弦定理を用いて，外接円の半径を R として，

$$\frac{4}{\sin 70°} = \frac{_A V_C}{\sin 80°} = \frac{_C V_B}{\sin 30°} = 2R$$

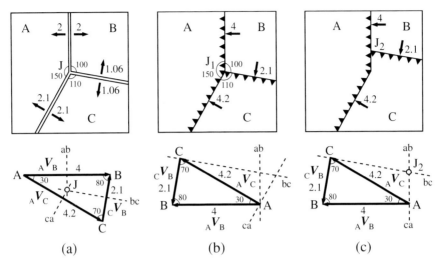

図 7.12 3 重会合点の実空間表示と速度空間表示. (a) RRR 型と (b)(c) TTT 型. (c) は (b) の一定時間経過後.

から $_AV_C$ と $_CV_B$ の大きさが求まります（図の $_AV_C$ と $_CV_B$ は近似値です）．三角形の各辺の垂直 2 等分線は 1 点 J で交わり 3 重会合点は安定です．さらに，三角形内の J の位置を計算することで，3 重会合点 J はプレート A に対しては北から東回りに 110° の方角におよそ 2.1 cm/yr で移動することが分かります．なお，三角形の各辺の垂直 2 等分線は外心で 1 点で交わるので，RRR 型の 3 重会合点はこのような計算をするまでもなく常に安定です．

図 7.12(b)(c) に TTT 型の 3 重会合点 J_1 (b) と時間経過後の J_2 (c) について，実空間と速度空間を示します．(b) では，プレート A はプレート B と C に対して上盤ですので速度空間では直線 ab と ca は点 A を通り，プレート C は B に対して上盤ですので，直線 bc は点 C を通ります．3 本の直線は 1 点で交わらず J_1 は不安定です．時間経過後の (c) では，相対速度ベクトルの三角形は同じでも，ab と ca が一直線になったので，3 本の直線は 1 点で交わり，J_2 は安定となります．速度空間での点 J_2 は点 A の真北方向で 1.46 離れているので，3 重会合点 J_2 は海溝に沿って北向きに約 1.5 cm/yr で移動することが分かります．

前述の通り，房総沖の 3 重会合点は図 7.12(b) の J_1 のような TTT 型です．不安定な 3 重会合点の存在理由については，現在が存在の一瞬であるとか，(c) に移行後も地質構造の変化で（例えば陸側プレートが削られる）J_1 の形が保たれる等，専門家の間で議論があるようです．

以上のような 3 重会合点の幾何学的考察が，当初は理解が困難だった地学現象を解明に導いた例は多く，その最大の成果は北米西海岸の長大なサンアンドレアス断層です（問題 7.2.4）．

問題 7.2

問題 7.2.1

右横ずれのトランスフォーム断層には図 7.13 のように 6 種類あります（これらと鏡像対称の左横ずれ断層も 6 種類あります）．それぞれの断層について，長さが不変，増大，減少のいずれ

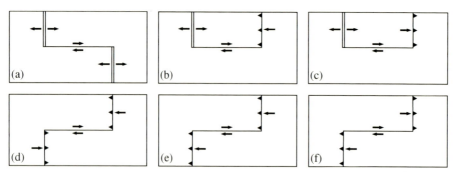

図 7.13　右横ずれのトランスフォーム断層の 6 個の型.

になるかを調べなさい.

問題 7.2.2

図 7.14 は上方が北で，プレート A, B, C が交わる 3 重会合点 J の様子を示します．矢印の数字は cm/yr の相対速度で（海嶺は片側拡大速度），小さい数字は角度です．プレート A とプレート B, 及びプレート A とプレート C の境界は南北走行の海溝で直線をなしています．プレート B とプレート C の境界は (a) では海溝，(b) と (c) では海嶺です.

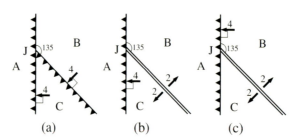

図 7.14　(a) TTT 型と (b)(c) TTR 型の 3 重会合点の例.

では，(a) と (b) については，プレート A に対するプレート B の速度 $_A\bm{V}_B$，(c) についてはプレート A に対するプレート C の速度 $_A\bm{V}_C$ の方向と大きさを求めなさい．そして，いずれも 3 重会合点 J は安定であることを示し，J のプレート A に対する移動方向と速度を求めなさい.

問題 7.2.3

図 7.15 は 16 の型がある 3 重会合点のうち任意に選んだ 6 個を示し，名称の一部の (a) と (b) は同型に 2 種類ある場合を区別しています．図では上方が北で，矢印の数字は cm/yr 単位の相対速度，小さい数字は角度を示します．3 重会合点 J はいずれの場合も安定であることを速度空間表示を用いて示しなさい．また J の動きについて説明しなさい.

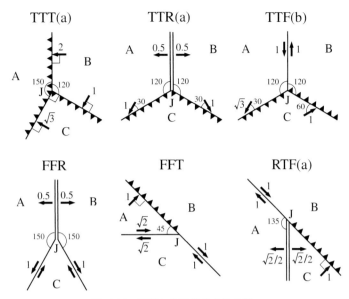

図 7.15 安定な 3 重会合点の 6 例．

問題 7.2.4

図 7.16 は [McKenzie & Morgan 1969] によるサンアンドレアス断層形成史のモデルで，プレート運動の様子を古い順に (a), (b), (c) に示します（速度や角度は改変）．P, N, F はそれぞれ太平洋プレート，北米プレート，ファラロンプレートです．時代 t_1–t_3 はおよそ 40–10 Ma で，海嶺が太平洋プレートに近づき，接触するとトランスフォーム断層が生じ，最後は消失した様子を示します．海嶺がトランスフォーム断層に変わる理由は，北米プレート (N) に対する太平洋プレート (P) の速度ベクトル $_N\boldsymbol{V}_P$ が偶然に北米プレートとファラロンプレートの境界（北米の西海岸）に平行であったためです．なお，現在はファラロンプレートのほとんどは消失し，その断片がファンデフカプレートとして残っていると考えられています．

では，3 重会合点 J_1 と J_2 の北米プレート N に対する移動方向と移動速度を，(b) 時代 t_2 と (c) 時代 t_3 のそれぞれについて求めなさい．

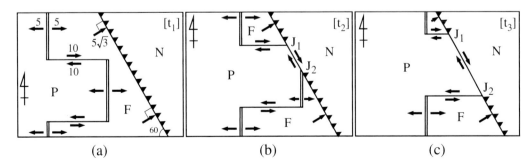

図 7.16 サンアンドレアス断層の形成モデル（[McKenzie & Morgan 1969, Fig.5,6] を基に作図）．

問題 7.2 解説

問題 7.2.1 解説

プレートテクトニクスの幾何学を解くには模型を使うと分かりやすいですが，ここではプレートに付けた目印が時間の経過でどこに移動するかを見ます．図 7.17 の解答では，プレート境界付近の左と右のプレートにそれぞれ丸と四角の印を付けました．それらの印が時間経過後に移動した位置から断層の長さの変化について推測します（プレートの下に移動した印は灰色です）．

なお，(c) では断層の長さがゼロになった時点で，海嶺と海嶺のすぐ右側のプレートは消失し，全体が 1 つのプレートとなります．また，(f) では断層の長さがゼロになった後は (d) の鏡像の形となって断層は左ずれとなり，断層の長さの増大が始まります．

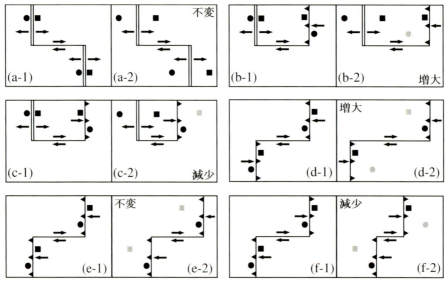

図 7.17　6 種類のトランスフォーム断層の断層長の変化．

問題 7.2.2 解説

(a) $_AV_B$ は次のように $_AV_C$ と $_CV_A$ のベクトル和で表すことができます．

$$_AV_B = {_AV_C} + {_CV_B}.$$

この関係式を利用して，$_AV_B$ は図 7.18(a) のような頂角 135° の 2 等辺三角形の底辺となり，方向は南から西へ 67.5° で大きさは余弦定理などから求められます．また，プレート A は B と C に対して，C は B に対して上盤であることに注意すると，速度空間表示における直線 ab, bc, ca は図のように 1 点で交わり，3 重会合点 J は安定です．

- $_AV_B$ の方向は北から東回りに 247.5° で，大きさは 7.4 cm/yr．
- 3 重会合点 J はプレート A に対して，南へ 4 cm/yr で移動する．

(b) $_CV_B$ の大きさは片側拡大速度の 2 倍の 4 cm/yr で，3 つの速度ベクトルの三角形は図

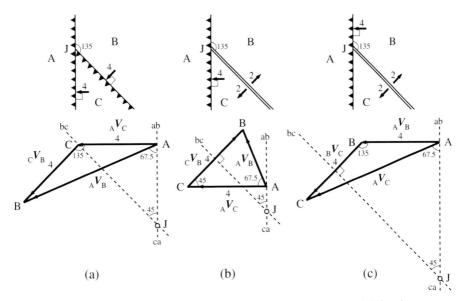

図 7.18 (a) TTT 型と (b)(c) TTR 型の 3 重会合点の実空間表示と速度空間表示.

7.18(b) のようになり，$_AV_B$ は頂角 45° の 2 等辺三角形の底辺となります．速度空間表示の直線 bc は線分 BC の垂直 2 等分線で，3 直線 ab, bc, ca は 1 点で交わります．

- $_AV_B$ の方向は北から東回りに 337.5°で（西に 22.5°），大きさは 3.1 cm/yr.
- 3 重会合点 J はプレート A に対して，南へ 1.2（正確には $4-2\sqrt{2}$）cm/yr で移動する．

(c) 3 つの速度ベクトルの三角形は図 7.18(c) のように (a) と同じ頂角 135° の 2 等辺三角形で，底辺が $_AV_C$ となります．従って，$_AV_C$ は (a) の $_AV_B$ と同じ向きと大きさです．しかし，速度空間表示では直線 bc が ab と ca から離れ，3 重会合点 J の移動速度は大きくなります．

- $_AV_C$ の方向は北から東回りに 247.5°で，大きさは 7.4 cm/yr.
- 3 重会合点 J はプレート A に対して，南へ 6.8（正確には $4+2\sqrt{2}$）cm/yr で移動する．

問題 7.2.3 解説

6 種類の 3 重会合点について，実空間表示と速度空間表示を図 7.19 に示します．速度空間では，全ての場合で 3 直線 ab, bc, ca は 1 点で交わり 3 重会合点 J はいずれも安定です．それぞれの J の動きについての説明を以下に列挙します．

TTT(a)： 通常は不安定なタイプですが，前問のように 2 つの海溝が直線をなすときと，プレート A に対するプレート C の速度ベクトル $_AV_C$ が海溝 bc に平行な場合は安定となります．
- 3 重会合点 J はプレート A に対して静止している．

TTR(a)： $_AV_C$ と $_BV_C$ が海嶺 ab に対して対称なために，3 重会合点は安定となります．
- 3 重会合点 J はプレート C に対して静止している．

TTF(b)： $_BV_C$ が海溝 ca に平行なため 3 重会合点は安定となります．
- 3 重会合点 J はプレート B に対して静止している．

FFR： $_AV_C$ と $_BV_C$ が海嶺 ab に対して対称なために，3 重会合点は安定となります．

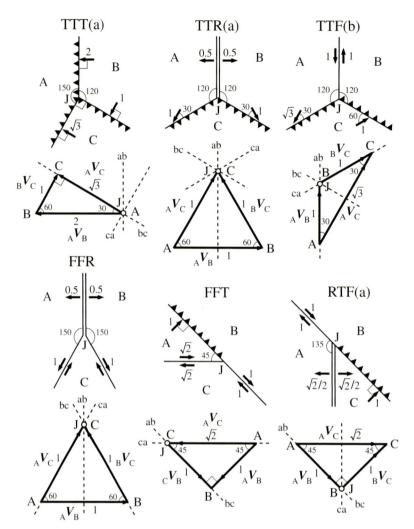

図 7.19 安定な 6 種類の 3 重会合点の実空間表示と速度空間表示.

- 3 重会合点 J はプレート C に対して静止している.

FFT: 海溝 ab とトランスフォーム断層 bc が直線をなすため 3 重会合点は安定です.

- 3 重会合点 J はプレート C に対して静止している（これは，J はプレート B の西の端に沿って 1 cm/yr で北西へ移動するとも表現できます）.

RTF(a): トランスフォーム断層 ab と海溝 bc が直線をなすため 3 重会合点は安定です.

- 3 重会合点 J はプレート B に対して静止している.

問題 7.2.4 解説

時代 t_2: 3 重会合点 J_1 と J_2 はそれぞれ前問の FFT 型と RTF(a) 型に相当します．3 つの相対速度ベクトルによる三角形は図 7.20(a) のようになり，N に対する P の速度ベクトル $_NV_P$ は西に 30° の方向で大きさは 5 cm/yr となります．この速度ベクトルは N の西の端に平行

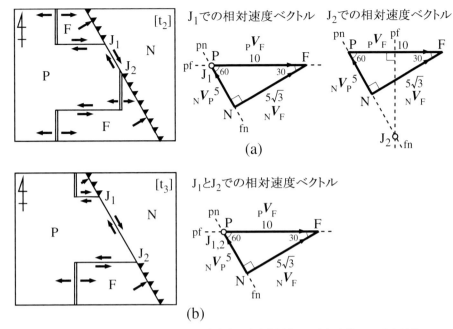

図 7.20 サンアンドレアス断層の 3 重会合点と速度空間表示．(a) 時代 t_2 と (b) 時代 t_3．

ですので，トランスフォーム断層が形成されます．3 重会合点の移動方向などは図から次のようになります．

- 3 重会合点 J_1 はプレート N の西端に沿って 5 cm/yr で北上した．
- 3 重会合点 J_2 はプレート N の西端に沿って 5 cm/yr で南下した．

この時代にはサンアンドレアス断層は北米プレートから見ると，北の端は北上し南の端は南下して，その長さが増大し続けたことになります．

時代 t_3: 2 つの 3 重会合点における相対速度ベクトルの三角形は両者とも時代 t_2 の J_1 と同じとなります．

- 3 重会合点 J_1 と J_2 はプレート N の西端に沿って 5 cm/yr で北上した．

この時代になると，サンアンドレアス断層は長さが一定のまま北米プレートの西端に沿って北へ移動を続けたことになります．

7.3 プレートテクトニクスの幾何学：球面

7.3.1 プレートの移動とオイラー回転

プレートテクトニクスを球面上で扱うときは，プレートは球殻状の板となります．球殻状の板が球面上を移動するとき，その運動は 6.5 節で扱ったオイラー回転で表されます．球面上での図形の移動はオイラー極とよばれる固定点の回りの回転運動で表され，これをオイラーの定理といいます．移動が複数回にわたって異なるオイラー極の回りに回転した場合も，全体としての移動を表す 1 回のオイラー回転が存在します．

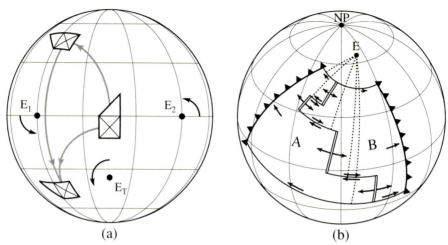

図 7.21 (a) オイラー極 E₁ と E₂ の回りの連続する 2 回の回転と同等なオイラー極 E_T の回りの 1 回の回転，(b) オイラー回転による海洋底拡大の模式図．

図 7.21(a) は連続した 2 回の段階的オイラー回転と 1 回の全回転が同等となる例です．オイラー極 E₁ と E₂ は赤道上で 90° 離れており，赤道付近のプレートが E₁ の回りに 90° 回転して北半球に移動し，その後 E₂ の回りに 90° 回転して南半球に移動しました．これと同じ結果が南半球に位置するオイラー極 E_T の回りの 120° の回転で得られます．なお，回転の角度は地球中心から見て右ねじの進む方向，即ち地球外から見て反時計回りを正とします．

図 7.21(b) はオイラー回転による海洋底拡大の模式図です．2 重線，細い実線，三角印付きの実線はそれぞれ海嶺，トランスフォーム断層，海溝で，プレート A と B がオイラー極 E の回りにそれぞれ時計回りと反時計回りに回転しています．点線は各トランスフォーム断層の走行に垂直な大円でオイラー極で交わります．また，プレートの移動速度はオイラー極から離れるに従い大きくなります．ある地点の移動速度（回転速度）は，その地点とオイラー極との角距離を δ として $\sin\delta$ に比例し，オイラー極から 90° の地点で最大です．

実際の観測では，トランスフォーム断層に垂直な大円は理論通りに 1 点で交わることは稀で，最小二乗法によりオイラー極を求めます．オイラー極の決定にはその他に，トランスフォーム断層沿いの地震のスリップベクトルや地磁気縞状異常の等年代線から求まる移動速度の $\sin\delta$ 則への当てはめなどがあります．なお，図 7.21(b) では相対速度ベクトルに垂直に海嶺や海溝を描いてあり，これらの走行の延長線もオイラー極で交わります．しかし，海嶺の走行は速度ベクトルに垂直でないこともあります．また，海溝は速度ベクトルに垂直でないことが多く，これらはオイラー極の決定には使用されません．

7.3.2 オイラー回転の回転行列

オイラー回転の幾何学による表現は問題 6.5.2 で扱いましたが，数値として計算するには回転行列を使用します．2 次元の回転行列の幾何学的導出は付録 A.2 に，3 次元も含めた線形代数による導出は付録 D.1 に詳細がありますので，ここでは行列だけを以下にまとめます．

ベクトル r が θ 回転して，$r' = Ar$ となるときの回転行列 A は 2 次元では次式となります．

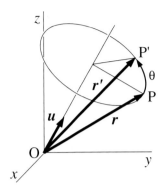

図 7.22 3 次元における任意の軸の回りの回転．

$$A = \begin{pmatrix} \cos\theta & -\sin\theta \\ \sin\theta & \cos\theta \end{pmatrix}. \tag{7.1}$$

3 次元の場合は，z 軸，x 軸，y 軸の回りの回転行列 A_z, A_x, A_y は次のようになります．

$$A_z = \begin{pmatrix} \cos\theta & -\sin\theta & 0 \\ \sin\theta & \cos\theta & 0 \\ 0 & 0 & 1 \end{pmatrix}, \ A_x = \begin{pmatrix} 1 & 0 & 0 \\ 0 & \cos\theta & -\sin\theta \\ 0 & \sin\theta & \cos\theta \end{pmatrix}, \ A_y = \begin{pmatrix} \cos\theta & 0 & \sin\theta \\ 0 & 1 & 0 \\ -\sin\theta & 0 & \cos\theta \end{pmatrix}. \tag{7.2}$$

図 7.22 のように任意の軸の回りの回転行列は問題 6.5.2（図 6.33）に示した幾何学的手順に従い，式 (7.2) を適宜掛け合わせることで導けますが，計算はかなり複雑です．一般には，図 7.22 のようにベクトル $\boldsymbol{r}$ が単位ベクトル $\boldsymbol{u}$ の回りに角度 θ 回転するときの回転後のベクトル $\boldsymbol{r}'$ を与える次のロドリゲスの回転公式を使用します．

$$\boldsymbol{r}' = (1-\cos\theta)(\boldsymbol{r}\cdot\boldsymbol{u})\boldsymbol{u} + \cos\theta\,\boldsymbol{r} + \sin\theta(\boldsymbol{u}\times\boldsymbol{r}). \tag{7.3}$$

この式を用いることで，任意の軸の回りの回転行列は次式となります．

$$\begin{pmatrix} u_x u_x(1-\cos\theta) + \cos\theta & u_x u_y(1-\cos\theta) - u_z\sin\theta & u_x u_z(1-\cos\theta) + u_y\sin\theta \\ u_y u_x(1-\cos\theta) + u_z\sin\theta & u_y u_y(1-\cos\theta) + \cos\theta & u_y u_z(1-\cos\theta) - u_x\sin\theta \\ u_z u_x(1-\cos\theta) - u_y\sin\theta & u_z u_y(1-\cos\theta) + u_x\sin\theta & u_z u_z(1-\cos\theta) + \cos\theta \end{pmatrix}. \tag{7.4}$$

7.3.3 有限回転の非可換性

回転角度が微小ではない有限回転を，異なる軸の回りに 2 回行うとき，回転の順序を逆にすると結果は異なります．この有限回転の非可換性は線形代数で行列の積が一般には交換法則を満たさないことから分かります．例として，図 7.21(a) に示したプレートの連続する 2 回のオイラー回転の順序を逆にした場合を図 7.23 に示します．

オイラー極 E の回りの θ 回転を記号 R[E, θ] で表すと図 7.23 の左手の 2 回連続回転は，R[E$_1$, 90] + R[E$_2$, 90]，と表現されます．図 7.23 のように，有限回転の順番が交換不可であるこ

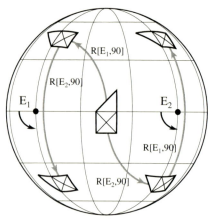

図 7.23 連続する 2 回の有限回転の順番を逆にすると結果が異なる例.

とを次のように表します.

$$\mathrm{R}[\mathrm{E}_1, 90] + \mathrm{R}[\mathrm{E}_2, 90] \neq \mathrm{R}[\mathrm{E}_2, 90] + \mathrm{R}[\mathrm{E}_1, 90].$$

また, 図 7.21(a) のように 2 回連続回転が 1 回の全回転に等しいことは次のように表します.

$$\mathrm{R}[\mathrm{E}_1, 90] + \mathrm{R}[\mathrm{E}_2, 90] = \mathrm{R}[\mathrm{E}_\mathrm{T}, 120].$$

しかし, これは全回転のオイラー極がベクトルの和で求まるということではありません. このことは有限回転の非ベクトル性ともいわれています.

上の回転の記号に添え字を加え $_\mathrm{A}\mathrm{R}_\mathrm{B}[\mathrm{E}, \theta]$ を, プレート A を固定してプレート B を現在の位置から過去のある時点の位置まで戻すときの回転 (オイラー極 E と回転角 θ) とし, これを全復元回転といいます (通常は年代範囲を添え $_\mathrm{A}^0\mathrm{R}_\mathrm{B}^t$ としますが, ここでは省略します).

いま, 3 つのプレート A, B, C があり, A を固定したときの C の全復元の回転を求めたいが, A と C の間には等年代線などがなくオイラー極が決められないとします. しかし, B に対する C の全復元回転 $_\mathrm{B}\mathrm{R}_\mathrm{C}[\mathrm{E}_1, \theta_1]$ と A に対する B の全復元回転 $_\mathrm{A}\mathrm{R}_\mathrm{B}[\mathrm{E}_2, \theta_2]$ は分かっているとします. そこで, A に対する C の全復元回転をプレート B を介して求めますが, その際の回転の順序は重要で次の通りです.

$$_\mathrm{A}\mathrm{R}_\mathrm{C}[\mathrm{E}, \theta] = {}_\mathrm{B}\mathrm{R}_\mathrm{C}[\mathrm{E}_1, \theta_1] + {}_\mathrm{A}\mathrm{R}_\mathrm{B}[\mathrm{E}_2, \theta_2] \neq {}_\mathrm{A}\mathrm{R}_\mathrm{B}[\mathrm{E}_2, \theta_2] + {}_\mathrm{B}\mathrm{R}_\mathrm{C}[\mathrm{E}_1, \theta_1].$$

2 プレート間について, 現在から過去の時点までの全復元回転が求まっても, 実際には 1 回ではなく段階的に異なるオイラー極で回転したかもしれません. 途中の 2 つの年代間の回転を段階回転といいます. 段階回転を求めて過去のプレート配置を復元することはプレートテクトニクスの重要なテーマですが, 有限回転の非可換性や非ベクトル性のため, その作業は大変複雑です.

7.3.4 ベクトルとしての無限小回転

有限回転に対して無限小回転はベクトルとして扱えます. 図 7.24 のようにベクトル r が微小角度 $\Delta\theta$ 回転したとき, 回転後の r' は式 (7.3) から求まりますが, $\cos\Delta\theta \approx 1$, $\sin\Delta\theta \approx \Delta\theta$, と近似します. すると, 近似後の式 (7.3) は次のようになります.

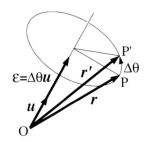

図 7.24 ベクトルの微小角度 $\Delta\theta$ の回転と無限小回転ベクトル ϵ.

$$r' = r + \Delta\theta(u \times r).$$

ここで，単位ベクトル u の方向で大きさが $\Delta\theta$ の無限小回転ベクトル，

$$\epsilon = \Delta\theta u$$

を導入します（一般に，回転ベクトル v はその向きが回転軸を，大きさ $|v|$ が回転角度を表します）．この無限小回転ベクトル ϵ を用いると式 (7.3) の近似式は次のようになります．

$$r' = r + \epsilon \times r. \tag{7.5}$$

いま，ベクトル r' が別の回転軸の回りに微小角度 $\Delta\theta'$ 回転したとすると，回転後は，

$$r'' = r' + \epsilon' \times r'$$

で表されます．これに式 (7.5) を代入すると，

$$r'' = r + \epsilon \times r + \epsilon' \times (r + \epsilon \times r) = r + \epsilon \times r + \epsilon' \times r + \epsilon' \times (\epsilon \times r)$$

となりますが，高次の項を省略して近似すると，次式を得ます．

$$r'' = r + (\epsilon + \epsilon') \times r.$$

この式は式 (7.5) と同じ形ですので，無限小回転 ϵ と ϵ' を続けて行うと，1 回の無限小回転 $\epsilon + \epsilon'$ と同等であることを示します．また，明らかに交換法則も成り立ちます．

7.3.5 角速度ベクトル

ベクトル r が微小時間 Δt の間に微小角度 $\Delta\theta$ 回転したとすると $\Delta\theta/\Delta t$ はその時点の瞬間の角速度となります．そこで，次の角速度ベクトルを定義します．

$$\omega = \frac{\epsilon}{\Delta t} = \frac{\Delta\theta}{\Delta t} u.$$

角速度ベクトル ω は方向が回転軸を，大きさが角速度を表し，無限小回転ベクトルと同様にベクトルとして分解や合成が可能で，交換法則も成り立ちます．この角速度ベクトル ω を用いて，微小時間 Δt の間のベクトル r の変位 Δr は式 (7.5) より，

$$\Delta r = r' - r = \omega \times r \Delta t$$

と表せますので，ベクトル r の回転速度（線速度）v は次式となります．

$$v = \frac{dr}{dt} = \boldsymbol{\omega} \times r. \tag{7.6}$$

7.3.6 プレート運動と無限小回転

プレートのオイラー回転は最近 100 万年程度については，無限小回転として扱います．プレートの多くは 100 万年当たり 1°前後で回転するので，1°は 0.017453 ラジアンですが，$\sin 1°$ は 0.017452，$\cos 1°$ は 0.99985 で，式 (7.5) を導いた近似条件を満たします．そのため，プレート運動は主に角速度ベクトルを用いて解析します．

プレートが角速度 ω で回転しているとき，オイラー極 E から角距離 δ 離れた地点の移動速度 v は図 7.25 のように式 (7.6) を用いて次式となります．

$$v = \omega r \sin \delta. \tag{7.7}$$

オイラー極は主にトランスフォーム断層の走行に直交する複数の大円の交点から求め，角速度は地磁気異常の等年代線から求めた複数の地点の移動速度を式 (7.7) に合うように決定します．一旦，オイラー極と角速度が決まるとプレート上のあらゆる地点の移動速度が求まります．角速度ベクトルはオイラー極 E の緯度 λ，経度 ϕ，角速度 ω を用いて次のように表します．

$$\boldsymbol{\omega} = (\lambda, \phi, \omega).$$

回転の向きは，右ねじがベクトルの向きに進むときのそれで，地球外から見て反時計回りです．回転が時計回りのときは角速度は負となりますが，その場合には対極をオイラー極として，$\boldsymbol{\omega} = (-\lambda, \phi + 180, \omega)$ のように正の角速度を用いた表現が一般的です．また，地球中心が原点で赤道上で 0°E と 90°E 方向を x 軸と y 軸，自転軸の北極方向を z 軸とした地心直交座標系を用いて，次のように表すこともできます．この表現は数値の計算に向いています．

$$\boldsymbol{\omega} = \begin{pmatrix} \omega_x \\ \omega_y \\ \omega_z \end{pmatrix} = \begin{pmatrix} \omega \cos \lambda \cos \phi \\ \omega \cos \lambda \sin \phi \\ \omega \sin \lambda \end{pmatrix}. \tag{7.8}$$

プレート運動の角速度はあくまで 2 プレート間の相対角速度です．そのため，プレート A に対するプレート B の角速度は $_A\boldsymbol{\omega}_B$ と表します．3 つのプレート A, B, C があるとき，A に対する C の角速度 $_A\boldsymbol{\omega}_C$ は A に対する B の角速度 $_A\boldsymbol{\omega}_B$ と B に対する C の角速度 $_B\boldsymbol{\omega}_C$ の和から求

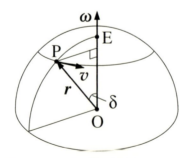

図 7.25 オイラー極と角速度ベクトル．

めることができます.

$$_A\omega_C = {}_A\omega_B + {}_B\omega_C. \tag{7.9}$$

この式の右辺はベクトルですので，有限回転とは異なり和の順は可換ですが，隣り合う添字が和を取ると消える形が分かりやすいと思われます．また，$_A\omega_C = -{}_C\omega_A$ より次式が成立します．

$$_A\omega_B + {}_B\omega_C + {}_C\omega_A = 0. \tag{7.10}$$

これらの式は多数のプレートについても成立します．

7.3.7 オイラー極によるメルカトール図法

プレート間の相対運動がオイラー回転で表せるならば，オイラー極を投影の極としたメルカトール図法ではトランスフォーム断層は水平に表されるはずです．また，速度ベクトルが海嶺に垂直ならば，海嶺は垂直になるはずです．[Le Pichon 1968] はこれを数例のプレート境界について示しました．このうちの 1 つである南太平洋について，[DeMets et al. 2010] によるデータで図 7.26 に再現しました．

(a) は通常のメルカトール図法で，(b) は太平洋プレート (PA) に対する南極プレート (AN) の回転のオイラー極 (65.9°N, 78.5°W) が投影の極です．確かに，(b) ではトランスフォーム断層と海嶺が，水平と垂直に見えます．しかし，図の下方にはかなり斜めのトランスフォーム断層もあり，理論通りではないようです．特に古い等年代線や断裂帯は大きく傾いていますが，これは [DeMets et al. 2010] の解析では拡大速度の見積もりが主に 78 万年前（M–B 境界）と 300 万年前頃の等年代線に基づいているので，このオイラー極は図全体へは適用できないためです．また，オイラー極は時々別な地点に移動することが知られていて，38.4 Ma の等年代線付近での断裂帯の折れ曲がりは，この頃にオイラー極が大きく移動したことを示します．これは 42 Ma 頃の太平洋プレートの移動方向の変化（ホットスポット起源のハワイ諸島–天皇海山列の屈曲）の現れかもしれません．

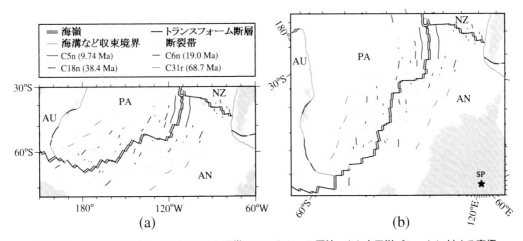

図 7.26 南太平洋のプレート境界．(a) 通常のメルカトール図法，(b) 太平洋プレートに対する南極プレートの回転のオイラー極 (65.9°N, 78.5°W) を投影の極としたメルカトール図法．

結局，図 7.26 は [Le Pichon 1968, Fig.2][3]が 1960 年代に与えたような大きなインパクトはないようです．それは，当時の海底地形や地磁気縞状異常などのデータは現在ほど詳細ではなく，図法の投影極を変えた効果が大きく現れたためと思われます．

世界のプレート相対運動の研究はその後も長年にわたり続けられ，RM-1 や NUVEL-1A などの幾つものモデルがより改善されながら提出されてきました．ここで使用した [DeMets *et al.* 2010] のモデル MORVEL は GPS も含む新しい観測結果から 25 のプレートについて解析し，さらに上述の式 (7.10) やプレートの剛性などの基本原理がどの程度成立しているかも検討しています．

以下の演習問題で扱うデータは，少し古いモデルですが [DeMets *et al.* 1990, 1994] によるプレート数が 14 で長年の標準モデルであった NUVEL-1A に基づいています．

問題 7.3

問題 7.3.1

図 7.27 はオイラー極 E と観測点 S の位置関係を示し，N は北極です．角 D と δ は観測点に対するオイラー極の方位角と角距離です．

(1) オイラー極 E と観測点 S の緯度・経度を (λ_E, ϕ_E) と (λ_S, ϕ_S) とし，球面三角法の公式を適用して δ と D を求める次式を導きなさい（球面三角法は付録 C.6 参照）．

$$\cos \delta = \sin \lambda_E \sin \lambda_S + \cos \lambda_E \cos \lambda_S \cos(\phi_E - \phi_S),$$
$$\sin D = \frac{\cos \lambda_E \sin(\phi_E - \phi_S)}{\sin \delta}.$$

(2) 北米プレートに対するユーラシアプレートの回転運動は，オイラー極 (62.4°N, 135.8°E) と角速度 $\omega = 0.21°/\text{Myr}$ で表されます．では，アイスランド (65°N, 20°W) における，北米プレートに対するユーラシアプレートの相対速度の大きさ (cm/yr) と方向を求めなさい．但し，地球半径を 6400 km とします．

(3) ユーラシアプレートに対する太平洋プレートの回転運動は，$\omega =$ (61.1°S, 94.2°E, 0.86°/Myr) で表されます．では，東北沖 (38°N, 142°E) におけるユーラシアプレートに対

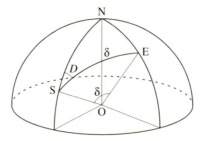

図 7.27 球面三角形によるオイラー極の方位角と角距離の決定．

---

[3] [Le Pichon 1968, Fig.2] 説明文の極 (69°N, 157°W) は (69°N, 57°W) の誤植のようです．

する太平洋プレートの相対速度の大きさ (cm/yr) と方向を求めなさい.なお,この問いで
は日本列島をユーラシアプレートの東端とします（現在主流の説は,東北日本をオホーツク
プレートの一部や独立のマイクロプレートとするようです）.

問題 7.3.2

インド大陸が白亜紀以降北上し,ユーラシア大陸に衝突したことは古地磁気研究から分かりま
す（問題 6.5.1）.現代も続くインドプレートの北上は地震の分布などから明らかですが,ユーラ
シアプレートとインドプレートの間に海嶺がないため,両者間の回転運動の角速度を測定できま
せん.そこで,角速度が直接測定された他のプレート対のデータから推定することにします.

ユーラシアプレート,北米プレート,アフリカプレート,インドプレートをそれぞれ EU, NA,
AF, IN で表します.次表で角速度ベクトルの添字は,例えば $_{\mathrm{EU}}\boldsymbol{\omega}_{\mathrm{NA}}$ はユーラシアプレートに
対する北米プレートの回転を示します.λ_{E} と ϕ_{E} はオイラー極の緯度（°N）と経度（°E）です.ω
の単位は地心直交座標 x-y-z での成分も含めて deg/Myr で,成分については計算中の桁落ち対
策として小数点以下 4 桁表示としました.

$\boldsymbol{\omega}$	λ_{E}	ϕ_{E}	ω	ω_x	ω_y	ω_z
$_{\mathrm{EU}}\boldsymbol{\omega}_{\mathrm{NA}}$	-63.2	-45.5	0.22	0.0695	-0.0707	-0.1964
$_{\mathrm{NA}}\boldsymbol{\omega}_{\mathrm{AF}}$	73.7	94.8	0.21	-0.0049	0.0587	0.2016
$_{\mathrm{AF}}\boldsymbol{\omega}_{\mathrm{IN}}$	25.5	26.8	0.39			

(1) $_{\mathrm{AF}}\boldsymbol{\omega}_{\mathrm{IN}}$ の地心直交座標系の各成分を式 (7.8) を用いて計算しなさい.

(2) 式 (7.9) を 4 つのプレートに拡大した式,

$$_{\mathrm{EU}}\boldsymbol{\omega}_{\mathrm{IN}} = {}_{\mathrm{EU}}\boldsymbol{\omega}_{\mathrm{NA}} + {}_{\mathrm{NA}}\boldsymbol{\omega}_{\mathrm{AF}} + {}_{\mathrm{AF}}\boldsymbol{\omega}_{\mathrm{IN}}$$

を用いて $_{\mathrm{EU}}\boldsymbol{\omega}_{\mathrm{IN}}$ について,オイラー極の緯度・経度と角速度の大きさを求めなさい.

(3) インドの地点 S $(\lambda_{\mathrm{S}}, \phi_{\mathrm{S}}) = (20°\mathrm{N}, 80°\mathrm{E})$ における,ユーラシアプレートに対するインドプ
レートの速度ベクトル $\boldsymbol{v}$ を,次の式 (7.6) の成分表示を用いて計算しなさい.

$$\begin{pmatrix} v_x \\ v_y \\ v_z \end{pmatrix} = \begin{pmatrix} \omega_x \\ \omega_y \\ \omega_z \end{pmatrix} \times \begin{pmatrix} r_x \\ r_y \\ r_z \end{pmatrix} = \begin{pmatrix} \omega_y r_z - \omega_z r_y \\ \omega_z r_x - \omega_x r_z \\ \omega_x r_y - \omega_y r_x \end{pmatrix}.$$

ここに,$\boldsymbol{r}$ は地点 S の距離ベクトルで,地球半径を $a = 6400$ km として次式となります.

$$\begin{pmatrix} r_x \\ r_y \\ r_z \end{pmatrix} = \begin{pmatrix} a \cos \lambda_S \cos \phi_S \\ a \cos \lambda_S \sin \phi_S \\ a \sin \lambda_S \end{pmatrix}.$$

(4) 問 (3) で得た地心直交座標での速度ベクトル $\boldsymbol{v}$ を地点 S における局地座標 n-e-d（北-東-鉛
直下）での表現 $\boldsymbol{v}_L$ に変換し,速度ベクトルの方向を求めなさい.変換式は付録 D.3 の式
(D.32) を使用しなさい.

問題 7.3.3

参考元：[瀬野 1995, 問題 4.3.1]

図 7.28 はプレートの速度ベクトルに垂直な 2 本の大円の交点からオイラー極を決定する原理図です．地点 P_1, P_2 の緯度・経度を (λ_1, ϕ_1), (λ_2, ϕ_2)，速度ベクトルの方位角を γ_1, γ_2 とします．θ_1 と θ_2 は P_1 と P_2 の余緯度，β_1 と β_2 はオイラー極 E の P_1 と P_2 から見た方位角です（β_2 は西向きの角度）．その他の記号は図の通りで，$\theta_1, \theta_2, \beta_1, \beta_2$ は次のようになります．

$$\theta_1 = 90° - \lambda_1, \quad \theta_2 = 90° - \lambda_2, \quad \beta_1 = \gamma_1 - 90°, \quad \beta_2 = 90° - \gamma_2.$$

球面三角形の公式を用いて θ と α を求め，オイラー極 E を決定する手順は次の通りです．

(i) $\triangle \mathrm{NP_1P_2}$ で余弦定理から a を，正弦定理から $\beta_1 + B$ と $\beta_2 + C$ を求めます．
(ii) $\triangle \mathrm{EP_1P_2}$ で余弦定理から A を，正弦定理から c を求めます．
(iii) $\triangle \mathrm{NP_1E}$ で余弦定理から θ を，正弦定理から α を求めます．

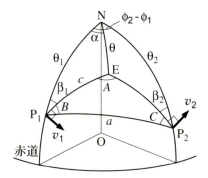

図 7.28　速度ベクトルに垂直な大円とオイラー極（[瀬野 1995, 図 4.3.1P] を基に作図）．

(1) この手順の計算式を列挙しなさい．
(2) $P_1 = (40°\mathrm{N}, 90°\mathrm{E})$，$P_2 = (30°\mathrm{N}, 160°\mathrm{E})$，$\gamma_1 = 120°$，$\gamma_2 = 70°$ として，オイラー極 $E = (\lambda_E, \phi_E)$ を決定しなさい．

問題 7.3.4

前問の (2) について，シュミットネットによる作図でオイラー極を決定します．地点 P_1 と P_2 からオイラー極 E の方位角を表す大円を描き，その交点の緯度・経度を読み取ります．

作業の基本は問題 6.4.3 で実施したように，P_1 や P_2 を南極（または北極）へ移動して該当する大円を選びます．その際，図 7.29 のようにシュミットネットの左端を 90°E とすると P_1 が左端に位置するので，P_1 を写し取った大円とともに元に戻すと大円の形はそのままで方位角を表す大円となります．しかし，P_2 については南極に移動して決定する大円は，P_2 を元に戻した際に形が変わってしまいます．そこで，P_2 については大円の極を写し取ります．P_2 での方位角を表す大円は写し取った大円の極に基づいて描くようにします．

では，付録 E.4 のシュミットネットを利用した作業を実施して，問題 7.3.3(2) のオイラー極の緯度・経度を決定しなさい．

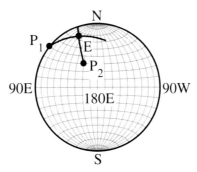

図 7.29 シュミットネットを用いた方位角を表す大円の交点としてのオイラー極の決定.

問題 7.3.5

図 7.30 のように地心直交座標系の x 軸と y 軸の方向にオイラー極 E_1, E_2 があり，対応する単位ベクトルを i, j とします．任意のベクトルに対して，E_1 と E_2 の回りの連続した 90° の段階的回転は，図の単位ベクトル u 方向のオイラー極 E_T の回りの 1 回の 120° の全回転と同等となります（図 7.21(a)）．これを回転行列を用いて確認します．

(1) E_1 と E_2 の回りの 90° の回転行列 A_1 と A_2 をそれぞれ式 (7.2) の x 軸と y 軸の回りの回転行列から求め，全回転の行列 A_T を次式で計算しなさい．

$$A_T = A_2 A_1.$$

(2) 全回転 A_T に対応するオイラー極 E_T の緯度・経度 $(\lambda_{E_T}, \phi_{E_T})$ を付録 D.2 に示した方法を用いて求め，さらに回転角 θ が 120° になることを示しなさい．

(3) 次のように経度 0°E の経度線上で南北に 90° 離れた 2 つのオイラー極を考えます．
$$E'_1 = (45°N, 0°E), \quad E'_2 = (45°S, 0°E).$$
これらのオイラー極は図 7.30 の赤道上のオイラー極が経度線上に移動しただけです．よって，E'_1 と E'_2 の回りの連続した 90° の回転は，あるオイラー極 E'_T の回りの 120° の全回転となります．では，オイラー極 E'_T の位置（緯度・経度）を求めなさい．

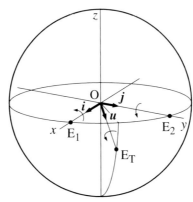

図 7.30 連続したオイラー回転（E_1 と E_2 の回りに 90°）と同等のオイラー回転（E_T の回りに 120°）.

問題 7.3 解説

問題 7.3.1 解説

(1) 図 7.31(a) の △NSE を付録 C.6, 図 C.4 の △ABC に対応させ, 余弦定理と正弦定理から,

$$\cos\delta = \cos(90° - \lambda_E)\cos(90° - \lambda_S) + \sin(90° - \lambda_E)\sin(90° - \lambda_S)\cos(\phi_E - \phi_S)$$
$$= \sin\lambda_E \sin\lambda_S + \cos\lambda_E \cos\lambda_S \cos(\phi_E - \phi_S).$$

$$\frac{\sin\delta}{\sin(\phi_E - \phi_S)} = \frac{\sin(90° - \lambda_E)}{\sin D} \quad \Rightarrow \quad \sin D = \frac{\cos\lambda_E \sin(\phi_E - \phi_S)}{\sin\delta}.$$

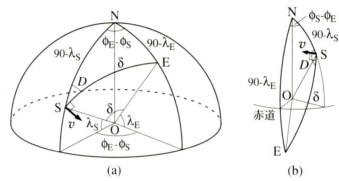

図 7.31 球面三角形によるオイラー極の方位角と角距離の決定. サイト S は北半球で, オイラー極 E が (a) 北半球と (b) 南半球の場合.

(2) 数値を代入して, $\cos\delta = 0.6246$ より, $\delta = 51.35°$. この値を使い, $\sin D = 0.2432$ より, $D = 14.07°$. 角速度を年当たりのラジアンに直し, $\omega = 0.21°/\text{Myr} = 3.663 \times 10^{-9}\ \text{rad/yr}$. アイスランドでの, 北米プレートに対するユーラシアプレートの相対速度は式 (7.7) より, $v = 1.83\ \text{cm/yr}$. 以上より, 相対速度の大きさは約 1.8 cm/yr で, 速度ベクトルの方向は D に 90° を加えて, 北から東回りに 104° となります.

　大西洋中央海嶺はアイスランドでは地上に現れています. 中央海嶺の拡大速度は両側拡大速度を指すことが多いようで, その場合は上の値でよいですが, 片側拡大速度の場合は上の値を 2 で割って 0.9 cm/yr となります.

(3) オイラー極 E が南半球で S より西に位置するため λ_E や $\phi_E - \phi_S$ が負になりますが, 上の式にそのまま代入すれば解を得ます. ここでは図 7.31(b) のような角度 D が鈍角の球面三角形 NES に直接公式を当てはめてみます. $\phi_S - \phi_E = 47.8°$, $90° - \lambda_S = 52°$, $90° - \lambda_E = 151.1°$ ですので, $\cos\delta = -0.2832$ より, $\delta = 106.45°$. この値を使い, $\sin D = 0.3733$ より, $D = 21.92°$ ですが, 正しい値はこの補角ですので, $D = 158.08°$ となります. 速度ベクトル v の方向はこの角度から 90° 引いて, 西回りに 68.08° となります. 角速度を年当たりのラジアンに直し, $\omega = 0.86°/\text{Myr} = 1.501 \times 10^{-8}\ \text{rad/yr}$. 東北沖におけるユーラシアプレートに対する太平洋プレートの相対速度は式 (7.7) より, $v = 9.21\ \text{cm/yr}$.

　以上より, 東北付近での太平洋プレートの運動は北から西に 68° で年間 9.2 cm の速度と

なり，問 (2) で求めた大西洋中央海嶺のアイスランド付近での拡大速度より格段に大きいことが分かります．

別解：

与えられたオイラー極 (61.1°S, 94.2°E) の対極 (61.1°N, 274.2°E) をオイラー極として，太平洋プレートに対するユーラシアプレートの回転運動を求めます．すると問 (1) の図と同じ設定で，δ は $73.55°$，D は $21.92°$ となり，当然 v は同じ値を得ます．よって，東北付近での太平洋プレートに対するユーラシアプレートの運動は北から東に $112°$ で年間 9.2 cm との表現となりますが，日本列島を主体に考える立場からは違和感があります．実際，ホットスポットを基準とした絶対運動モデル HS3-NUVEL-1A では，太平洋プレートの角速度はユーラシアプレートの約 5 倍大きいようです [Gripp & Gordon 2002]．また，プレートの平均回転をゼロとする平均リソスフェアモデル NNR-NUVEL-1A では 3 倍程度となっています [Argus & Gordon 1991]．

問題 7.3.2 解説

(1) 式 (7.8) より，

$$
\begin{pmatrix} {}_{\mathrm{AF}}\omega_{\mathrm{IN}x} \\ {}_{\mathrm{AF}}\omega_{\mathrm{IN}y} \\ {}_{\mathrm{AF}}\omega_{\mathrm{IN}z} \end{pmatrix} = 0.39 \times \begin{pmatrix} \cos 25.5° \cos 26.8° \\ \cos 25.5° \sin 26.8° \\ \sin 25.5° \end{pmatrix} = \begin{pmatrix} 0.3142 \\ 0.1587 \\ 0.1679 \end{pmatrix}.
$$

(2) 成分ごとに加え，大きさも求めると，

$$
{}_{\mathrm{EU}}\boldsymbol{\omega}_{\mathrm{IN}} = (0.3788, 0.1467, 0.1731), \quad |{}_{\mathrm{EU}}\boldsymbol{\omega}_{\mathrm{IN}}| = 0.4416.
$$

オイラー極の緯度 λ_{E} と経度 ϕ_{E} は，

$$
\sin \lambda_{\mathrm{E}} = \frac{0.1731}{0.4416} = 0.3920, \quad \tan \phi_{\mathrm{E}} = \frac{0.1467}{0.3788} = 0.3873
$$

より $\lambda_{\mathrm{E}} = 23.08°\mathrm{N}$，$\phi_{\mathrm{E}} = 21.17°\mathrm{E}$，角速度の大きさは約 0.44 deg/Myr となります．

(3) まず，簡単のために地球半径を 1 として r を計算します．

$$
\boldsymbol{r} = \begin{pmatrix} \cos 20° \cos 80° \\ \cos 20° \sin 80 \\ \sin 20° \end{pmatrix} = \begin{pmatrix} 0.1632 \\ 0.9254 \\ 0.3420 \end{pmatrix}.
$$

これを (2) の deg/Myr の単位の角速度ベクトルに掛けて，$\boldsymbol{v} = {}_{\mathrm{EU}}\boldsymbol{\omega}_{\mathrm{IN}} \times \boldsymbol{r}$ を計算すると，

$$
\begin{pmatrix} v_x \\ v_y \\ v_z \end{pmatrix} = \begin{pmatrix} 0.3788 \\ 0.1467 \\ 0.1731 \end{pmatrix} \times \begin{pmatrix} 0.1632 \\ 0.9254 \\ 0.3420 \end{pmatrix} = \begin{pmatrix} -0.1100 \\ -0.1013 \\ 0.3266 \end{pmatrix}.
$$

これに，角速度を rad/yr に直して地球半径を cm で表すための次のファクターを掛けます．

$$
(\pi/180) \div 10^6 \times 6.4 \times 10^8 = 11.1701.
$$

地点 S でのユーラシアプレートに対するインドプレートの速度ベクトルは次の通りです．

第 7 章　プレートテクトニクスの幾何学

$$\begin{pmatrix} v_x \\ v_y \\ v_z \end{pmatrix} = \begin{pmatrix} -1.2287 \\ -1.1315 \\ 3.6482 \end{pmatrix} \text{cm/yr}.$$

(4) 局地座標での速度ベクトルは問 (3) の結果に変換行列を掛けて求めます.

$$\begin{pmatrix} v_n \\ v_e \\ v_d \end{pmatrix} = \begin{pmatrix} -0.0594 & -0.3368 & 0.9397 \\ -0.9848 & 0.1736 & 0 \\ -0.1632 & -0.9254 & -0.3420 \end{pmatrix} \begin{pmatrix} -1.2287 \\ -1.1315 \\ 3.6482 \end{pmatrix} = \begin{pmatrix} 3.8823 \\ 1.0136 \\ -0.0001 \end{pmatrix} \text{cm/yr}.$$

当然ですが v_d は誤差範囲でゼロとなりました. これより, 速度ベクトルの大きさは,

$$v = 4.0124 \text{ cm/yr}$$

で, ベクトルの向きは方位角を D として次のようになります.

$$D = \tan^{-1}\left(\frac{1.0136}{3.8823}\right) = \tan^{-1}(0.2611) = 14.6323°.$$

以上より, ユーラシアプレートに対するインドプレートの相対速度ベクトルは, インドの (20°N, 80°E) の地点で北から東へ 15° の方向で大きさは年間 4.0 cm となります. インドプレートは過去百万年程度で見ても北上を続けていることが分かります. また, 問 (3) と (4) を通じた解法は球面三角形による方法より計算が大変ですが, 角速度ベクトルの和を取るときは直交座標に直す必要もあり, 計算機で処理するときはこの方法で行います.

なお, 14 のプレートを含む高度な解析のグローバルモデル NUVEL-1A では, $_{\text{EU}}\boldsymbol{\omega}_{\text{IN}}$ は,

$$(\lambda_{\text{E}}, \phi_{\text{E}}, \omega) = (24.4°\text{N}, 17.7°\text{E}, 0.51°/\text{Myr})$$

で, オイラー極の位置は演習問題の結果とよく合っていますが, 角速度は 15% 大きいようです. また, グローバルモデルによるインドの (20°N, 80°E) の地点での速度ベクトルの方向は, 計算結果とほぼ同じ北から東へ 17° で, 大きさは 20% 大きい 4.8 cm/yr です.

問題 7.3.3 解説

図 7.28 で, 既知の変数は θ_1, θ_2, ϕ_1, ϕ_2, β_1, β_2 で, 決定すべき変数は θ と α です.

(1) 計算式は以下の通りです.

(i) △NP$_1$P$_2$ で余弦定理 (辺の余弦を表す式) と正弦定理から a, B, C が決まります.

$$\cos a = \cos\theta_2 \cos\theta_1 + \sin\theta_2 \sin\theta_1 \cos(\phi_2 - \phi_1),$$

$$\sin(\beta_1 + B) = \frac{\sin\theta_2 \sin(\phi_2 - \phi_1)}{\sin a}, \quad \sin(\beta_2 + C) = \frac{\sin\theta_1 \sin(\phi_2 - \phi_1)}{\sin a}.$$

(ii) △EP$_1$P$_2$ で余弦定理 (内角の余弦を表す式) と正弦定理から A と c が決まります.

$$\cos A = -\cos B \cos C + \sin B \sin C \cos a, \quad \sin c = \frac{\sin a \sin C}{\sin A}.$$

(iii) △NP$_1$E で余弦定理と正弦定理から θ と α が決まります.

270

$$\cos\theta = \cos\theta_1 \cos c + \sin\theta_1 \sin c \cos\beta_1, \quad \sin\alpha = \frac{\sin c \sin\beta_1}{\sin\theta}.$$

最後に,λ_E と ϕ_E を次式で決定します.

$$\lambda_\mathrm{E} = 90 - \theta, \quad \phi_\mathrm{E} = \phi_1 + \alpha.$$

(2) (i)–(iii) の途中結果は小数点以下 2 桁まで残して以下の通りです.

(i) a = 56.75°,B = 46.68°,C = 39.40°.

(ii) A = 106.08°,c = 33.53°. (iii) θ = 25.54°,α = 39.84°.

以上より,オイラー極 $(\lambda_\mathrm{E}, \phi_\mathrm{E})$ は (64.5°N, 129.8°E) となります.

問題 7.3.4 解説

シュミットネットにトレーシングペーパーを重ね,外周,中心,両極,赤道の両端を写し取ります.経度線は左端を 90°E として P_1 と P_2 をプロットします.作業手順を示す図 7.32 で,(a) は P_1 に関わる作業の,(b)–(e) は P_2 に関わる作業の解説です.

(a) P_1 を外周に沿って回転させて南極へ移し P_1' とします $(+R)$.左端の経線は P_1' から見て北方向ですので東に 30° の大円を写し取ります.P_1' を大円とともに元へ戻すと $(-R)$,その大円は P_1 から見た方位角方向を表します(実際の作業はトレーシングペーパーを回転).

(b) P_2 を東へ 110° 回転 (R_1) して P_2' とした後に外周に沿って回転し南極へ移し (R_2),P_2'' とします.右端の経線は P_2'' から見て北方向ですので,西に 20° の大円を選びます.赤道上で大円から 90° 離れた点が大円の極ですので Q_2'' としてプロットします.

(c) 投影図を極中心の等面積投影図に差し替えて,P_2'' と Q_2'' を反時計回りに 120° 回転し

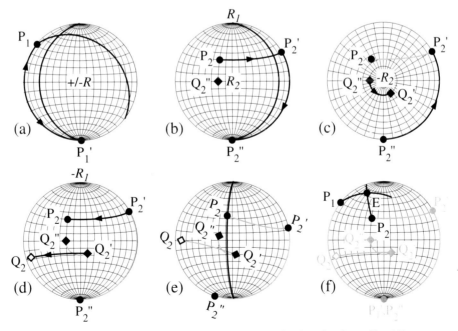

図 7.32　シュミットネットを用いて,2 地点からの方位角を表す大円を描く方法.

$(-R_2)$，大円の極は Q_2' とします．

(d) 投影図をシュミットネットに戻し，P_2' と Q_2' を西へ $110°$ 回転します $(-R_1)$．P_2' は P_2 へ戻り，Q_2' は図の裏側になるので白抜きの記号で Q_2 とします．

(e) トレーシングペーパーを時計回りに少し回転させて Q_2 が赤道上に位置するようにします．すると，Q_2 から $90°$ 離れた経度線が P_2 を通る大円ですので写し取ります．

(f) トレーシングペーパーの回転を戻して，P_1 と P_2 からの方位角を表す 2 つの大円の交点をオイラー極 E とします．E の緯度・経度はおよそ $(65°\text{N}, 130°\text{E})$ と読み取れます．

別解：

6.4 節の図 6.28 に基づく方法です．シュミットネットの経度線は左端を $90°\text{E}$ として P_1 と P_2 をプロットします．図 7.33 の (a) と (b)–(e) はそれぞれ P_1 と P_2 に関わる作業を示します．

(a) シュミットネットを反時計回りに $50°$ 回転し北極を P_1 に重ね，P_1 から東に $30°$ の大円を写し取ります．この大円が P_1 から見た方位角方向を表します．

(b) P_2 を東へ $110°$ 回転し P_2' とします．

(c) シュミットネットを時計回りに $60°$ 回転し北極を P_2 に重ね，P_2 から西に $20°$ の大円を選びます．シュミットネットの赤道上で大円から $90°$ 離れた点が大円の極ですので Q_2' としてプロットします．

(d) シュミットネットの回転を元に戻し，P_2' と Q_2' を西へ $110°$ 回転します．P_2' は P_2 へ戻り，Q_2' は図の裏側になるので白抜きの記号で Q_2 とします．

(e) シュミットネットを反時計回りに少し回転させて Q_2 が赤道上に位置するようにします．すると，Q_2 から $90°$ 離れた経度線が P_2 を通る大円ですので写し取ります．

(f) シュミットネットの回転を戻して，P_1 と P_2 からの方位角を表す 2 つの大円の交点をオイラー極 E とします．E の緯度・経度はおよそ $(65°\text{N}, 130°\text{E})$ と読み取れます．

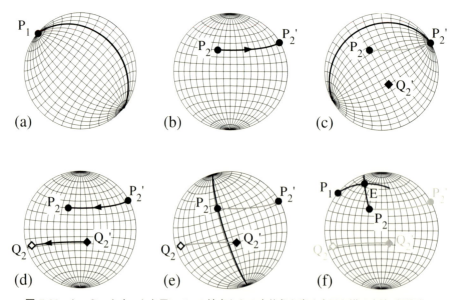

図 7.33　シュミットネットを用いて，2 地点からの方位角を表す大円を描く方法（別解）．

7.3 プレートテクトニクスの幾何学：球面

問題 7.3.5 解説

(1) 回転行列 A_1 と A_2 はそれぞれ式 (7.2) の A_x と A_y で, $\theta = 90°$ として次のようになります.

$$A_1 = \begin{pmatrix} 1 & 0 & 0 \\ 0 & 0 & -1 \\ 0 & 1 & 0 \end{pmatrix}, \quad A_2 = \begin{pmatrix} 0 & 0 & 1 \\ 0 & 1 & 0 \\ -1 & 0 & 0 \end{pmatrix}.$$

全回転 $A_\mathrm{T} = A_2 A_1$ は次のようになります.

$$A_\mathrm{T} = \begin{pmatrix} a_{11} & a_{12} & a_{13} \\ a_{21} & a_{22} & a_{23} \\ a_{31} & a_{32} & a_{33} \end{pmatrix} = \begin{pmatrix} 0 & 0 & 1 \\ 0 & 1 & 0 \\ -1 & 0 & 0 \end{pmatrix} \begin{pmatrix} 1 & 0 & 0 \\ 0 & 0 & -1 \\ 0 & 1 & 0 \end{pmatrix}$$

$$= \begin{pmatrix} 0 & 1 & 0 \\ 0 & 0 & -1 \\ -1 & 0 & 0 \end{pmatrix}.$$

(2) 以下の計算では付録 D.2 の式 (D.20), (D.22), (D.23) を使用します.

$$a_{32} - a_{23} = 1, \quad a_{13} - a_{31} = 1, \quad a_{21} - a_{12} = -1, \quad a_{11} + a_{22} + a_{33} = 0$$

となり, オイラー極 $\mathrm{E_T}$ の経度 $\phi_{\mathrm{E_T}}$ は,

$$\tan \phi_{\mathrm{E_T}} = \frac{a_{13} - a_{31}}{a_{32} - a_{23}} = 1$$

より $\phi_{\mathrm{E_T}} = 45°$ です. 緯度 $\lambda_{\mathrm{E_T}}$ は,

$$\sin \lambda_{\mathrm{E_T}} = \frac{a_{21} - a_{12}}{\sqrt{(a_{32} - a_{23})^2 + (a_{13} - a_{31})^2 + (a_{21} - a_{12})^2}} = \frac{-1}{\sqrt{3}}$$

より $\lambda_{\mathrm{E_T}} = $ -35.26° となります. 回転角 θ は,

$$\theta = \cos^{-1} \left(\frac{a_{11} + a_{22} + a_{33} - 1}{2} \right) = \cos^{-1} \left(\frac{-1}{2} \right) = 120°.$$

以上より, 全回転のオイラー極の緯度・経度は (35.3°S, 45°E) で回転角は 120° となります.
　因みに, 回転行列の掛け算を逆にすると全回転のオイラー極は次のように北半球の赤道に対象な位置となり, 回転角は同じ 120° です.

$$A_1 A_2 = \begin{pmatrix} 0 & 0 & 1 \\ 1 & 0 & 0 \\ 0 & 1 & 0 \end{pmatrix},$$

$$a_{32} - a_{23} = 1, \quad a_{13} - a_{31} = 1, \quad a_{21} - a_{12} = 1, \quad a_{11} + a_{22} + a_{33} = 0,$$

$$\phi_{\mathrm{E_T}} = \tan^{-1} \left(\frac{1}{1} \right) = 45°, \quad \lambda_{\mathrm{E_T}} = \sin^1 \left(\frac{1}{\sqrt{3}} \right) = 35.26°,$$

$$\theta = \cos^{-1} \left(\frac{-1}{2} \right) = 120°.$$

第 7 章　プレートテクトニクスの幾何学

(3) 解法は以下のように 3 通り考えられます.

解 i. 幾何学で考察すると, $\triangle \mathrm{E}_1'\mathrm{OE}_2'$ は図 7.30 の $\triangle \mathrm{E}_1\mathrm{OE}_2$ を z 軸の回りに $-45°$ 回転し (時計回り), 次に x 軸の回りに $-90°$ 回転した (時計回り) 形です. この操作では, E_T は最初の回転で x 軸の真下 (真南) に移動し, 次の回転で水平面 (赤道面) に移動することが分かります. よって, E_T の緯度が E_T' の経度となります.

$$\mathrm{E}_\mathrm{T}' = (0°\mathrm{N},\ 35.3°\mathrm{W}).$$

解 ii. 解 i で考察した回転に対応する全回転行列 A_T' は式 (7.2) の A_z と A_x から,

$$A_\mathrm{T}' = \begin{pmatrix} 1 & 0 & 0 \\ 0 & 0 & 1 \\ 0 & -1 & 0 \end{pmatrix} \begin{pmatrix} \frac{1}{\sqrt{2}} & \frac{1}{\sqrt{2}} & 0 \\ -\frac{1}{\sqrt{2}} & \frac{1}{\sqrt{2}} & 0 \\ 0 & 0 & 1 \end{pmatrix} = \begin{pmatrix} \frac{1}{\sqrt{2}} & \frac{1}{\sqrt{2}} & 0 \\ 0 & 0 & 1 \\ \frac{1}{\sqrt{2}} & -\frac{1}{\sqrt{2}} & 0 \end{pmatrix}$$

となります. この行列を E_T を表す単位ベクトル $\boldsymbol{u}_\mathrm{T} = (\frac{1}{\sqrt{3}}, \frac{1}{\sqrt{3}}, -\frac{1}{\sqrt{3}})$ に作用させて,

$$\begin{pmatrix} \frac{1}{\sqrt{2}} & \frac{1}{\sqrt{2}} & 0 \\ 0 & 0 & 1 \\ \frac{1}{\sqrt{2}} & -\frac{1}{\sqrt{2}} & 0 \end{pmatrix} \begin{pmatrix} \frac{1}{\sqrt{3}} \\ \frac{1}{\sqrt{3}} \\ -\frac{1}{\sqrt{3}} \end{pmatrix} = \begin{pmatrix} \sqrt{\frac{2}{3}} \\ -\frac{1}{\sqrt{3}} \\ 0 \end{pmatrix}.$$

これより, E_T' の緯度はゼロで, 経度は次の通りです.

$$\phi_{\mathrm{E}_\mathrm{T}'} = \tan^{-1}\left(-\frac{1}{\sqrt{2}}\right) = -35.26°.$$

解 iii. ロドリゲスの回転公式による回転行列の式 (7.4) から求めた E_1' と E_2' の回りの回転行列を掛け合わせて全回転の行列を求めます. E_1' と E_2' を表す単位ベクトル $\boldsymbol{u}_1$ と $\boldsymbol{u}_2$,

$$\boldsymbol{u}_1 = (\frac{1}{\sqrt{2}}, 0, \frac{1}{\sqrt{2}}), \quad \boldsymbol{u}_2 = (\frac{1}{\sqrt{2}}, 0, -\frac{1}{\sqrt{2}})$$

を式 (7.4) に代入して得られる, E_1' と E_2' の回りの $90°$ の回転行列 A_1' と A_2' を掛けた全回転行列 $A_2' A_1'$ は次の通りです.

$$\begin{pmatrix} \frac{1}{2} & \frac{1}{\sqrt{2}} & -\frac{1}{2} \\ -\frac{1}{\sqrt{2}} & 0 & -\frac{1}{\sqrt{2}} \\ -\frac{1}{2} & \frac{1}{\sqrt{2}} & \frac{1}{2} \end{pmatrix} \begin{pmatrix} \frac{1}{2} & -\frac{1}{\sqrt{2}} & \frac{1}{2} \\ \frac{1}{\sqrt{2}} & 0 & -\frac{1}{\sqrt{2}} \\ \frac{1}{2} & \frac{1}{\sqrt{2}} & \frac{1}{2} \end{pmatrix} = \begin{pmatrix} \frac{1}{2} & -\frac{1}{\sqrt{2}} & -\frac{1}{2} \\ -\frac{1}{\sqrt{2}} & 0 & -\frac{1}{\sqrt{2}} \\ \frac{1}{2} & \frac{1}{\sqrt{2}} & -\frac{1}{2} \end{pmatrix}.$$

この全回転の行列から問 (2) と同様にして E_T' の緯度・経度と回転角が求まります.

$$\phi_{\mathrm{E}_\mathrm{T}'} = -35.26°, \quad \lambda_{\mathrm{E}_\mathrm{T}'} = 0°, \quad \theta = 120°.$$

付録 A

第1章の補足

惑星としての地球に関連して単位や物理定数,惑星の運動の力学,地質時代名と年代区分などをまとめます:

A.1 主な単位,接頭語,物理定数,観測データ

A.2 2次元回転行列の導出

A.3 天体スケールの力学的エネルギー保存則

A.4 エネルギー保存則による惑星の公転軌道の導出

A.5 地質時代の年代区分図

付録 A　第 1 章の補足

A.1　主な単位，接頭語，物理定数，観測データ

単位と接頭語

以下の主な単位と接頭語は国際単位系 (SI) に基づきます（磁気の単位は付録 C.1 も参照）．

単位

物理量	名称	記号	他の SI 単位での表現
平面角	ラジアン (radian)	rad	
振動数	ヘルツ (hertz)	Hz	$\mathrm{s^{-1}}$
力	ニュートン (newton)	N	$\mathrm{kg\,m\,s^{-2}}$
圧力	パスカル (pascal)	Pa	$\mathrm{N/m^2} = \mathrm{kg\,m^{-1}\,s^{-2}}$
エネルギー，仕事	ジュール (joule)	J	$\mathrm{N\,m} = \mathrm{kg\,m^2\,s^{-2}}$
仕事率，電力	ワット (watt)	W	$\mathrm{J/s} = \mathrm{kg\,m^2\,s^{-3}}$
熱力学温度	ケルビン (kelvin)	K	
セルシウス温度	セルシウス度 (deg. Celsius)	°C	$\mathrm{°C} = \mathrm{K} - 273.15$
電流	アンペア (ampere)	A	
電圧	ボルト (volt)	V	$\mathrm{W/A} = \mathrm{kg\,m^2\,s^{-3}\,A^{-1}}$
電気抵抗	オーム (ohm)	Ω	$\mathrm{V/A} = \mathrm{kg\,m^2\,s^{-3}\,A^{-2}}$
磁束	ウェーバ (weber)	Wb	$\mathrm{V\,s} = \mathrm{kg\,m^2\,s^{-2}\,A^{-1}}$
磁束密度	テスラ (tesla)	T	$\mathrm{Wb/m^2} = \mathrm{kg\,s^{-2}\,A^{-1}}$

接頭語

10 の冪乗	名称	記号	10 の冪乗	名称	記号
10^{12}	テラ (tera)	T	10^{-12}	ピコ (pico)	p
10^{9}	ギガ (giga)	G	10^{-9}	ナノ (nano)	n
10^{6}	メガ (mega)	M	10^{-6}	マイクロ (micro)	μ
10^{3}	キロ (kilo)	k	10^{-3}	ミリ (milli)	m
10^{2}	ヘクト (hecto)	h	10^{-2}	センチ (centi)	c
10^{1}	デカ (deca)	da	10^{-1}	デシ (deci)	d

物理定数

以下の物理定数は CODATA 2018 [Tiesinga *et al.* 2021] に基づきます．

物理定数	記号	値
万有引力定数	G	$6.6743 \times 10^{-11}\ \mathrm{m^3\,kg^{-1}\,s^{-2}}$
真空中の光の速さ	c	$2.99792458 \times 10^{8}\ \mathrm{m\,s^{-1}}$
シュテファン–ボルツマン定数	σ	$5.670374419 \times 10^{-8}\ \mathrm{W\,m^{-2}\,K^{-4}}$
真空の透磁率	μ_0	$1.256637062 \times 10^{-6}\ \mathrm{N\,A^{-2}}$
		（$\simeq 4\pi \times 10^{-7}$，付録 C.1 参照）

A.1 主な単位，接頭語，物理定数，観測データ

観測データ

以下の観測データの出典は，1：天文定数 IAU 2009 [Luzum *et al.* 2011]，2：理科年表 2023 [国立天文台 2023]，3：測地基準系 1980 (Geodetic Reference System 1980, GRS80) [Moritz 2000]，その他の無印は全て [Yoder 1995] です．

地球

観測量	値
公転軌道長半径（天文単位，au）[1]	$1.49597870700 \times 10^{11}$ m
公転周期（恒星年）	365.25636 d
太陽年	365.2421897 d
自転周期（恒星日）	0.99726957 d
自転角速度 [1]	7.292115×10^{-5} s^{-1}
質量 [1]	5.9722×10^{24} kg
赤道半径 a [3]	6.378137×10^6 m
極半径 b [3]	6.356752×10^6 m
同体積の球の半径 [3]	6.371001×10^6 m
扁平率 f [3]	1/298.257222101
平均密度	5515 kg m^{-3}
正規重力（赤道）γ_e [3]	9.7803267715 m s^{-2}
正規重力（極）γ_p [3]	9.8321863685 m s^{-2}

月

観測量	値
公転軌道長半径	3.844×10^8 m
公転周期（恒星月，自転周期に同じ）[2]	27.321662 d
朔望月 [2]	29.530589 d
質量 [1]	7.3458×10^{22} kg
平均半径 [1]	1.7374×10^6 m
平均密度	3344 kg m^{-3}

太陽

観測量	値
自転周期（対恒星，赤道）	25.38 d
自転周期（対地球，赤道）[2]	27.44 d
自転周期（対地球，極）[2]	$\sim$37.8 d
質量 [1]	1.9884×10^{30} kg
赤道半径 [1]	6.9570×10^8 m
平均密度	1408 kg m^{-3}

277

A.2 2次元回転行列の導出

三角関数の加法定理

幾何学的に導く方法の1つは三角関数の加法定理です（線形変換による方法は付録 D.1 を参照）．この方法が最も簡単ですが，証明といえるかは疑問です．それは，加法定理はこのような幾何学を用いて導かれているからです．しかし，三角関数の加法定理を覚えているときに便利です．図 A.1(a) で，ベクトルの長さを 1 とすると，

$$x' = \cos(\theta + \alpha) = \cos\theta\cos\alpha - \sin\theta\sin\alpha = (\cos\theta)x - (\sin\theta)y,$$
$$y' = \sin(\theta + \alpha) = \sin\theta\cos\alpha + \cos\theta\sin\alpha = (\sin\theta)x + (\cos\theta)y.$$

よって (x', y') は，

$$\begin{pmatrix} x' \\ y' \end{pmatrix} = \begin{pmatrix} \cos\theta & -\sin\theta \\ \sin\theta & \cos\theta \end{pmatrix} \begin{pmatrix} x \\ y \end{pmatrix}$$

と表され，回転行列は

$$A = \begin{pmatrix} \cos\theta & -\sin\theta \\ \sin\theta & \cos\theta \end{pmatrix}. \tag{A.1}$$

ベクトルの回転

図 A.1(b) には r の x 軸と y 軸への射影の長さ (x と y) を表す線分を回転後の r' にも描いてあります（直角三角形が回転したように見える）．回転角 θ と同じ値の 2 箇所の角度を利用し，ベクトルの長さを 1 として，

$$x' = a - b = x\cos\theta - y\sin\theta,$$
$$y' = c + d = x\sin\theta + y\cos\theta.$$

これより，式 (A.1) と同じ回転行列となります．

$$A = \begin{pmatrix} \cos\theta & -\sin\theta \\ \sin\theta & \cos\theta \end{pmatrix}.$$

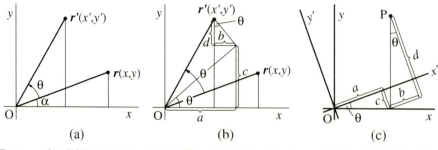

図 A.1 2次元回転行列の導出．(a) 三角関数の加法定理，(b) ベクトルの回転，(c) 座標軸の回転．

座標軸の回転

x-y 座標軸が θ 回転して x'-y' 軸となった場合に，点 P の座標が (x, y) から (x', y') になるときの回転行列を求めます．図 A.1(c) から，

$$x' = a + b = x\cos\theta + y\sin\theta,$$
$$y' = -c + d = -x\sin\theta + y\cos\theta.$$

よって (x', y') と (x, y) の関係は，

$$\begin{pmatrix} x' \\ y' \end{pmatrix} = \begin{pmatrix} \cos\theta & \sin\theta \\ -\sin\theta & \cos\theta \end{pmatrix} \begin{pmatrix} x \\ y \end{pmatrix}$$

となり，座標軸が回転するときの回転行列は

$$A = \begin{pmatrix} \cos\theta & \sin\theta \\ -\sin\theta & \cos\theta \end{pmatrix}. \tag{A.2}$$

この座標軸の回転行列 (A.2) はベクトルの回転行列 (A.1) とは異なることに注意する必要があります．但し，ベクトルの θ 回転は座標軸の $-\theta$ 回転と同等ですので，式 (A.2) で θ を $-\theta$ で置き換えれば式 (A.1) となります．

A.3　天体スケールの力学的エネルギー保存則

重力加速度が一定と見なせる地表付近での力学的エネルギー保存則は 1.3 節の式 (1.10)，

$$\frac{1}{2}mv^2 + mgx = \frac{1}{2}mv_0^2 + mgx_0$$

で表されます．重力加速度が距離とともに変化する天体のスケールでも，同様の方法で，以下のように力学的エネルギー保存則を導くことができます．

図 A.2 のように，質量 M の天体の中心から r 軸を取り，質量 m の物体が r_0 の位置から天体に向け落下する現象を考えます．物体は質点と見なし，天体の引力はその中心に位置する質量 M の質点の引力と同等とします．ニュートンの運動方程式と万有引力の法則から，

$$m\frac{d^2r}{dt^2} = -\frac{GMm}{r^2}.$$

両辺に dr/dt を掛けて変形し，t_0 から t まで積分すると，

$$m\frac{dr}{dt}\frac{d^2r}{dt^2} = -\frac{GMm}{r^2}\frac{dr}{dt},$$
$$\frac{1}{2}m\frac{d}{dt}\left[\left(\frac{dr}{dt}\right)^2\right] = -\frac{GMm}{r^2}\frac{dr}{dt},$$
$$\frac{1}{2}m\left[\left(\frac{dr}{dt}\right)^2\right]_{t_0}^{t} = -GMm\int_{t_0}^{t}\frac{1}{r^2}\frac{dr}{dt}dt.$$

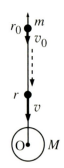

図 A.2 天体スケールでの力学的エネルギーの保存.

時間 $t_0 \to t$ で，物体の位置は $r_0 \to r$，速度は $v_0 \to v$ とすると，

$$\frac{1}{2}mv^2 - \frac{1}{2}mv_0^2 = -GMm\left[-\frac{1}{r}\right]_{r_0}^{r},$$

$$\frac{1}{2}mv^2 - \frac{1}{2}mv_0^2 = GMm\left(\frac{1}{r} - \frac{1}{r_0}\right),$$

$$\frac{1}{2}mv^2 - \frac{GMm}{r} = \frac{1}{2}mv_0^2 - \frac{GMm}{r_0} \tag{A.3}$$

となり，運動エネルギーと位置のエネルギーの和は一定となります．これが天体スケールでのエネルギー保存則です．

式 (A.3) で位置エネルギーを表す項,

$$U = -\frac{GMm}{r} \tag{A.4}$$

には負記号が付いています．そのため，地表付近の場合と異なる印象を与えるかもしれませんが，天体からの距離が大になるほど $-GMm/r$ は大きくなるので（無限遠でゼロ），地表付近の場合と同じ理屈です．

A.4　エネルギー保存則による惑星の公転軌道の導出

極座標系の運動方程式

直交座標系で (x,y) に位置する質量 m の質点の加速度を $\boldsymbol{a}$ とするとき，$\boldsymbol{a}$ の極座標系での r 成分と θ 成分は図 A.3 のようになります．以下，速度や加速度の極座標表示を導きますが，時間微分を $dx/dt = \dot{x}$，$d^2x/dt^2 = \ddot{x}$ などとニュートンの表記を使用します．

$$x = r\cos\theta, \quad y = r\sin\theta$$

より，

$$v_x = \dot{x} = \dot{r}\cos\theta - r\sin\theta\,\dot{\theta}, \quad v_y = \dot{y} = \dot{r}\sin\theta + r\cos\theta\,\dot{\theta}.$$

これより次の速度の 2 乗の表現が導かれます．

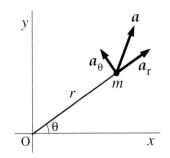

図 A.3　加速度 a の極座標系での表示.

$$v^2 = \dot{r}^2 + r^2\dot{\theta}^2. \tag{A.5}$$

加速度は v_x, v_y を時間微分して,

$$a_x = \ddot{r}\cos\theta - 2\dot{r}\sin\theta\,\dot{\theta} - r\cos\theta\,\dot{\theta}^2 - r\sin\theta\,\ddot{\theta}, \quad a_y = \ddot{r}\sin\theta + 2\dot{r}\cos\theta\,\dot{\theta} - r\sin\theta\,\dot{\theta}^2 + r\cos\theta\,\ddot{\theta}.$$

一方, (a_r, a_θ) と (a_x, a_y) の関係は図 A.3 の幾何学 (または, 付録 A.2 の座標軸の回転行列) から,

$$a_r = a_x\cos\theta + a_y\sin\theta, \quad a_\theta = -a_x\sin\theta + a_y\cos\theta.$$

この a_r と a_θ に上の a_x と a_y を代入して,

$$a_r = \ddot{r} - r\dot{\theta}^2, \quad a_\theta = 2\dot{r}\dot{\theta} + r\ddot{\theta}.$$

よって, 運動方程式 $\boldsymbol{F} = m\boldsymbol{a}$ は次式となります.

$$F_r = m(\ddot{r} - r\dot{\theta}^2), \tag{A.6}$$
$$F_\theta = m(2\dot{r}\dot{\theta} + r\ddot{\theta}). \tag{A.7}$$

質量 m の惑星の運動を求めるには式 (A.6) で $F_r = -GMm/r^2$, 式 (A.7) で $F_\theta = 0$ として方程式を解きます (M は太陽質量, G は万有引力定数). その解法はかなり難解ですので, ここではやや平易なエネルギー保存則を用いる方法を [原島 1969, 付録 1] に基づいて説明します.

面積速度一定則とエネルギー保存則

運動方程式は式 (A.7) だけを使用し, $F_\theta = 0$ を次のように変形します.

$$m(2\dot{r}\dot{\theta} + r\ddot{\theta}) = m\frac{1}{r}\frac{d}{dt}\left(r^2\dot{\theta}\right) = 0.$$

これより $r^2\dot{\theta}$ は一定となり,

$$r^2\dot{\theta} = h \quad (\text{const.}) \tag{A.8}$$

と表すとき,

$$\frac{h}{2} = \frac{1}{2}r^2\frac{d\theta}{dt} \quad (\text{const.}) \tag{A.9}$$

は面積速度を表しますので，ケプラーの面積速度一定の法則が導かれました．また，惑星の角運動量 L も式 (A.8) より一定となります．

$$L = mr^2 \frac{d\theta}{dt} \quad \text{(const.)}. \tag{A.10}$$

よって惑星の角運動量は保存されます．

次に付録 A.3 で導いたエネルギー保存則，式 (A.3) で全エネルギーを E とした式，

$$\frac{1}{2}mv^2 - \frac{GMm}{r} = E \tag{A.11}$$

に式 (A.5) を代入すると，次の極座標系のエネルギー保存則を得ます．

$$\frac{1}{2}m(\dot{r}^2 + r^2\dot{\theta}^2) - \frac{GMm}{r} = E.$$

この式の $\dot{\theta}$ と $\dot{r}$ を式 (A.8) を用いて

$$\dot{\theta} = \frac{h}{r^2}, \quad \dot{r} = \frac{dr}{d\theta}\frac{d\theta}{dt} = \frac{h}{r^2}\frac{dr}{d\theta}$$

と表して式の変形を続けます．

$$\frac{1}{2}m\left(\frac{h^2}{r^4}\left(\frac{dr}{d\theta}\right)^2 + \frac{h^2}{r^2}\right) - \frac{GMm}{r} = E,$$

$$\frac{h^2}{r^4}\left(\frac{dr}{d\theta}\right)^2 = \frac{2E}{m} + \frac{2GM}{r} - \frac{h^2}{r^2},$$

$$\frac{\pm h\,dr}{r^2\sqrt{\frac{2E}{m} + \frac{2GM}{r} - \frac{h^2}{r^2}}} = d\theta.$$

ここで，

$$\frac{1}{r} = z, \quad -\frac{1}{r^2}dr = dz$$

として z に変数変換し，式を変形します．

$$\frac{\mp dz}{\sqrt{\frac{2E}{mh^2} + \frac{2GM}{h^2}z - z^2}} = d\theta,$$

$$\frac{\mp dz}{\sqrt{\frac{2E}{mh^2} + \frac{G^2M^2}{h^4} - \left(z - \frac{GM}{h^2}\right)^2}} = d\theta,$$

$$\frac{\mp dz}{\sqrt{\frac{2E}{mh^2} + \frac{G^2M^2}{h^4}}\sqrt{1 - \left(\frac{z - \frac{GM}{h^2}}{\sqrt{\frac{2E}{mh^2} + \frac{G^2M^2}{h^4}}}\right)^2}} = d\theta.$$

一般に，$\int \frac{1}{\sqrt{1-x^2}}dx$ は $x = \cos t$ と変数変換し，

$$\int \frac{dx}{\sqrt{1-x^2}} = \int \frac{-\sin t}{\sqrt{1 - \cos^2 t}}dt = -\int dt = -t + C = -\cos^{-1} x + C$$

となるので，これを利用して上式の積分は積分定数を $-\alpha$ とすると次式となります．

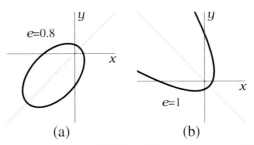

図 A.4 (a) $e=0.8$, $\alpha=45°$ の楕円軌道, (b) $e=1$, $\alpha=-45°$ の放物線軌道.

$$\pm\cos^{-1}\left(\frac{z-\frac{GM}{h^2}}{\sqrt{\frac{2E}{mh^2}+\frac{G^2M^2}{h^4}}}\right)=\theta-\alpha.$$

z を $1/r$ に戻し,$\cos(\theta-\alpha)=\cos(-(\theta-\alpha))$ に留意して両辺の $\cos$ を取ると,

$$\frac{1}{r}=\frac{GM}{h^2}+\sqrt{\frac{2E}{mh^2}+\frac{G^2M^2}{h^4}}\cos(\theta-\alpha),$$

$$r=\frac{\frac{h^2}{GM}}{1+\sqrt{1+\frac{2Eh^2}{G^2M^2m}}\cos(\theta-\alpha)}.$$

ここで,

$$\frac{h^2}{GM}=l, \tag{A.12}$$

$$\sqrt{1+\frac{2Eh^2}{G^2M^2m}}=e \tag{A.13}$$

とおくと,惑星の軌道は次式となります.

$$r=\frac{l}{1+e\cos(\theta-\alpha)}.$$

これは問題 1.1.3 解説で扱った円錐曲線で,l は半直弦といわれ,e は離心率です.図 A.4 は軌道の例ですが,α は軌道を回転させるだけですので,$\alpha=0$ とし,次式が一般式です.

$$r=\frac{l}{1+e\cos\theta}. \tag{A.14}$$

全エネルギー E と軌道の形

軌道の形は式 (A.13) から,$E<0$ で $e<1$ の楕円,$E=0$ で $e=1$ の放物線,$E>0$ で $e>1$ の双曲線となることが分かります.また,$E<0$ の場合に惑星が無限遠まで離れることができない理由は,式 (A.11) のエネルギー保存則の第 2 項の位置エネルギー $-GMm/r$ が $r\to\infty$ でゼロになると第 1 項の運動エネルギー $mv^2/2$ が負になってしまうからです.即ち,$E<0$ の場合は惑星は永久に楕円軌道を回り続けることになります.

問題 1.1.3 で求めた式 (1.1) で表される長半径 a,離心率 e の楕円の極座標表示,

$$r=\frac{a(1-e^2)}{1+e\cos\theta}$$

付録 A　第 1 章の補足

を式 (A.14) と比較すると，次の関係が導かれます．但し，b は楕円の短半径です．

$$a = \frac{l}{1 - e^2}, \tag{A.15}$$

$$b^2 = a^2(1 - e^2) = al. \tag{A.16}$$

　ここで，惑星の公転周期 T を楕円の面積 πab を面積速度 $h/2$ で割ることで求めてみます．式 (A.16) より $b = \sqrt{al}$，式 (A.12) より $h = \sqrt{GMl}$ を使用すると，

$$T = \frac{\pi ab}{h/2} = \frac{2\pi a \sqrt{al}}{\sqrt{GMl}} = \frac{2\pi a^{\frac{3}{2}}}{\sqrt{GM}},$$

$$T^2 = \frac{4\pi^2 a^3}{GM} \tag{A.17}$$

となり，周期の 2 乗が平均軌道半径の 3 乗に比例するケプラーの第 3 法則が導かれました．

　また，式 (A.15) に式 (A.12) の l と式 (A.13) の e を代入して，楕円軌道の長半径 a は次式で表されます．

$$a = \frac{l}{1 - e^2} = \frac{h^2/GM}{-2Eh^2/G^2M^2m} = -\frac{GMm}{2E}.$$

この式は Mm が同じ場合，楕円軌道の長半径 a は E だけで決まることを示します．E は負ですが E が大きいほど（E の絶対値が小さいほど）a が大きくなることになります．

284

A.5　地質時代の年代区分図

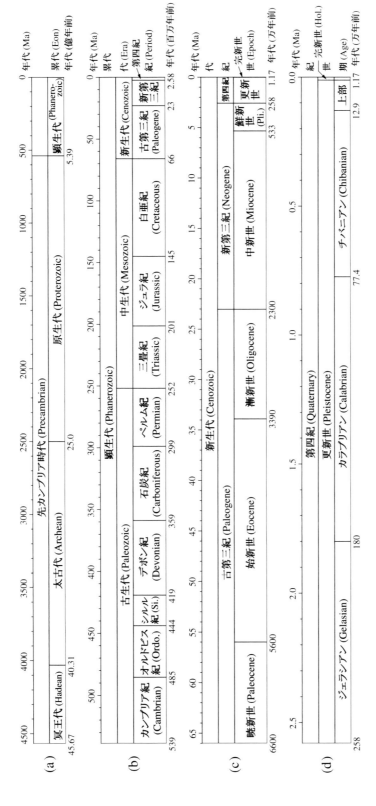

地質時代の名称と絶対年代を4つの時間幅で示します。(a) 全地球史の先カンブリア時代と顕生代（約46億年前–現在），(b) 顕生代（約5.4億年前–現在），(c) 新生代（6600万年前–現在），(d) 第四紀（258万年前–現在）．時代名と年代値は日本語版 International Chronostratigraphic Chart (ICS Chart) v2023/09 によります[1]．

地質時代英語名省略形：Ordo.; Ordovician, Si.; Sillurian, Pli.; Pliocene, Hol.; Holocene

---

1　日本地質学会，国際年代層序表．(https://geosociety.jp/name/content0062.html)

付録 B

第3–5章の補足

測地学，地震学，地球熱学に関連する補足事項をまとめます：

B.1 ２次元回転座標系のニュートンの運動方程式

B.2 重力ポテンシャルから求める地球の扁平率

B.3 ２次元座標系での主応力と主応力軸の導出

B.4 半無限体表面の突然の加熱・冷却による熱伝導

B.1　2次元回転座標系でのニュートンの運動方程式

　ここでは 3.4 節で扱った回転座標系での慣性力を 2 次元座標軸の回転行列から導きます.

　静止系で, $\boldsymbol{r}(x, y)$ に位置する質量 m の質点に力 $\boldsymbol{F}(F_x, F_y)$ が働き加速度 $\boldsymbol{a}(\ddot{x}, \ddot{y})$ が生じるとき, ニュートンの運動方程式 $m\boldsymbol{a} = \boldsymbol{F}$ を成分で表すと次の通りです.

$$m\ddot{x} = F_x, \quad m\ddot{y} = F_y. \tag{B.1}$$

角速度 ω の回転座標系での $\boldsymbol{F}$ の成分は付録 A.2 の式 (A.2) より次のようになります (図 B.1).

$$
\begin{aligned}
F_{x'} &= F_x \cos \omega t + F_y \sin \omega t = m\ddot{x} \cos \omega t + m\ddot{y} \sin \omega t, \\
F_{y'} &= -F_x \sin \omega t + F_y \cos \omega t = -m\ddot{x} \sin \omega t + m\ddot{y} \cos \omega t.
\end{aligned}
\tag{B.2}
$$

そこで, $\ddot{x}$ と $\ddot{y}$ を x'–y' 座標系で表してからこれらの式に代入します. 付録 A.2 の座標軸の回転行列の式 (A.2) の逆行列を使用して (式 (A.2) で ωt を $-\omega t$ へ置き換えてもよい),

$$x = x' \cos \omega t - y' \sin \omega t, \quad y = x' \sin \omega t + y' \cos \omega t.$$

これらの式を時間微分して,

$$
\begin{aligned}
\dot{x} &= \dot{x}' \cos \omega t - \omega x' \sin \omega t - \dot{y}' \sin \omega t - \omega y' \cos \omega t, \\
\dot{y} &= \dot{x}' \sin \omega t + \omega x' \cos \omega t + \dot{y}' \cos \omega t - \omega y' \sin \omega t.
\end{aligned}
$$

さらに微分して,

$$
\begin{aligned}
\ddot{x} &= \ddot{x}' \cos \omega t - 2\omega \dot{x}' \sin \omega t - \omega^2 x' \cos \omega t - \ddot{y}' \sin \omega t - 2\omega \dot{y}' \cos \omega t + \omega^2 y' \sin \omega t, \\
\ddot{y} &= \ddot{x}' \sin \omega t + 2\omega \dot{x}' \cos \omega t - \omega^2 x' \sin \omega t + \ddot{y}' \cos \omega t - 2\omega \dot{y}' \sin \omega t - \omega^2 y' \cos \omega t.
\end{aligned}
$$

この $\ddot{x}$ と $\ddot{y}$ を式 (B.2) に代入すると,

$$F_{x'} = m\ddot{x}' - m\omega^2 x' - 2m\omega \dot{y}', \quad F_{y'} = 2m\omega \dot{x}' + m\ddot{y}' - m\omega^2 y'.$$

式を整理して, 以降は回転座標だけで考えるので $'$ は取って次の運動方程式となります.

$$m\ddot{x} = F_x + 2m\omega \dot{y} + m\omega^2 x, \quad m\ddot{y} = F_y - 2m\omega \dot{x} + m\omega^2 y. \tag{B.3}$$

この回転座標系の運動方程式 (B.3) は静止系の式 (B.1) の右辺に 2 つの項が加わった形をしています. これらの項が慣性力 (見かけの力) とよばれる回転座標系で現れる力です.

　第 2 項の力は速度 $\boldsymbol{v}$ の成分で表すと,

$$(2m\omega \dot{y}, -2m\omega \dot{x}) = 2m\omega (v_y, -v_x)$$

となります. このベクトルは, 例えば $v_x > 0$ で $v_y = 0$ (+x 軸方向の運動) のときは $-y$ 軸方向の力となり, 運動方向に右向きに働くコリオリ力です. +z 軸方向の角速度ベクトル $\boldsymbol{\omega} = (0, 0, \omega)$ を導入すると $\boldsymbol{\omega} \times \boldsymbol{v}$ は,

$$
\begin{pmatrix} 0 \\ 0 \\ \omega \end{pmatrix} \times \begin{pmatrix} v_x \\ v_y \\ 0 \end{pmatrix} = -\omega \begin{pmatrix} v_y \\ -v_x \\ 0 \end{pmatrix}
$$

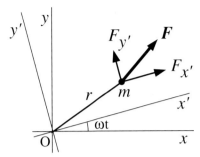

図 B.1　力 F の回転座標系での表示.

ですので，第2項は $-2m\boldsymbol{\omega}\times\boldsymbol{v}$ と表せます．第3項の表す力は

$$(m\omega^2 x, m\omega^2 y) = m\omega^2(x,y) = m\omega^2\boldsymbol{r}$$

となり，遠心力であることが分かります．結局，式 (B.3) は次のベクトル表記で表せます．

$$m\boldsymbol{a} = \boldsymbol{F} - 2m\boldsymbol{\omega}\times\boldsymbol{v} + m\omega^2\boldsymbol{r}.$$

この式の第3項は3次元の $\boldsymbol{r}=(x,y,z)$ に対して，$\boldsymbol{\omega}\times(\boldsymbol{\omega}\times\boldsymbol{r})$ は，

$$\begin{pmatrix}0\\0\\\omega\end{pmatrix}\times\left(\begin{pmatrix}0\\0\\\omega\end{pmatrix}\times\begin{pmatrix}x\\y\\z\end{pmatrix}\right) = \begin{pmatrix}0\\0\\\omega\end{pmatrix}\times\begin{pmatrix}-\omega y\\\omega x\\0\end{pmatrix} = -\omega^2\begin{pmatrix}x\\y\\0\end{pmatrix} = -\omega^2\boldsymbol{r}_h$$

ですので（$\boldsymbol{r}_h$ は $\boldsymbol{r}$ の x–y 面への投影），一般に式 (B.3) は次の 3.4 節の式 (3.14) となります．

$$m\boldsymbol{a} = \boldsymbol{F} - 2m\boldsymbol{\omega}\times\boldsymbol{v} - m\boldsymbol{\omega}\times(\boldsymbol{\omega}\times\boldsymbol{r}).$$

B.2　重力ポテンシャルから求める地球の扁平率

　地球の扁平率を求めた問題 3.5.1 の補足として，より高い近似レベルの重力ポテンシャルを用いる方法を [Stacey 1992, Chap.3] に基づいて以下に解説します．

　地球を密度一様で質量 M の回転楕円体とし，その中心を原点 O とします．いま，地表を含む地球外の点 P の重力ポテンシャル V_m を考えます．地球内部の微小体積の質量を dm とし，図 B.2(a) のように距離や角度のパラメータを取ります．V_m は dm による重力ポテンシャルを地球全体で積分し，万有引力定数を G として次式となります．

$$V_m = -G\int\frac{dm}{d}. \tag{B.4}$$

ここで d を余弦定理で $r,\ s,\ \alpha$ で表し，$1/r$ で展開し近似します．近似は，

$$(1+x)^{-\frac{1}{2}} \approx 1 - \frac{1}{2}x + \frac{3}{8}x^2 \quad (|x|\ll 1)$$

のように2次までとして得られたポテンシャルの式をマッカラーの公式といいます．

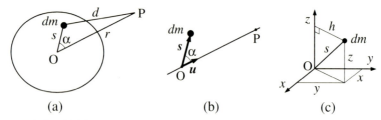

図 B.2 (a) 回転楕円体内部の微小質量 dm による点 P のポテンシャル，(b) 原点 O から微小質量 dm へのベクトル s と OP 方向の単位ベクトル u，(c) 微小質量 dm の z 軸の回りの慣性モーメント $dm \times h^2 = (x^2 + y^2)dm$．

$$\begin{aligned}
V_m &= -G \int \frac{1}{\sqrt{r^2 + s^2 - 2rs\cos\alpha}} dm = -\frac{G}{r} \int \left(1 + \frac{s^2}{r^2} - 2\frac{s}{r}\cos\alpha\right)^{-\frac{1}{2}} dm \\
&= -\frac{G}{r} \int \left(1 - \frac{1}{2}\left(\frac{s^2}{r^2} - 2\frac{s}{r}\cos\alpha\right) + \frac{3}{8}\left(\frac{s^2}{r^2} - 2\frac{s}{r}\cos\alpha\right)^2 - \cdots\right) dm \\
&= -\frac{G}{r} \int \left(1 + \frac{s}{r}\cos\alpha - \frac{1}{2}\frac{s^2}{r^2} + \frac{3}{2}\frac{s^2}{r^2}\cos^2\alpha + \cdots\right) dm \\
&= -\frac{G}{r} \int \left(1 + \frac{s}{r}\cos\alpha + \frac{s^2}{r^2} - \frac{3}{2}\frac{s^2}{r^2}\sin^2\alpha + \cdots\right) dm \\
&\approx -\frac{G}{r} \int dm - \frac{G}{r^2} \int s\cos\alpha\, dm - \frac{G}{r^3} \int s^2 dm + \frac{3}{2}\frac{G}{r^3} \int s^2 \sin^2\alpha\, dm. \quad (B.5)
\end{aligned}$$

この V_m の式 (B.5) は 4 つの積分からなり，それぞれを以下のように変形していきます．

第 1 項は質量 M が地球の中心に集中しているときのポテンシャルで次式となります．

$$-\frac{G}{r}\int dm = -\frac{GM}{r}. \quad (B.6)$$

第 2 項については，図 B.2(b) のように地心直交座標系で O から dm へ向かうベクトルを $\boldsymbol{s} = (x, y, z)$，OP 軸上の単位ベクトルを $\boldsymbol{u} = (u_x, u_y, u_z)$ とすると，

$$\begin{aligned}
\int s\cos\alpha\, dm &= \int \boldsymbol{s}\cdot\boldsymbol{u}\, dm = \int (xu_x + yu_y + zu_z)dm \\
&= u_x \int x\, dm + u_y \int y\, dm + u_z \int z\, dm.
\end{aligned}$$

これらの積分は x, y, z が地心直交座標系の原点に関して対称なため全てゼロとなり，

$$-\frac{G}{r^2}\int s\cos\alpha\, dm = 0. \quad (B.7)$$

第 3 項については，s^2 の積分を次のように変形します．

$$\begin{aligned}
\int s^2 dm &= \int (x^2 + y^2 + z^2)dm \\
&= \frac{1}{2}\left(\int (y^2 + z^2)dm + \int (z^2 + x^2)dm + \int (x^2 + y^2)dm\right).
\end{aligned}$$

これら 3 つの積分は順に x 軸，y 軸，z 軸の回りの慣性モーメントです．図 B.2(c) に微小質量 dm の z 軸の回りの慣性モーメント，$h^2 dm = (x^2 + y^2)dm$ を示しましたが，これを地球全体について積分すると地球の z 軸（自転軸）の回りの慣性モーメントになります．これら 3 軸 x, y, z の回りの慣性モーメントは慣習としてそれぞれ，A, B, C と表します．また，ここでは z 軸の

回りの回転対称を考えていますので $A = B$ です．結局，第 3 項は次のようになります．

$$-\frac{G}{r^3}\int s^2 dm = -\frac{G}{2r^3}(2A + C). \tag{B.8}$$

第 4 項の積分は OP 軸の回りの慣性モーメントで，次のように地心直交座標で展開します．

$$\int s^2 \sin^2 \alpha \, dm = \int \left(|\boldsymbol{s}|^2 - (\boldsymbol{s} \cdot \boldsymbol{u})^2\right) dm = \int \left(x^2 + y^2 + z^2 - (xu_x + yu_y + zu_z)^2\right) dm$$

$$= \int (x^2 + y^2 + z^2 - x^2 u_x^2 - y^2 u_y^2 - z^2 u_z^2 - 2xy u_x u_y - 2yz u_y u_z - 2zx u_z u_x) dm.$$

これを，$u_x^2 + u_y^2 + u_z^2 = 1$ より $u_x^2 = 1 - u_y^2 - u_z^2$ とし，u_y^2 と u_z^2 についても同様にして，

$$\int s^2 \sin^2 \alpha \, dm = u_x^2 \int (y^2 + z^2) dm + u_y^2 \int (z^2 + x^2) dm + u_z^2 \int (x^2 + y^2) dm$$

$$- 2u_x u_y \int xy \, dm - 2u_y u_z \int yz \, dm - 2u_z u_x \int zx \, dm$$

となり，前半 3 つの積分は x, y, z 軸の回りの慣性モーメント A, B, C で，後半 3 つの積分は原点の回りの対称性からゼロです．よって，OP 軸の回りの慣性モーメントは次式となります．

$$\int s^2 \sin^2 \alpha \, dm = Au_x^2 + Bu_y^2 + Cu_z^2.$$

さらに $A = B$ とし，u_z を点 P の緯度 ϕ で $u_z = \sin\phi$ と表すと，第 4 項は次式となります．

$$\frac{3}{2}\frac{G}{r^3}\int s^2 \sin^2 \alpha \, dm = \frac{3}{2}\frac{G}{r^3}\left(A + (C - A)\sin^2\phi\right). \tag{B.9}$$

結局，点 $P(r, \phi)$ の重力ポテンシャルは式 (B.6)–(B.9) を式 (B.5) に代入し次式となります．

$$V_m = -\frac{GM}{r} - \frac{G}{2r^3}(2A + C) + \frac{3}{2}\frac{G}{r^3}\left(A + (C - A)\sin^2\phi\right)$$

$$= -\frac{GM}{r} + \frac{G}{r^3}(C - A)\left(\frac{3}{2}\sin^2\phi - \frac{1}{2}\right). \tag{B.10}$$

さらに，自転も考慮した重力ポテンシャル V は自転の角速度を ω として次式となります．

$$V = -\frac{GM}{r} + \frac{G}{r^3}(C - A)\left(\frac{3}{2}\sin^2\phi - \frac{1}{2}\right) - \frac{1}{2}\omega^2 r^2 \cos^2\phi. \tag{B.11}$$

式 (B.11) の重力ポテンシャルが赤道 $(r = a)$ と極 $(r = b)$ で等しいとおき変形すると，

$$-\frac{GM}{a} - \frac{G}{2a^3}(C - A) - \frac{1}{2}\omega^2 a^2 = -\frac{GM}{b} + \frac{G}{b^3}(C - A),$$

$$-\frac{1}{a} - \frac{C - A}{2Ma^3} - \frac{\omega^2 a^2}{2GM} = -\frac{1}{b} + \frac{C - A}{Mb^3}.$$

これより地球の扁平率 f は，

$$f = 1 - \frac{b}{a} = \frac{C - A}{Ma^2}\left(\frac{a^2}{b^2} + \frac{b}{2a}\right) + \frac{\omega^2 a^2 b}{2GM}$$

となりますが，a と b の差は僅かですので右辺で次の近似を行います．

$$\frac{a^2}{b^2} \approx 1, \quad \frac{b}{a} \approx 1, \quad a^2 b = a^3 \frac{b}{a} \approx a^3.$$

すると，扁平率の近似式は次のようになります．

$$f \approx \frac{3}{2}\frac{C-A}{Ma^2} + \frac{1}{2}\frac{\omega^2 a^3}{GM}. \tag{B.12}$$

この式の $(C-A)/Ma^2$ は慣性モーメントの差と Ma^2 の比で，重力から見た地球の扁平度を表し，慣習として J_2 と表します．J_2 は人工衛星の軌道変化から決定され，その値は次の通りです [Yoder 1995]．

$$J_2 = \frac{C-A}{Ma^2} = 1.08263 \times 10^{-3}. \tag{B.13}$$

式 (B.12) の $\omega^2 a^3/GM$ については次のように変形します．

$$\frac{\omega^2 a^3}{GM} = \frac{\omega^2 a}{\frac{GM}{a^2}}.$$

すると，この式は自転の遠心力と地球自身の重力（自己重力）の比であることが分かります．この比が 1 を超えると天体は破壊されることになりますが，地球では 0.3% 程度です．この比は慣習として m と表され，次の値を用いることが多いようです [Yoder 1995]．

$$m = \frac{\omega^2 a^3}{GM} = 3.46139 \times 10^{-3}. \tag{B.14}$$

最後に，式 (B.13) と (B.14) の値を式 (B.12) に代入して次のように地球の扁平率が求まります．

$$f = \frac{3}{2}J_2 + \frac{1}{2}m = 3.35464 \times 10^{-3} = \frac{1}{298.095}. \tag{B.15}$$

なお，専門レベルでは重力ポテンシャルをマッカラーの公式ではなく，球関数を用いてより高次の項まで展開し，精密な重力場を記述します．地球の扁平率もより精密に決定され，測地基準系 1980 による値 $f = 1/298.257222$ に近い結果を得ることになります．

B.3　2次元座標系での主応力と主応力軸の導出

応力は専門レベルではテンソルで表現し，主応力は行列の固有値，主応力軸は固有ベクトルとして決定します．しかし，ここでは [Turcotte & Schubert 2002, Sect.2-3] に基づいて平易な 2 次元座標系の回転で導きます．まず，x 面とは x 軸に垂直な面で，その正負は面に立てた外向き法線の向きにより，(1) 法線が $+x$ 軸方向を $+x$ 面，(2) 法線が $-x$ 軸方向を $-x$ 面とします．そして法線応力 σ_{xx} の正負は，(1) $+x$ 面では $-x$ 軸方向が正，(2) $-x$ 面では $+x$ 軸方向が正とします．他の面やずれ応力についても同様です．これはリソスタティックな地球内部を扱う場合の定義で，一般的な応力の正負の定義とは逆です．なお，本書では応力 σ_{ij} や歪み ϵ_{ij} の添字は 1 番目が面を 2 番目が方向を表します．

座標軸 x-y と θ 回転後の x'-y' を図 B.3 のように取り，微小体積 OAB に働く力のつり合いを考えます．面 AB は $+x'$ 面 (a)，または $+y'$ 面 (b) に相当します．図の (a) では，

$$\sigma_{xx}\overline{\text{OA}} + \sigma_{yx}\overline{\text{OB}} = \sigma_{x'x'}\overline{\text{AB}}\cos\theta - \sigma_{x'y'}\overline{\text{AB}}\sin\theta,$$

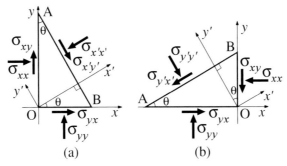

図 B.3 微小体積 OAB に働く法線応力とずれ応力．面 AB は (a) $+x'$ 面，(b) $+y'$ 面．

$$\sigma_{xy}\overline{\mathrm{OA}} + \sigma_{yy}\overline{\mathrm{OB}} = \sigma_{x'x'}\overline{\mathrm{AB}}\sin\theta + \sigma_{x'y'}\overline{\mathrm{AB}}\cos\theta.$$

これらの式に，$\frac{\overline{\mathrm{OA}}}{\overline{\mathrm{AB}}} = \cos\theta$ と $\frac{\overline{\mathrm{OB}}}{\overline{\mathrm{AB}}} = \sin\theta$ を代入して，

$$\sigma_{xx}\cos\theta + \sigma_{yx}\sin\theta = \sigma_{x'x'}\cos\theta - \sigma_{x'y'}\sin\theta, \tag{B.16}$$

$$\sigma_{xy}\cos\theta + \sigma_{yy}\sin\theta = \sigma_{x'x'}\sin\theta + \sigma_{x'y'}\cos\theta. \tag{B.17}$$

(B.16) $\times \cos\theta$ + (B.17) $\times \sin\theta$，及び $-$(B.16) $\times \sin\theta$ + (B.17) $\times \cos\theta$ より，

$$\sigma_{xx}\cos^2\theta + \sigma_{yx}\sin\theta\cos\theta + \sigma_{xy}\sin\theta\cos\theta + \sigma_{yy}\sin^2\theta = \sigma_{x'x'},$$

$$-\sigma_{xx}\sin\theta\cos\theta - \sigma_{yx}\sin^2\theta + \sigma_{xy}\cos^2\theta + \sigma_{yy}\sin\theta\cos\theta = \sigma_{x'y'}.$$

さらに，$\sigma_{yx} = \sigma_{xy}$，$\sin\theta\cos\theta = \frac{1}{2}\sin 2\theta$，$\cos^2\theta - \sin^2\theta = \cos 2\theta$ を使い，次の 2 式を得ます．

$$\sigma_{x'x'} = \sigma_{xx}\cos^2\theta + \sigma_{yy}\sin^2\theta + \sigma_{xy}\sin 2\theta, \tag{B.18}$$

$$\sigma_{x'y'} = \frac{1}{2}(\sigma_{yy} - \sigma_{xx})\sin 2\theta + \sigma_{xy}\cos 2\theta. \tag{B.19}$$

図 B.3(b) についても同様にして次式が導け，$\sigma_{y'x'}$ は式 (B.19) と同一となります．

$$\sigma_{y'y'} = \sigma_{xx}\sin^2\theta + \sigma_{yy}\cos^2\theta - \sigma_{xy}\sin 2\theta. \tag{B.20}$$

ここで，式 (B.19) の $\sigma_{x'y'}$ がゼロとなる x'-y' 座標系を取れば x' 面と y' 面上ではずれ応力はなく，法線応力だけが働くことになります．即ち，そのときの $\sigma_{x'x'}$ と $\sigma_{y'y'}$ が主応力で，x' 軸と y' 軸が主応力軸となります．主応力軸の方向 θ は $\sigma_{x'y'} = 0$ より次式で与えられます．

$$\tan 2\theta = \frac{2\sigma_{xy}}{\sigma_{xx} - \sigma_{yy}}. \quad (\sigma_{xx} \neq \sigma_{yy}) \tag{B.21}$$

次に，式 (B.21) を用いて，式 (B.18) と (B.20) から θ を消去し，$\sigma_{x'x'}$ と $\sigma_{y'y'}$ を σ_{xx}，σ_{xy}，σ_{yy} で表します．式 (B.18) を，$\cos^2\theta = \frac{1+\cos 2\theta}{2}$ と $\sin^2\theta = \frac{1-\cos 2\theta}{2}$ を用いて変形します．

$$\sigma_{x'x'} = \sigma_{xx}\frac{1+\cos 2\theta}{2} + \sigma_{yy}\frac{1-\cos 2\theta}{2} + \sigma_{xy}\sin 2\theta$$

$$= \frac{\sigma_{xx} + \sigma_{yy}}{2} + \frac{\sigma_{xx} - \sigma_{yy}}{2}\cos 2\theta + \sigma_{xy}\sin 2\theta. \tag{B.22}$$

式 (B.20) についても同様にして，

$$\sigma_{y'y'} = \frac{\sigma_{xx} + \sigma_{yy}}{2} - \frac{\sigma_{xx} - \sigma_{yy}}{2} \cos 2\theta - \sigma_{xy} \sin 2\theta. \tag{B.23}$$

ここで式 (B.21) の解について考えます. $\tan 2(\theta + \frac{\pi}{2}) = \tan 2\theta$ ですので, θ が式 (B.21) の解のときは $\theta + 90°$ も解となります. ところが, $\cos 2(\theta + \frac{\pi}{2}) = -\cos 2\theta$ ですので, 式 (B.21) の解 θ は次の 2 式を満たします.

$$\cos 2\theta = \pm \frac{1}{\sqrt{1 + \tan^2 2\theta}} = \pm \frac{\sigma_{xx} - \sigma_{yy}}{\sqrt{(\sigma_{xx} - \sigma_{yy})^2 + 4\sigma_{xy}^2}}. \tag{B.24}$$

ここで, 式 (B.22) を次のように変形します.

$$\sigma_{x'x'} = \frac{\sigma_{xx} + \sigma_{yy}}{2} + \frac{1}{2} \cos 2\theta \left(\sigma_{xx} - \sigma_{yy} + 2\sigma_{xy} \tan 2\theta \right). \tag{B.25}$$

この式に式 (B.21) と (B.24) を代入すれば, 式 (B.23) を用いずに 2 つの主応力が求まることになります (式 (B.23) で $\theta + \frac{\pi}{2}$ とすると式 (B.22) になります). よって, 式 (B.25) より $\sigma_{xx} \neq \sigma_{yy}$ の場合の 2 つの主応力 σ_1 と σ_2 は次のように表せます.

$$\begin{aligned}
\sigma_{1,2} &= \frac{\sigma_{xx} + \sigma_{yy}}{2} \pm \frac{1}{2} \frac{\sigma_{xx} - \sigma_{yy}}{\sqrt{(\sigma_{xx} - \sigma_{yy})^2 + 4\sigma_{xy}^2}} \left(\sigma_{xx} - \sigma_{yy} + \frac{4\sigma_{xy}^2}{\sigma_{xx} - \sigma_{yy}} \right) \\
&= \frac{\sigma_{xx} + \sigma_{yy}}{2} \pm \frac{1}{2} \frac{(\sigma_{xx} - \sigma_{yy})^2 + 4\sigma_{xy}^2}{\sqrt{(\sigma_{xx} - \sigma_{yy})^2 + 4\sigma_{xy}^2}} \\
&= \frac{\sigma_{xx} + \sigma_{yy}}{2} \pm \frac{1}{2} \sqrt{(\sigma_{xx} - \sigma_{yy})^2 + 4\sigma_{xy}^2}.
\end{aligned} \tag{B.26}$$

$\sigma_{xx} = \sigma_{yy}$ のときは式 (B.19) で $\sigma_{x'y'} = 0$ とおいて, $\sigma_{xy} \cos 2\theta = 0$ です. これより $\sigma_{xy} \neq 0$ のときは θ が $45°$ と $135°$ が主応力軸方向となり, 主応力は式 (B.22) から次式となります.

$$\sigma_{1,2} = \sigma_{xx} \pm \sigma_{xy}.$$

さらに, $\sigma_{xx} = \sigma_{yy}$ で $\sigma_{xy} = 0$ のときは, そもそも x 軸と y 軸が主応力軸で主応力は同じ大きさの σ_{xx} と σ_{yy} です. これらの $\sigma_{xx} = \sigma_{yy}$ のときの主応力も式 (B.26) で表せます.

最後に, 主応力と主応力軸が与えられたときに任意の面に働く応力を表す式があると便利です. それには, 図 B.3 で x-y 軸を主応力軸と見なして $\sigma_{xy} = 0$ とすれば, $\sigma_{x'x'}$ などが θ 回転した座標系における応力を表します. よって, 式 (B.22), (B.19), (B.23) で $\sigma_{xx} = \sigma_1$, $\sigma_{yy} = \sigma_2$, $\sigma_{xy} = 0$ として, 左辺の $\sigma_{x'x'}$ などを新たに σ_{xx} などと書き直し, 以下のようになります.

$$\sigma_{xx} = \frac{\sigma_1 + \sigma_2}{2} + \frac{\sigma_1 - \sigma_2}{2} \cos 2\theta, \tag{B.27}$$

$$\sigma_{xy} = -\frac{\sigma_1 - \sigma_2}{2} \sin 2\theta, \tag{B.28}$$

$$\sigma_{yy} = \frac{\sigma_1 + \sigma_2}{2} - \frac{\sigma_1 - \sigma_2}{2} \cos 2\theta. \tag{B.29}$$

式 (B.27) と (B.28) は問題 4.4.4 で導いた σ_n と τ と同じです. 但し, 後者の τ はベクトルの向きを逆に定義しています.

弾性定数の関係式について

等方弾性体に関する弾性定数は5つあり，4.4節の式 (4.32) に含まれるラメの第1定数 λ と第2定数 μ（剛性率）はそのうちの2つです．ここで他の3つの弾性定数であるヤング率 E，ポアソン比 ν，体積弾性率 K を λ と μ で表す関係式を導きます．

問題 4.4.3 では，主応力軸に垂直な面からなる直方体に圧縮応力 σ_1 だけが働くとき，その方向に縮むだけでなく直角な2方向に伸びることを次のように導きました．

$$\epsilon_1 = \frac{\lambda + \mu}{\mu(3\lambda + 2\mu)}\sigma_1, \tag{B.30}$$

$$\epsilon_2 = \epsilon_3 = -\frac{\lambda}{2(\lambda + \mu)}\epsilon_1. \tag{B.31}$$

式 (B.30) を 4.4 節の式 (4.29) で示したフックの法則 $\sigma_{xx} = E\epsilon_{xx}$ と比較するとヤング率 E は，

$$E = \frac{\mu(3\lambda + 2\mu)}{\lambda + \mu} \tag{B.32}$$

と表せます．また，法線方向の歪みに対する横方向の歪みの比 $-\epsilon_{2,3}/\epsilon_1$ をポアソン比 ν といい，式 (B.31) から次式で表されます．

$$\nu = \frac{\lambda}{2(\lambda + \mu)}. \tag{B.33}$$

一方，3つの主応力がゼロでない場合の圧力 p と体積歪み Δ の関係は，体積弾性率（非圧縮率）K を用いて 4.2 節の式 (4.8) $p = K\Delta$ で表されます．弾性定数の K については 4.4 節の式 (4.37) で次式で表されることを導きました．

$$K = \frac{3\lambda + 2\mu}{3}. \tag{B.34}$$

以上，式 (B.32), (B.33), (B.34) のそれぞれがヤング率 E，ポアソン比 ν，体積弾性率 K をラメの第1定数 λ と剛性率 μ で表す変換式となります．

弾性定数の単位は無次元のポアソン比を除いて圧力の単位 Pa です．岩石のヤング率，体積弾性率，剛性率はいずれも常温常圧で 10–100 GPa 程度です．また，式 (B.33) からポアソン比の最大値が 1/2 であることが分かりますが，岩石のポアソン比は 0.1–0.3 程度です．

再び，1軸の圧縮について考えると，式 (B.30) と (B.31) は式 (B.32) と (B.33) のヤング率とポアソン比を用いて次のように表せます．

$$\epsilon_1 = \frac{1}{E}\sigma_1, \tag{B.35}$$

$$\epsilon_2 = \epsilon_3 = -\frac{\nu}{E}\sigma_1. \tag{B.36}$$

式 (B.35) と (B.36) を合わせてフックの法則とよぶことが多いようです．また，体積歪み Δ は，

$$\Delta = \epsilon_1 + \epsilon_2 + \epsilon_3 = \frac{1 - 2\nu}{E}\sigma_1 \tag{B.37}$$

となります．式 (B.37) からは，$\nu = 0.5$ の物体は体積変化がゼロとなり，そのような特性を非圧縮性といいます．また，流体では剛性率 μ がゼロですので，$\nu = 0.5$ となります．地震学の観測から外核のポアソン比は 0.5 ですので，外核が流体であることが分かります．

5つの弾性定数の中で独立な定数は2つだけで，任意に選んだ2つの定数で他の定数を表すことができます．例えば，以下のようにヤング率 E とポアソン比 ν を用いて他の弾性定数を表す

ことができます. 式 (B.33) から

$$1 + \nu = 1 + \frac{\lambda}{2(\lambda + \mu)} = \frac{1}{2\mu}\frac{\mu(3\lambda + 2\mu)}{\lambda + \mu} = \frac{E}{2\mu}.$$

これより,

$$\mu = \frac{E}{2(1 + \nu)}. \tag{B.38}$$

式 (B.33) を λ について解くと, $\lambda = 2\nu\mu/(1 - 2\nu)$ ですので, 式 (B.38) を代入して,

$$\lambda = \frac{\nu E}{(1 - 2\nu)(1 + \nu)}. \tag{B.39}$$

式 (B.39) と (B.38) を加えると,

$$\lambda + \mu = \frac{\nu E}{(1 - 2\nu)(1 + \nu)} + \frac{E}{2(1 + \nu)} = \frac{E}{2(1 + \nu)}\frac{1}{1 - 2\nu} = \frac{\mu}{1 - 2\nu}.$$

この式を用いて式 (B.34) の K を変形します.

$$K = \frac{3\lambda + 2\mu}{3} = \frac{1}{3}\frac{\mu(3\lambda + 2\mu)}{\lambda + \mu}\frac{\lambda + \mu}{\mu} = \frac{E}{3}\frac{1}{1 - 2\nu}.$$

よって,

$$K = \frac{E}{3(1 - 2\nu)}. \tag{B.40}$$

この式よりポアソン比が 0.5 で非圧縮性の物体では体積弾性率は無限大となります.

なお, ラメの第 1 定数 λ は理論上の定数で, 測定は不可能で物理的意味もないそうです.

B.4　半無限体表面の突然の加熱・冷却による熱伝導

一様な温度 T_0 にある柱状の半無限体を考え, 表面を原点として深さ方向に z 軸を取ります. また, 水平方向の熱伝導はないとします. いま, 図 B.4(a) のように時間 $t = 0$ で上面の温度を T_s にして, 以後その温度に保つとします. その後の半無限体内部の温度分布は 1 次元熱伝導方程式を解くことで得られ, 図 B.4(b),(c) のように変化します. その解析を [Turcotte & Schubert 2002, Sect.4-15] を基にして以下に説明します.

熱拡散率を κ として, 温度 $T(z, t)$ に対する 1 次元非定常熱伝導方程式,

$$\frac{\partial T}{\partial t} = \kappa\frac{\partial^2 T}{\partial z^2} \tag{B.41}$$

を境界条件,

$$T(z, 0) = T_0, \quad T(0, t) = T_s, \quad T(\infty, t) = T_0 \tag{B.42}$$

のもとに解きます. まず, 次の無次元温度 $\theta(z, t)$ を導入します.

$$\theta = \frac{T - T_0}{T_s - T_0}. \tag{B.43}$$

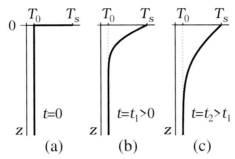

図 B.4 　誤差関数を用いた半無限体表面の突然の温度変化による熱伝導の解析．

簡単に分かるように，θ に関する熱伝導方程式の形は式 (B.41) と同じで次式となります．

$$\frac{\partial \theta}{\partial t} = \kappa \frac{\partial^2 \theta}{\partial z^2}. \tag{B.44}$$

また，境界条件は次のようになります．

$$\theta(z, 0) = 0, \quad \theta(0, t) = 1, \quad \theta(\infty, t) = 0. \tag{B.45}$$

さらに，変数 z を $2\sqrt{\kappa t}$ で規格化し，無次元とした新しい変数 η を導入します．

$$\eta = \frac{z}{2\sqrt{\kappa t}}. \tag{B.46}$$

ここに，$\sqrt{\kappa t}$ は時間 t に対する熱拡散の特徴的距離で，分母の 2 は後の式変形を容易にするためです．2 つの変数 z と t から 1 つの無次元変数となった η は相似変数とよばれます．その由来は，T を z に対してプロットした曲線は t が異なれば違う形ですが，z を $2\sqrt{\kappa t}$ で規格化してプロットすれば同じ形になるからです．

式 (B.44) を η で表すために，次のように偏微分の変換を実行します．

$$\frac{\partial \theta}{\partial t} = \frac{d\theta}{d\eta}\frac{\partial \eta}{\partial t} = \frac{d\theta}{d\eta}\left(-\frac{1}{4}\frac{z}{\sqrt{\kappa t}}\frac{1}{t}\right) = -\frac{\eta}{2t}\frac{d\theta}{d\eta},$$

$$\frac{\partial \theta}{\partial z} = \frac{d\theta}{d\eta}\frac{\partial \eta}{\partial z} = \frac{1}{2\sqrt{\kappa t}}\frac{d\theta}{d\eta},$$

$$\frac{\partial^2 \theta}{\partial z^2} = \frac{1}{2\sqrt{\kappa t}}\frac{d}{d\eta}\left(\frac{d\theta}{d\eta}\right)\frac{d\eta}{dz} = \frac{1}{4\kappa t}\frac{d^2\theta}{d\eta^2}.$$

これらを用いると式 (B.44) は，

$$-\frac{\eta}{2t}\frac{d\theta}{d\eta} = \frac{\kappa}{4\kappa t}\frac{d^2\theta}{d\eta^2}$$

となり，熱伝導方程式 (B.44) と境界条件 (B.45) は次のようになります．

$$-\eta\frac{d\theta}{d\eta} = \frac{1}{2}\frac{d^2\theta}{d\eta^2}, \tag{B.47}$$

$$\theta(0) = 1, \quad \theta(\infty) = 0. \tag{B.48}$$

ここで，

付録 B 　第 3–5 章の補足

$$\phi = \frac{d\theta}{d\eta}$$

とおくと式 (B.47) は,

$$-\eta\phi = \frac{1}{2}\frac{d\phi}{d\eta},$$

$$-2\eta d\eta = \frac{d\phi}{\phi}$$

となり，積分定数を $-\log C_1$ として積分します.

$$-\eta^2 = \log\phi - \log C_1 = \log\frac{\phi}{C_1},$$

$$\phi = \frac{d\theta}{d\eta} = C_1 e^{-\eta^2}.$$

これをさらに積分しますが，$e^{-\eta^2}$ の不定積分は初等関数では表せないので，任意の変数 t を用いて次の表現とします.

$$\theta(\eta) = C_1 \int_0^\eta e^{-t^2}dt + C_2.$$

ここで，境界条件 (B.48) を適用し，$\theta(0) = 1$ より $C_2 = 1$ で，$\theta(\infty) = 0$ より，

$$0 = C_1 \int_0^\infty e^{-t^2}dt + 1.$$

右辺の定積分は $\frac{\sqrt{\pi}}{2}$ ですので（次項を参照），$C_1 = -\frac{2}{\sqrt{\pi}}$ となり θ は次式となります.

$$\theta(\eta) = 1 - \frac{2}{\sqrt{\pi}}\int_0^\eta e^{-t^2}dt. \tag{B.49}$$

この式の右辺に含まれる積分は誤差関数とよばれ，正規分布の累積分布関数を与えるなど，科学技術の広い分野で使用され，次のように記号 $\mathrm{erf}()$ で表されます.

$$\mathrm{erf}(\eta) = \frac{2}{\sqrt{\pi}}\int_0^\eta e^{-t^2}dt.$$

そして，式 (B.49) の右辺は相補誤差関数とよばれ $\mathrm{erfc}()$ で表します.

$$\mathrm{erfc}(\eta) = 1 - \frac{2}{\sqrt{\pi}}\int_0^\eta e^{-t^2}dt.$$

これらの関数のグラフと数値表はこの節の最後に載せています．結局，半無限体の温度分布は式 (B.49) の θ と η を T, z, t に戻して相補誤差関数を用いた次式で与えられます.

$$\frac{T(z,t) - T_0}{T_s - T_0} = \mathrm{erfc}\left(\frac{z}{2\sqrt{\kappa t}}\right). \tag{B.50}$$

exp(-x^2) の 0 から ∞ の定積分について

指数関数 e^{-x^2} の不定積分 $\int e^{-x^2}dx$ は初等関数では表せませんが，ゼロから無限大まで積分すると $\frac{\sqrt{\pi}}{2}$ になることを導きます．次の 2 重積分を考えます

298

$$\int_0^\infty e^{-x^2}dx \int_0^\infty e^{-y^2}dy = \int_0^\infty \int_0^\infty e^{-(x^2+y^2)}dxdy.$$

変数を次のように r と θ に変換します．

$$x = r\cos\theta, \quad y = r\sin\theta, \quad dxdy = rdrd\theta.$$

積分範囲は，$[x:0\to\infty,\ y:0\to\infty]$ から $[r:0\to\infty,\ \theta:0\to\pi/2]$ となり，2重積分は次のように求まります．

$$\int_0^{\pi/2}d\theta \int_0^\infty re^{-r^2}dr = \frac{\pi}{2}\left[-\frac{1}{2}e^{-r^2}\right]_0^\infty = \frac{\pi}{4}.$$

よって，

$$\int_0^\infty e^{-x^2}dx = \frac{\sqrt{\pi}}{2}.$$

誤差関数と相補誤差関数のグラフと数値表

誤差関数 $\mathrm{erf}(x)$ と相補誤差関数 $\mathrm{erfc}(x)$ は次のように定義されます．

$$\mathrm{erf}(x) = \frac{2}{\sqrt{\pi}}\int_0^x e^{-t^2}dt, \tag{B.51}$$

$$\mathrm{erfc}(x) = 1 - \mathrm{erf}(x) = \frac{2}{\sqrt{\pi}}\int_x^\infty e^{-t^2}dt. \tag{B.52}$$

これらの関数は不完全ガンマ関数の特別な場合です．グラフを図 B.5 に，数値を表 B.1 に示します．グラフと表の作成には [Press *et al.* 1992] による数値計算コードを使用しました．

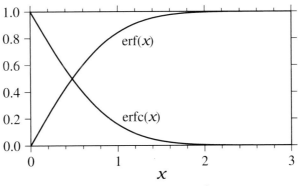

図 B.5　$\mathrm{erf}(x)$ と $\mathrm{erfc}(x)$ のグラフ．

付録 B　第 3–5 章の補足

表 B.1　誤差関数と相補誤差関数の数値表

x	erf(x)	erfc(x)	x	erf(x)	erfc(x)	x	erf(x)	erfc(x)
0.00	0.000000	1.000000	0.35	0.379382	0.620618	0.90	0.796908	0.203092
0.01	0.011283	0.988717	0.36	0.389330	0.610670	0.92	0.806768	0.193232
0.02	0.022565	0.977435	0.37	0.399206	0.600794	0.94	0.816271	0.183729
0.03	0.033841	0.966159	0.38	0.409009	0.590991	0.96	0.825424	0.174576
0.04	0.045111	0.954889	0.39	0.418739	0.581261	0.98	0.834231	0.165769
0.05	0.056372	0.943628	0.40	0.428392	0.571608	1.00	0.842701	0.157299
0.06	0.067622	0.932378	0.41	0.437969	0.562031	1.05	0.862436	0.137564
0.07	0.078858	0.921142	0.42	0.447468	0.552532	1.10	0.880205	0.119795
0.08	0.090078	0.909922	0.43	0.456887	0.543113	1.15	0.896124	0.103876
0.09	0.101281	0.898719	0.44	0.466225	0.533775	1.20	0.910314	0.089686
0.10	0.112463	0.887537	0.45	0.475482	0.524518	1.25	0.922900	0.077100
0.11	0.123623	0.876377	0.46	0.484655	0.515345	1.30	0.934008	0.065992
0.12	0.134758	0.865242	0.47	0.493745	0.506255	1.35	0.943762	0.056238
0.13	0.145867	0.854133	0.48	0.502750	0.497250	1.40	0.952285	0.047715
0.14	0.156947	0.843053	0.49	0.511668	0.488332	1.45	0.959695	0.040305
0.15	0.167996	0.832004	0.50	0.520500	0.479500	1.50	0.966105	0.033895
0.16	0.179012	0.820988	0.52	0.537899	0.462101	1.60	0.976348	0.023652
0.17	0.189992	0.810008	0.54	0.554939	0.445061	1.70	0.983790	0.016210
0.18	0.200936	0.799064	0.56	0.571616	0.428384	1.80	0.989091	0.010909
0.19	0.211840	0.788160	0.58	0.587923	0.412077	1.90	0.992790	0.007210
0.20	0.222703	0.777297	0.60	0.603856	0.396144	2.00	0.995322	0.004678
0.21	0.233522	0.766478	0.62	0.619411	0.380589	2.20	0.998137	0.001863
0.22	0.244296	0.755704	0.64	0.634586	0.365414	2.40	0.999311	0.000689
0.23	0.255023	0.744977	0.66	0.649377	0.350623	2.60	0.999764	0.000236
0.24	0.265700	0.734300	0.68	0.663782	0.336218	2.80	0.999925	0.000075
0.25	0.276326	0.723674	0.70	0.677801	0.322199	3.00	0.999978	0.000022
0.26	0.286900	0.713100	0.72	0.691433	0.308567			
0.27	0.297418	0.702582	0.74	0.704678	0.295322			
0.28	0.307880	0.692120	0.76	0.717537	0.282463			
0.29	0.318283	0.681717	0.78	0.730010	0.269990			
0.30	0.328627	0.671373	0.80	0.742101	0.257899			
0.31	0.338908	0.661092	0.82	0.753811	0.246189			
0.32	0.349126	0.650874	0.84	0.765143	0.234857			
0.33	0.359279	0.640721	0.86	0.776100	0.223900			
0.34	0.369365	0.630635	0.88	0.786687	0.213313			

付録 C

第6章の補足

地磁気分野の基礎となる電磁気学とベクトル解析などの関連分野の補足をまとめます：

C.1 磁気の国際単位系 (SI)

C.2 ベクトル解析の公式

C.3 微分演算子の勾配 (grad)，発散 (div)，回転 (rot) と物理的解釈

C.4 静磁場のポテンシャルとラプラス方程式

C.5 マクスウェルの方程式と地下の電磁場

C.6 球面三角法の主な公式

C.1 磁気の国際単位系 (SI)

　磁場という用語の指し示す "場" が B か H かは曖昧なことも多く，高校の物理教育でも議論があるようです [原・広井 2014, 北野 2015]. また，B や H の名称も前者は "磁束密度や磁気感応"，後者は "磁場，磁場の強さ，磁界" と分野によって異なります．本書でも 6.1 節などでは B を磁場とよんでいます．しかしここでは混同を避けるために，B を磁束密度，H を磁界とよぶことにします．以下，磁気の単位の基礎を国際単位系 (SI) でまとめます．

　図 C.1(a) は磁束密度 B の中に置かれた線素片 ds を流れる電流 I にはローレンツ力 dF が働くことを示します．dF は電流の単位をアンペア (ampere, A) として次式で与えられます．

$$dF = I ds \times B. \tag{C.1}$$

1 A の電流が 1 テスラ (tesla, T) の磁束密度に垂直に置かれると，1 m 当たり 1 ニュートン (newton, N) の力が働きます．よって B の単位 T は次のようになります．

$$1\,\mathrm{T} = 1\,\mathrm{N\,A^{-1}\,m^{-1}}. \tag{C.2}$$

　図 C.1(b) は直線状の電流 I の回りには同心円状で電流に垂直な磁束密度 B が発生することを示します．ビオ–サバールの法則により，磁束密度の向きは電流の方向に右ねじが進むときの回転方向で，磁束密度の大きさは電流に比例し，電流からの距離 r に反比例することが導かれます．これは比例定数を $\mu_0/2\pi$ として次式で表されます．

$$B = \frac{\mu_0}{2\pi} \frac{I}{r}. \tag{C.3}$$

比例定数を $\mu_0/2\pi$ とする理由の詳細は省略しますが，それにより電磁気学の各公式が単純になります．式 (C.1) と式 (C.3) から，平行な 2 本の直線状の電線は電流の向きが同じ場合に引き合い，逆の場合は反発し合うことが分かります．電流の向きも大きさも同じ I の場合，電線の線素片 ds に働く力 dF は r を両電線間の距離として次式となります．

$$dF = \frac{\mu_0}{2\pi} \frac{I^2}{r} ds.$$

この原理による真空中の実験で，$r = 1$ m とし，電線 1 m 当たりの力が 2×10^{-7} N となる電流

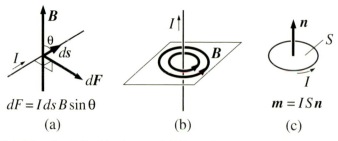

図 C.1 (a) 磁束密度の中の電流に働く力，(b) 直線状の電流による円状の磁束密度，(c) 環状の電流による磁気モーメントの定義．

I を 1 A と定義します．但し，μ_0 を次の値として定義し，真空の透磁率とよびます[1].

$$\mu_0 = 4\pi \times 10^{-7} \text{ N/A}^2. \tag{C.4}$$

磁気モーメント m は図 C.1(c) のように環状の電流 I と環の面積 S の積で定義され，

$$\boldsymbol{m} = IS\boldsymbol{n} \tag{C.5}$$

で表されます．ここに $\boldsymbol{n}$ は S に垂直な単位ベクトルで，その向きは右ねじを電流の向きに回したときに進む方向です．よって，$\boldsymbol{m}$ の単位は Am^2 です．一方，単位体積に含まれる磁気モーメント $\boldsymbol{m}$ の合計を磁化 $\boldsymbol{M}$ といい，微小体積を dv として次式で表されます．

$$d\boldsymbol{m} = \boldsymbol{M}dv. \tag{C.6}$$

よって，$\boldsymbol{M}$ の単位は A/m です．最後に，磁界 $\boldsymbol{H}$ は次式で定義されます．

$$\boldsymbol{H} = \frac{1}{\mu_0}\boldsymbol{B} - \boldsymbol{M}. \tag{C.7}$$

よって，$\boldsymbol{H}$ の単位は $\boldsymbol{M}$ と同じ A/m です．

ここで単位のテスラについて，式 (C.2) とは異なる表現を導いておきます．ファラデーの電磁誘導の法則によると，回路を貫く磁束 Φ が変化すると次のように回路に起電力 ϕ が生じます．

$$\phi = -\frac{d\Phi}{dt}.$$

ここに，Φ は B と回路の面積の積で，単位はウェーバー (weber, Wb) です．単位 Wb は $\text{T}\times\text{m}^2$ ですので，単位 T は単位のボルト (volt, V) を用いて次のように表されます．

$$1 \text{ T} = 1 \text{ V s m}^{-2}. \tag{C.8}$$

C.2　ベクトル解析の公式

直交座標でのベクトルの内積，外積，3 重積

内積：　ベクトル A と B の内積 $A \cdot B$ はスカラーで次式で表されます．

$$\boldsymbol{A} \cdot \boldsymbol{B} = A_x B_x + A_y B_y + A_z B_z = |\boldsymbol{A}||\boldsymbol{B}|\cos\theta.$$

但し，θ は A と B のなす角度です．

外積：　ベクトル A と B の外積 $A \times B$ はベクトルで，$C = A \times B$ とおくと，C は A と B のなす平面に垂直で，向きは A から B へ右ねじを回すときに進む方向，大きさは，

$$|\boldsymbol{C}| = |\boldsymbol{A}||\boldsymbol{B}|\sin\theta$$

---

[1]　2019 年の SI 単位系の改訂で幾つかの物理定数が再定義され，単位 A も力による定義ではなく，電気素量 e を C（クーロン）の単位で再定義し，1 秒間に 1 C の電荷が流れる電流が 1 A です．その結果，測定値となった真空の透磁率は式 (C.4) からは僅かにずれますが，本書のレベルでは上記の数値のままで構いません．

付録 C　第 6 章の補足

となります．C の成分は次の通りです．

$$C_x = A_y B_z - A_z B_y, \quad C_y = A_z B_x - A_x B_z, \quad C_z = A_x B_y - A_y B_x.$$

$|A \times B|$ は幾何学的には A と B のなす平行四辺形の面積です．

スカラー 3 重積：　ベクトル A, B, C の積 $A \cdot (B \times C)$ はスカラーとなり，成分で表すと，

$$A \cdot (B \times C) = A_x B_y C_z + A_y B_z C_x + A_z B_x C_y - A_x B_z C_y - A_y B_x C_z - A_z B_y C_x$$

となります．また，次の関係式が成立します．

$$A \cdot (B \times C) = B \cdot (C \times A) = C \cdot (A \times B)$$
$$= -A \cdot (C \times B) = -B \cdot (A \times C) = -C \cdot (B \times A).$$

幾何学的には $|A \cdot (B \times C)|$ は A, B, C のなす平行 6 面体の体積です．

ベクトル 3 重積：　積 $A \times (B \times C)$ はベクトルで，次式のように B と C の線形結合で表されます．幾何学的には B と C のなす平面上のベクトルです．

$$A \times (B \times C) = (A \cdot C)B - (A \cdot B)C.$$

直交座標での勾配 (grad)，発散 (div)，回転 (rot)，ラプラシアン (Δ)

次の微分演算子 ∇（ナブラ）は，形式的に上記のベクトルの公式を適用することができます．

$$\nabla = \left(\frac{\partial}{\partial x}, \frac{\partial}{\partial y}, \frac{\partial}{\partial z} \right).$$

以下，ψ はスカラー，A はベクトルとして代表的な公式をまとめます．

$$\mathrm{grad}\, \psi = \nabla \psi = \left(\frac{\partial \psi}{\partial x}, \frac{\partial \psi}{\partial y}, \frac{\partial \psi}{\partial z} \right),$$

$$\mathrm{div}\, A = \nabla \cdot A = \frac{\partial A_x}{\partial x} + \frac{\partial A_y}{\partial y} + \frac{\partial A_z}{\partial z},$$

$$\mathrm{rot}\, A = \nabla \times A = \left(\frac{\partial A_z}{\partial y} - \frac{\partial A_y}{\partial z}, \frac{\partial A_x}{\partial z} - \frac{\partial A_z}{\partial x}, \frac{\partial A_y}{\partial x} - \frac{\partial A_x}{\partial y} \right),$$

$$\Delta \psi = \nabla^2 \psi = (\nabla \cdot \nabla) \psi = \frac{\partial^2 \psi}{\partial x^2} + \frac{\partial^2 \psi}{\partial y^2} + \frac{\partial^2 \psi}{\partial z^2},$$

$$\Delta A = \nabla^2 A = (\nabla \cdot \nabla) A$$
$$= \left(\frac{\partial^2 A_x}{\partial x^2} + \frac{\partial^2 A_x}{\partial y^2} + \frac{\partial^2 A_x}{\partial z^2}, \frac{\partial^2 A_y}{\partial x^2} + \frac{\partial^2 A_y}{\partial y^2} + \frac{\partial^2 A_y}{\partial z^2}, \frac{\partial^2 A_z}{\partial x^2} + \frac{\partial^2 A_z}{\partial y^2} + \frac{\partial^2 A_z}{\partial z^2} \right).$$

2 次元極座標 (r, θ) での勾配 (grad) とラプラシアン (Δ)

$$\mathrm{grad}\, \psi = \nabla \psi = \left(\frac{\partial \psi}{\partial r}, \frac{1}{r} \frac{\partial \psi}{\partial \theta} \right),$$

$$\Delta \psi = \nabla^2 \psi = \frac{1}{r} \frac{\partial}{\partial r} \left(r \frac{\partial \psi}{\partial r} \right) + \frac{1}{r^2} \frac{\partial^2 \psi}{\partial \theta^2}.$$

なお，この座標系は 3 次元円柱座標 (r, ϕ, z) で z を一定とした場合に相当します（通常 ϕ や φ で表す角度はここでは θ と表記しました）．

3 次元極座標 (r, θ, ϕ) での勾配 (grad) とラプラシアン (Δ)

$$\mathrm{grad}\,\psi = \nabla\psi = \left(\frac{\partial\psi}{\partial r}, \frac{1}{r}\frac{\partial\psi}{\partial\theta}, \frac{1}{r\sin\theta}\frac{\partial\psi}{\partial\phi}\right),$$

$$\Delta\psi = \nabla^2\psi = \frac{1}{r^2}\frac{\partial}{\partial r}\left(r^2\frac{\partial\psi}{\partial r}\right) + \frac{1}{r^2\sin\theta}\frac{\partial}{\partial\theta}\left(\sin\theta\frac{\partial\psi}{\partial\theta}\right) + \frac{1}{r^2\sin^2\theta}\frac{\partial^2\psi}{\partial\phi^2}.$$

ベクトル演算子の恒等式

$$\nabla\cdot(\nabla\times\boldsymbol{A}) = 0,$$

$$\nabla\times(\nabla\psi) = 0,$$

$$\nabla\cdot(\psi\boldsymbol{A}) = \psi\nabla\cdot\boldsymbol{A} + \boldsymbol{A}\nabla\psi,$$

$$\nabla\cdot(\boldsymbol{A}\times\boldsymbol{B}) = \boldsymbol{B}\cdot(\nabla\times\boldsymbol{A}) - \boldsymbol{A}\cdot(\nabla\times\boldsymbol{B}),$$

$$\nabla\times(\psi\boldsymbol{A}) = \psi\nabla\times\boldsymbol{A} - \boldsymbol{A}\times\nabla\psi,$$

$$\nabla\times(\boldsymbol{A}\times\boldsymbol{B}) = \boldsymbol{A}(\nabla\cdot\boldsymbol{B}) - \boldsymbol{B}(\nabla\cdot\boldsymbol{A}) + (\boldsymbol{B}\cdot\nabla)\boldsymbol{A} - (\boldsymbol{A}\cdot\nabla)\boldsymbol{B},$$

$$\nabla\times(\nabla\times\boldsymbol{A}) = \nabla(\nabla\cdot\boldsymbol{A}) - \nabla^2\boldsymbol{A}.$$

C.3 微分演算子の勾配 (grad)，発散 (div)，回転 (rot) と物理的解釈

スカラー場の勾配 (grad)

スカラー場 ψ にナブラ ∇ を作用させて得られるベクトル場，

$$\nabla\psi = \left(\frac{\partial\psi}{\partial x}, \frac{\partial\psi}{\partial y}, \frac{\partial\psi}{\partial z}\right) \tag{C.9}$$

は $\mathrm{grad}\,\psi$ とも記しますが，それはこの式が ψ の勾配 (gradient) を表すからです．例えば ψ が 3 次元空間での温度分布の場合，$\mathrm{grad}\,\psi$ は最も温度変化の大きい方向を示し，その大きさが温度変化の勾配を表します．また，以下に示すように $\mathrm{grad}\,\psi$ は常に ψ の等位面に垂直です．いま，ある点の $\psi(\boldsymbol{r})$ と微小距離 $d\boldsymbol{r}$ 離れた点の $\psi(\boldsymbol{r} + d\boldsymbol{r})$ が等しいとします．即ち，

$$d\psi = \psi(\boldsymbol{r} + d\boldsymbol{r}) - \psi(\boldsymbol{r}) = 0.$$

全微分の公式より，

$$d\psi = \frac{\partial\psi}{\partial x}dx + \frac{\partial\psi}{\partial y}dy + \frac{\partial\psi}{\partial z}dz = \left(\frac{\partial\psi}{\partial x}, \frac{\partial\psi}{\partial y}, \frac{\partial\psi}{\partial z}\right)\cdot(dx, dy, dz) = \nabla\psi\cdot d\boldsymbol{r} = 0.$$

よって，ベクトル場 $\nabla \psi$ と $d\boldsymbol{r}$ は直交し，勾配の方向は常に ψ の等位面に垂直となります．

発散 (div) とガウスの発散定理

空間 V を出入りするベクトル場 $\boldsymbol{A}$ を考え，図 C.2(a) のように V の表面 S の微小な面積（面積素）dS に立てた単位法線ベクトルを $\boldsymbol{n}$ とします．$\boldsymbol{A} \cdot \boldsymbol{n} dS$ の全表面 S での面積分は，その値の正か負により $\boldsymbol{A}$ の流出または流入を示します．実はこの $\boldsymbol{A}$ の流れが $\nabla \cdot \boldsymbol{A}$ を V で体積積分した値に等しいことが分かります．積分が正の場合は V の中の湧き出しから $\boldsymbol{A}$ が発散していることになり，微分演算子 $\nabla \cdot$ は発散 (divergence) とよばれ，$\nabla \cdot \boldsymbol{A}$ は $\mathrm{div}\, \boldsymbol{A}$ とも表します．

図 C.2(b) のような微小な直方体について，x 軸方向の $\boldsymbol{A}$ の流れを考えます．x 軸に垂直な手前の面からの流入を $A_x(x, y, z)$，向かいの面からの流出を $A_x(x+\Delta x, y, z)$ とするとき，直方体からの正味の流出は次のように表せます．

$$A_x(x+\Delta x, y, z)\Delta y \Delta z - A_x(x, y, z)\Delta y \Delta z = \frac{A_x(x+\Delta x, y, z) - A_x(x, y, z)}{\Delta x}\Delta x \Delta y \Delta z$$
$$= \frac{\partial A_x(x, y, z)}{\partial x}\Delta x \Delta y \Delta z.$$

ここで，2 つの面の法線ベクトルの x 成分は $n_x(x+\Delta x, y, z) = 1$ と $n_x(x, y, z) = -1$ ですので，これらを左辺に代入し，さらに全体を積分表示に変形すると次式となります．

$$\int_{\Delta S_{yz}} A_x(x, y, z) n_x dy dz = \int_{\Delta V} \frac{\partial A_x(x, y, z)}{\partial x} dx dy dz.$$

但し，添字 ΔS_{yz} は y-z 面での面積分，ΔV は直方体での体積積分を表します．同様に y 軸と z 軸に垂直な面について次の関係式を得ます．

$$\int_{\Delta S_{zx}} A_y(x, y, z) n_y dz dx = \int_{\Delta V} \frac{\partial A_y(x, y, z)}{\partial y} dx dy dz,$$
$$\int_{\Delta S_{xy}} A_z(x, y, z) n_z dx dy = \int_{\Delta V} \frac{\partial A_z(x, y, z)}{\partial z} dx dy dz.$$

これらの 3 式を辺々加えると，

$$\int_{\Delta S} (A_x(x, y, z) n_x dy dz + A_y(x, y, z) n_y dz dx + A_z(x, y, z) n_z dx dy)$$
$$= \int_{\Delta V} \left(\frac{\partial A_x(x, y, z)}{\partial x} + \frac{\partial A_y(x, y, z)}{\partial y} + \frac{\partial A_z(x, y, z)}{\partial z} \right) dx dy dz.$$

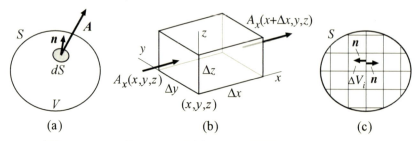

図 C.2 (a) 空間 V とベクトル場 $\boldsymbol{A}$．$\boldsymbol{n}$ は面積素 dS の単位法線ベクトル．(b) 微小な直方体とベクトル場 $\boldsymbol{A}$ の x 成分の流れ．(c) 微小な空間 ΔV_i と隣接する面の法線ベクトル $\boldsymbol{n}$．

ベクトルで表示すると次式となります.

$$\int_{\Delta S} \boldsymbol{A}(\boldsymbol{r}) \cdot \boldsymbol{n} dS = \int_{\Delta V} \nabla \cdot \boldsymbol{A}(\boldsymbol{r}) dV. \tag{C.10}$$

次に図 C.2(c) のように空間 V を微小な直方体 ΔV_i に分け,V 全体で式 (C.10) の和を取ります.境界 S 付近は直方体からずれますが,分割を無限に多くした極限では近似が成り立つと考えます.隣り合う ΔV_i の境界面は反平行な法線ベクトル $\boldsymbol{n}$ のため面積分は打ち消し合い,

$$\sum_i \int_{\Delta S_i} \boldsymbol{A}(\boldsymbol{r}) \cdot \boldsymbol{n} dS = \int_S \boldsymbol{A}(\boldsymbol{r}) \cdot \boldsymbol{n} dS$$

のように V を囲む面 S 全体の面積分となります.各直方体の体積積分の和も,

$$\sum_i \int_{\Delta V_i} \nabla \cdot \boldsymbol{A}(\boldsymbol{r}) dV = \int_V \nabla \cdot \boldsymbol{A}(\boldsymbol{r}) dV$$

のように V 全体の積分となり,次のガウスの発散定理を得ます.

$$\int_S \boldsymbol{A}(\boldsymbol{r}) \cdot \boldsymbol{n} dS = \int_V \nabla \cdot \boldsymbol{A}(\boldsymbol{r}) dV. \tag{C.11}$$

これは面積分を体積積分に変換する定理です.電磁気学では ε_0 を真空の誘電率として電場 $\boldsymbol{E}$ と電荷密度 ρ の間にクーロンの法則,

$$\int_S \boldsymbol{E} \cdot \boldsymbol{n} dS = \frac{1}{\varepsilon_0} \int_V \rho dV$$

が成り立ちますが,式 (C.11) と比較すると,

$$\nabla \cdot \boldsymbol{E} = \frac{1}{\varepsilon_0} \rho$$

と表されることが分かり,これが微分形のクーロンの法則です.また磁荷が存在しないことから磁束密度 $\boldsymbol{B}$ についての次式が成り立ちます.

$$\nabla \cdot \boldsymbol{B} = 0.$$

回転 (rot) とストークスの定理

図 C.3(a) のようなベクトル場 $\boldsymbol{A}$ と閉曲線 C を考え,C の囲む面を S,C に接する微小距離ベクトル(線素ベクトル)を $d\boldsymbol{s}$ とします.次の $\boldsymbol{A} \cdot d\boldsymbol{s}$ の C を一周する線積分は循環とよばれます.

$$\oint_C \boldsymbol{A}(\boldsymbol{r}) \cdot d\boldsymbol{s}.$$

循環は $\boldsymbol{A}$ に含まれる回転(渦)の程度を表します.循環はスカラーですが以下に導くように,ベクトル $\nabla \times \boldsymbol{A}$ の面 S に垂直な成分を S 上で面積分した値に等しくなります.そのため,微分演算子 $\nabla \times$ は回転 (rotation) とよばれ,$\nabla \times \boldsymbol{A}$ は $\mathrm{rot}\,\boldsymbol{A}$ ($\mathrm{curl}\,\boldsymbol{A}$) とも記します.

図 C.3(b) のように x-y 面上に微小な矩形を考え,その 4 辺を閉曲線 $C_{\Delta S}$ として $\boldsymbol{A} \cdot d\boldsymbol{s}$ の線積分を実行します.それぞれの積分路での $\boldsymbol{A} \cdot d\boldsymbol{s}$ は,I では $A_x(x, y, z)\Delta x$,II では $A_y(x + \Delta x, y, z)\Delta y$,III では $-A_x(x, y + \Delta y, z)\Delta x$,IV では $-A_y(x, y, z)\Delta y$ で近似します.

307

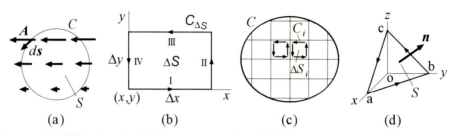

図 C.3 (a) 閉曲線 C とベクトル場 $\boldsymbol{A}$. $d\boldsymbol{s}$ は C に接する線素ベクトル. (b) x-y 面上の微小な矩形の辺に沿う線積分. (c) 微小な面 ΔS_i と閉曲線 C_i. (d) 任意の向きの面 S と法線ベクトル $\boldsymbol{n}$.

$$\oint_{C_{\Delta S}} \boldsymbol{A}(\boldsymbol{r}) \cdot d\boldsymbol{s} = \int_I A_x dx + \int_{II} A_y dy + \int_{III} A_x dx + \int_{IV} A_y dy$$
$$= A_x(x,y,z)\Delta x + A_y(x+\Delta x, y, z)\Delta y - A_x(x, y+\Delta y, z)\Delta x - A_y(x,y,z)\Delta y$$
$$= \frac{A_y(x+\Delta x, y, z) - A_y(x,y,z)}{\Delta x}\Delta x \Delta y - \frac{A_x(x, y+\Delta y, z) - A_x(x,y,z)}{\Delta y}\Delta x \Delta y$$
$$= \left(\frac{\partial A_y(x,y,z)}{\partial x} - \frac{\partial A_x(x,y,z)}{\partial y}\right)\Delta x \Delta y.$$

最後の式を微小な面 ΔS における積分表示へ変形すると次式となります.

$$\oint_{C_{\Delta S}} \boldsymbol{A}(\boldsymbol{r}) \cdot d\boldsymbol{s} = \int_{\Delta S} \left(\frac{\partial A_y}{\partial x} - \frac{\partial A_x}{\partial y}\right) dS. \tag{C.12}$$

次に図 C.3(c) のように面 S を微小な矩形 ΔS_i に分け, S 全体で式 (C.12) の和を取ります. 閉曲線 C に接する区分けは矩形からずれますが, 分割を無限に多くした極限では近似が成立するとします. 隣り合う ΔS_i の境界線は $d\boldsymbol{s}$ の向きが反平行で線積分の方向が逆になるため, 各 C_i に沿った線積分は打ち消し合い,

$$\sum_i \oint_{C_i} \boldsymbol{A}(\boldsymbol{r}) \cdot d\boldsymbol{s} = \oint_C \boldsymbol{A}(\boldsymbol{r}) \cdot d\boldsymbol{s}$$

のように全体を囲む C についての線積分だけが残ります. 各微小な面 ΔS_i での面積分の和も,

$$\sum_i \int_{\Delta S_i} \left(\frac{\partial A_y}{\partial x} - \frac{\partial A_x}{\partial y}\right) dS = \int_S \left(\frac{\partial A_y}{\partial x} - \frac{\partial A_x}{\partial y}\right) dS$$

のように S 全体の積分となり, x-y 面上で線積分を面積分に変換する式が導かれます.

$$\oint_{C_{xy}} \boldsymbol{A}(\boldsymbol{r}) \cdot d\boldsymbol{s} = \int_S \left(\frac{\partial A_y}{\partial x} - \frac{\partial A_x}{\partial y}\right) dS_{xy}. \tag{C.13}$$

同様にして, y-z 面と z-x 面で成り立つ式は次のようになります.

$$\oint_{C_{yz}} \boldsymbol{A}(\boldsymbol{r}) \cdot d\boldsymbol{s} = \int_S \left(\frac{\partial A_z}{\partial y} - \frac{\partial A_y}{\partial z}\right) dS_{yz}, \tag{C.14}$$

$$\oint_{C_{zx}} \boldsymbol{A}(\boldsymbol{r}) \cdot d\boldsymbol{s} = \int_S \left(\frac{\partial A_x}{\partial z} - \frac{\partial A_z}{\partial x}\right) dS_{zx}. \tag{C.15}$$

最後に, 図 C.3(d) のような任意の方向を向いた面 S について考え, 法線ベクトルを $\boldsymbol{n} = (n_x, n_y, n_z)$ とします. ベクトル場 $\boldsymbol{A}$ の面 S での線積分は三角形 abc の各辺に沿った積分の和ですが, これは S を各座標平面へ投影した 3 つの三角形（△oab など）での線積分の和とな

ります。この線積分の和が面 S での線積分になることを以下に簡略した記号で示します。

$$
\oint_{\triangle oab} + \oint_{\triangle obc} + \oint_{\triangle oca} = \left(\int_o^a + \int_a^b + \int_b^o \right) + \left(\int_o^b + \int_b^c + \int_c^o \right) + \left(\int_o^c + \int_c^a + \int_a^o \right)
$$

$$
= \left(\int_o^a + \int_a^b - \int_o^b \right) + \left(\int_o^b + \int_b^c - \int_o^c \right) + \left(\int_o^c + \int_c^a - \int_o^a \right)
$$

$$
= \int_a^b + \int_b^c + \int_c^a = \oint_{\triangle abc}.
$$

一方，微小面積（面積素）dS と各座標平面での微小面積（dS_{xy} など）との関係は法線ベクトル $\boldsymbol{n}$ の成分を用いて，

$$
dS_{xy} = n_z dS, \quad dS_{yz} = n_x dS, \quad dS_{zx} = n_y dS
$$

ですので，これらを式 (C.13)–(C.15) に代入し辺々加えると，

$$
\oint_C \boldsymbol{A}(\boldsymbol{r}) \cdot d\boldsymbol{s} = \int_S \left(\left(\frac{\partial A_y}{\partial x} - \frac{\partial A_x}{\partial y} \right) \cdot n_z + \left(\frac{\partial A_z}{\partial y} - \frac{\partial A_y}{\partial z} \right) \cdot n_x + \left(\frac{\partial A_x}{\partial z} - \frac{\partial A_z}{\partial x} \right) \cdot n_y \right) dS
$$

$$
= \int_S \left(\frac{\partial A_z}{\partial y} - \frac{\partial A_y}{\partial z}, \frac{\partial A_x}{\partial z} - \frac{\partial A_z}{\partial x}, \frac{\partial A_y}{\partial x} - \frac{\partial A_x}{\partial y} \right) \cdot (n_x, n_y, n_z) dS.
$$

これを微分演算子の回転を用いて表し，次のストークスの定理となります。

$$
\oint_C \boldsymbol{A}(\boldsymbol{r}) \cdot d\boldsymbol{s} = \int_S (\nabla \times \boldsymbol{A}(\boldsymbol{r})) \cdot \boldsymbol{n}\, dS. \tag{C.16}
$$

これは線積分を面積分に変換する定理です。電磁気学では磁界を任意の閉曲線に沿って線積分すると，その曲線の内部を流れる電流に等しくなるというアンペールの法則がありますが，一般的には磁界 $\boldsymbol{H}$ と電流密度 $\boldsymbol{j}$ に対して，

$$
\oint_C \boldsymbol{H} \cdot d\boldsymbol{s} = \int_S \boldsymbol{j} \cdot \boldsymbol{n}\, dS,
$$

と表されます。これを式 (C.16) と比較すると，

$$
\nabla \times \boldsymbol{H} = \boldsymbol{j},
$$

となることが分かります。これを微分形のアンペールの法則といいます。

C.4　静磁場のポテンシャルとラプラス方程式

静磁場はスカラーポテンシャル W により，

$$
\boldsymbol{B} = -\nabla W \tag{C.17}
$$

と表せます。また，磁場 $\boldsymbol{B}$ は，磁荷が存在しないため，次式を満たします。

$$
\nabla \cdot \boldsymbol{B} = 0.
$$

付録 C　第 6 章の補足

これに式 (C.17) の $\boldsymbol{B} = -\nabla W$ を代入すると，ラプラス方程式とよばれる次式を得ます.

$$\nabla^2 W = 0. \tag{C.18}$$

ここに，∇^2 はラプラシアンという微分演算子で，直交座標系では，

$$\nabla^2 = \frac{\partial^2}{\partial x^2} + \frac{\partial^2}{\partial y^2} + \frac{\partial^2}{\partial z^2}$$

であり，極座標系では次のようになります.

$$\nabla^2 = \frac{1}{r^2} \frac{\partial}{\partial r} \left(r^2 \frac{\partial}{\partial r} \right) + \frac{1}{r^2 \sin\theta} \frac{\partial}{\partial \theta} \left(\sin\theta \frac{\partial}{\partial \theta} \right) + \frac{1}{r^2 \sin^2\theta} \frac{\partial^2}{\partial \phi^2}.$$

これを用いて式 (C.18) を整理すると，次の W についての方程式となります.

$$r^2 \frac{\partial^2 W}{\partial r^2} + 2r \frac{\partial W}{\partial r} + \frac{1}{\sin\theta} \frac{\partial}{\partial \theta} \left(\sin\theta \frac{\partial W}{\partial \theta} \right) + \frac{1}{\sin^2\theta} \frac{\partial^2 W}{\partial \phi^2} = 0. \tag{C.19}$$

この方程式は W を次のように変数分離することで解くことができます.

$$W(r, \theta, \phi) = R(r)\Theta(\theta)\Phi(\phi). \tag{C.20}$$

これを式 (C.19) に代入し $R\Theta\Phi$ で割って整理すると，

$$\frac{r^2}{R} \frac{d^2 R}{dr^2} + \frac{2r}{R} \frac{dR}{dr} = -\frac{1}{\Theta \sin\theta} \frac{d}{d\theta} \left(\sin\theta \frac{d\Theta}{d\theta} \right) - \frac{1}{\Phi \sin^2\theta} \frac{d^2 \Phi}{d\phi^2}. \tag{C.21}$$

この式は，r だけの関数である左辺と θ と ϕ だけの関数である右辺が常に等しいので定数となります. そこで，式 (C.21) を定数 $n(n+1)$ とおくと左辺から R についての次式を得ます.

$$\frac{d^2 R}{dr^2} + \frac{2}{r} \frac{dR}{dr} - \frac{n(n+1)}{r^2} R = 0.$$

この方程式の解は r^n と r^{-n-1} ですので，R は A_n と B_n を定数として次式となります.

$$R_n(r) = A_n r^n + B_n \frac{1}{r^{n+1}}. \tag{C.22}$$

定数として $n(n+1)$ とおいた式 (C.21) の右辺は，

$$\frac{\sin\theta}{\Theta} \frac{d}{d\theta} \left(\sin\theta \frac{d\Theta}{d\theta} \right) + n(n+1) \sin^2\theta = -\frac{1}{\Phi} \frac{d^2 \Phi}{d\phi^2} \tag{C.23}$$

となりますが，これも定数ですので m^2 とおき，右辺は次の Φ の方程式となります.

$$\frac{d^2 \Phi}{d\phi^2} + m^2 \Phi = 0.$$

この解は $\cos m\phi$ と $\sin m\phi$ ですので，Φ は C_m と D_m を定数として次式となります.

$$\Phi_m(\phi) = C_m \cos m\phi + D_m \sin m\phi. \tag{C.24}$$

最後に，m^2 とおいた式 (C.23) の左辺から次の Θ の方程式を得ます.

$$\frac{d^2 \Theta}{d\theta^2} + \frac{\cos\theta}{\sin\theta} \frac{d\Theta}{dt} + \left(n(n+1) - \frac{m^2}{\sin^2\theta} \right) \Theta = 0.$$

この方程式の解は特殊関数のルジャンドル陪関数で次式で与えられます.

$$\Theta_n^m(\theta) = P_n^m(\cos\theta). \tag{C.25}$$

結局, W は式 (C.22), (C.24), (C.25) を式 (C.20) に代入して次式で表されます.

$$W = \sum_{n=0}^{\infty}\sum_{m=0}^{n}\left(A_n^m r^n + B_n^m \frac{1}{r^{n+1}}\right)(C_n^m \cos m\phi + D_n^m \sin m\phi)\, P_n^m(\cos\theta). \tag{C.26}$$

地磁気の球関数表示

式 (C.26) の r の項を除く部分を球面調和関数といい, 理工学の多くの分野で使用されますが, ここでは r の項も含めて球関数ということにします. また, 地球内部起源の地磁気を表すポテンシャルだけを考え, 式 (C.26) を適用するに当たり以下の点を考慮します.

- $1/r^{n+1}$ と r^n の項は $r \to \infty$ でそれぞれゼロと無限大に収束するので, 地球内部起源としては前者のみを採用する.
- ポテンシャルが $1/r$ に比例する単磁荷は存在しないので, $1/r^{n+1}$ の項で $n = 0$ は除く.
- r は地球半径 a で規格化し, (r/a) の形にすると便利である.

これらを考慮して式 (C.26) を書き換えると, 地磁気のポテンシャルは次の形で表せます.

$$W = a\sum_{n=1}^{\infty}\sum_{m=0}^{n}\left(\frac{a}{r}\right)^{n+1}(g_n^m \cos m\phi + h_n^m \sin m\phi)\, P_n^m(\cos\theta). \tag{C.27}$$

係数の g_n^m と h_n^m はガウス係数とよばれ, 通常 nT (10^{-9} T) の単位で表します. なお, 先頭の a は W を空間微分したときにガウス係数以外は無次元にするためです. また, 地磁気の分野ではルジャンドル陪関数 $P_n^m(\cos\theta)$ として, シュミットによる擬正規化された関数を使用します.

式 (C.27) により地磁気を球関数で表すには, 観測値から最小二乗法によりガウス係数を決定します. 6.2 節に記した通り, 19 世紀中頃にガウスは初めてこの方法で $n= 4$ まで r^n の項も含めて解析し, 地磁気はそのほとんどが内部起源であり, 双極子磁場に近いことを示しました.

地球上の余緯度 θ, 東経 ϕ の地点での磁場の 3 成分 (B_r, B_θ, B_ϕ) は極座標系におけるナブラ,

$$\nabla = \left(\frac{\partial}{\partial r}, \frac{1}{r}\frac{\partial}{\partial\theta}, \frac{1}{r\sin\theta}\frac{\partial}{\partial\phi}\right)$$

を式 (C.27) の W に $-\nabla W$ として作用させ, $r = a$ とおくと求まります. さらに北, 東, 下向き成分, (X, Y, Z) に直すと以下の通りです.

$$\left.\begin{aligned}
X = -B_\theta &= \sum_{n=1}^{\infty}\sum_{m=0}^{n}(g_n^m \cos m\phi + h_n^m \sin m\phi)\frac{dP_n^m(\cos\theta)}{d\theta}, \\
Y = B_\phi &= \sum_{n=1}^{\infty}\sum_{m=0}^{n}m(g_n^m \sin m\phi - h_n^m \cos m\phi)\frac{P_n^m(\cos\theta)}{\sin\theta}, \\
Z = -B_r &= -\sum_{n=1}^{\infty}\sum_{m=0}^{n}(n+1)(g_n^m \cos m\phi + h_n^m \sin m\phi)P_n^m(\cos\theta).
\end{aligned}\right\} \tag{C.28}$$

付録 C　第 6 章の補足

C.5　マクスウェルの方程式と地下の電磁場

マクスウェルの方程式

静止，及び時間変動する電場 E，磁束密度 B，磁界（磁場）H，電束密度 D，電流密度 j，電荷密度 ρ についての基本法則であるマクスウェルの方程式は次の 4 つの式で表されます．

$$\nabla \times E = -\frac{\partial B}{\partial t}, \tag{C.29}$$

$$\nabla \times H = j + \frac{\partial D}{\partial t}, \tag{C.30}$$

$$\nabla \cdot D = \rho, \tag{C.31}$$

$$\nabla \cdot B = 0. \tag{C.32}$$

さらに，媒質の誘電率 ε，透磁率 μ，電気伝導度 σ を用いた次の 3 つの関係式があります．

$$D = \varepsilon E, \tag{C.33}$$

$$B = \mu H, \tag{C.34}$$

$$j = \sigma E. \tag{C.35}$$

真空中の電磁場

地下の電磁場の方程式を導く前に真空中の電磁場，即ち電磁波の方程式を示します．真空中では電荷密度も電流密度もゼロとし（$\rho = 0,\ j = 0$），式 (C.29) と (C.30) は，ε_0 と μ_0 を真空の誘電率と透磁率として，

$$\nabla \times E = -\mu_0 \frac{\partial H}{\partial t}, \tag{C.36}$$

$$\nabla \times H = \varepsilon_0 \frac{\partial E}{\partial t} \tag{C.37}$$

となります．まず，式 (C.31) と (C.33) から，

$$\nabla \cdot E = 0. \tag{C.38}$$

ここで，式 (C.36) の両辺の rot を取ると，左辺はベクトル演算子の恒等式（付録 C.2）と式 (C.38) から，

$$\nabla \times (\nabla \times E) = \nabla(\nabla \cdot E) - \nabla^2 E = -\nabla^2 E.$$

右辺は式 (C.37) から，

$$\nabla \times \left(-\mu_0 \frac{\partial H}{\partial t}\right) = -\mu_0 \frac{\partial}{\partial t} \nabla \times H = -\varepsilon_0 \mu_0 \frac{\partial^2 E}{\partial t^2}.$$

よって，電場に対する次の方程式を得ます．

$$\nabla^2 E = \varepsilon_0 \mu_0 \frac{\partial^2 E}{\partial t^2}. \tag{C.39}$$

同様にして，式 (C.32) より $\nabla \cdot H = 0$ ですので，式 (C.37) の rot を取り，式 (C.36) から磁界

312

に対する次の方程式となります.

$$\nabla^2 \boldsymbol{H} = \varepsilon_0 \mu_0 \frac{\partial^2 \boldsymbol{H}}{\partial t^2}. \tag{C.40}$$

式 (C.39) と (C.40) は 4.2 節の地震波に対する式 (4.13) と同じ波動方程式です. 従って, 電場と磁界は波動として速度,

$$\frac{1}{\sqrt{\varepsilon_0 \mu_0}} \approx 3 \times 10^8 \ \mathrm{m/s}$$

で伝搬します. これは光の速度 c と同じです.

地下の電磁場

地下の電磁場の変動は電荷密度をゼロ, 電流密度を有限として導きます. 但し, 式 (C.30) に含まれる変位電流 $\partial \boldsymbol{D}/\partial t$ は省略します. 理由は以下のように, 地下の電磁誘導では $\boldsymbol{j}$ に対して $\partial \boldsymbol{D}/\partial t$ は無視できるからです. いま, 電場の変動を角周波数 ω を用いて,

$$\boldsymbol{E} = \boldsymbol{E_0} e^{i\omega t}$$

と表すと, $|\partial \boldsymbol{D}/\partial t|$ の $|\boldsymbol{j}|$ に対する比は,

$$\left| \frac{\partial \boldsymbol{D}/\partial t}{\boldsymbol{j}} \right| = \left| \frac{\varepsilon (\partial \boldsymbol{E}/\partial t)}{\sigma \boldsymbol{E}} \right| = \left| \frac{\varepsilon \omega \boldsymbol{E_0} i e^{i\omega t}}{\sigma \boldsymbol{E_0} e^{i\omega t}} \right| = \frac{\varepsilon \omega}{\sigma} = \frac{2\pi \varepsilon}{\sigma T}$$

となります. 但し, T は周期です. 地下の誘電率と透磁率は真空の値とほぼ同じですので, 真空の誘電率 ε_0 と透磁率 μ_0 を使用します. ε_0 と μ_0 は光速 c と,

$$\varepsilon_0 \mu_0 = \frac{1}{c^2} \tag{C.41}$$

の関係があり, $c \approx 3 \times 10^8 \ \mathrm{m/s}$, $\mu_0 = 4\pi \times 10^{-7} \ \mathrm{N/A^2}$ より, $\varepsilon_0 = (1/36\pi) \times 10^{-9} \ \mathrm{F/m}$ となります. この値を用いると上の比は,

$$\frac{2\pi \varepsilon_0}{\sigma T} = \frac{1}{\sigma T} \times \frac{1}{18} \times 10^{-9}$$

となります. ここで, (i) 地殻やマントルの電気伝導度は大体 0.0001–$10 \ \mathrm{S/m}$ の範囲で, (ii) 観測する周期は通常 $0.001 \ \mathrm{s}$–$1 \ \mathrm{yr}$ の範囲ですので, 比が最大になるように値を取っても,

$$\frac{10^{-9}}{0.0001 \times 0.001 \times 18} = 5.56 \times 10^{-4}$$

となり, 電流密度に対して変位電流が無視できることが分かります.

結局, マクスウェルの方程式の最初の 2 式 (C.29) と (C.30) を改めて列挙すると,

$$\nabla \times \boldsymbol{E} = -\mu \frac{\partial \boldsymbol{H}}{\partial t}, \tag{C.42}$$

$$\nabla \times \boldsymbol{H} = \sigma \boldsymbol{E} \tag{C.43}$$

となります. 式 (C.42) は両辺の rot を取ると, 左辺は真空の場合と同様に $-\nabla^2 \boldsymbol{E}$ となり, 右辺には式 (C.43) を代入して次のようになります.

$$\nabla^2 \boldsymbol{E} = \mu \sigma \frac{\partial \boldsymbol{E}}{\partial t}. \tag{C.44}$$

313

付録 C　第 6 章の補足

同様にして式 (C.43) は両辺の rot を取り，式 (C.42) から次式となります．

$$\nabla^2 \boldsymbol{H} = \mu\sigma \frac{\partial \boldsymbol{H}}{\partial t}. \tag{C.45}$$

式 (C.44) と (C.45) は 5.3 節で扱った熱伝導方程式と同じ拡散方程式です．そのため，地表での電場と磁界の変動の大きさは地下では減少し，スキンデプス δ で $1/e$ になります．これらの方程式と 5.3 節の式 (5.28) や (5.41) と比較することで δ は次式となります．

$$\delta = \sqrt{\frac{2}{\omega\mu\sigma}}. \tag{C.46}$$

電磁場は地下電気伝導度が大きいほど，また周波数が高いほど浅い深さで減少します．

　ここで，地表を原点として深さ方向に z 軸を取り，電場も磁界も $\boldsymbol{E}(z,t)$, $\boldsymbol{H}(z,t)$ のように z と t だけの関数として方程式 (C.44) と (C.45) を解きます．まず，x と y についての偏微分はゼロとなることに留意して，式 (C.42) と (C.43) を成分で表すと次の関係式が得られます．

$$\left(-\frac{\partial E_y}{\partial z}, \frac{\partial E_x}{\partial z}, 0 \right) = -\mu \left(\frac{\partial H_x}{\partial t}, \frac{\partial H_y}{\partial t}, \frac{\partial H_z}{\partial t} \right), \tag{C.47}$$

$$\left(-\frac{\partial H_y}{\partial z}, \frac{\partial H_x}{\partial z}, 0 \right) = \sigma(E_x, E_y, E_z). \tag{C.48}$$

式 (C.48) から E_z はゼロとなります．

$$E_z = 0.$$

式 (C.47) 及び $\nabla \cdot \boldsymbol{H} = 0$（式 (C.32)）から，

$$\frac{\partial H_z}{\partial t} = \frac{\partial H_z}{\partial z} = 0$$

となり，H_z は t と z に対して一定で，変動部分だけを考えて H_z もゼロとします．

$$H_z = 0.$$

ここで，$\boldsymbol{E}$ の方向に x 軸を取ることにすると，

$$E_y = 0.$$

すると，式 (C.47) と (C.48) から，

$$\frac{\partial H_x}{\partial t} = \frac{\partial H_x}{\partial z} = 0$$

となり，H_x もゼロとします．

$$H_x = 0.$$

以上から，水平面内にある電場と磁界は直交していて，成分の添字は省略して，

$$\boldsymbol{E} = (E, 0, 0), \tag{C.49}$$

$$\boldsymbol{H} = (0, H, 0) \tag{C.50}$$

314

と表せます．また，式 (C.47) と (C.48) から，E と H には次の関係があります．

$$\frac{\partial E}{\partial z} = -\mu \frac{\partial H}{\partial t}, \tag{C.51}$$

$$\sigma E = -\frac{\partial H}{\partial z}. \tag{C.52}$$

改めて式 (C.44) と (C.45) を成分で表すと次の 2 つの方程式となります．

$$\frac{\partial^2 E}{\partial z^2} = \mu\sigma \frac{\partial E}{\partial t}, \tag{C.53}$$

$$\frac{\partial^2 H}{\partial z^2} = \mu\sigma \frac{\partial H}{\partial t}. \tag{C.54}$$

この方程式の解は式 (C.46) のスキンデプス δ を用いて次のように表せます．

$$E(z) = E_0 e^{-z/\delta} e^{i(\omega t - z/\delta)}, \tag{C.55}$$

$$H(z) = H_0 e^{-z/\delta} e^{i(\omega t - z/\delta)}. \tag{C.56}$$

ここで，電場の変動によって磁界の変動が現れると考え，H_0 を E_0 で表します．式 (C.55) と (C.56) を式 (C.52)（または式 (C.51)）に代入すると次式となります．

$$\sigma E_0 e^{-z/\delta} e^{i(\omega t - z/\delta)} = \frac{1+i}{\delta} H_0 e^{-z/\delta} e^{i(\omega t - z/\delta)}.$$

これに δ を代入し，$\sqrt{2}/(1+i) = e^{-i\pi/4}$ を用いて整理すると，

$$H_0 = \delta\sigma \frac{1}{1+i} E_0 = \sqrt{\frac{\sigma}{\omega\mu}} \frac{\sqrt{2}}{1+i} E_0 = \sqrt{\frac{\sigma}{\omega\mu}} e^{-i\pi/4} E_0.$$

簡単のために $E_0 = 1$ とすると，式 (C.55) と (C.56) は，

$$E(z) = e^{-z/\delta} e^{i(\omega t - z/\delta)}, \tag{C.57}$$

$$H(z) = \sqrt{\frac{\sigma}{\omega\mu}} e^{-z/\delta} e^{i(\omega t - z/\delta - \pi/4)} \tag{C.58}$$

となり，z に対する減衰の割合は E も H も同じですが，H の位相が $45°$ 遅れていることが分かります．この 2 つの式から，地表 ($z = 0$) で測定した電場と磁界の大きさの比から地下の電気伝導度 σ または比抵抗 ρ を決定する次式が導かれます．

$$\rho = \frac{1}{\sigma} = \frac{1}{\omega\mu} \left| \frac{E}{H} \right|^2. \tag{C.59}$$

実際の観測では磁束密度 B を測定することが多いので，次式を用いると便利です．

$$\rho = \frac{1}{\sigma} = \frac{\mu}{\omega} \left| \frac{E}{B} \right|^2. \tag{C.60}$$

なお，これらの式では比抵抗を式 (C.31) に含まれる電荷密度と同じ記号としていますが，地磁気の分野では電荷密度をゼロとしますので混同は避けられます．

315

C.6 球面三角法の主な公式

以下に球面三角法の主な公式をまとめます．球面三角形は球面上の3本の大円によって囲まれた図形です．図 C.4(a) は球の半径が 1 の場合で，辺の長さと辺を見込む角度は同じ値です．図の (b) と (c) は球の中心 O を省略した図で，(b) 一般の球面三角形と (c) 直角球面三角形です．球面三角法の主な公式は，図 (b) の一般の球面三角形については次の通りで，正弦定理を除き変数は順次並べ替え（輪環）が可能です．

$$\frac{\sin a}{\sin A} = \frac{\sin b}{\sin B} = \frac{\sin c}{\sin C}, \quad （正弦定理）$$
$$\cos a = \cos b \cos c + \sin b \sin c \cos A, \quad （余弦定理）$$
$$\cos A = -\cos B \cos C + \sin B \sin C \cos a, \quad （余弦定理）$$
$$\sin a \cos B = \cos b \sin c - \sin b \cos c \cos A, \quad （正弦余弦定理）$$
$$\cot a \sin b = \cos b \cos C + \sin C \cot A, \quad （余接定理）$$
$$\cot b \sin a = \cos a \cos C + \sin C \cot B. \quad （余接定理）$$

図 C.4(c) の $\angle C = 90°$ の直角球面三角形については，正弦定理は次のようになります．

$$\frac{\sin a}{\sin A} = \frac{\sin b}{\sin B} = \sin c.$$

正弦余弦定理において，$a \to b$，$A \to B$，$\cdots$ などと記号を並べ替え，$C = 90°$ とすると次の公式が得られます．

$$\tan a = \tan c \cos B.$$

これらの直角球面三角形についての公式は天球上の天体の位置を表す際に有用です．

なお，球面三角形の内角の和は $180°$ より大きいです．このことは，球の半径を r として次式で表される球面三角形の面積 S が常に正であることから分かります．

$$S = (A + B + C - \pi)r^2.$$

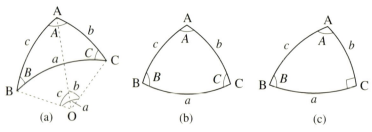

図 C.4 (a) 球面上の 3 本の大円による球面三角形 ABC（球の半径が 1 の場合）．(b) と (c) は球の中心 O を省略した図で，(b) は一般の球面三角形，(c) は直角球面三角形です．

付録 D

第7章の補足

球面上のプレートテクトニクスの幾何学を理
解するために必要な回転行列や座標変換について
補足します：

D.1 線形変換に基づく回転行列の導出，及びロ
ドリゲスの回転公式

D.2 回転行列に対応するオイラー極と回転角

D.3 地心直交座標 (x-y-z) と局地座標 (n-e-d)
の変換行列

D.1 線形変換に基づく回転行列の導出

2次元の回転行列

2次元の回転行列については付録 A.2 で幾何学に基づいて導きましたが，ここでは線形変換に基づく導出を解説します．

線形代数ではベクトルの回転は線形変換であり，行列で表します．図 D.1(a) よりベクトル $\boldsymbol{r}=(x,y)$ は基底ベクトル $\boldsymbol{e}_1=(1,0)$ と $\boldsymbol{e}_2=(0,1)$ を用いて，

$$\boldsymbol{r} = x\boldsymbol{e}_1 + y\boldsymbol{e}_2 \tag{D.1}$$

と表せます．A を回転の線形変換とすると，角度 θ 回転後のベクトル $\boldsymbol{r}'=(x',y')$ は，

$$\boldsymbol{r}' = A\boldsymbol{r} = A(x\boldsymbol{e}_1 + y\boldsymbol{e}_2) = xA\boldsymbol{e}_1 + yA\boldsymbol{e}_2 \tag{D.2}$$

となります．また，回転後の基底ベクトル $A\boldsymbol{e}_1$ と $A\boldsymbol{e}_2$ はそれぞれ図 D.1(b) より $(\cos\theta,\sin\theta)$ と $(-\sin\theta,\cos\theta)$ ですので，

$$A\boldsymbol{e}_1 = \cos\theta\boldsymbol{e}_1 + \sin\theta\boldsymbol{e}_2, \quad A\boldsymbol{e}_2 = -\sin\theta\boldsymbol{e}_1 + \cos\theta\boldsymbol{e}_2 \tag{D.3}$$

のように $\boldsymbol{e}_1$ と $\boldsymbol{e}_2$ を用いて表されます．式 (D.3) を式 (D.2) に代入して，

$$\boldsymbol{r}' = [(\cos\theta)x - (\sin\theta)y]\boldsymbol{e}_1 + [(\sin\theta)x + (\cos\theta)y]\boldsymbol{e}_2$$

となります．$\boldsymbol{r}' = x'\boldsymbol{e}_1 + y'\boldsymbol{e}_2$ ですので，

$$x' = (\cos\theta)x - (\sin\theta)y, \quad y' = (\sin\theta)x + (\cos\theta)y$$

の関係を得ます．これをベクトルの縦表記で表すと，

$$\begin{pmatrix} x' \\ y' \end{pmatrix} = \begin{pmatrix} \cos\theta & -\sin\theta \\ \sin\theta & \cos\theta \end{pmatrix} \begin{pmatrix} x \\ y \end{pmatrix}$$

ですので，回転行列は次のようになります．

$$A = \begin{pmatrix} \cos\theta & -\sin\theta \\ \sin\theta & \cos\theta \end{pmatrix}. \tag{D.4}$$

この行列は回転後の基底ベクトル $A\boldsymbol{e}_1$ と $A\boldsymbol{e}_2$ を縦表記にして横に並べた形になっています．一

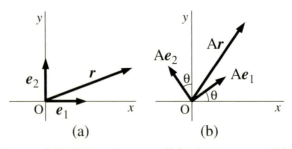

図 D.1　2次元におけるベクトル $\boldsymbol{r}$ と基底ベクトル $\boldsymbol{e}_1, \boldsymbol{e}_2$ の回転．

般に，回転後の基底ベクトルを $\boldsymbol{f}_1$ と $\boldsymbol{f}_2$ で表すと回転行列は次のように表せます．

$$A = \begin{pmatrix} \boldsymbol{f}_1 & \boldsymbol{f}_2 \end{pmatrix} = \begin{pmatrix} f_{1x} & f_{2x} \\ f_{1y} & f_{2y} \end{pmatrix}.$$

3次元の回転行列

3次元の場合も同様に，回転後の基底ベクトル $A\boldsymbol{e}_1, A\boldsymbol{e}_2, A\boldsymbol{e}_3$ をそれぞれ $\boldsymbol{f}_1, \boldsymbol{f}_2, \boldsymbol{f}_3$ とおくと，回転後のベクトル $\boldsymbol{r}'$ は，

$$\boldsymbol{r}' = A\boldsymbol{r} = A(x\boldsymbol{e}_1 + y\boldsymbol{e}_2 + z\boldsymbol{e}_3) = x\boldsymbol{f}_1 + y\boldsymbol{f}_2 + z\boldsymbol{f}_3$$

ですので，$\boldsymbol{r}'$ や $\boldsymbol{r}$ を縦表記として，ベクトル $\boldsymbol{r}$ の回転は次式で表せます．

$$\boldsymbol{r}' = \begin{pmatrix} \boldsymbol{f}_1 & \boldsymbol{f}_2 & \boldsymbol{f}_3 \end{pmatrix} \boldsymbol{r}. \tag{D.5}$$

これを成分で表示すると次のようになります．

$$\begin{pmatrix} x' \\ y' \\ z' \end{pmatrix} = \begin{pmatrix} f_{1x} & f_{2x} & f_{3x} \\ f_{1y} & f_{2y} & f_{3y} \\ f_{1z} & f_{2z} & f_{3z} \end{pmatrix} \begin{pmatrix} x \\ y \\ z \end{pmatrix}. \tag{D.6}$$

3次元直交座標系でベクトルを1つの座標軸の回りに回転する場合，回転後の基底ベクトルを図 D.2 から求めて回転行列を導きます．例えば，図 D.2(a) の z 軸の回りの回転では，

$$\boldsymbol{f}_1 = (\cos\theta, \sin\theta, 0), \quad \boldsymbol{f}_2 = (-\sin\theta, \cos\theta, 0), \quad \boldsymbol{f}_3 = (0, 0, 1)$$

ですので，回転行列 A_z は式 (D.6) より，

$$A_z = \begin{pmatrix} \cos\theta & -\sin\theta & 0 \\ \sin\theta & \cos\theta & 0 \\ 0 & 0 & 1 \end{pmatrix}$$

となります．同様にして，x 軸と y 軸の回りの回転行列は次のようになります．

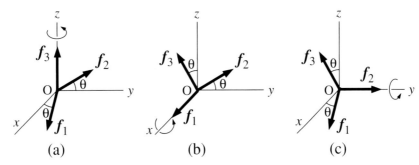

図 D.2　3次元基底ベクトルの1つの座標軸の回りの回転．(a) は z 軸，(b) は x 軸，(c) は y 軸の回りに θ 回転した様子を示す．

$$A_x = \begin{pmatrix} 1 & 0 & 0 \\ 0 & \cos\theta & -\sin\theta \\ 0 & \sin\theta & \cos\theta \end{pmatrix}, \quad A_y = \begin{pmatrix} \cos\theta & 0 & \sin\theta \\ 0 & 1 & 0 \\ -\sin\theta & 0 & \cos\theta \end{pmatrix}.$$

ロドリゲスの回転公式と回転行列

任意の軸の回りの回転を表す一般的なオイラー回転については，シュミットネットを用いた幾何学的な方法を 6.5 節の問題 6.5.2 で扱いました．また，その回転を表す回転行列を 7.3 節の式 (7.4) に示しました．この式は幾何学的方法の 5 段階の手順のそれぞれに対応した 5 つの 3 次元回転行列を掛け合わせることで導くことができます．しかし，式の変形は大変複雑ですので，ここではロドリゲスの回転公式とよばれるベクトル表現の回転公式を利用して導出します．

ベクトル表現の回転公式の導出

図 D.3(a) は OP で表されるベクトル r が単位ベクトル u の方向の OQ の回りに角 θ 回転する様子で，回転後のベクトル r' は OP$'$ です．図 D.3(b) は u を真上から見た様子で，QP と QP$'$ をベクトル d と d' とします．ベクトル積 $u \times d$ は u と d に垂直で QPP$'$ のなす平面内にあります．図の (a) から，

$$r' = \overrightarrow{\text{OQ}} + \overrightarrow{\text{QP}'}. \tag{D.7}$$

OQ は r の u への射影ですので，

$$\overrightarrow{\text{OQ}} = (r \cdot u)u. \tag{D.8}$$

図 (b) のベクトル d は，図 (a) の QP を OP と OQ で表して，

$$d = \overrightarrow{\text{QP}} = \overrightarrow{\text{OP}} - \overrightarrow{\text{OQ}}$$
$$= r - (r \cdot u)u. \tag{D.9}$$

図 (b) で，$|d| = |d'| = |u \times d|$ であり，d と $u \times d$ は垂直ですので，

$$\overrightarrow{\text{QP}'} = d' = \cos\theta\, d + \sin\theta\,(u \times d).$$

これに式 (D.9) を代入し，$u \times u = 0$ に注意して変形すると，

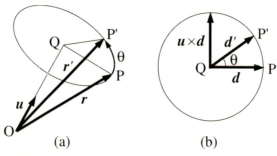

図 D.3　ロドリゲスの回転公式の導出．(a) ベクトル r が単位ベクトル u の回りに角 θ 回転する見取り図．(b) u を真上から見た平面図．

$$\overrightarrow{\mathrm{QP'}} = \cos\theta \boldsymbol{r} - \cos\theta(\boldsymbol{r}\cdot\boldsymbol{u})\boldsymbol{u} + \sin\theta(\boldsymbol{u}\times\boldsymbol{r}) \tag{D.10}$$

となります．式 (D.8), (D.10) を式 (D.7) に代入し，次のロドリゲスの回転公式を得ます．

$$\boldsymbol{r'} = (1-\cos\theta)(\boldsymbol{r}\cdot\boldsymbol{u})\boldsymbol{u} + \cos\theta \boldsymbol{r} + \sin\theta(\boldsymbol{u}\times\boldsymbol{r}). \tag{D.11}$$

回転行列の導出

まず，直交座標系 x-y-z における基底ベクトル $\boldsymbol{e}_1$, $\boldsymbol{e}_2$, $\boldsymbol{e}_3$ を式 (D.11) に従って回転させ，回転後の基底ベクトル $\boldsymbol{f}_1$, $\boldsymbol{f}_2$, $\boldsymbol{f}_3$ とします．そして，次式に従って回転行列を決定します．

$$A = \begin{pmatrix} \boldsymbol{f}_1 & \boldsymbol{f}_2 & \boldsymbol{f}_3 \end{pmatrix} = \begin{pmatrix} f_{1x} & f_{2x} & f_{3x} \\ f_{1y} & f_{2y} & f_{3y} \\ f_{1z} & f_{2z} & f_{3z} \end{pmatrix}. \tag{D.12}$$

式 (D.11) の $\boldsymbol{r}$ に $\boldsymbol{e}_1 = (1,0,0)$ を代入し，次のベクトルの内積と外積の公式，

$$\boldsymbol{a}\cdot\boldsymbol{b} = \begin{pmatrix} a_x \\ a_y \\ a_z \end{pmatrix} \cdot \begin{pmatrix} b_x \\ b_y \\ b_z \end{pmatrix} = \begin{pmatrix} a_x b_x \\ a_y b_y \\ a_z b_z \end{pmatrix},$$

$$\boldsymbol{a}\times\boldsymbol{b} = \begin{pmatrix} a_x \\ a_y \\ a_z \end{pmatrix} \times \begin{pmatrix} b_x \\ b_y \\ b_z \end{pmatrix} = \begin{pmatrix} a_y b_z - a_z b_y \\ a_z b_x - a_x b_z \\ a_x b_y - a_y b_x \end{pmatrix}.$$

を利用して計算すると $\boldsymbol{r'}$ として $\boldsymbol{f}_1$ は次のようになります．

$$\begin{pmatrix} f_{1x} \\ f_{1y} \\ f_{1z} \end{pmatrix} = (1-\cos\theta)u_x \begin{pmatrix} u_x \\ u_y \\ u_z \end{pmatrix} + \cos\theta \begin{pmatrix} 1 \\ 0 \\ 0 \end{pmatrix} + \sin\theta \begin{pmatrix} 0 \\ u_z \\ -u_y \end{pmatrix}$$

$$= \begin{pmatrix} u_x u_x(1-\cos\theta) + \cos\theta \\ u_y u_x(1-\cos\theta) + u_z\sin\theta \\ u_z u_x(1-\cos\theta) - u_y\sin\theta \end{pmatrix}.$$

同様にして，$\boldsymbol{e}_2$ と $\boldsymbol{e}_3$ から $\boldsymbol{f}_2$ と $\boldsymbol{f}_3$ を求め，式 (D.12) から回転行列は次のようになります．

$$\begin{pmatrix} u_x u_x(1-\cos\theta) + \cos\theta & u_x u_y(1-\cos\theta) - u_z\sin\theta & u_x u_z(1-\cos\theta) + u_y\sin\theta \\ u_y u_x(1-\cos\theta) + u_z\sin\theta & u_y u_y(1-\cos\theta) + \cos\theta & u_y u_z(1-\cos\theta) - u_x\sin\theta \\ u_z u_x(1-\cos\theta) - u_y\sin\theta & u_z u_y(1-\cos\theta) + u_x\sin\theta & u_z u_z(1-\cos\theta) + \cos\theta \end{pmatrix}. \tag{D.13}$$

D.2　回転行列に対応するオイラー極と回転角

回転行列が数値などで与えられたとき，対応するオイラー極と回転角を求める式を導きます．

付録 D 第 7 章の補足

これは，例えば複数回の段階回転を 1 回の全回転で表したいときに使用できます.

地球中心を原点とする直交座標は，x と y を赤道上でそれぞれ経度が $0°$ と $90°$E，z を北極の方向へ取ります. 求めるオイラー極の緯度と経度を (λ, ϕ)，その方向の単位ベクトルを $\boldsymbol{u}$，回転角を θ とします. オイラー極の緯度経度は単位ベクトルの成分で次式で表されます.

$$\sin \lambda = \frac{u_z}{\sqrt{u_x^2 + u_y^2 + u_z^2}} = u_z, \quad (-90° \leq \lambda \leq 90°) \tag{D.14}$$

$$\tan \phi = \frac{u_y}{u_x}. \quad (-180° \leq \phi \leq 180°) \tag{D.15}$$

式 (D.15) で経度 ϕ を求めるときは逆正接関数の角度の任意性に注意する必要があり，同様の理由からここでは回転角 θ を次の範囲に限定します.

$$0° \leq \theta \leq 180°. \tag{D.16}$$

いま，任意の回転行列 A を

$$A = \begin{pmatrix} a_{11} & a_{12} & a_{13} \\ a_{21} & a_{22} & a_{23} \\ a_{31} & a_{32} & a_{33} \end{pmatrix}$$

とするとき，これを対応する $\boldsymbol{u}$ と θ で表すと次の通りです（式 (D.13)）.

$$\begin{pmatrix} u_x u_x(1-\cos\theta) + \cos\theta & u_x u_y(1-\cos\theta) - u_z\sin\theta & u_x u_z(1-\cos\theta) + u_y\sin\theta \\ u_y u_x(1-\cos\theta) + u_z\sin\theta & u_y u_y(1-\cos\theta) + \cos\theta & u_y u_z(1-\cos\theta) - u_x\sin\theta \\ u_z u_x(1-\cos\theta) - u_y\sin\theta & u_z u_y(1-\cos\theta) + u_x\sin\theta & u_z u_z(1-\cos\theta) + \cos\theta \end{pmatrix}.$$

これらの 2 つの行列から各成分の対称性を考慮して次式が得られます.

$$a_{32} - a_{23} = 2u_x \sin\theta, \tag{D.17}$$

$$a_{13} - a_{31} = 2u_y \sin\theta, \tag{D.18}$$

$$a_{21} - a_{12} = 2u_z \sin\theta. \tag{D.19}$$

式 (D.15), (D.17), (D.18) から経度 ϕ は次式で求まります.

$$\tan\phi = \frac{a_{13} - a_{31}}{a_{32} - a_{23}}. \tag{D.20}$$

前述の角度の任意性については，$\sin\theta \geq 0$ ですので式 (D.17) と (D.18) の正負で判断し，$-180° \leq \phi \leq 180°$ とします. また，$u_x^2 + u_y^2 + u_z^2 = 1$ を考慮して式 (D.17)–(D.19) から，

$$\sqrt{(a_{32} - a_{23})^2 + (a_{13} - a_{31})^2 + (a_{21} - a_{12})^2} = 2\sin\theta \tag{D.21}$$

ですが，この式と (D.19), (D.14) から緯度 λ を求める次式を得ます.

$$\sin\lambda = \frac{a_{21} - a_{12}}{\sqrt{(a_{32} - a_{23})^2 + (a_{13} - a_{31})^2 + (a_{21} - a_{12})^2}}. \tag{D.22}$$

回転角 θ の決定は，式 (D.21) ではなく対角成分の和から導かれる次式，

322

$$a_{11} + a_{22} + a_{33} - 1 = 2\cos\theta \tag{D.23}$$

を使用して $0° \leq \theta \leq 180°$ として求めます．但し，行列の各成分 a_{ij} は誤差を含むことが多いので，多くの情報を利用するために，式 (D.21) と (D.23) を組み合わせ，θ は次式から求める方がよいかも知れません．

$$\tan\theta = \frac{\sqrt{(a_{32} - a_{23})^2 + (a_{13} - a_{31})^2 + (a_{21} - a_{12})^2}}{a_{11} + a_{22} + a_{33} - 1}. \tag{D.24}$$

この場合は，$0° \leq \theta \leq 180°$ となるように注意が必要です．

D.3　地心直交座標 (*x*-*y*-*z*) と局地座標 (*n*-*e*-*d*) の変換行列

1 つのベクトルを異なる 2 つの直交座標で表すときの座標の変換行列を導きます．原点 O を地球中心とし赤道上で 0°E と 90°E の方向を x と y，自転軸の北極方向を z とした座標系（地心直交座標系）を *x*-*y*-*z* 座標とします．また，（緯度，経度）が (λ, ϕ) の地点を原点とし北，東，鉛直下を n, e, d 軸とする局地座標系を *n*-*e*-*d* 座標とします．

図 D.4 のように，*x*-*y*-*z* 座標系の基底ベクトルを $\boldsymbol{i}$, $\boldsymbol{j}$, $\boldsymbol{k}$，*n*-*e*-*d* 座標系の基底ベクトルを $\boldsymbol{n}$, $\boldsymbol{e}$, $\boldsymbol{d}$ で表します．任意のベクトル $\boldsymbol{v}$ は次のように 2 通りに表すことができます．

$$\boldsymbol{v} = v_x \boldsymbol{i} + v_y \boldsymbol{j} + v_z \boldsymbol{k} = v_n \boldsymbol{n} + v_e \boldsymbol{e} + v_d \boldsymbol{d}.$$

これより v_x, v_y, v_z は，

$$v_x = \boldsymbol{v} \cdot \boldsymbol{i} = v_n \boldsymbol{n} \cdot \boldsymbol{i} + v_e \boldsymbol{e} \cdot \boldsymbol{i} + v_d \boldsymbol{d} \cdot \boldsymbol{i},$$
$$v_y = \boldsymbol{v} \cdot \boldsymbol{j} = v_n \boldsymbol{n} \cdot \boldsymbol{j} + v_e \boldsymbol{e} \cdot \boldsymbol{j} + v_d \boldsymbol{d} \cdot \boldsymbol{j},$$
$$v_z = \boldsymbol{v} \cdot \boldsymbol{k} = v_n \boldsymbol{n} \cdot \boldsymbol{k} + v_e \boldsymbol{e} \cdot \boldsymbol{k} + v_d \boldsymbol{d} \cdot \boldsymbol{k}$$

となるので，次の座標の変換行列を導入します．

$$A = \begin{pmatrix} \boldsymbol{n} \cdot \boldsymbol{i} & \boldsymbol{e} \cdot \boldsymbol{i} & \boldsymbol{d} \cdot \boldsymbol{i} \\ \boldsymbol{n} \cdot \boldsymbol{j} & \boldsymbol{e} \cdot \boldsymbol{j} & \boldsymbol{d} \cdot \boldsymbol{j} \\ \boldsymbol{n} \cdot \boldsymbol{k} & \boldsymbol{e} \cdot \boldsymbol{k} & \boldsymbol{d} \cdot \boldsymbol{k} \end{pmatrix}. \tag{D.25}$$

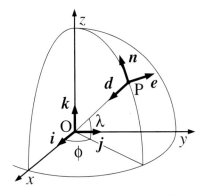

図 D.4　地心直交座標系 *x*-*y*-*z* と局地座標系 *n*-*e*-*d*．

付録 D　第 7 章の補足

そこで同じベクトルを局地座標で表したものを $\boldsymbol{v}_L$ とすると，局地座標から地心直交座標への変換は次式となります．

$$\boldsymbol{v} = A\boldsymbol{v}_L. \tag{D.26}$$

同様にして，$v_n,\ v_e,\ v_d$ は，

$$v_n = \boldsymbol{v} \cdot \boldsymbol{n} = v_x \boldsymbol{i} \cdot \boldsymbol{n} + v_y \boldsymbol{j} \cdot \boldsymbol{n} + v_z \boldsymbol{k} \cdot \boldsymbol{n},$$
$$v_e = \boldsymbol{v} \cdot \boldsymbol{e} = v_x \boldsymbol{i} \cdot \boldsymbol{e} + v_y \boldsymbol{j} \cdot \boldsymbol{e} + v_z \boldsymbol{k} \cdot \boldsymbol{e},$$
$$v_d = \boldsymbol{v} \cdot \boldsymbol{d} = v_x \boldsymbol{i} \cdot \boldsymbol{d} + v_y \boldsymbol{j} \cdot \boldsymbol{d} + v_z \boldsymbol{k} \cdot \boldsymbol{d}$$

となり，変換行列は A の転置行列です．

$$
{}^t A = \begin{pmatrix} \boldsymbol{n} \cdot \boldsymbol{i} & \boldsymbol{n} \cdot \boldsymbol{j} & \boldsymbol{n} \cdot \boldsymbol{k} \\ \boldsymbol{e} \cdot \boldsymbol{i} & \boldsymbol{e} \cdot \boldsymbol{j} & \boldsymbol{e} \cdot \boldsymbol{k} \\ \boldsymbol{d} \cdot \boldsymbol{i} & \boldsymbol{d} \cdot \boldsymbol{j} & \boldsymbol{d} \cdot \boldsymbol{k} \end{pmatrix}. \tag{D.27}
$$

よって，$\boldsymbol{v}$ の地心直交座標から局地座標への変換は次式となります．

$$\boldsymbol{v}_L = {}^t A \boldsymbol{v}. \tag{D.28}$$

ここで，

$$
\boldsymbol{i} = \begin{pmatrix} 1 \\ 0 \\ 0 \end{pmatrix},\ \boldsymbol{j} = \begin{pmatrix} 0 \\ 1 \\ 0 \end{pmatrix},\ \boldsymbol{k} = \begin{pmatrix} 0 \\ 0 \\ 1 \end{pmatrix},\qquad \boldsymbol{n} = \begin{pmatrix} n_x \\ n_y \\ n_z \end{pmatrix},\ \boldsymbol{e} = \begin{pmatrix} e_x \\ e_y \\ e_z \end{pmatrix},\ \boldsymbol{d} = \begin{pmatrix} d_x \\ d_y \\ d_z \end{pmatrix}
$$

を式 (D.25) と (D.27) へ代入すると，各変換行列は次のようになります．

$$
A = \begin{pmatrix} n_x & e_x & d_x \\ n_y & e_y & d_y \\ n_z & e_z & d_z \end{pmatrix}, \tag{D.29}
$$

$$
{}^t A = \begin{pmatrix} n_x & n_y & n_z \\ e_x & e_y & e_z \\ d_x & d_y & d_z \end{pmatrix}. \tag{D.30}
$$

次に，これらの行列の各成分を n-e-d 座標の原点の緯度経度 (λ, ϕ) で表しますが，基底ベクトル $\boldsymbol{n}, \boldsymbol{e}, \boldsymbol{d}$ の各成分は幾何学を用いて容易に決定できます．例えば，ベクトル $\boldsymbol{n}$ は図 D.4 のように経度 ϕ の子午面上にあり，z 軸への射影の大きさは $\cos\lambda$ ですので，$n_z = \cos\lambda$ となります．また，$\boldsymbol{n}$ の x-y 面への射影の大きさは $\sin\lambda$ で，さらに x 軸と y 軸へ射影し，正負も考慮して，$n_x = -\sin\lambda\cos\phi$, $n_y = -\sin\lambda\sin\phi$ となります．$\boldsymbol{e}$ と $\boldsymbol{d}$ も同様にして，結局 $\boldsymbol{n}, \boldsymbol{e}, \boldsymbol{d}$ の各成分は次式となります．

$$
\begin{aligned}
n_x &= -\sin\lambda\cos\phi, & n_y &= -\sin\lambda\sin\phi, & n_z &= \cos\lambda, \\
e_x &= -\sin\phi, & e_y &= \cos\phi, & e_z &= 0, \\
d_x &= -\cos\lambda\cos\phi, & d_y &= -\cos\lambda\sin\phi, & d_z &= -\sin\lambda,
\end{aligned}
$$

324

これらを式 (D.29) に代入し，式 (D.26) より v_L の局地座標から地心直交座標への変換は，

$$
\begin{pmatrix} v_x \\ v_y \\ v_z \end{pmatrix} = \begin{pmatrix} -\sin\lambda\cos\phi & -\sin\phi & -\cos\lambda\cos\phi \\ -\sin\lambda\sin\phi & \cos\phi & -\cos\lambda\sin\phi \\ \cos\lambda & 0 & -\sin\lambda \end{pmatrix} \begin{pmatrix} v_n \\ v_e \\ v_d \end{pmatrix} \tag{D.31}
$$

となります．同様に，式 (D.30) と (D.28) より v の地心直交座標から局地座標への変換は次式となります．

$$
\begin{pmatrix} v_n \\ v_e \\ v_d \end{pmatrix} = \begin{pmatrix} -\sin\lambda\cos\phi & -\sin\lambda\sin\phi & \cos\lambda \\ -\sin\phi & \cos\phi & 0 \\ -\cos\lambda\cos\phi & -\cos\lambda\sin\phi & -\sin\lambda \end{pmatrix} \begin{pmatrix} v_x \\ v_y \\ v_z \end{pmatrix}. \tag{D.32}
$$

なお，ベクトル n, e, d の各成分は以下のようにしても求めることができます．図 D.4 から基底ベクトル n-e-d は i-j-k を，(1) y 軸の回りに $-(90° + \lambda)$ 回転（$+y$ から見て時計回り）してから，(2) z 軸の回りに ϕ 回転（$+z$ から見て反時計回り）すると得られます（原点の平行移動は考慮しません）．回転行列 T は 7.3 節の式 (7.2) の A_y と A_z を利用すると次のようになります．

$$
\begin{aligned}
T &= \begin{pmatrix} \cos\phi & -\sin\phi & 0 \\ \sin\phi & \cos\phi & 0 \\ 0 & 0 & 1 \end{pmatrix} \begin{pmatrix} \cos(-(90°+\lambda)) & 0 & \sin(-(90°+\lambda)) \\ 0 & 1 & 0 \\ -\sin(-(90°+\lambda)) & 0 & \cos(-(90°+\lambda)) \end{pmatrix} \\
&= \begin{pmatrix} -\sin\lambda\cos\phi & -\sin\phi & -\cos\lambda\cos\phi \\ -\sin\lambda\sin\phi & \cos\phi & -\cos\lambda\sin\phi \\ \cos\lambda & 0 & -\sin\lambda \end{pmatrix}.
\end{aligned}
$$

付録 D.1 の式 (D.5) や (D.12) によると，この回転行列 T の第 1 列，第 2 列，第 3 列はそれぞれ基底ベクトル n, e, d となります．結局，この回転行列 T は式 (D.29) の A を表します．

付録 E

用紙類と地図投影法補足

各種グラフ用紙をまとめ，球面上の投影法について補足します：

E.1–E.3, E.5 問題解答用各種グラフ用紙

E.4 球面上の図形の投影，及びシュミットネットの用紙類

E.6 国際標準地球磁場 2020 年（IGRF 2020）

E.7 古地理図の用紙（インド大陸の古緯度）

E.8 オイラー極中心の世界地図（ヨーロッパと北米の APWP）

付録 E 用紙類と地図投影法補足

E.1 両対数グラフ用紙（問題 1.1.1）

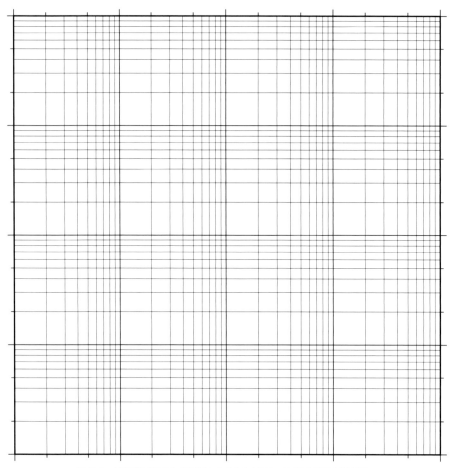

図 E.1 両対数グラフ（問題 1.1.1：ケプラーの第 3 法則確認用）．

E.2 片対数グラフ用紙（問題 1.1.2）

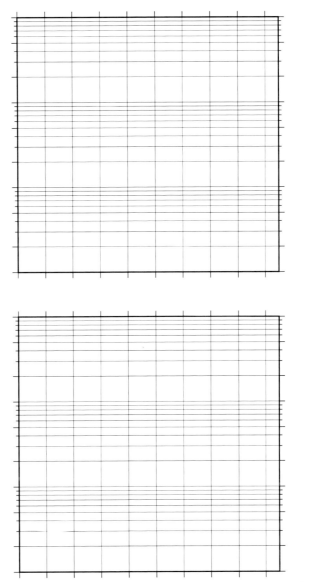

図 E.2 片対数グラフ（問題 1.1.2：惑星軌道半径と等比数列の確認用）．

E.3 両対数グラフ用紙（問題 1.3.4）

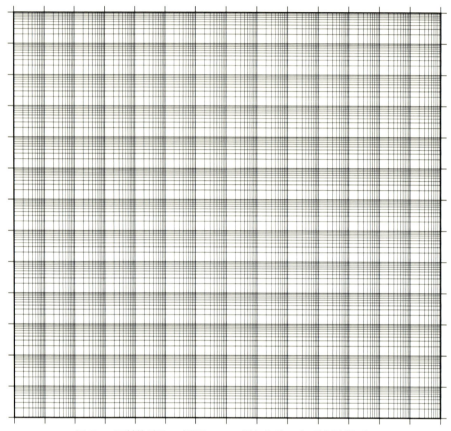

図 E.3 両対数グラフ（問題 1.3.4：磁気的ボーデの法則確認用）．

E.4 球面上の図形の投影

ランベルト等面積投影

　地学分野で使用される主な投影法はランベルト等面積投影とステレオ投影です．まず，面積が正しく投影されるランベルト等面積投影法の原理を説明します [Maling 1973]．図 E.4(a) は地球を模した半径 R の球で，N と G はそれぞれ北極と経度 0° 方向，ABCD は微小面積の図形です．図の (b) は微小な図形 ABCD が図形 abcd に投影された様子を示します．これらの図形が投影前後で等面積となる条件は，距離の比 $\overline{\mathrm{ab}}/\overline{\mathrm{AB}}$ と $\overline{\mathrm{ad}}/\overline{\mathrm{AD}}$ の積が 1 となることです．

$$\frac{\overline{\mathrm{ab}}}{\overline{\mathrm{AB}}} \times \frac{\overline{\mathrm{ad}}}{\overline{\mathrm{AD}}} = \frac{dr}{Rd\theta} \times \frac{rd\phi}{R\sin\theta d\phi} = \frac{dr}{Rd\theta} \times \frac{r}{R\sin\theta} = 1.$$

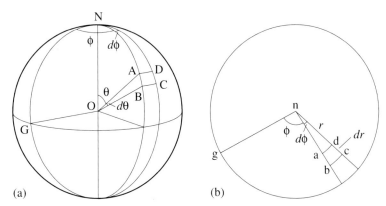

図 E.4 (a) 半径 R の球面上の微小図形 ABCD と (b) 投影後の図形 abcd.

これより，
$$rdr = R^2 \sin\theta d\theta.$$

これを積分し，積分定数を C とおくと，
$$\frac{r^2}{2} = -R^2 \cos\theta + C.$$

$\theta = 0$ で $r = 0$ より $C = R^2$ となるので，
$$r^2 = 2R^2(1 - \cos\theta) = 4R^2 \sin^2\frac{\theta}{2},$$
$$r = 2R\sin\frac{\theta}{2}. \tag{E.1}$$

なお，地磁気の分野などでは $\theta \leq 90°$ で使用しますが，世界地図では $180°$ まで投影することもあり，その際は北極中心の図では南極点が地図の全周となります．また，投影後の円の半径が $\theta = 90°$ で球の半径 R と等しくなるように式 (E.1) を次のように表すこともあります．
$$r = \sqrt{2}R\sin\frac{\theta}{2}. \tag{E.2}$$

ステレオ投影

図形の形が変わらないステレオ投影を表す式は図 E.4 の微小な図形 ABCD と abcd が相似の条件から導きます．即ち，$\overline{ab}/\overline{AB} = \overline{ad}/\overline{AD}$ より，
$$\frac{dr}{Rd\theta} = \frac{rd\phi}{R\sin\theta d\phi},$$
$$\frac{dr}{r} = \frac{d\theta}{\sin\theta}.$$

この式は，
$$t = \tan\frac{\theta}{2}$$

とおくと，

$$\sin\theta = \frac{2t}{1+t^2}, \quad d\theta = \frac{2}{1+t^2}dt$$

となり，C を定数として積分します．

$$\frac{dr}{r} = \frac{dt}{t},$$
$$\log r = \log t + \log C,$$
$$r = Ct = C\tan\frac{\theta}{2}.$$

$\theta = 90°$ で $r = R$ とすると $C = R$ ですので，ステレオ投影の次式を得ます．

$$r = R\tan\frac{\theta}{2}. \tag{E.3}$$

この投影法では北極中心の図で南極は無限遠となり，通常は $\theta \leq 90°$ で使用します．

投影図の比較

図 E.5 は，(a) ランベルト等面積投影と (b) ステレオ投影の比較です．いずれも極中心の投影図で，3 つの円は中心が緯度 90°, 55°, 20° でいずれも半径 17° です．ランベルト等面積投影 (a) では，円の面積は一定ですが低緯度ほど楕円に似た形になります（[Snyder 1987] によると特殊な曲線です）．ステレオ投影 (b) では円が円として投影されますが，その面積は低緯度ほど大きくなります．また，いずれの場合も円の中心の投影点と投影後の図形の中心は一致せず，そのずれはステレオ投影がより大きいです．

以上の投影法の特徴の違いから，データ点の分布密度を見るには (a) のランベルト等面積投影が，分布の形を見るには (b) のステレオ投影が適しているといえます．

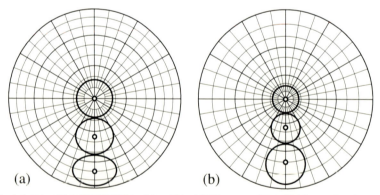

図 E.5 (a) ランベルト等面積投影と (b) ステレオ投影．3 つの円は球面上では同じ大きさです．

赤道中心の投影図は地球の経度線と緯度線を横から眺めたような図になりますが，経度線と緯度線はそれぞれ大円と小円の投影として利用します．赤道中心のランベルト等面積投影とステレオ投影はそれぞれシュミットネットとウルフネットといわれます．演習問題で使用するために，極中心のランベルト等面積投影とシュミットネットの用紙を次ページ以降に示します．

ランベルト等面積投影図（極中心とシュミットネット，M サイズ）

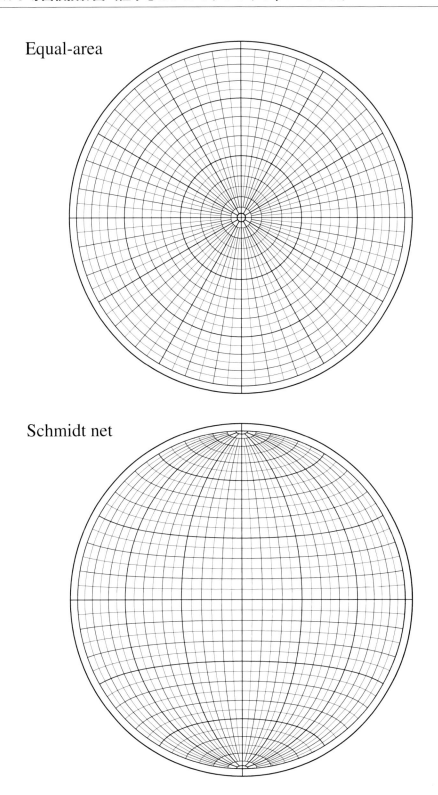

ランベルト等面積投影図（極中心，L サイズ）

Lambert Equal-Area Projection (Pole Centered)

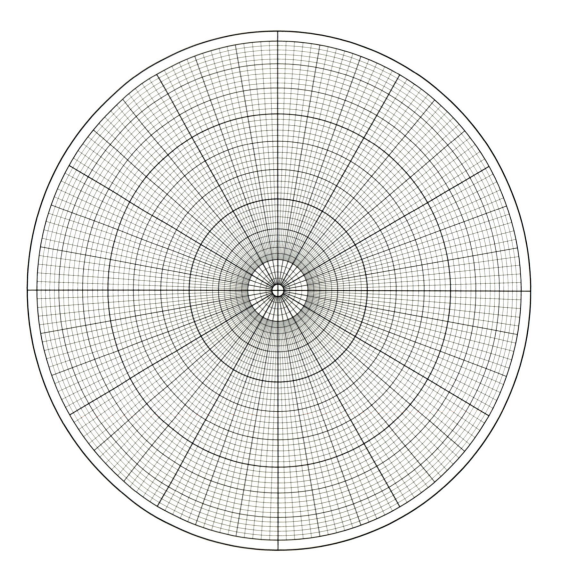

シュミットネット（Lサイズ）

Lambert Equal-Area Projection (Schmidt Net)

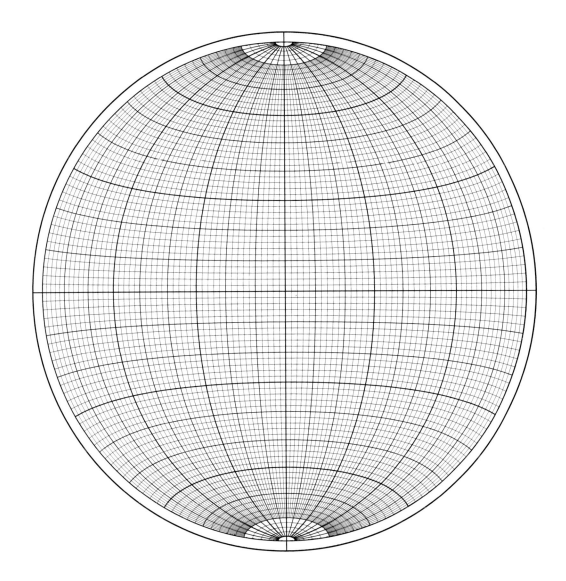

E.5 数値表とグラフ用紙（問題 6.1.1）

数値表 ($\tan\theta$)

θ	0.0	15.0	28.2	30.0	45.0	49.1	60.0	63.4	73.9	75.0	82.4	90.0
$\tan\theta$	0.000	0.268	0.536	0.577	1.000	1.154	1.732	2.000	3.464	3.732	7.464	∞

数値表 ($\sqrt{1+3\sin^2\theta}$)

θ	0	15	30	45	60	75	90
$\sqrt{1+3\sin^2\theta}$	1.000	1.096	1.323	1.581	1.803	1.949	2.000

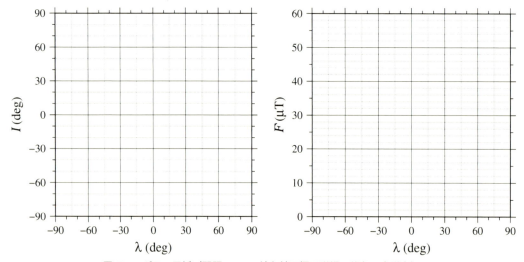

図 E.6　グラフ用紙（問題 6.1.1：地心軸双極子磁場の伏角と全磁力）．

E.6　国際標準地球磁場2020年 (IGRF 2020)（問題6.1.2）

（各図に含まれる 4 つの ＋ 印は問題 6.1.2 の作業用の読み取り地点です）

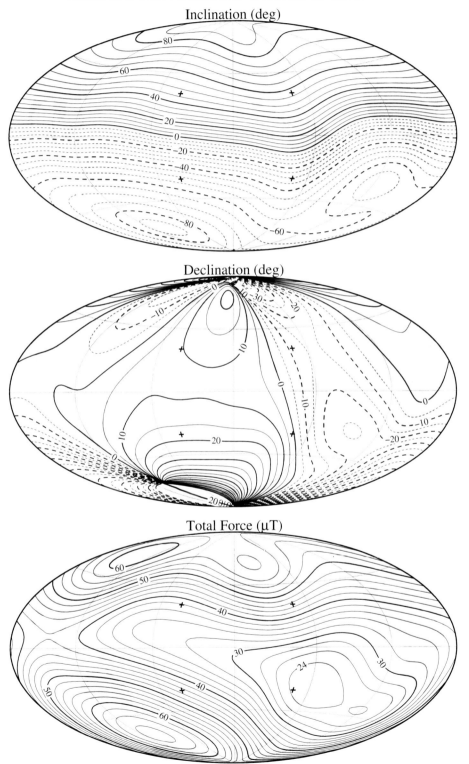

E.7 古地理図の用紙（問題 6.5.1：インド大陸の古緯度と古地理図）

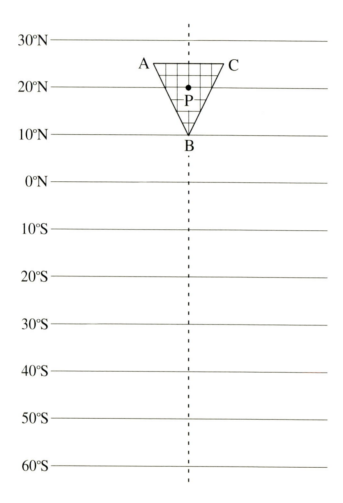

E.8　オイラー極中心の世界地図とAPWP（問題6.5.3）

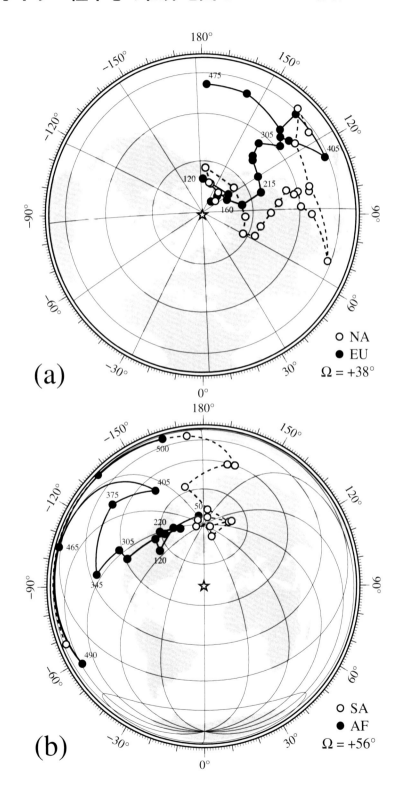

参考文献

[Abe–Ouchi *et al.* 2013] Abe-Ouchi, A., F. Saito, K. Kawamura, M.E. Raymo, J. Okuno, K. Taka-hashi, and H. Blatter, Insolation-driven 100,000-year glacial cycles and hysteresis of ice-sheet volume, *Nature*, **500**, 190–194, 2013. doi: 10.1038/nature12374

[赤祖父 2008] 赤祖父俊一,『正しく知る地球温暖化』, 183pp., 誠文堂新光社, 東京, 2008. ISBN9784416208182

[Alken *et al.* 2021] Alken, P., E. Thébault, C.D. Beggan, H. Amit, J. Aubert, J. Baerenzung, T.N. Bondar, and other 58 authors, International Geomagnetic Reference Field: the thirteenth generation, *Earth Planets Space*, **73**:49, 1–25, 2021. doi: 10.1186/s40623-020-01288-x

[Amante & Eakins 2009] Amante, C. and B.W. Eakins, *ETOPO1 1 Arc-Minute Global Relief Model: Procedures, Data Sources and Analysis*, 19pp., NOAA Technical Memorandum NESDIS NGDC-24, Boulder, 2009. doi: 10.7289/V5C8276M

(https://www.ncei.noaa.gov/products/etopo-global-relief-model)

[Anderson *et al.* 2011] Anderson, B.J., C.L. Johnson, H. Korth, M.E. Purucker, R.M. Winslow, J.A. Slavin, S.C. Solomon, and other three authors, The global magnetic field of Mercury from MESSENGER orbital observations, *Science*, **333**, 1859–1862, 2011. doi: 10.1126/science.1211001

[安藤ほか 1996] 安藤雅孝・角田史雄・早川由紀夫・平原和朗・藤田至則（著），地学団体研究会（編），『地震と火山（新版地学教育講座 2 巻）』, 191pp., 東海大学出版会, 東京, 1996. ISBN4486013026

[Argus & Gordon 1991] Argus, D.F., and R.G. Gordon, No-net-rotation model of current plate velocities incorporating plate motion model NUVEL-1, *Geophys. Res. Lett.*, **18**, 2039–2042, 1991. doi: 10.1029/91GL01532

[Bird 2003] Bird, P., An updated digital model of plate boundaries, *Geochem. Geophys. Geosyst.*, **4**, 1027, 2003. doi: 10.1029/2001GC000252

(http://peterbird.name/publications/2003_pb2002/2003_pb2002.htm)

[Bond *et al.* 2017] Bond, H.E., G.H. Schaefer, R.L. Gilliland, J.B. Holberg, B.D. Mason, I.W. Linden-blad, M. Seitz-McLeese, and other seven authors, The Sirius System and Its Astrophysical Puzzles: Hubble Space Telescope and Ground-based Astrometry, *Astrophys. J.*, **840**:70 (17pp), 2017. doi: 10.3847/1538-4357/aa6af8

[Bukowinski 1999] Bukowinski, M., Taking the core temperature, *Nature*, **401**, 432–433, 1999. doi: 10.1038/46696

[Bullard *et al.* 1965] Bullard, E., J.E. Everett, and A.G. Smith, The fit of the continents around the Atlantic, *Phil. Trans. Roy. Soc. Lond.*, **A258**, 41–51, 1965. doi: 10.1098/rsta.1965.0020

[Butler 1992] Butler, R.F., *Paleomagnetism: Magnetic Domains to Geologic Terranes*, 319pp., Black-well Scientific Publications, Oxford, 1992. ISBN086542070X

[Byerlee 1978] Byerlee, J., Friction of rocks, *Pure. Appl. Geophys.*, **116**, 615–626, 1978. doi: 10.1007/BF00876528

[Cagniard 1953] Cagniard, L. Basic theory of the magneto-telluric method of geophysical prospecting, *Geophys*, **18**, 605–635, 1953. doi: 10.1190/1.1437915

[Campbell 2001] Campbell, W.H., *Earth Magnetism: A Guided Tour Through Magnetic Fields*, 151pp., Harcourt/Academic Press, Massachusetts, 2001. ISBN0121581640

[Constable 2007] Constable, S., 5.07 Geomagnetism, pp.238–276, in M. Kono, Ed., *Treatise on Geophysics, vol. 5, Geomagnetism*, 589pp., Elsevier, Amsterdam, 2007. ISBN9780444636140

[Cox & Hart 1986] Cox, A., and R.B. Hart, *Plate Tectonics: How It Works*, 392pp., Blackwell Scientific Publications, Oxford, 1986. ISBN086542313X

[DeMets *et al.* 1990] DeMets, C., R.G. Gordon, D.F. Argus, and S. Stein, Current plate motions, *Geophys. J. Int.*, **101**, 425–478, 1990. doi: 10.1111/j.1365-246X.1990.tb06579.x

[DeMets *et al.* 1994] DeMets, C., R.G. Gordon, D.F. Argus, and S. Stein, Effect of recent revisions to the geomagnetic reversal timescale on estimates of current plate motions, *Geophys. Res. Lett.*, **21**, 2191–2194, 1994. doi: 10.1029/94GL02118

[DeMets *et al.* 2010] DeMets, C., R.G. Gordon, and D.F. Argus, Geologically current plate motions, *Geophys. J. Int.*, **181**, 1–80, 2010. doi: 10.1111/j.1365-246X.2009.04491.x

[Dziewonski & Anderson 1981] Dziewonski, A.M., and D.L. Anderson, Preliminary reference Earth model, *Phys. Earth Planet. Inter.*, **25**, 297–356, 1981. doi: 10.1016/0031-9201(81)90046-7

[England *et al.* 2007] England, P.C., P. Molnar, and F.M. Richter, Kelvin, Perry and the Age of the Earth, *Am. Scientist*, **95**, 342–349, 2007. doi: 10.1511/2007.66.342

[Fisher 1953] Fisher, R.A., Dispersion on a sphere, *Proc. Roy. Soc. A*, **217**, 295–305, 1953. doi: 10.1098/rspa.1953.0064

[Fowler 2005] Fowler, C.M.R., *The Solid Earth: An Introduction to Global Geophysics (Second Edition)*, 685pp., Cambridge University Press, Cambridge, 2005. ISBN0521893070

[深尾 1985] 深尾良夫, 『地震・プレート・陸と海――地学入門 (岩波ジュニア新書 92)』, 228pp., 岩波書店, 東京, 1985. ISBN9784005000920

[Gee & Kent 2007] Gee, J.S., and D.V. Kent, 5.12 Source of oceanic magnetic anomalies and the geomagnetic polarity timescale, pp.455–507, in M. Kono, Ed., *Treatise on Geophysics, vol. 5, Geomagnetism*, 589pp., Elsevier, Amsterdam, 2007. ISBN9780444636140

[Gripp & Gordon 2002] Gripp, A.E., and R.G. Gordon, Young tracks of hotspots and current plate velocities, *Geophys. J. Int.*, **150**, 321–361, 2002. doi: 10.1046/j.1365-246X.2002.01627.x

[Haneda *et al.* 2020] Haneda, Y., M. Okada, Y. Suganuma, and T. Kitamura, A full sequence of the Matuyama-Brunhes geomagnetic reversal in the Chiba composite section, Central Japan, *Prog. Earth Planet. Sci.*, **7**, 44, 2020. doi: 10.1186/s40645-020-00354-y

[原・広井 2014] 原康夫・広井禎, 日本の高校物理の磁場も B だけがよい, 『大学の物理教育』, **20**, S34–S37, 2014. doi: 10.11316/peu.20.S_S34

[原島 1966] 原島鮮, 『熱力学・統計力学』, 300pp., 培風館, 東京, 1966.

[原島 1969] 原島鮮, 『基礎物理学 I』, 352pp., 学術図書出版社, 東京, 1969.

[播磨屋ほか 1993] 播磨屋敏生・西田泰典・笹谷努・小賀百樹, 『地球の理』, 204pp., 学術図書出版社, 東京, 1993. ISBN4873613280

[彦坂・寺島 2013] 彦坂幸毅・寺島一郎, 植物と二酸化炭素, 『化学と生物』, **51**, 250–256, 2013. doi: 10.1271/kagakutoseibutsu.51.250

[IPCC 2021] IPCC (Intergovernmental Panel on Climate Change), *Climate Change 2021: The Physical Science Basis. Contribution of Working Group I to the Sixth Assessment Report of the Intergovernmental Panel on Climate Change*, 2391pp., Cambridge University Press, Cambridge, 2021. doi: 10.1017/9781009157896

[入舩ほか 1995] 入舩徹男・小室裕明・鈴木尉元・多田堯・西村敬一 (著), 地学団体研究会 (編), 『地球内部の構造と運動 (新版地学教育講座 5 巻)』, 186pp., 東海大学出版会, 東京, 1995. ISBN4486013050

[Kanamori 1977] Kanamori, H., The energy release in great earthquakes, *J. Geophys. Res.*, **82**, 2981–2987, 1977. doi: 10.1029/JB082i020p02981

[兼岡 1998] 兼岡一郎, 『年代測定概論』, 315pp., 東京大学出版会, 東京, 1998. ISBN9784130607223

[Kawamura *et al.* 2007] Kawamura, K., F. Parrenin, L. Lisiecki, R. Uemura, F. Vimeux, J.P. Severinghaus, M.A. Hutterli, and other eleven authors, Northern Hemisphere forcing of climatic cycles in Antarctica over the past 360,000 years, *Nature*, **448**, 912–917, 2007. doi: 10.1038/nature06015

[Kiehl & Trenberth 1997] Kiehl, J.T., and K.E. Trenberth, Earth's annual global mean energy budget, *Bull. Amer. Meteor. Soc.*, **78**, 197–208, 1997. doi: 10.1175/1520-0477(1997)078<0197:EAGMEB>2.0.CO;2

[木村 1983] 木村竜治, 『地球流体力学入門――大気と海洋の流れのしくみ――』, 247pp., 東京堂出版, 1983. ISBN4490200684

[北野 2015] 北野正雄, 磁場は B だけではうまく表せない (講義室), 『大学の物理教育』, **21**, 73–76, 2015. doi: 10.11316/peu.21.2_73

[小玉 1999] 小玉一人, 『古地磁気学』, 248pp., 東京大学出版会, 東京, 1999. ISBN4130607251

[国立天文台 2023] 国立天文台 編, 『理科年表 令和 5 年』, 1208pp., 丸善出版, 東京, 2022. ISBN9784621307366

[小松・早川 1968] 小松勇作・早川康弌, 『微分積分学』, 271pp., 朝倉書店, 東京, 1968.

[河野 1986] 河野長, 『地球科学入門――プレートテクトニクス』, 195pp., 岩波書店, 東京, 1986. ISBN4000056670

[Lacis *et al.* 2010] Lacis, A.A., G.A. Schmidt, D.Rind, and R.A. Ruedy, Atmospheric CO_2: Principal control knob governing earth's temperature, *Science*, **330**, 356–359, 2010. doi: 10.1126/science.1190653

[Langseth *et al.* 1976] Langseth, M.G., S.J. Keihm, and K. Peters, Revised lunar heat-flow values, *Proc. 7th Lunar Sci. Conf.*, 3143–3171, 1976.

[Lemoine *et al.* 1998] Lemoine, F.G., S.C. Kenyon, J.K. Factor, R.G. Trimmer, N.K. Pavlis, D.S. Chinn, C.M. Cox, and other eight authors, *The Development of the Joint NASA GSFC and the National Imagery and Mapping Agency (NIMA) Geopotential Model EGM96*, 584pp., NASA Technical Publication (TP) 1998-206861, Maryland, 1998.

[Le Pichon 1968] Le Pichon, X., Sea-floor spreading and continental drift, *J. Geophys. Res.*, **73**, 3661–3697, 1968. doi: 10.1029/JB073i012p03661

[Luzum *et al.* 2011] Luzum, B., N. Capitaine, A. Fienga, W. Folkner, T. Fukushima, J. Hilton, C. Hohenkerk, and other five authors, The IAU 2009 system of astronomical constants: the report of the IAU working group on numerical standards for Fundamental Astronomy, *Celest. Mech. Dyn. Astr.*, **110**, 293–304, 2011. doi: 10.1007/s10569-011-9352-4 (https://aa.usno.navy.mil/publications/asa)

[Maling 1973] Maling, D.H., *Coordinate Systems and Map Projections*, 255pp., George Philp and Sons, London, 1973. ISBN9780540009749

[丸山ほか 2020] 丸山茂・戎崎俊一・川島博之・デビッド アーチボルド・木本協司・伊藤公紀・中村元隆 ほか 3 名，『地球温暖化「CO_2 犯人説」は世紀の大ウソ』，396pp.，宝島社，東京，2020. ISBN9784299000828

[増田 1996] 増田富士雄，第 5 章 地質時代の気候変動，pp.157–219, in 住明正・平朝彦・鳥海光弘・松井孝典（編），『岩波講座 地球惑星科学 11 気候変動論』，272pp.，岩波書店，東京，1996. ISBN9784000107310

[増田・阿部 1996] 増田耕一・阿部彩子，第 4 章 第四紀の気候変動，pp.103–156, in 住明正・平朝彦・鳥海光弘・松井孝典（編），『岩波講座 地球惑星科学 11 気候変動論』，272pp.，岩波書店，東京，1996. ISBN9784000107310

[Matsumoto *et al.* 2015] Matsumoto, K., R. Yamada, F. Kikuchi, S. Kamata, Y. Ishihara, T. Iwata, H. Hanada, and S. Sasaki, Internal structure of the Moon inferred from Apollo seismic data and selenodetic data from GRAIL and LLR, *Geophys. Res. Lett.*, **42**, 7351–7358, 2015. doi: 10.1002/2015GL065335

[Maus *et al.* 2009] Maus, S., U. Barckhausen, H. Berkenbosch, N. Bournas, J. Brozena, V. Childers, F. Dostaler, and other sixteen authors, EMAG2: A 2-arc min resolution Earth Magnetic Anomaly Grid compiled from satellite, airborne, and marine magnetic measurements, *Geochem. Geophys. Geosyst.*, **10**, Q08005, 2009. doi: 10.1029/2009GC002471 (https://www.ncei.noaa.gov/products/geomagnetic-data)

[McElhinny & McFadden 2000] McElhinny, M.W. and P.L. McFadden, *Paleomagnetism: Continents and Oceans*, 386pp., Academic Press, San Diego, 2000. ISBN0124833551

[McKenzie & Morgan 1969] McKenzie, D.P. and W.J. Morgan, Evolution of triple junctions, *Nature*, **224**, 125–133, 1969. doi: 10.1038/224125a0

[水谷・渡部 1978] 水谷仁・渡部輝彦，第 4 章 地球熱学，pp.169–223, in 上田誠也・水谷仁（編），『岩波講座 地球科学 1 地球』，318pp.，岩波書店，東京，1978. ISBN9784000102711

[Mochizuki *et al.* 2011] Mochizuki, N., H. Oda, O. Ishizuka, T. Yamazaki, and H. Tsunakawa, Paleointensity variation across the Matuyama-Brunhes polarity transition: Observations from lavas at Punaruu Valley, Tahiti, *J. Geophys. Res.*, **116**, B06103, 2011. doi: 10.1029/2010JB008093

[Moritz 2000] Moritz, H., Geodetic Reference System 1980, pp.128–133, in O.B. Andersen, Ed., *The Geodesist's Handbook 2000*, 222pp., International Association of Geodesy, Masala, 2000. (https://office.iag-aig.org/)

[Müller *et al.* 2008] Müller, R.D., M. Sdrolias, C. Gaina, and W.R. Roest, Age, spreading rates, and spreading asymmetry of the world's ocean crust, *Geochem. Geophys. Geosyst.*, **9**, Q04006, 2008. doi: 10.1029/2007GC001743

[Ness *et al.* 1975] Ness, N.F., K.W. Behannon, R.P. Lepping, and Y.C. Whang, Magnetic field of Mercury confirmed, *Nature*, **255**, 204–205, 1975. doi: 10.1038/255204a0

[Ness 1994] Ness, N.F., Intrinsic magnetic fields of the planets: Mercury to Neptune, *Phil. Trans. R. Soc. Lond. A.*, **349**, 249–260, 1994. doi: 10.1098/rsta.1994.0129

[大金 1994] 大金要次郎 (著), 地学団体研究会 (編), 『星の位置と運動 (新版地学教育講座 11 巻)』, 164pp., 東海大学出版会, 東京, 1994. ISBN4486013115

[大久保 2004] 大久保修平 (編著), 日本測地学会 (監修), 『地球が丸いってほんとうですか? 測地学者に 50 の質問』, 277pp., 朝日新聞社, 東京, 2004. ISBN4022598522

[Passe & Daniels 2015] Passe, T., and J. Daniels, *Past shore-level and sea-level displacements*, 33pp., Rapporter och meddelanden 137, Geological Survey of Sweden, Uppsala, 2015. ISBN978-91-7403-291-8 (https://apps.sgu.se/geolagret/GetMetaDataById?id=md-55d9f901-be56-4fa9-84ca-373fde91f7f5)

[Peale *et al.* 1979] Peale, S.J., P. Cassen, and R.T. Reynolds, Melting of Io by tidal dissipation, *Science*, **203**, 892–894, 1979. doi: 10.1126/science.203.4383.892

[Press *et al.* 1992] Press, W.H., S.A. Teukolsky, W.T. Vetterling, and B.P. Flannery, *Numerical Recipes in C: The Art of Scientific Computing (Second Edition)*, 994pp., Cambridge University Press, Cambridge, 1992. ISBN0521431085

[Richter 1986] Richter, F.M., Kelvin and the age of the earth, *J. Geol.*, **94**, 395–401, 1986. doi: 10.1086/629037

[力武 1994] 力武常次, 『固体地球科学入門：地球とその物理 (第 2 版)』, 267pp., 共立出版, 東京, 1994. ISBN4320046706

[酒井 2016] 酒井治孝, 『地球学入門 (第 2 版) ―惑星地球と大気・海洋のシステム』, 332pp., 東海大学出版部, 秦野, 2016. ISBN9784486020998

[Schmidt 2005] Schmidt, G., Water vapour: feedback or forcing?, RealClimate, 6 Apr 2005. (https://www.realclimate.org/index.php/archives/2005/04/)

[瀬野 1995] 瀬野徹三, 『プレートテクトニクスの基礎』, 200pp., 朝倉書店, 東京, 1995. ISBN4254160291

[Seton *et al.* 2014] Seton, M., J.M. Whittaker, P. Wessel, R.D. Muller, C. DeMets, S. Merkouriev, S. Cande, and other six authors, Community infrastructure and repository for marine magnetic identifications, *Geochem. Geophys. Geosyst.*, **15**, 1629–1641, 2014. doi: 10.1002/2013GC005176 (http://www.soest.hawaii.edu/PT/GSFML/)

[Snyder 1987] Snyder, J.P., *Map projections: A working manual*, 383pp., USGS Professional Paper 1395, Washington, D.C., 1987. doi: 10.3133/pp1395

[Stacey 1992] Stacey, F.D., *Physics of the Earth (Third Edition)*, 513pp., Brookfield Press, Brisbane, 1992. ISBN0646090917

[杉村 1987] 杉村新, 『グローバルテクトニクス：地球変動学』, 249pp., 東京大学出版会, 東京, 1987. ISBN4130621165

[数研出版編集部 2018] 数研出版編集部 (編集), 『地学図録 視覚でとらえるフォトサイエンス (改訂版)』, 224pp., 数研出版, 東京, 2018. ISBN9784410290930

[田部井ほか 2015] 田部井隆雄・里村幹夫・福田洋一, 2-1. 地球の形をどのように記載するか, in 日本測地学会, Web テキスト 測地学 (新装訂版), 2015. (https://geod.jpn.org/web-text/part2/2-1/index.html)

[竹内 2011] 竹内均, 『地球科学における諸問題 (復刊)』, 386pp., 裳華房, 東京, 2011. ISBN9784785329020

[Takahashi *et al.* 2019] Takahashi, F., H. Shimizu, and H. Tsunakawa, Mercury's anomalous magnetic field caused by a symmetry-breaking self-regulating dynamo, *Nature Communications*, **10**:208, 2019. doi: 10.1038/s41467-018-08213-7

[Tanaka 1999] Tanaka, H., Circular asymmetry of the paleomagnetic directions observed at low latitude volcanic sites, *Earth Planets Space*, **51**, 1279–1286, 1999. doi: 10.1186/BF03351601

[巽 1995] 巽好幸, 『沈み込み帯のマグマ学：全マントルダイナミクスに向けて』, 186pp., 東京大学出版会, 東京, 1995. ISBN4130607081

[Tiesinga *et al.* 2021] Tiesinga, E., P.J. Mohr, D.B. Newell, and B.N. Taylor, CODATA Recommended Values of the Fundamental Physical Constants: 2018, *J. Phys. Chem. Ref. Data* **50**, 033105, 2021. doi: 10.1063/5.0064853 (https://physics.nist.gov/cuu/Constants/index.html)

[Torsvik *et al.* 2012] Torsvik, T.H., R. Van der Voo, U. Preeden, C. Mac Niocaill, B. Steinberger, P.V.

Doubrovine, D.J.J. van Hinsbergen, and other six authors, Phanerozoic polar wander, palaeogeography and dynamics, *Earth-Science Reviews*, **114**, 325–368, 2012. doi: 10.1016/j.earscirev.2012.06.007

[Tsuneta *et al.* 2008] Tsuneta, S., K. Ichimoto, Y. Katsukawa, B.W. Lites, K. Matsuzaki, S. Nagata, D. Orozco Suárez, and other seven authors, The magnetic landscape of the sun's polar region, *Astrophys. J.*, **688**, 1374–1381, 2008. doi: 10.1086/592226

[Turcotte & Schubert 2002] Turcotte, D., and G. Schubert, *Geodynamics (Second Edition)*, 456pp., Cambridge University Press, Cambridge, 2002. ISBN978-0521666244

[上田 1989] 上田誠也, 『プレート・テクトニクス』, 268pp., 岩波書店, 東京, 1989. ISBN4000059297

[上嶋 2009] 上嶋誠, MT 法による電気伝導度構造研究の現状, 『地震』, **61**, S225–S238, 2009. doi: 10.4294/zisin.61.225

[渡辺 2022] 渡辺正, 『「気候変動・脱炭素」14 のウソ』, 176pp., 丸善出版, 東京, 2022. ISBN9784621307328

[Wessel *et al.* 2019] Wessel, P., J.F. Luis, L. Uieda, R. Scharroo, F. Wobbe, W.H.F. Smith, and D. Tian, The Generic Mapping Tools version 6, *Geochem. Geophys. Geosyst.*, **20**, 5556–5564, 2019. doi: 10.1029/2019GC008515

[Wilson 1965] Wilson, J.T., A new class of faults and their bearing on continental drift, *Nature*, **207**, 343–347, 1965. doi: 10.1038/207343a0

[Yoder 1979] Yoder, C.F., How tidal heating in Io drives the Galilean orbital resonance locks, *Nature*, **279**, 767–770, 1979. doi:10.1038/279767a0

[Yoder 1995] Yoder, C.F., Astrometric and geodetic properties of earth and the solar system, pp.1–31, in T.J. Ahrens, Ed., *Global Earth Physics: A Handbook of Physical Constants*, 376pp., American Geophysical Union, Washinton DC, 1995. ISBN0875908519

索引

A
APWP (apparent polar wander path). *see* 極移動曲線
au (astronomical unit)............................ *see* 天文単位

B
BP (Before Present)... 57

C
CMB (core-mantle boundary)..... *see* 核−マントル境界

E
EMAG2 (EMAG2 A 2-arc min resolution Earth Magnetic Anomaly Grid) 236
ETOPO1 (ETOPO1 1 Arc-Minute Global Relief Model).. 83, 236, 242

G
Gal (= cm/s²) 72
GPS (global positioning system)........................ 101
GRS80 (Geodetic Reference System 1980) *see* 測地基準系 1980

I
IGRF (International Geomagnetic Reference Field).................................... *see* 国際標準地球磁場

M
Ma (= 10^6 yr BP)... 62

N
NUVEL-1A (Northwestern University Velocity Model 1A) 264

P
Pa (pascal, N/m²) 84
ppm (parts per million)....................................... 42
PREM (Preliminary Reference Earth Model)..... 155

S
SI (Le Système international d'unités) *see* 国際単位系

V
VDM (virtual dipole moment)... *see* 仮想的磁気双極子モーメント
VGP (virtual geomagnetic pole) ... *see* 仮想的地磁気極

W
WGS84 (World Geodetic System 1984) . *see* 世界測地系 1984

あ
RRR 型 3 重会合点 (RRR (ridge-ridge-ridge) triple junction) 248
RTF 型 3 重会合点 (RTF (ridge-trench-fault) triple junction).. 256
アイソクロン (isochron) 58, 235
アイソスタシー (isostasy) 82, 103, 184
アセノスフェア (asthenosphere).................. 158, 181
圧縮応力 (compressive stress)............................ 146
アポロ計画 (Apollo project) 175
アルベド (albedo) 40
アンペールの法則 (Ampere's law) 210, 309

イオ (Io)... 76
位置エネルギー (potential energy) 22, 100
隕石 (meteorite)... 62
ウィーンの変位則 (Wien's displacement law)......... 39
ウェーゲナー (Wegener, Alfred).......................... 225
ウルフネット (Wulff net) 332
運動エネルギー (kinetic energy)........................... 22
運動方程式 (equation of motion) 18, 281
運動量 (momentum) 23
運動量保存則 (momentum conservation law)......... 23
衛星測位 (satellite positioning) 101
SH 波 (horizontally polarized S-wave) 121
S 波 (secondary wave, S-wave) 120
S-P 時間 (S-P time) 139
SV 波 (vertically polarized S-wave) 121
エトベス効果 (Eötvös effect)........................ 77, 93
エネルギー保存則 (energy conservation law) 23, 279
FFT 型 3 重会合点 (FFT (fault-fault-trench) triple junction).. 256
MT 法....................................... *see* 地磁気地電流法
M−B 地磁気逆転 ..... *see* マツヤマ−ブリュンヌ地磁気逆転
遠心力 (centrifugal force)............... 72, 92, 100, 288
円錐曲線 (conic curve)................................ 17, 283
鉛直線偏差 (deflection of plumb line) 101
エントロピー (entropy) 189
オイラー回転 (Euler rotation)..................... 229, 257
オイラー極 (Euler pole) 227, 257, 321
オイラーの定理 (Euler's rotation theorem).......... 227
応力 (stress).. 145
大森公式 (Omori formula)................................. 139
押し (push).. 137
温室効果 (greenhouse effect)............................... 40
温室効果ガス (greenhouse gas) 40

か
海溝 (trench) 242, 248
海上地磁気縞状異常 ((linear) marine magnetic anomalies) 234
回転 (rot, rotation) 212, 307
回転行列 (rotation matrix) 258, 288, 318
回転座標系 (rotating reference frame)........... 91, 288
回転楕円体 (spheroid) 65
回転ベクトル (rotation vector) 261
壊変定数 (decay constant)................................... 52
海洋地殻 (oceanic crust) 83
海洋底拡大 (seafloor spreading) 183, 234, 242
海洋リソスフェア (oceanic lithosphere) 180
海嶺 (ridge) 180, 234, 242, 247
ガウス (Gauss, Carl Frederich) 204
ガウス係数 (Gauss coefficient)................... 204, 311
ガウスの発散定理 (Gauss's divergence theorem) ... 306
角運動量 (angular momentum) 25
角運動量保存則 (conservation of angular momentum) 26
拡散方程式 (diffusion equation) 176, 314
角速度 (angular velocity)................................... 18
角速度ベクトル (angular velocity vector) 90, 261
拡大速度 (spreading velocity)...................... 237, 245
核−マントル境界 (core-mantle boundary, CMB) ... 155
確率密度 (probability density) 55
重ね合わせの原理 (principle of superposition)....... 185
火山前線 .... *see* 火山フロント

火山フロント (volcanic front) 243
仮想的磁気双極子モーメント (virtual dipole moment, VDM) 29
仮想的地磁気極 (virtual geomagnetic pole, VGP) . 215
片対数グラフ (semilog graph) 15
K-Ar 法 (K-Ar dating, potassium-argon method) . 57
慣性モーメント (moment of inertia) 26
慣性力 (inertial force) 92, 288
間氷期 (interglacial stage) 43
気圧傾度力 (pressure gradient force) 93
気候システム (climate system) 41
気候変動 (climate variation) 41
起潮力 .... see 潮汐力
逆極性 (reversed polarity) 215
逆断層 (thrust fault) 137
球関数 (spherical harmonics) 204, 311
球面三角法 (spherical trigonometry) 219, 264, 316
球面調和関数 (spherical surface harmonics). see 球関数
極移動曲線 (apparent polar wander path, APWP) 226
極座標系 (polar coordinates system) 280
局地座標系 (local coordinate system) 97, 323
曲率 (curvature) 64
曲率円 (circle of curvature) 64
曲率半径 (radius of curvature) 64
巨大衝突説 (giant-impact hypothesis) 29
グーテンベルグ–リヒター則 (Gutenberg–Richter law) 112
クーロンの法則 (Coulomb's law) 307
屈折波 (refracted wave) 122
クロン (chron) 214
傾斜 (dip) 136
傾度風 (gradient wind) 94
ケプラーの法則 (Kepler's laws) 12, 284
ケルビン (Kelvin, Lord) 182
ケレス (Ceres) 12
古緯度 (paleolatitude) 215, 226
剛性率 (shear modulus) 114, 120, 145, 295
剛体振り子 (rigid body pendulum) 76
勾配 (grad, gradient) 305
鉱物アイソクロン (mineral isochron) 59
国際単位系 (SI, Le Système international d'unités) 276, 302
国際標準地球磁場 (IGRF, International Geomagnetic Reference Field) 194, 337
黒体放射 (black body radiation) 39
誤差関数 (error function) 181, 299
古地磁気永年変化 (paleosecular variation) 216
古地磁気極 (paleomagnetic pole) 226
古地理図 (paleogeographic map) 226
コリオリ因子 (Coriolis parameter) 93
コリオリ力 (Coriolis force) 29, 92, 288

さ

差応力 (differential stress) 154
サブクロン (subchron) 214
差別侵食 (differential erosion) 169
作用反作用の法則 (action-reaction law) 24
サンアンドレアス断層 (San Andreas Fault) 253
3 重会合点 (triple junction) 248
酸素同位体比 (oxygen isotope ratio) 42
C-14 法 (carbon-14 dating) 57
ジオイド (geoid) 101
ジオイド高 (geoid height) 101
磁界 (magnetic field) 210, 302, 312
磁気嵐 (geomagnetic storm) 198

磁気圏 (magnetosphere) 197
磁気図 (magnetic chart) 194
磁気双極子 (magnetic dipole) 195, 203
磁気双極子モーメント (magnetic dipole moment). 195, 203
磁気的ボーデの法則 (magnetic Bode's law) 29
磁極 (magnetic pole) 196
自己重力 (self-gravity) 78
地震 (earthquake) 112
地震のメカニズム解 (earthquake fault-plane solution) .... see 発震機構
地震モーメント (seismic moment) 114
磁束密度 (magnetic flux density) 194, 211, 302, 312
実体波 (body wave) 121
実体波マグニチュード (body wave magnitude) 113
磁場 (magnetic field) 302
磁北 (magnetic north) 194
シャドーゾーン (shadow zone) 127, 135
主圧縮軸 (axis of compression) 137
収束型境界 (convergent boundary) 246
重力 (gravity) 72
重力異常 (gravity anomaly) 74, 102
重力エネルギー (gravitational energy) 28, 41, 160
重力加速度 (gravitational acceleration) 19, 72, 100
重力収縮 (gravitational contraction) 41
重力補正 (gravity reduction) 102
重力ポテンシャル (gravitational potential) ... 100, 289
主応力 (principal stress) 146, 292
主応力軸 (principal axis of stress) 146, 292
主張力軸 (axis of tesnsion) 137
シュテファン–ボルツマンの法則 (Stefan–Boltzmann law) 39
主歪み (principal strain) 146
シュミットネット (Schmidt net) 140, 221, 232, 266, 333
小惑星帯 (asteroid belt) 12
初期微動 (preliminary tremor) 139
シリウス (Sirius) 20
震央 (epicenter) 122, 242
震央距離 (epicentral distance) 122
真空の透磁率 (permeability of free space) 195, 303
震源 (hypocenter) 122, 243
震源球 (focal sphere) 138
震源距離 (hypocentral distance) 122, 139
伸縮歪み (normal strain) 145
真北 (true north) 194
スーパークロン (superchron) 237
水準測量 (leveling) 101
垂直線偏差 (deflection of the vertical) 101
数値年代 (numerical age) 52
スカラー場 (scalar field) 99, 305
スカンジナビア (Scandinavia) 83
スキンデプス (skin depth) 178, 210, 314
ステレオ投影 (stereographic projection) 331
ストークスの定理 (Stokes' theorem) 307
ストレス・ドロップ (stress drop) 114
スネルの法則 (Snell's law) 121
スラブ (slab) 244
スリップベクトル (slip vector) 138
ずれ応力 (shear stress) 114, 120, 145
ずれ歪み (shear strain) 114, 120, 145
正規重力 (normal gravity) 102
正極性 (normal polarity) 215
静止座標系 (stationary reference frame) 91
正断層 (normal fault) 137

347

精密度パラメータ (precision parameter) 217
世界測地系 1984 (World Geodetic System 1984,
　WGS84).. 101
絶対年代 (absolute age) .... *see* 数値年代
節面 (nodal plane) 138
全岩アイソクロン (whole rock isochron) 59
全磁力 (total force) 194
せん断応力 .... *see* ずれ応力
せん断歪み .... *see* ずれ歪み
全反射 (total reflection)....................................... 122
双極子磁場 (dipole field) 196
走行 (strike) 136
走時曲線 (travel-time curve).............................. 123
相似変数 (similarity variable)............................ 297
相対速度 (relative velocity) 247
相補誤差関数 (complementary error function) 181, 299
測地緯度 (geodetic latitude)................................. 67
測地基準系 1980 (Geodetic Reference System 1980,
　GRS80)... 65, 101
速度空間 (velocity space) 249
素元波 (spherical wavelet) 121

た

体積弾性率 (bulk modulus) 120, 147, 295
体積歪み (volumetric strain) 119, 147
体積膨張率 (coefficient of volumetric expansion)... 85,
　184, 190
太陽定数 (solar constant) 40
太陽風 (solar wind) 197
太陽放射 (solar radiation) 40
大陸移動説 (theory of continental drift)......... 225
大陸地殻 (continental crust)................................. 83
楕円体高 (ellipsoidal height) 101
縦ずれ断層 (dip-slip fault) 136
単振動 (simple harmonic motion) 74
断層面 (fault plane) 138
断熱温度勾配 (adiabatic temperature gradient)... 158,
　188
断熱過程 (adiabatic process) 189
断熱変化 (adiabatic change)............... *see* 断熱過程
単振り子 (simple pendulum) 73
断裂帯 (fracture zone) 242, 248
地温勾配 (geothermal gradient)........................ 158
地殻 (crust) 83
地殻熱流量 (terrestrial heat flow) 158
力のモーメント (torque) 24, 113, 146
地球温暖化 (global warming) 41
地球楕円体 (earth ellipsoid) 65, 101
地球潮汐 (earth tide) 76
地球放射 (terrestrial radiation) 40
逐次近似 (iterative approximation) 30
地衡風 (geostrophic wind) 93
地磁気異常 (magnetic anomaly) 235
地磁気緯度 (geomagnetic latitude) 202
地磁気永年変化 (geomagnetic secular variation) ... 197
地磁気エクスカーション (geomagnetic excursion) .. 222
地磁気逆転 (geomagnetic reversal)................... 214
地磁気極 (geomagnetic pole) 196
地磁気極性タイムスケール (geomagnetic polarity time
　scale, GPTS) 214, 237
地磁気座標 (geomagnetic coordinates) 201
地磁気赤道 (geomagnetic equator)..................... 201
地磁気地電流法 (magnetotelluric method) 210
地磁気ポテンシャル (magnetic potential of the
　geomagnetic field) 203

地質時代 (geologic time)............................ 42, 285
地心緯度 (geocentric latitude)............................. 67
地心軸双極子 (geocentric axial dipole) 195, 203
地心軸双極子仮説 (geocentric axial dipole
　hypothesis) 217, 226
地心直交座標系 (geocentric orthogonal coordinate
　system) 323
チバニアン (Chibanian) 215
中央海嶺 (mid-oceanic ridge) 242
潮汐力 (tidal force) 75
潮汐ロック (tidal lock) 30
直達波 (direct wave) 122
直交座標系 (orthogonal coordinates system) 280
地理緯度 (geographical latitude) 67
T 軸 (T-axis) .... *see* 主張力軸
TTT 型 3 重会合点 (TTT (trench-trench-trench) triple
　junction) 248
低速度層 (low-velocity zone) 131, 175
テイラー–マクローリン展開 (Taylor and Maclaurin
　expansion) 61, 206
電気伝導度 (electrical conductivity)............. 209, 312
電場 (electric field)... 312
天文単位 (astronomical unit) 12
電流密度 (current density) 210, 312
同位体 (isotope) 58
等速円運動 (uniform circular motion) 18
等年代線 (isochron) 58, 235
特徴的距離スケール (characteristic length scale) .. 176,
　189, 297
特徴的時間スケール (characteristic time scale) 176, 189
トランスフォーム断層 (transform fault) .. 237, 242, 248

な

南極大陸 (Antarctica) 83
熱拡散率 (thermal diffusivity) 85, 175, 181, 296
熱境界層 (thermal boundary layer) 158, 181, 188
熱源 (heat source).. 159
熱対流 (heat convection) 158, 188
熱伝導度 (thermal conductivity) 158
熱伝導の法則 (law of heat conduction)................ 158
熱伝導方程式 (heat-conduction equation) 165, 175, 296
熱伝導率 (thermal conductivity) 85
粘性率 (viscosity) 84
ノーマル .... *see* 正極性

は

白亜紀 (Cretaceous) 86
白亜紀（正極性）スーパークロン (Cretaceous Normal
　Superchron) 237, 244
破砕帯 .... *see* 断裂帯
波数 (wavenumber) 120
波線 (raypath) 121
波線パラメータ (ray parameter) 126
波長 (wavelength) 120
発散 (div, divergence) 212, 306
発散型境界 (divergent boundary) 246
発震機構 (focal mechanism) 138
ハッブル宇宙望遠鏡 (Hubble Space Telescope, HST) 22
波動方程式 (wave equation) 120, 313
波面 (wavefront) 121
半減期 (half-life) 53
反射波 (reflected wave) 122
半無限体 (half-space) 181, 296
半無限体冷却モデル (half space cooling model) 181
万有引力 (universal gravitation)............................ 18

348

P 軸 (P-axis) .... *see* 主圧縮軸
P 波 (primary wave, P-wave) 120
P 波初動 (initial motion of P-wave) 137
非圧縮率 (incompressibility) .... *see* 体積弾性率
引き (pull) 137
歪み (strain) 145
非双極子磁場 (nondipole field) 196
左横ずれ断層 (left-lateral fault) 136
比抵抗 (resistivity) 209, 315
比熱 (specific heat) 85, 159
氷期 (glacial epoch) 43, 83, 185
標高 (orthometric height) 101
標準重力 (standard gravitation) 20
氷床コア (ice core) 42
表皮深さ .... *see* スキンデプス
表面波 (surface wave) 121
表面波マグニチュード (surface wave magnitude) ... 113
ブーゲー異常 (Bouguer anomaly) 103
フーコーの振り子 (Foucault's Pendulum) 89
フーリエの熱伝導の法則 (Fourier's law of heat
 conduction) .... *see* 熱伝導の法則
ファラデーの電磁誘導の法則 (Faraday's law of
 electromagnetic induction) 303
ファラロンプレート (Farallon plate) 253
フィードバック (feedback) 41
フィッシャー統計 (Fisher statistics) 217
伏角 (inclination) 194
フックの法則 (Hooke's law) 120, 145
プランクの法則 (Planck's law) 39
フリーエア異常 (free-air anomaly) 103
ブリュンヌクロン (Brunhes chron) 218
プレートテクトニクス (plate tectonics) 242
プロキシ ((climate) proxy) 42
平均寿命 (average life, mean life) 55
平行移動型境界 (translational boundary) 246
平行軸の定理 (parallel axis theorem) 27
閉鎖系 (closed system) 57
ベクトル解析 (vector calculus) 303
ベクトル場 (vector field) 99, 305
ヘッドウェーブ (head wave) 123
ヘルムホルツ (Helmholtz, Hermann) 41
変位電流 (displacement current) 313
偏角 (declination) 194
扁平率 (flattening) 65, 104, 289
ボーデの法則 (Bode's law) 12
ポアソン比 (Poisson's ratio) 295
ホイヘンスの原理 (Huygens' principle) 121
崩壊定数 (decay constant) .... *see* 壊変定数 52
放射壊変 (radioactive decay) 52
放射性元素 (radioisotope) 52, 159
放射性炭素法 (radiocarbon dating) .... *see* C-14 法
放射性崩壊 (radioactive decay) .... *see* 放射壊変
放射年代 (radiometric age) .... *see* 数値年代
法線応力 (normal stress) 145
補償面 (compensation depth) 82

ホットスポット (hotspot) 242
ポテンシャル (potential) 99, 203, 309
ポテンシャル温度 (potential temperature) 191

ま

マグニチュード (magnitude) 112
マグネトテルリック法 .... *see* 地磁気地電流法
摩擦応力 (frictional stress) 148
摩擦係数 (coefficient of friction) 148
マッカラーの公式 (MacCullagh's formula) 289
マツヤマクロン (Matuyama chron) 218
マツヤマ–ブリュンヌ地磁気逆転 (Matuyama–Brunhes
 polarity transition) 219
マントル (mantle) 83
マントル対流 (mantle convection) 85
見かけの力 (fictitious force) 91
右横ずれ断層 (right-lateral fault) 136
ミランコビッチサイクル (Milankovitch cycle) 43
無限小回転 (infinitesimal rotation) 260
面積速度 (areal velocity) 12, 26, 282
モーメントマグニチュード (moment magnitude) 113
モホロビチッチ不連続面 (Mohorovičić
discontinuity) 123

や

ヤング率 (Young's modulus) 145, 295
有限回転 (finite rotation) 259
横ずれ断層 (strike-slip fault) 136

ら

ラプラシアン (Laplacian) 310
ラプラス方程式 (Laplace's equation) 310
ラメの定数 (Lamé elastic constants) 146, 295
ランベルト等面積投影 (Lambert equal-area
 projection) 330
離心率 (eccentricity) 14, 17, 46, 67
リソスタティック (lithostatic) 147, 190
リソスフェア (lithosphere) 158, 181
リバース .... *see* 逆極性
流線 (streamline) 188
両対数グラフ (log-log graph) 13
臨界角 (critical angle) 122
臨界屈折波 (critically refracted wave) .... *see* 屈折波
累積分布 (cumulative distribution) 55
ルジャンドル陪関数 (associated Legendre
 polynomial) 204, 311
Rb-Sr 法 (Rb-Sr dating, rubidium-strontium
 method) 58
レイリー数 (Rayleigh number) 85
連星 (binary star) 19
ローレンツ力 (Lorentz force) 302
ロッシュ限界 (Roche limit) 78
ロドリゲスの回転公式 (Rodrigues' rotation
 formula) 259, 320

349

著者紹介

田中 秀文 (たなか ひでふみ)

1949年生まれ
1973年 東京工業大学理学部物理学科卒業
1975年 東京大学大学院理学系研究科地球物理専門課程（修士）修了
1981年 理学博士取得（東京大学），専門は古地磁気学
1991年 田中館賞受賞
1976-1995年 東京工業大学理学部助手
1995-2001年 高知大学教育学部助教授
2001-2012年 高知大学教育学部教授
2012-2015年 同大学海洋コア総合研究センター短期研究員

研究活動としては，オーストラリア鉱物資源局コンサルタント，カリフォルニア大学サンタバーバラ校研究員，学術誌編集委員(JGR, JGG, EPS)，国際学会役員(IAGA,DivI,WGI-3)などを務める．
著書は『地球物理学　実験と演習』（学会誌刊行センター）など．論文は43編（JGG, JGR, EPS, GJI など）．

◎本書スタッフ
編集長：石井 沙知
編集：石井 沙知
組版協力：コレクトコネクト（田中 博基）
表紙デザイン：tplot.inc 中沢 岳志
技術開発・システム支援：インプレス NextPublishing

●本書に記載されている会社名・製品名等は，一般に各社の登録商標または商標です．本文中の©，®，TM等の表示は省略しています．

●本書の内容についてのお問い合わせ先
近代科学社Digital　メール窓口
kdd-info@kindaikagaku.co.jp
件名に『『本書名』問い合わせ係』と明記してお送りください．
電話やFAX，郵便でのご質問にはお答えできません．返信までには，しばらくお時間をいただく場合があります．なお，本書の範囲を超えるご質問にはお答えしかねますので，あらかじめご了承ください．

●落丁・乱丁本はお手数ですが、(株) 近代科学社までお送りください。送料弊社負担にて
お取り替えさせていただきます。但し、古書店で購入されたものについてはお取り替えで
きません。

物理地学の基礎
演習問題と解説

2025年3月28日　初版発行Ver.1.0
2025年5月31日　Ver.1.1

著　者　田中 秀文
発行人　大塚 浩昭
発　行　近代科学社Digital
販　売　株式会社 近代科学社
　　　　〒101-0051
　　　　東京都千代田区神田神保町1丁目105番地
　　　　https://www.kindaikagaku.co.jp

●本書は著作権法上の保護を受けています。本書の一部あるいは全部について株式会社近代科学社か
ら文書による許諾を得ずに、いかなる方法においても無断で複写、複製することは禁じられています。

©2025 Hidefumi Tanaka. All rights reserved.
印刷・製本　京葉流通倉庫株式会社
Printed in Japan

ISBN978-4-7649-0733-1

近代科学社 Digital は、株式会社近代科学社が推進する21世紀型の理工系出版レーベ
ルです。デジタルパワーを積極活用することで、オンデマンド型のスピーディでサステナ
ブルな出版モデルを提案します。

> 近代科学社 Digital は株式会社インプレス R&D が開発したデジタルファースト出版プラットフォーム
> "NextPublishing" との協業で実現しています。

あなたの研究成果、近代科学社で出版しませんか？

- 自分の研究を多くの人に知ってもらいたい！
- 講義資料を教科書にして使いたい！
- 原稿はあるけど相談できる出版社がない！

そんな要望をお抱えの方々のために
近代科学社 Digital が出版のお手伝いをします！

近代科学社 Digital とは？

ご応募いただいた企画について著者と出版社が協業し、プリントオンデマンド印刷と電子書籍のフォーマットを最大限活用することで出版を実現させていく、次世代の専門書出版スタイルです。

近代科学社 Digital の役割

- **執筆支援** 編集者による原稿内容のチェック、様々なアドバイス
- **制作製造** POD 書籍の印刷・製本、電子書籍データの制作
- **流通販売** ISBN 付番、書店への流通、電子書籍ストアへの配信
- **宣伝販促** 近代科学社ウェブサイトに掲載、読者からの問い合わせ一次窓口

近代科学社 Digital の既刊書籍 （下記以外の書籍情報は URL より御覧ください）

スッキリわかる
数理・データサイエンス・AI
皆本 晃弥 著
B5 234頁 税込2,750円
ISBN978-4-7649-0716-4

CAE活用のための
不確かさの定量化
豊則 有擴 著
A5 244頁 税込3,300円
ISBN978-4-7649-0714-0

跡倉ナップと中央構造線
小坂 和夫 著
A5 346頁 税込4,620円
ISBN978-4-7649-0704-1

詳細・お申込は近代科学社 Digital ウェブサイトへ！
URL：https://www.kindaikagaku.co.jp/kdd/

近代科学社Digital
教科書発掘プロジェクトのお知らせ

先生が授業で使用されている講義資料としての原稿を、教科書にして出版いたします。書籍の出版経験がない、また地方在住で相談できる出版社がない先生方に、デジタルパワーを活用して広く出版の門戸を開き、教科書の選択肢を増やします。

セルフパブリッシング・自費出版とは、ここが違う！

- 電子書籍と印刷書籍（POD：プリント・オンデマンド）が同時に出版できます。
- 原稿に編集者の目が入り、必要に応じて、市販書籍に適した内容・体裁にブラッシュアップされます。
- 電子書籍とPOD書籍のため、任意のタイミングで改訂でき、品切れのご心配もありません。
- 販売部数・金額に応じて著作権使用料をお支払いいたします。

教科書発掘プロジェクトで出版された書籍例

数理・データサイエンス・AIのための数学基礎　Excel演習付き
　　岡田 朋子 著　B5　252頁　税込3,025円　ISBN978-4-7649-0717-1

代数トポロジーの基礎　基本群とホモロジー群
　　和久井 道久 著　B5　296頁　税込3,850円　ISBN978-4-7649-0671-6

はじめての3DCGプログラミング　例題で学ぶPOV-Ray
　　山住 富也 著　B5　152頁　税込1,980円　ISBN978-4-7649-0728-7

MATLABで学ぶ 物理現象の数値シミュレーション
　　小守 良雄 著　B5　114頁　税込2,090円　ISBN978-4-7649-0731-7

デジタル時代の児童サービス
　　西巻 悦子・小田 孝子・工藤 邦彦 著　A5　198頁　税込2,640円　ISBN978-4-7649-0706-5

募集要項

募集ジャンル
　大学・高専・専門学校等の学生に向けた理工系・情報系の原稿

応募資格
1. ご自身の授業で使用されている原稿であること。
2. ご自身の授業で教科書として使用する予定があること（使用部数は問いません）。
3. 原稿送付・校正等、出版までに必要な作業をオンライン上で行っていただけること。
4. 近代科学社 Digital の執筆要項・フォーマットに準拠した完成原稿をご用意いただけること（Microsoft Word または LaTeX で執筆された原稿に限ります）。
5. ご自身のウェブサイトやSNS等から近代科学社 Digital のウェブサイトにリンクを貼っていただけること。

※本プロジェクトでは、通常ご負担いただく**出版分担金が無料**です。

詳細・お申込は近代科学社Digitalウェブサイトへ！
URL: https://www.kindaikagaku.co.jp/feature/detail/index.php?id=1